Physics

10판

대학물리학
해 설 집

대학물리학교재편찬위원회 편

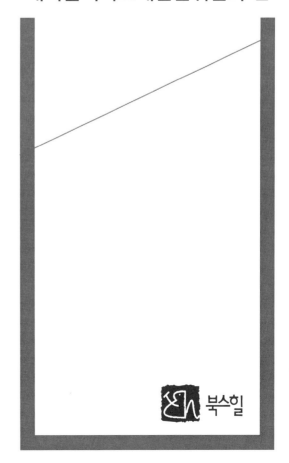

북스힐

차 례

1장 물리학과 측정

1.1 길이, 질량 그리고 시간의 표준

1. (a) 지구를 구로 모형화 하고, 이때 지구의 부피를 V라 하자.

$$V = \frac{4}{3}\pi r^3 = \frac{4}{3}\pi(6.37\times10^6\,m)^3) = 1.08\times10^{21}\,m^3$$

지구의 평균 밀도 $\rho = \dfrac{m}{V} = \dfrac{5.98\times10^{24}\,kg}{1.08\times10^{21}\,m^3} = 5.52\times10^3\,kg/m^3$

(b) (a)에서 계산된 값은 알루미늄과 철과 같은 금속류의 밀도와 대략 일치한다.
또 지표면의 대표적인 암석의 밀도는 대략 $2000 \sim 3000\,kg/m^3$이므로 지구 속 깊은 부분에는 밀도가 큰 금속 물질이 있으므로 지구의 평균 밀도는 지표면에 덮인 암석보다 대체적으로 좀 큰 값을 갖는다.

2. (a) $\rho = \dfrac{m}{V}$ 와 $V = \dfrac{4}{3}\pi r^3 = \dfrac{4}{3}\pi\left(\dfrac{d}{2}\right)^3 = \dfrac{\pi d^3}{6}$, 단, d는 양성자의 지름

따라서 $\rho = \dfrac{6m}{\pi d^3} = \dfrac{6(1.67\times10^{-27}\,kg)}{\pi(2.4\times10^{-15}\,m)^3} = 2.3\times10^{17}\,kg/m^3$

(b) $\dfrac{2.3\times10^{17}\,kg/m^3}{22.6\times10^3\,kg/m^3} = 1.0\times10^{13}$

따라서 오스뮴 밀도의 1.0×10^{13}배가 된다.

3. 반지름 r인 구의 부피 $V = \dfrac{4}{3}\pi r^3$이고,

질량 $m = \rho V = \rho\dfrac{4}{3}\pi r^3$에서 첫 번째 질량 m_f, 두 번째 질량 m_s라 하면

$$\frac{m_f}{m_s} = \frac{\rho(4/3)\pi r_f^3}{\rho(4/3)\pi r_s^3} = \frac{r_f^3}{r_s^3} = 5\text{이므로}$$

$$r_f = r_s\sqrt[3]{5} = (4.50\,cm)\sqrt[3]{5} = 7.69\,cm$$

4. 안쪽 구 부피 V_i, 바깥쪽 구 부피 V_o라 하면

$$V = V_o - V_i = \frac{4}{3}\pi(r_2^3 - r_1^3)\text{이므로}$$

구 껍질 질량 $m = \rho(\Delta V) = \rho\left(\dfrac{4}{3}\pi\right)(r_2^3 - r_1^3) = \dfrac{4\pi\rho(r_2^3 - r_1^3)}{3}$

5. 상공 궤도의 높이에서 만리장성의 폭에 의한 원호각을 찾아보자.
문제에서 제시한 것으로부터

$$\theta = \frac{\text{장성의 너비}}{\text{장성 까지 거리}} = \frac{7\,m}{200\,000\,m} = 3.5\times10^{-5}\,rad$$

이것은 보통 사람의 시력은 $3\times10^{-4}\,rad$이므로 10배 차이가 난다. 그러므로 장성의 너비는

7m임에도 불구하고 그것의 폭은 볼 없다. 같은 방법으로, 사람의 머리카락 한 올은 길어도 몇 미터 밖에서는 보이지 않는다. 당신의 주장은 이 계산에 근거해야 한다.

답 : 만리장성에 의한 원호각도는 눈의 시각적 예민함보다 적다.

1.2. 모형화와 대체 표현

6. 강물의 너비를 y라 하자.

$$\tan\theta = \frac{y}{d} \rightarrow y = d\tan\theta$$

$$\therefore y = (100m)\tan(35.0°) = 70.0\,m$$

따라서 강물의 너비는 $70.0\,m$

7. 대각선의 거리는 피타고라스정리에 의하여 구하면 다음과 같다.

$$L_d = \sqrt{L^2 + L^2}$$

따라서 한 변의 길이 $L = 0.200\,nm$이므로

인접한 쪼개진 면 사이의 거리 $d = \frac{1}{2}\sqrt{L^2 + L^2} = \sqrt{2}\,L = 0.141\,nm$

1.3. 차원 분석

8. x의 차원은 L, a의 차원은 LT^{-2}, t의 차원은 T이므로

$x = ka^m t^n$의 차원은

$$L = (LT^{-2})^m (T)^n \rightarrow L^1 T^0 = L^m T^{n-2m}$$

따라서 $L^1 = L^m \rightarrow m = 1$

같은 방법으로 $T^0 = T^{n-2m} \rightarrow n-2m = 0$이고 $n = 2$

또한 차원 분석법으로 k는 차원 분석을 할 수 없다.

9. (a) $v_f = v_i + ax$의 차원을 분석하자.

v_f와 v_i의 단위는 m/s이므로 $[v_f] = [v_i] = LT^{-1}$

a의 단위는 m/s^2이므로 $[a] = LT^{-2}$

x의 단위는 m로 나타내므로 $[ax] = L^2 T^{-2}$

따라서 주어진 방정식의 오른쪽 항의 차원은 $LT^{-1} + L^2 T^{-2}$이고,

차원 계산은 같은 차원일 때만 덧셈을 할 수 있다. 고로 주어진 식은 올바른 차원이 아니다.

(b) $y = (2m)\cos(kx)$의 차원을 분석 하자.

y에서 $[y] = L$

$2m$에서 $[2m] = L$

그리고 kx에서 $[kx] = [(2m^{-1})x] = L^{-1}L$

주어진 식의 좌변과 우변의 차원은 같다.

따라서 차원이 올바르게 나타낸 것이다.   답 (b)만 올바르다.

10. 같은 차원일 때만 각항을 덧셈할 수 있다.

(a) 식 $x = A t^3 + B t$ 에서 $[X] = [A t^3] + [B t]$

   따라서 $L = [A] T^3 + [B] T \rightarrow [A] = L/T^3$ 와 $[B] = L/T$

(b) 미분 값 $dx/dt = 3 A t^2 + B$ 에서

   $[dx/dt] = [3 A t^2] + [B] = L/T$

답 (a) $[A] = L/T^3$, $[B] = L/T$ (b) L/T

1.4. 단위의 환산

11. $\rho = \left(\dfrac{23.94\,g}{2.10\,cm^3}\right)\left(\dfrac{1\,kg}{1000\,g}\right)\left(\dfrac{100\,cm}{1\,m}\right)^3$

$= \left(\dfrac{23.94\,g}{2.10\,cm^3}\right)\left(\dfrac{1\,kg}{1000\,g}\right)\left(\dfrac{1000000\,cm^3}{1\,m^3}\right)$

$= 1.14 \times 10^4\,kg/m^3$

12. 4개의 벽의 넓이 $(3.6 + 3.8 + 3.6 + 3.8)\,m \times (2.5\,m) = 37 m^2$

교재 한 장의 넓이 $(0.21 m)(0.28 m) = 0.059\,m^2$

도배할 종이의 장 수 $\dfrac{37\,m^2}{0.059\,m^2} = 629$ 장 (1장은 2페이지) = 1260 페이지

따라서 교재 1권(약 600페이지 정도)으로 벽면을 도배하는 것은 불가능하다.

13. $m_{Al} = m_{Fe}$ 이므로

   $\rho_{Al} V_{Al} = \rho_{Fe} V_{Fe}$

즉, $\rho_{Al}\left(\dfrac{4}{3}\pi r_{Al}^3\right) = \rho_{Fe}\left(\dfrac{4}{3}\pi (2.00\,cm)^3\right)$

따라서 $r_{Al}^3 = \left(\dfrac{\rho_{Fe}}{\rho_{Al}}\right)(2.00\,cm)^3 = \left(\dfrac{7.86 \times 10^3\,kg/m^3}{2.70 \times 10^3\,kg/m^3}\right)(2.00\,cm)^3 = 23.3\,cm^3$

   $\therefore \ r_{Al} = 2.86\,cm$

14. $m_{Al} = \rho_{Al} V_{Al} = \dfrac{4}{3}\pi \rho_{Al} r_{Al}^3$

   $m_{Fe} = \rho_{Fe} V_{Fe} = \dfrac{4}{3}\pi \rho_{Fe} r_{Fe}^3$

두 질량이 같으므로 $\dfrac{4}{3}\pi \rho_{Al} r_{Al}^3 = \dfrac{4}{3}\pi \rho_{Fe} r_{Fe}^3$

   $\therefore \ r_{Al} = r_{Fe}\sqrt[3]{\dfrac{\rho_{Fe}}{\rho_{Al}}} = r_{Fe}\sqrt[3]{\dfrac{7.86}{2.70}} = r_{Fe}\,(1.43)$

15. $V = A\,t$(A : 넓이, t : 두께)

고로 $t = \dfrac{V}{A} = \dfrac{3.78 \times 10^{-3}\,m^3}{25.0\,m^2} = 1.51 \times 10^{-4}\,m$

계산된 두께는 종이 한 장의 두께에 버금가는 크기이기 때문에 이 대답은 타당하다.
이 페인트된 얇은 막의 두께는 많은 분자들이 쌓여진 두께이다.

16. (a) 강당의 부피

$$V = Ah = (40.0m)(20.0m)(12.0m)$$

$$= (9.60 \times 10^3\,m^3)\left(\frac{3.281\,ft}{1m}\right)^3 = 3.39 \times 10^5\,ft^3$$

(b) 강당 안의 공기의 무게

$$F_g = mg$$

$$m_{air} = \rho_{air}\,V = (1.20\,kg/m^3)(9.60 \times 10^3\,m^3) = 1.15 \times 10^4\,kg$$

따라서 $F_g = mg = (1.13 \times 10^5\,N)\left(\dfrac{1lb}{4.448\,N}\right) = 2.54 \times 10^4\,lb$(파운드)

1.5 어림과 크기의 정도 계산

17. (a) 욕조에 반쯤 채워진 물의 질량은

$$V = (0.5)(1.3)(0.3) = 0.10\,m^3$$

$$m_{물} = \rho_{물}\,V = (1000\,kg/m^3)(0.10\,m^3) = 100\,kg \ \sim 10^2\,kg$$

(b) $m_{동전} = \rho_{동전}\,V = (8920\,kg/m^3)(0.10\,m^3) = 892\,kg \ \sim 10^3\,kg$

답 (a) $\sim 10^2\,kg$ (b) $\sim 10^3\,kg$

18. 피아노 조율사의 수는 크기의 정도로 계산할 때

$$\left(\frac{1\,tuner}{1000\,\pi anos}\right)\left(\frac{1\,\pi ano}{100\,people}\right)(10^7\,people) \ \sim 10^2\,tuners$$

19. 미소부피 $dV = (\pi r^2)\left(\dfrac{R_{inter} + R_{outer}}{2}\,d\theta\right)$

$$V = \int_0^{2\pi}(\pi r^2)\left(\frac{R_{inter} + R_{outer}}{2}\,d\theta\right)$$

$$\pi r^2\left(\frac{R_{inter} + R_{outer}}{2}\right)\int_0^{2\pi}d\theta = \pi^2 r^2 (R_{inter} + R_{outer})$$

여기서 $r = \dfrac{R_{outer} - R_{inter}}{2}$ 이므로

$$V = \pi^2\left(\frac{R_{outer} - R_{inter}}{2}\right)(R_{inter} + R_{outer}) = \frac{\pi^2}{4}(R_{outer} - R_{inter})^2 (R_{inter} + R_{outer})$$

$$\frac{N}{V} = \frac{4N}{\pi^2 (R_{outer} - R_{inter})^2 (R_{inter} + R_{outer})}$$ 이므로

값을 대입하면

$$\frac{N}{V} = \frac{4(10^9 \, a \, seroids)}{\pi^2(3.27 \, AU - 2.06 \, AU)^2(2.06 \, AU + 3.27 \, AU)} = 5.19 \times 10^7 \, a \, seroids / AU^3$$

$$= 5.19 \times 10^7 \, asteroids / AU^3 \left(\frac{1 \, AU}{1.496 \times 10^{11} \, m}\right)^3 = 1.55 \times 10^{-26} \, asteroid/m^3$$

위 식을 역수 취하면

$$\frac{V}{N} = 6.45 \times 10^{23} \, m^3 / asteroid$$

따라서 소행성 띠의 소행성 사이의 평균 거리는 약 400,000 km 정도 이다.

1.6 유효 숫자

20. (a) 7, 8, 9 만 유효숫자로 사용, 3개
    (b) 3, 7, 8, 8 만 유효숫자로 사용, 4개
    (c) 2, 4, 6 만 유효숫자로 사용, 3개
    (d) 5, 3 만 유효숫자로 사용, 2개

    답 (a) 3 (b) 4 (c) 3 (d) 2

21. $1 \, yr = 1 \, yr \left(\frac{365.242199 \, d}{1 \, yr}\right)\left(\frac{24 \, h}{1 \, d}\right)\left(\frac{60 \, min}{1 \, h}\right)\left(\frac{60 \, s}{1 \, min}\right)$

    $= 315\,569\,26.0 \, s$

22. $\dfrac{M_{해}}{M_{천}} = 1.19$, $\dfrac{r_{해}}{r_{천}} = 0.969$ 이므로

$\rho = \dfrac{M}{V}$ 에서 $\dfrac{\rho_{해}}{\rho_{천}} = \dfrac{M_{해}/V_{해}}{M_{천}/V_{천}} = \left(\dfrac{M_{해}}{M_{천}}\right)\left(\dfrac{V_{천}}{V_{해}}\right)$

$$= \left(\frac{M_{해}}{M_{천}}\right)\left(\frac{r_{천}}{r_{해}}\right)^3 = (1.19)\left(\frac{1}{0.969}\right)^3 = 1.307\,9$$

따라서 $\rho_{해} = (1.3079)(1.27 \times 10^3 \, kg/m^3) = 1.66 \times 10^3 \, kg/m^3$ 답 $1.66 \times 10^3 \, kg/m^3$

23. 일반 승용차=o, 스포츠형 다목적 차량=s 라 하자.

    $o = s + 0.947 \, s = 1.947 \, s$

    $o = s + 18$

따라서 $s + 18 = 1.947 \, s \rightarrow 0.947 \, s = 18 \rightarrow s = \dfrac{18}{0.947} = 19$

24. $\sin\theta = -3\cos\theta \rightarrow \tan\theta = -3$

$\tan^{-1}(-3) = -71.6°$ 이므로

$360° - 71.6° = 288°$ 와 $180° - 71.6° = 108°$

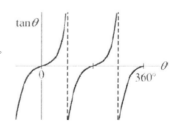

25. $\dfrac{s}{m} = 2.25$, $s + m = 91$

$$m = \frac{s}{2.25} \ , \quad s + \frac{s}{2.25} = 91 \ \to 1.444\,s = 91$$

따라서 $s = \dfrac{91}{1.444} = 63$

26. $2x^2 - 3x^3 + 5x - 70 = 0$ 의 해를 찾기 위해 그래프를 이용해서 아래의 함수값을 찾아 조사한다.

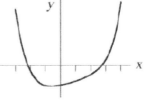

x		-3	-2	-1	0	1	2	3	4
$y = 2x^4 - 3x^3 + 5x - 70$		158	-24	-70	-70	-66	-52	26	270

그래프에서 두 해를 찾으면 한 근은 $x = -2.2$이고, 다른 근은 $x = +2.7$ 이다.

27. 두 식으로 정리하면 $3qr = qs$, $\frac{1}{2}3qr^2 + \frac{1}{2}qs^2 = \frac{1}{2}qt^2$

$q \neq 0$ 이므로 $3r = s$, $3r^2 + s^2 = t^2$

따라서 $3r^2 + (3r)^2 = t^2 \to 12r^2 = t^2 \to \dfrac{t^2}{r^2} = 12$

$\therefore \dfrac{t}{r} = \pm\sqrt{12} = \pm 3.46$ 　　　　　 답 ± 3.46

28. $\Delta t = \dfrac{4QL}{k\pi d^2(T_h - T_c)} = \left[\dfrac{4QL}{k\pi(T_h - T_c)}\right]\left(\dfrac{1}{d^2}\right)$ 에서

(a) $\frac{1}{9}$ 배로 더 작아진다.

(b) d^2에 반비례한다.

(c) 직선식으로 나타내려면 $\Delta t - \dfrac{1}{d^2}$ 그래프로 나타낸다.

(d) 기울기 : $\dfrac{4QL}{k\pi d^2(T_h - T_c)}$

추가문제

29(30). (a) $V = \dfrac{\pi}{4}d^2 L$

$V = V_s + V_l = \dfrac{\pi}{4}(0.04m)^2(6m) + \dfrac{\pi}{4}(0.06m)^2(1.5m)$

$= 0.0117m^3 \cong 10^{-2}m^3$

박테리아의 길이 $L = {}^{-6}m$ 이므로 $L^3 = 10^{-18}m^3$

따라서 $(10^{-4}m^3)\left(\dfrac{1박테리아}{10^{-18}m^3}\right) = 10^{14}$ 박테리아

(b) 우리 몸에 이롭다고 할 수 있다.

30(31). 은하수의 부피 $\pi r^2 t = \pi(10^{21}m)^2(10^{19}m) \sim 10^{61}m^3$

태양과 가장 가까운 별까지의 거리 $4 \times 10^{16}m$ 이므로

$(4 \times 10^{16}m)^3 \sim 10^{50}m^3$

따라서 별들의 수 $\dfrac{10^{61}m^3}{10^{50}m^3/별} \cong 10^{11}$ 별

2장 일차원에서의 운동

2.1 입자의 위치, 속도 그리고 속력

1. 속력이 $100\,m/s$이므로 발가락에서 자극되어 뇌까지 전달되려면
키가 2m라고 할 때 $\Delta t = \dfrac{\Delta x}{v} = \dfrac{2m}{100m/s} = 2 \times 10^{-2}\,s = 0.02\,s$

2. 입자가 $x = 10\,t^2$으로 이동한다면
(a) $v_{평균} = \dfrac{\Delta x}{\Delta t} = \dfrac{90.0 - 40.0}{3.00 - 2.00} = \dfrac{50.0}{1.00} = 50.0\,(m/s)$
(b) $v_{평균} = \dfrac{\Delta x}{\Delta t} = \dfrac{44.1 - 40.0}{2.10 - 2.00} = \dfrac{4.10}{0.100} = 41.0\,(m/s)$

3. (a) $v_{x,\,avg} = \dfrac{\Delta x}{\Delta t} = \dfrac{2.30m - 0m}{1.00\,s} = 2.30\,m/s$
(b) $v_{x,\,avg} = \dfrac{\Delta x}{\Delta t} = \dfrac{57.5m - 9.20m}{3.00\,s} = 16.1\,m/s$
(c) $v_{x,\,avg} = \dfrac{\Delta x}{\Delta t} = \dfrac{57.5m - 0m}{5.00\,s} = 11.5\,m/s$

2.2 순간 속도와 속력

4. (a) $v_{1,\,x,\,avg} = \dfrac{(\Delta x)_1}{(\Delta t)_1} = \dfrac{L - 0}{t_1} = \dfrac{L}{t_1}$
(b) $v_{2,\,x,\,avg} = \dfrac{(\Delta x)_2}{(\Delta t)_2} = \dfrac{0 - L}{t_2} = \dfrac{-L}{t_2}$
(c) $v_{x,\,avg,\,total} = \dfrac{(\Delta x)_1 + (\Delta x)_2}{t_1 + t_2} = \dfrac{L - L}{t_1 + t_2} = 0$

(d) $v_{avg,\,trip} = \dfrac{전체\ 거리}{(\Delta t)_{total}} = \dfrac{|+L| + |-L|}{t_1 + t_2} = \dfrac{2L}{t_1 + t_2}$

5. $t_i = 1.5\,s,\ x_i = 8.0\,m$ (점 A)
$t_f = 4.0\,s,\ x_f = 2.0\,m$ (점 B)

$$v_{avg} = \frac{x_f - x_i}{t_f - t_i} = \frac{(2.0 - 8.0)m}{(4.0 - 1.5)m} = -\frac{6.0m}{2.5s} = -2.4\,m/s$$

(b) 점C와 점D을 잇는 직선이 그래프의 접선기울기가 된다.
$t_C = 1.0\,s,\ x_C = 9.5\,m$ 와 $t_D = 3.5\,s,\ x_D = 0$
$v \approx -3.8\,m/s$

(c) 접선의 기울기가 0일 때 속도도 0이다.
그래프에서 보면 꼭짓점 부근에서 기울기가 0이므로 $t \approx 4.0\,s$

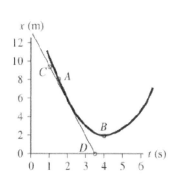

2.3 분석 모형 : 등속 운동하는 입자

6. 전체 여행의 평균 속도는 $30.0 \, mi/h$ 일 때

(a) $v_{avg} = \dfrac{\Delta x}{\Delta t}$, $\Delta x = \Delta x_1 + \Delta x_2 = 2d$

$\Delta t = \Delta t_1 + \Delta t_2 = \dfrac{d}{v_1} + \dfrac{d}{v_2}$

$\therefore \ v_{avg} = \left(\dfrac{\Delta d}{\Delta t} \right) = \left(\dfrac{\Delta x_1 + \Delta x_2}{\Delta t_1 + \Delta t_2} \right) = \left(\dfrac{2d}{d/v_1 + d/v_2} \right) = \left(\dfrac{2v_1 v_2}{v_1 + v_2} \right)$

$v_{avg} = 30 \, mi/h$, $v_1 = 60 \, mi/h$ 이므로

$(v_1 + v_2) v_{avg} = 2 v_1 v_2 \rightarrow v_2 = \left(\dfrac{v_1 v_{avg}}{2 v_1 - v_{avg}} \right)$

$v_2 = \left[\dfrac{(30 \, mi/h)(60 \, mi/h)}{2(60 \, mi/h) - (30 \, mi/h)} \right] = 20 \, mi/h$

(b) $\Delta x = \Delta x_1 + \Delta x_2 = d + (-d) = 0$

$v_{avg} = \dfrac{\Delta x}{\Delta t} = 0$

(c) $d = d_1 + d_2 = 2d$, $\Delta t = d/v_1 + d/v_2$

$\therefore \ v_{avg} = \left(\dfrac{\Delta d}{\Delta t} \right) = \left(\dfrac{\Delta x_1 + \Delta x_2}{\Delta t_1 + \Delta t_2} \right) = \left(\dfrac{2d}{d/v_1 + d/v_2} \right) = \left(\dfrac{2v_1 v_2}{v_1 + v_2} \right)$ 이므로 (a)와 같이

$v_{avg} = \dfrac{\Delta x}{\Delta t} = 30 \, mi/h$

7. 휴식 시간 22.0분, 나머지 등속력 $v = 89.5 \, km/h$ 로 자동차 여행할 때, 평균속력 $77.8 \, km/h$ 라 하면

(a) $t_{total} = t_1 + 22.0 \, \text{min} = t_1 + 0.367 \, h$

따라서 $\Delta x = v_1 t_1 = v_{avg} t_{total}$ 이므로

$(89.5 \, km/h) t_1 = (77.8 \, km/h)(t_1 + 0.367 \, h)$

$= (77.8 \, km/h) t_1 + 28.5 \, km$

$\therefore \ (89.5 \, km/h - 77.8 \, km/h) t_1 = 28.5 \, km \ \rightarrow \ t_1 = 2.44 \, h$

그러므로 $t_{total} = t_1 + 0.367 \, h = (2.44 + 0.367) h = 2.81 \, h$

(b) 여행한 거리 $\Delta x = v_1 t_1 = v_{avg} t_{total} = (77.8 \, km/h)(2.81 \, h) = 219 \, km$

2.5 가속도

8. $x - t$ 그래프

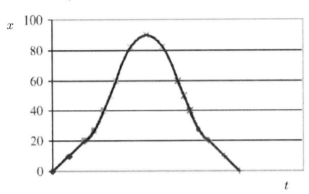

$v_x - t$ 그래프

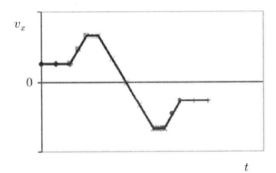

$a_x - t$ 그래프

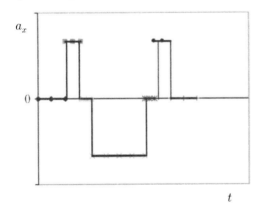

9. 직선 도로를 따라 움직이는 동안의 $v - t$ 그래프에서

(a) 평균 가속도 $a = \dfrac{\Delta v}{\Delta t} = \dfrac{v_f - v_i}{t_f - t_i} = \dfrac{8.0\,m/s - 0}{6.0s - 0} = 1.3\,m/s^2$

(b) $t = 3\,s$ 일 때 그래프의 기울기가 가장 크므로 대략적으로

$\dfrac{6m/s - 2m/s}{4s - 2s} = 2\,m/s^2$

(c) 그래프에서 기울기가 0인 부분으로 대략적으로 $t = 6\,s$ 와 $t > 10s$

(d) 가속도가 음이고 크기가 최대인 부분은 $t = 8s$ 일 때이고, 이때 기울기는 대략 $-1.5m/s^2$

10. (a)

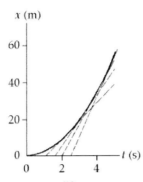
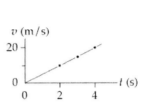

(b) $t = 5.0s$ 일 때 $v \approx \dfrac{58\,m}{2.5s} = 23\,m/s$

    $t = 4.0s$ 일 때 $v \approx \dfrac{54\,m}{3s} = 18\,m/s$

    $t = 3.0s$ 일 때 $v \approx \dfrac{49\,m}{3.4s} = 14\,m/s$

    $t = 2.0s$ 일 때 $v \approx \dfrac{36\,m}{4.0s} = 9.0\,m/s$

(c) $\bar{a} = \dfrac{\Delta v}{\Delta t} \approx \dfrac{23m/s}{5.0s} \approx 4.6\,m/s^2$

(d) 자동차의 처음 속도는 0이다.

11. (a) $a - t$ 그래프의 면적은 속도를 의미하므로 $0 \sim 10s$ 에서

$\Delta v = (2m/s^2)(10s) = 20\,m/s$

$t = 10s$ 때 $v = v_0 + \Delta v = 0 + 20m/s = 20m/s$ 이므로

$10s \sim 15s$ 에서 $\Delta v = 0$

$15s \sim 20s$ 에서 $\Delta v = (-3m/s^2)(5s) = -15\,m/s$

따라서 $0 \sim 20s$ 에서 $\Delta v = (20m/s) + (0m/s) + (-15m/s) = 5m/s$, $t = 20s$ 에서 속도는 $5m/s$ 이다.

(b) 처음 $20s$ 동안 움직인 거리는 $v - t$ 그래프에서 면적을 계산하면 되므로 아래 그래프에서 구한다.

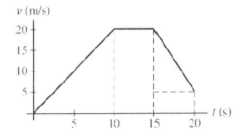

$0 \sim 10s$일 때 $\Delta x = \dfrac{1}{2}(20 m/s)(10 s) = 100 m$

$10 s \sim 15 s$일 때 $\Delta x = (20 m/s)(5 s) = 100 m$

$15 s \sim 20 s$일 때 $\Delta x = \dfrac{1}{2}[(20-5) m/s)(5 s) + (5 m/s)(5 s) = 62.5 m$

전체 이동 거리 $\Delta x = 100 m + 100 m + 62.5 m = 262.5 m \approx 263 m$

2.6 분석 모형 : 등가속도 운동하는 입자

12. 음극선관 내에서 전자의 등가속도운동, $v_i = 2.00 \times 10^4 m/s$, $v_f = 6.00 \times 10^6 m/s$,

$x_f - x_i = 1.50 \times 10^{-2} m$

(a) $x_f - x_i = \dfrac{1}{2}(v_i + v_f)t$ 에서

$$t = \frac{2(x_f - x_i)}{v_i + v_f} = \frac{2(1.50 \times 10^{-2} m)}{2.00 \times 10^4 m/s + 6.00 \times 10^6 m/s}$$

$$= 4.98 \times 10^{-9} s$$

(b) $v_f^2 = v_i^2 + 2a_x(x_f - x_i)$ 에서

$$a_x = \frac{v_f^2 - v_i^2}{2(x_f - x_i)} = \frac{(6.00 \times 10^6 m/s)^2 - (2.00 \times 10^4 m/s)^2}{2(1.50 \times 10^{-2} m)}$$

$$= 1.20 \times 10^{15} m/s^2$$

13. (a) $v_f = v_i + at = 13.0 m/s + (-4.00 m/s^2)(1.00 s) = 9.00 m/s$

(b) $v_f = v_i + at = 13.0 m/s + (-4.00 m/s^2)(4.00 s) = -3.00 m/s$

(c) $v_f = v_i + at = 13.0 m/s + (-4.00 m/s^2)(-1.00 s) = 17.00 m/s$

(d) $v - t$ 그래프에서 직선식이고, 직선기울기가 $4 m/s^2$이다.

(e) $v_f = v_i + at$ 에서 알 수 있듯이 등가속도의 값을 알면 모든 시간에 대해 속도를 알 수 있다. 따라서 본 명제는 '참'이다.

14. (a) $a_x = -5.00 m/s^2$, $v_{xi} = 100 m/s$, $v_{xf} = 0$

$v_{xf} = v_{xi} + a_x t$에서 $t = \dfrac{v_{xf} - v_{xi}}{a_x} = \dfrac{0 - 100 m/s}{-5.00 m/s^2} = 20.0 s$

(b) $v_{xf}^2 = v_{xi}^2 + 2a_x(x_f - x_i)$에서

$x_f - x_i = \dfrac{v_{xf}^2 - v_{xi}^2}{2a_x} = \dfrac{0 - (100 m/s)^2}{2(-5.00 m/s^2)} = 1000 m$

따라서 활주로의 길이가 0.8km이므로 실제 착륙할 수 있는 거리가 1km이다.

(c) 활주로의 거리보다 착륙할 수 있는 거리가 더 크므로 전투기는 착륙할 수가 없다.

15. $x_f = x_i + v_{xi}t + \dfrac{1}{2}a_x t^2$ 에서

$$a_x = \frac{2(x_f - x_i - v_{xi}t)}{t^2}$$

$$\rightarrow \quad a_x = \frac{2\left[-5.00\,cm - 3.00\,cm - (12.0\,cm/s)(2.00\,s)\right]}{(2.00\,s)^2} = -16.0\,cm/s^2$$

16. 글라이더의 등가속도운동,

$$x_f = x_i + v_{xi} + \frac{1}{2}a_x t^2 \rightarrow l = 0 + v_i \Delta t_d + \frac{1}{2}a\Delta t_d^2 = v_d \Delta t_d$$

$$\therefore v_d = v_i + \frac{1}{2}a\Delta t_d$$

(a) 한가운데 지나는 속도 v_{hs} 일 때

$$v_{hs}^2 = v_i^2 + 2a\left(\frac{l}{2}\right) = v_i^2 + a v_d \Delta t_d$$

$$\therefore v_{hs} = \sqrt{v_i^2 + a v_d \Delta t_d}$$

이것은 $a = 0$ 인 경우라도 v_d 와 같지 않다.

(b) $v_{ht} = v_i + a\left(\dfrac{\Delta t_d}{2}\right) \leftrightarrow v_d = v_i + \dfrac{1}{2}a\Delta t_d$ 이므로

결과로부터 v_d 와 같다.

17. 코뿔소의 운동 상황을 두 가지로 분석해 보자.

1) $t_i = 0, \ v_i = 0; \ t = 10.0s, \ v_f = 8.00\,m/s$:

$$v_f = v_i + at \rightarrow a = \frac{v_f}{t} = \frac{8.00m/s}{10.0s} = 0.800\,m/s^2$$

2) $t_i = 0, \ v_i = 0; \ t = 10.0s, \ x_f = 50.0\,m$:

$$x_f = x_i + v_i t + \frac{1}{2}at^2 \rightarrow x_f = \frac{1}{2}at^2$$

$$a = \frac{2x_f}{t^2} = \frac{2(50.0m)}{(10.0s)^2} = 1.00\,m/s^2$$

두 운동 상황을 분석한 결과 가속도가 일치하지 않는다. 그러므로 이 상황으로 분석은 불가능하다.

18. (a) $\dfrac{12.4\,cm}{0.628\,s} = 19.7\,cm/s$

(b) 0.628+1.39=2.02s 와 0.628+1.39+0.431=2.45s

$$\frac{12.4cm}{0.431s} = 28.8\,cm/s , \quad t = \frac{2.02 + 2.45}{2} = 2.23\,s$$

따라서 $\dfrac{(28.8 - 19.7)\,cm/s}{(2.23 - 0.314)\,s} = 4.70\,cm/s^2$

(c) A와 B 사이의 거리는 사용하지 않지만 글라이더의 길이는 알려진 시간 간격 동안 평균 속도를 찾는데 사용된다.

19. $v_{xf} = v_{xi} + a_x t$

이때 $v_{xi} = v_{xf} - a_x t$이므로 $x_f - x_i = \dfrac{1}{2}(v_{xi} + v_{xf}) = \dfrac{1}{2}(v_{xf} - a_x t + v_{xf})$

따라서 $x_f - x_i = v_{xf} t + \dfrac{1}{2} a_x t^2$

20. (a) 첫 번째 자동차에서

$$v_1 = v_{1i} + a_1 t = -3.50\,cm/s + (2.40\,cm/s^2)t$$

두 번째 자동차에서

$$v_2 = v_{2i} + a_2 t = +5.5\,cm/s + 0$$

따라서 $-3.50 + (2.40)t = 5.5 \;\rightarrow\; t = \dfrac{9.00}{2.40} = 3.75\,(s)$

(b) 첫 번째 자동차의 속력 $v_1 = v_{1i} + a_1 t = -3.50 + 2.40 \times 3.75 = 5.50\,(cm/s)$

그리고 두 번째 차의 속력은 일정한 속력을 갖는다.

(c) $x_1 = x_{1i} + v_{1i} + \dfrac{1}{2} a_1 t^2 = 15.0 - (3.50)t + \dfrac{1}{2}(2.40)t^2$

$x_2 = 10.0 + (5.50)t$

따라서 $15.0 - (3.50)t + \dfrac{1}{2}(2.40)t^2 = 10.0 + 5.50t$

위의 식을 정리하면 $(1.20)t^2 - (9.00)t + 5.00 = 0$

$$t = \frac{9 \pm \sqrt{9^2 - 4(1.2)(5)}}{2(1.2)} = \frac{9 \pm \sqrt{57}}{2.4} = 6.90\,(s) \text{ 또는 } 0.604\,(s)$$

(d) $t = 0.604\,s$일 때

$$x_{1,2} = 10.0 + (5.50)(0.604) = 13.3\,(cm)$$

$t = 6.90\,s$일 때

$$x_{1,2} = 10.0 + (5.50)(6.90) = 47.9\,(cm)$$

(e) 차는 처음에 서로를 향해 움직인다. 그래서 그들은 속력이 같고 같은 위치 x에 도착한다. 가속 차는 주행하는 차를 따라잡지만, 더 빠른 속도로 통과시켜, (c)에 대한 답이 아닌 다른 답을 줄 것이다.

21. (a) 기둥 #1을 기준으로 기둥 #2와 기둥 #3의 위치는 다음과 같다.

$x_2 = x_1 + v_1 t_2 + \dfrac{1}{2} a t_2^2 = v_1 t_2 + \dfrac{1}{2} a t_2^2$

$x_3 = x_1 + v_1 t_3 + \dfrac{1}{2} a t_3^2 = v_1 t_3 + \dfrac{1}{2} a t_3^2$

위의 두 식을 연립하여 a에 관해 정리하자.

$$a = \frac{2(x_3 t_2 - x_2 t_3)}{t_3^2 t_2 - t_2^2 t_3} = \frac{2[(80.0m)(10.0s) - (40.0m)(25.0s)]}{(25.0s)^2(10.0s) - (10.0s)^2(25.0s)} = -0.107\,m/s^2$$

(b) $x_2 = v_1 t_2 + \frac{1}{2} a t_2^2$ 에서

$$v_1 = \frac{x_2 - \frac{1}{2} a t_2^2}{t_2} = \frac{40.0m - \frac{1}{2}(-0.107m/s^2)(10.0s)^2}{10.0s} = 4.53m/s$$

(c) $v_f^2 = v_1^2 + 2a x_f$ 에서

$$x_f = \frac{v_f^2 - v_1^2}{2a} = \frac{0 - (4.53m/s)^2}{2(-0.107m/s^2)} = 96.3m$$

왜냐하면 네 번째 기둥은 $x = 120m$ 이고, 마지막 기둥은 기둥 #3이다.

2.7 자유 낙하 물체

22. $v_i = 0$, $g = 9.80m/s^2$ 일 때 지폐가 자유 낙하한다면, 평균적으로 사람이 반응하는 시간은 약 $0.20s$ 이므로

$$\Delta y = 0 - \frac{1}{2}(9.80m/s^2)(0.20s)^2 = -0.20\,m$$

따라서 지폐의 중심부위까지 거리가 $8\,cm$ 정도이기 때문에 낙하거리가 더 내려왔기 때문에 평균 반응시간으로 지폐를 잡아야 하지만, 일반적인 반응 시간으로 그림에서 보는 것처럼 지폐의 중심부분을 잡기가 어렵다.

23. (a) (b) 성벽의 꼭대기로 연직 위로 던진 돌멩이의 속력은
$v_f^2 = v_i^2 + 2a(y_f - y_i)$

$\quad = (7.40m/s)^2 - 2(9.80m/s^2)(3.65m - 1.55m) = 13.6m^2/s^2$

$\qquad \therefore v_f = 3.69m/s$

그래서 돌멩이는 v_f의 속력으로 성벽 꼭대기에 도달한다.

(c) 처음 속력으로 성벽 꼭대기에서 아래로 던지면
$v_f^2 = v_i^2 + 2a(y_f - y_i)$

$\quad = (-7.40m/s)^2 - 2(9.80m/s^2)(1.55m - 3.65m) = 95.9m^2/s^2$

$\qquad \therefore v_f = -9.79m/s$

속력의 변화는
$|9.79m/s - 7.40m/s| = 2.39m/s$

(d) $|7.40m/s - 3.69m/s| = 3.71m/s$

따라서 속력 변화가 같지 않다.

(e) 위로 올라가는 돌멩이의 평균속력이 아래로 떨어지는 돌멩이보다 작기 때문에 비행에 더 많은 시간을 보낸다. 그래서 돌멩이는 속력이 변화될 시간이 더 많다.

24. 헬리콥터의 높이 $y = h = 3.00 t^3$

$t = 2.00s$ 일 때 $y = 3.00(2.00s)^3 = 24.0\,m$

$$v_y = \frac{dy}{dt} = 9.00\,t^2 = 36.0\,m/s$$

우편 행랑 운동 식은 $y_f = y_i + v_i t + \frac{1}{2}a t^2 = (24.0m) + (36.0m/s)t - (4.90m/s^2)t^2$

지상에 도달하면 $y_f = 0$ 이므로

$$\therefore 4.90\,t^2 - 36.0\,t - 24.0 = 0$$

근의 공식에 의해 $t = \dfrac{36.0 \pm \sqrt{(-36.0)^2 - 4(4.90)(-24.0)}}{2(4.90)}$

$$\therefore t = 7.96\,s$$

25. $y_f = y_i + v_i t - \frac{1}{2}g t^2$ 에서

$-(15.0m - h) = -\frac{1}{2}g t^2 \quad \rightarrow \quad h = 15.0m - \frac{1}{2}g t^2$

또한 $h = (25m/s)t - \frac{1}{2}g t^2$

두 식이 같으므로 $15.0m - \frac{1}{2}g t^2 = (25m/s)t - \frac{1}{2}g t^2$

따라서 $t = \dfrac{15m}{25m/s} = 0.60s$

26. (a) 열쇠의 처음 속도를 구하기 위해 $y_f = y_i + v_{yi}t + \frac{1}{2}a_y t^2$

$$\rightarrow \quad v_{yi} = \frac{y_f - y_i - \frac{1}{2}a_y t^2}{t} = \frac{4.00m - \frac{1}{2}(-9.8m/s^2)(1.50s)^2}{1.50s} = 10.0m/s$$

(b) 열쇠를 받기 직전 속도는 $v_{yf} = v_{yi} + a_y t$

따라서 $v_{yf} = 10.0m/s - (9.8m/s^2)(1.50s) = -4.68m/s$

27. (a) $\Delta y = v_i t + \frac{1}{2}a t^2 = h \quad \rightarrow \quad h = v_i t - \frac{1}{2}g t^2$

$$\therefore v_i = \frac{h + \frac{1}{2}g t^2}{t}$$

(b) $v = v_i + at \quad \rightarrow \quad v = \left(\frac{h}{t} + \frac{gt}{2}\right) - gt$

$$\therefore v = \frac{h}{t} - \frac{gt}{2}$$

28. (a) $v_{yf}^2 = v_{yi}^2 + 2a_y(y_f - y_i)$ 에서

$$0 = v_{yi}^2 - 2g(y_f - 0) \quad \rightarrow \quad y_f = \frac{v_{yi}^2}{2g} = \frac{(20.0m/s)^2}{2(9.80m/s^2)} = 20.4m$$

따라서 계산된 값으로 볼 때, 공범으로 추정되는 사람이 상자를 잡는 창문 바닥보다 높은 높

이에서 상자를 공범에게 던지는 행동이 가능하기 때문이다.

(b) 딱히 답을 정할 수는 없을 것 같다. 이유는 신체적으로 허약하거나, 던져도 정확성이 떨어진다거나 하는 다양한 의견으로 나올 수 있기 때문이다.

추가문제

29(35). (a) $v^2 = v_i^2 + 2a\Delta y$에서

$$v = \sqrt{v_0^2 + 2a(\Delta y)} = \sqrt{0 + 2(4000m/s^2)(2.00 \times 10^{-3}m)} = 4.00m/s$$

(b) $t = \dfrac{v - v_0}{a} = \dfrac{4.00m/s - 0}{4000m/s^2} = 1.00 \times 10^{-3}s = 1.00ms$

(c) $\Delta y = \dfrac{v_f^2 - v_i^2}{2a} = \dfrac{0 - (4.00m/s)^2}{2(-9.80m/s^2)} = 0.816m$

30(44). (a) $t_{b,1} = \dfrac{v_{b,\max} - 0}{a_b} = \dfrac{29.0\,mi/h}{13.0\,mi/h \cdot s} = 1.54\,s$

자전거

$$\Delta x_b = \frac{1}{2}a_b t_{b,1}^2 + v_{b,\max}(t - t_{b,1}) = \left(\frac{1.47ft/s}{1\,mi/h}\right)\left[\frac{1}{2}\left(13.0\frac{mi/h}{s}\right)(1.54s)^2 + (20.0mi/h)(t - 1.54s)\right]$$
$$= (29.4\,ft/s)t - 22.6\,ft$$

자동차

$$\Delta x_c = \frac{1}{2}a_c t^2 = \left(\frac{1.47ft/s}{1\,mi/h}\right)\left[\frac{1}{2}\left(9.00\frac{mi/h}{s}\right)t^2\right] = (6.62\,ft/s^2)t^2$$

따라서 $\Delta x_c = \Delta x_b$

$$(6.62\,ft/s^2)t^2 = (29.4\,ft/s)t - 22.6\,ft$$

$$\therefore\ t^2 - (4.44s)t + 3.42s^2 = 0 \quad \rightarrow \quad t > t_{b,1}\text{이므로}\ t = 3.45\,s$$

(b) $v_c = v_{b,\max} = 20.0\,mi/h$

$$t = \frac{v_{b,\max}}{a_c} = \frac{20.0mi/h}{9.00mi/h \cdot s} = 2.22\,s$$

이때 $(\Delta x_b - \Delta x_c)_{\max} = [(29.4\,ft/s)(2.22s) - 22.6\,ft] - [(6.62\,ft/s^2)(2.22s)^2]$
$$= 10.0\,ft$$

3장 벡터

3.1 좌표계

1. (a) $d = \sqrt{(x_2 - x_1)^2 + (y_2 - y_1)^2} = \sqrt{(2.00 - [-3.00])^2 + (-4.00 - 3.00)^2}$

   $\therefore d = \sqrt{25.0 + 49.0} = 8.60\,m$

   (b) $r_1 = \sqrt{(2.00)^2 + (-4.00)^2} = \sqrt{20.0} = 4.47\,m$

   $\theta_1 = \tan^{-1}\left(-\dfrac{4.00}{2.00}\right) = -63.4\,°$

   $r_2 = \sqrt{(-3.00)^2 + (3.00)^2} = \sqrt{18.0} = 4.24\,m$

   $\theta_2 = 135\,°$

2. (a) $x = r\cos\theta,\ y = r\sin\theta$

   $x_1 = (2.50m)\cos 30.0\,°,\ y_1 = (2.50m)\sin 30.0\,°$

   $\therefore (x_1,\ y_1) = (2.17,\ 1.25)\,m$

   $x_2 = (3.80m)\cos 120\,°,\ y_2 = (3.80m)\sin 120\,°$

   $\therefore (x_2,\ y_2) = (-1.90, 3.29)\,m$

   (b) $d = \sqrt{(\varDelta x)^2 + (\varDelta y)^2} = \sqrt{4.07^2 + 2.04^2}\,m = 4.55\,m$

3. (a) 극좌표 $(r = 4.30\,cm,\ \theta = 214\,°)$에서

   $(4.30\,cm,\ 214\,°) \rightarrow (x,\ y) = (-3.56cm,\ -2.40cm)$

   (b) $(3.56cm,\ -2.40cm) \rightarrow (4.30\,cm,\ -34.0\,°)$

   (c) $(7.12cm,\ 4.80cm) \rightarrow (8.60\,cm,\ 34.0\,°)$

   (d) $(-10.7cm, 7.21cm) \rightarrow (12.9\,cm,\ 146\,°)$

4. $r = \sqrt{x^2 + y^2},\ \theta = \tan^{-1}\left(\dfrac{y}{x}\right)$라 하자.

   (a) $(-x,\ y)$의 극좌표는

   $\sqrt{(-x)^2 + y^2} = \sqrt{x^2 + y^2} = r,\ \tan^{-1}\left(\dfrac{y}{-x}\right) = 180\,° - \theta$

   (b) $(-2x,\ -2y)$의 극좌표는

   $\sqrt{(-2x)^2 + (-2y)^2} = 2r,\ \tan^{-1}\left(\dfrac{-2y}{-2x}\right) = 180\,° + \theta$

   (c) $(3x,\ -3y)$의 극좌표는

   $\sqrt{(3x)^2 + (-3y)^2} = 3r,\ \tan^{-1}\left(\dfrac{-3y}{3x}\right) = -\theta$ 또는 $360\,° - \theta$

3.2 벡터양과 스칼라양

5. 예를 들면 그림과 같이 반지름이 $5m$인 반원인 경로를 따라 스케이팅하는 그림에서 설명하자.

이때 AC위에 원점을 잡을 때, 실제 이동 경로가 원점을 통과한 변위벡터 크기보다 작을 수는 없다.

그림에서 변위인 $\vec{d}$의 크기는 원의 지름으로 $|\vec{d}| = 10m$,

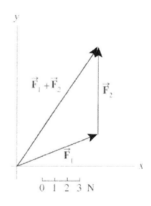

이동 경로인 반원의 둘레 길이 $s = \frac{1}{2}(2\pi r) = \pi r = 15.7\,m$

즉, 이동거리가 변위의 크기보다 크다. 결과적으로 이 상황은 불가능하다.

3.3 기본적인 벡터 연산

6. $\vec{A} = (0,\ 29), +y$방향 , $\vec{R} = (0,\ -14), -y$방향

  따라서 벡터의 성분으로 계산하면

$\vec{B} = \vec{R} - \vec{A} = (0,\ -14) - (0,\ 29) = (0,\ -43)$

$\vec{B}$의 크기는 43단위이고 방향은 $-y$방향이다.

7. 두 벡터의 합은 그래프로 나타내고,

$\vec{F_1} + \vec{F_2}$의 크기와 방향은 그래프를 참고하여

크기는 $|\vec{F_1} + \vec{F_2}| = \sqrt{(6.00)^2 + (5.00)^2} = 9.5\,N$,

방향은 x축을 기준으로 $57°$이다.

8. 여러 가능한 방법에 대한 덧셈 도표

(a) $\vec{R_1} = \vec{A} + \vec{B} + \vec{C}$, $\vec{R_2} = \vec{B} + \vec{C} + \vec{A}$, $\vec{R_3} = \vec{C} + \vec{A} + \vec{B}$

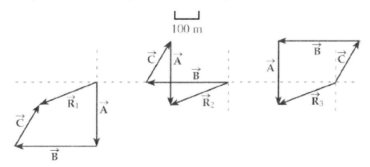

(b) 위의 3가지 벡터의 덧셈에 대한 벡터는 모두 같다. 즉, 교환법칙이 성립된다.

9. 문제의 그림에 대한 그래프를 이용해서 푼다.
눈금 크기는 1단위=0.5m 이다.
$|\vec{A}| = |\vec{B}| = 3.00m$, $\theta = 30°$

(a) $\vec{A} + \vec{B} = \sqrt{(3.00)^2 + (3.00)^2} = 5.2m$, 방향 $\theta = 60°$

(b) $\vec{A} - \vec{B} = 3.0m$, 방향 $\theta = 330°$

(c) $\vec{B} - \vec{A} = 3.0m$, 방향 $\theta = 150°$

(d) $\vec{A} - 2\vec{B} = 5.2m$, 방향 $\theta = 300°$

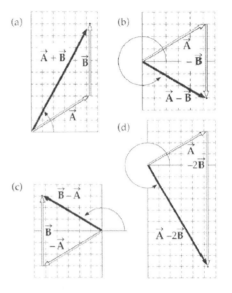

10. 아래 그림과 같이 나타낸다.

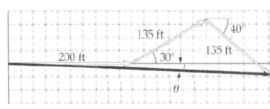

(Scale: 1unit = 20 ft)

크기, $d = 420\,ft$, 방향, $\theta = -3°$

3.4. 벡터의 성분과 단위 벡터

11. (a) 캠핑카 운전자는 이 요구 사항을 충족시킬 수 있다.
(b) $v \cos 8.50° \geq 28m/s$

$$\therefore v \geq \frac{28.0\,m/s}{\cos 8.50°} = 28.3\,m/s$$

12. 두 번째 걸어간 거리는
북쪽으로 $(3.10\,km)\sin 25.0° = 1.31\,km$, 동쪽으로 $(3.10\,km)\cos 25.0° = 2..81\,km$

13. $\vec{d_1} = (-3.50m)\hat{j}$

$\vec{d_2} = (8.20m)\cos 45.0\hat{i} + (8.20m)\sin 45.0\hat{j} = (5.80m)\hat{i} + (5.80m)\hat{j}$

$\vec{d_3} = (-15.0m)\hat{i}$

합 변위는 $\vec{R} = \vec{d_1} + \vec{d_2} + \vec{d_3} = (-15.0m + 5.80m)\vec{i} + (5.80m - 3.50m)\vec{j}$

$\qquad = (-9.20m)\hat{i} + (2.30m)\hat{j}$

크기 $|\vec{R}| = \sqrt{R_x^2 + R_y^2} = \sqrt{(-9.20m)^2 + (2.30m)^2} = 9.48m$

방향 $\theta = \tan^{-1}\left(\dfrac{R_y}{R_x}\right) = \tan^{-1}\left(\dfrac{2.30m}{-9.20m}\right) = 166°$

14. (a) 그림으로 표현

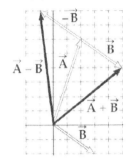

(b) $\vec{C} = \vec{A} + \vec{B} = 2.00\,i + 6.00\,j + 3.00\,i - 2.00\,j = 5.00\,i + 4.00\,j$

$\qquad \vec{D} = \vec{A} - \vec{B} = 2.00\,i + 6.00\,j - 3.00\,i + 2.00\,j = -1.00\,i + 8.00\,j$

(c) $\vec{C} = \sqrt{25.0 + 16.0}$, $\tan^{-1}\left(\dfrac{4}{5}\right) \rightarrow 6.40,\ 38.7°$

$\qquad \vec{D} = \sqrt{(-1.00)^2 + (8.00)^2}$, $\tan^{-1}\left(\dfrac{8.00}{-1.00}\right) = 97.2°$

$\qquad \vec{D} = 8.06,\ (180° - 82.9°) = 8.06,\ 97.2°$

15. (a) $\vec{F} = \vec{F_1} + \vec{F_2} = 120\cos(60.0°)i + 120\sin(60.0°)j$

$\qquad\qquad\qquad\quad + 80.0\cos(75.0°)i + 80.0\sin(75.0°)j$

$\therefore \vec{F} = 60.0\,i + 104\,j - 20.7\,i + 77.3\,j = (39.3\,i + 181\,j)N$

따라서 크기 $|\vec{F}| = \sqrt{39.3^2 + 181^2}\,N = 185\,N$, 방향 $\theta = \tan^{-1}\left(\dfrac{181}{39.3}\right) = 77.8°$

(b) $\vec{F_3} = -\vec{F} = (-39.3\,i - 181\,j)N$

16. 그림의 눈의 변위 방향은 $90.0° + 35.0° + 16.0° = 141°$

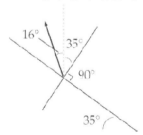

(a) 최대 변위의 표면에 평행한 경우

$\quad (1.50m)\cos 141° = -1.17\,m$, 또는 언덕의 꼭대기를 향하는 경우는 $+1.17\,m$

(b) 표면에 수직인 경우

$$(1.50m)\sin 141° = 0.944m$$

17. (a) 세 벡터의 합, $\vec{D} = \vec{A} + \vec{B} + \vec{C} = 6\boldsymbol{i} - 2\boldsymbol{j}$

$$|\vec{D}| = \sqrt{6^2 + 2^2} = 6.32m, \; \theta = 342°$$

(b) 다시 세 벡터의 성분을 이용하면

$$\vec{E} = -\vec{A} - \vec{B} + \vec{C} = -2\boldsymbol{i} + 12\boldsymbol{j}$$

$$|\vec{E}| = \sqrt{2^2 + 12^2} = 12.2m. \; \theta = 99.5°$$

18. $\quad \vec{A} = -8.70\boldsymbol{i} + 15.0\boldsymbol{j}$

$$\vec{B} = 13.2\boldsymbol{i} - 6.60\boldsymbol{j}$$

$$\vec{A} - \vec{B} + 3\vec{C} = 0$$

$$\therefore 3\vec{C} = \vec{B} - \vec{A} = 21.9\boldsymbol{i} - 21.6\boldsymbol{j} \quad \text{에서}$$

$$\vec{C} = 7.30\boldsymbol{i} - 7.20\boldsymbol{j} \quad \text{또는} \; C_x = 7.30cm \, ; \, C_y = -7.20cm$$

19. (a) $\vec{A} = 8.00\boldsymbol{i} + 12.0\boldsymbol{j} - 4.00\boldsymbol{k}$

(b) $\vec{B} = \dfrac{\vec{A}}{4} = 2.00\boldsymbol{i} + 3.00\boldsymbol{j} - 1.00\boldsymbol{k}$

(c) $\vec{C} = -3\vec{A} = -24.0\boldsymbol{i} - 36.0\boldsymbol{j} + 12.0\boldsymbol{k}$

20. $\vec{A} = (3\boldsymbol{i} - 4\boldsymbol{j} + 4\boldsymbol{k})m$, $\vec{B} = (2\boldsymbol{i} + 3\boldsymbol{j} - 7\boldsymbol{k})m$ 일 때

(a) $\vec{C} = \vec{A} + \vec{B} = (5.00\boldsymbol{i} - 1.00\boldsymbol{j} - 3.00\boldsymbol{k})m$

$$|\vec{C}| = \sqrt{(5.00m)^2 + (1.00m)^2 + (3.00m)^2} = 5.92m$$

(b) $\vec{D} = 2\vec{A} - \vec{B} = (4.00\boldsymbol{i} - 11.0\boldsymbol{j} + 15.0\boldsymbol{k})m$

$$|\vec{D}| = \sqrt{(4.00m)^2 + (11.0m)^2 + (15.0m)^2} = 19.0m$$

21. (a) $\vec{A} = -3.00\boldsymbol{i} + 2.00\boldsymbol{j}$

(b) $|\vec{A}| = \sqrt{(-3.00)^2 + (2.00)^2} = 3.61$

$$\theta = \tan^{-1}\left(\frac{A_y}{A_x}\right) = \tan^{-1}\left(\frac{2.00}{-3.00}\right) = -33.7°$$

θ는 2사분면에 있으므로 $\theta = 180° + (-33.7°) = 146°$

(c) $\vec{R} = \vec{A} + \vec{B} = -4.00\boldsymbol{j}$ 에서

$$\vec{B} = \vec{R} - \vec{A} = [0 - (-3.00)]\boldsymbol{i} + [-4.00 - 2.00]\boldsymbol{j}$$

$$= 3.00\boldsymbol{i} - 6.00\boldsymbol{j}$$

22. (a) 각 벡터들의 x성분과 y성분을 구하면

$$A_x = (20.0단위)\cos 90° = 0$$

$$A_y = (20.0단위)\sin 90° = 20.0단위$$

$$B_x = (40.0단위)\cos 45° = 28.3단위$$

$$B_y = (40.0단위)\sin 45° = 28.3단위$$

$$C_x = (30.0단위)\cos 315° = 21.2단위$$

$$C_y = (30.0단위)\sin 315° = -21.2단위$$

성분별로 더하면,

$$R_x = A_x + B_x + C_x = (0 + 28.3 + 21.2)단위 = 49.5단위$$

$$R_y = A_y + B_y + C_y = (20 + 28.3 - 21.2)단위 = 27.1단위$$

따라서 $\vec{R} = 49.5\boldsymbol{i} + 27.1\boldsymbol{j}$

(b) $|\vec{R}| = \sqrt{(49.5)^2 + (27.1)^2} = 56.4$

$$\theta = \tan^{-1}\left(\frac{R_x}{R_y}\right) = \tan^{-1}\left(\frac{27.1}{49.5}\right) = 28.7°$$

23. (a) 두 성분으로 나눈 두 방정식을 표현:

$$6.00\,a - 8.00\,b + 26.0 = 0 \quad \cdots \quad ①$$

$$-8.00\,a + 3.00\,b + 19.0 = 0 \quad \cdots \quad ②$$

①에서 $a = 1.33\,b - 4.33 \quad \cdots \quad ③ \quad \rightarrow \quad$ ②에 대입

$$-8(1.33\,b - 4.33) + 3b + 19 = 0 \rightarrow 7.67\,b = 53.67 \rightarrow b = 7.00$$

또 $a = 1.33(7.00) - 4.33 = 5.00$

따라서 $5.00\,\vec{A} + 7.00\,\vec{B} + \vec{C} = 0$

(b) 벡터에는 각 성분을 갖고 있기 때문에 성분별로 정리해서 a, b를 구한다.

따라서 벡터 식은 하나이지만 이식에 성분이 두 개이므로 결국 두 식이 생기므로 수학적 연립에 의해 해결이 가능하다.

24. $\vec{B} = 4.00\boldsymbol{i} + 6.00\boldsymbol{j} + 3.00\boldsymbol{k}$

(a) $|\vec{B}| = \sqrt{4.00^2 + 6.00^2 + 3.00^2} = 7.81$

(b) x축과 이루는 각도 $\alpha = \cos^{-1}\left(\frac{4.00}{7.81}\right) = 59.2°$

y축과 이루는 각도 $\beta = \cos^{-1}\left(\frac{6.00}{7.81}\right) = 39.8°$

z축과 이루는 각도 $\gamma = \cos^{-1}\left(\frac{3.00}{7.81}\right) = 67.4°$

25. 허리케인의 첫 번째 변위는 북서쪽 $60°$로 $(41.0\,km/h)(3.00h)$

두 번째 변위는 북쪽으로 $(25.0\,km/h)(1.50h)$, 이때 동쪽 $\hat{i}$, 북쪽 $\hat{j}$라 할 때, 두 변위의 합은

$$[(41.0\,km/h)\cos 60.0°](3.00h)(-\hat{i}) + [(41.0\,km/h)\sin 60.0°](3.00h)\hat{j} + (25.0\,km/h)(1.50h)\hat{j}$$

$$= 61.5\,km(-\hat{i}) + 144\,km\,\hat{j}$$

크기는 $\sqrt{(61.5km)^2 + (144km)^2} = 157km$

26. (a) $\vec{d} = (4.80\hat{i} + 4.80\hat{j})cm + (3.70\hat{j} - 3.70\hat{k})cm = (4.80\hat{i} + 8.50\hat{j} - 3.70\hat{k})\,cm$

크기 $d = \sqrt{(4.80)^2 + (8.50)^2 + (-3.70)^2}\,cm = 10.4\,cm$

(b) $\cos\theta = \dfrac{8.50}{10.4} \to \theta = \cos^{-1}\left(\dfrac{8.50}{10.4}\right) = 35.5°$

27. $t = 30.0s$일 때, 위치 $x = 8.04 \times 10^3$　　$\therefore v_i = \dfrac{8.040m}{30s} = 268m/s$

$\vec{P} = (268m/s)\,t\hat{i} + (7.60 \times 10^3\,m)\hat{j}$

$t = 45.0s$일 때, $\vec{P} = (1.21 \times 10^4\hat{i} + 7.60 \times 10^3\hat{j})m$,

크기 $|\vec{P}| = \sqrt{(1.21 \times 10^4)^2 + (7.60 \times 10^3)^2}\,m = 1.43 \times 10^4\,m$

방향 $\theta = \tan^{-1}\left(\dfrac{7.60 \times 10^3}{1.21 \times 10^4}\right) = 32.2°$

28. 카트가 이동된 변위를 합하면
$\vec{d} = (8.00m)\hat{i} + (4.00m)\hat{j} + (4.00m)\hat{i} = (12.00m)\hat{i} + (3.00m)\hat{j}$

크기 $d = \sqrt{(12.00m)^2 + (3.00m)^2} = 12.4m$

따라서 결과의 크기는 5.00m 보다 크다. 이 상황은 불가능하다.

추가문제

29. $\vec{A} + \vec{B} = \vec{R} \to (A_x\hat{i} + A_y\hat{j}) + (B_x\hat{i} + B_y\hat{j}) = R_x\hat{i} + R_y\hat{j}$

성분별로 표현하면

$25.0\,km + B_x = 0 \to B_x = -25.0\,km$

$50.0\,km + B_y = 200\,km \to B_y = 150\,km$

방향 $\tan\theta = \dfrac{B_x}{B_y} = \dfrac{25.0km}{150km} = 0.167 \to \theta = 9.46°$　(북서쪽)

30. $\vec{d_1} = 100\hat{i}\,m$, $\vec{d_2} = -300\hat{j}\,m$

$\vec{d_3} = (-150\cos30°)\hat{i}\,m + (-150\sin30°)\hat{j}\,m = (-130\hat{i} - 75\hat{j})m$

$\vec{d_4} = (-200\cos60°)\hat{i}\,m + (200\sin60°)\hat{j}\,m = (-100\hat{i} + 173\hat{j})m$

성분별로 합하면 다음과 같다.

$R_x = d_{1x} + d_{2x} + d_{3x} + d_{4x} = (100 + 0 - 130 - 100)m = -130m$

$R_y = d_{1y} + d_{2y} + d_{3y} + d_{4y} = (0 - 300 - 75 + 173)m = -202m$

$\therefore \vec{R} = (-130\hat{i} - 202\hat{j})m$

크기 $|\vec{R}| = \sqrt{(-130)^2 + (-202)^2} = 240m$

방향 $\phi = \tan^{-1}\left(\dfrac{R_y}{R_x}\right) = \tan^{-1}\left(\dfrac{-202}{-130}\right) = 57.2°$

따라서 $\theta = 180° + \phi = 237°$

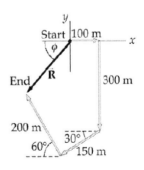

4장 이차원에서의 운동

4.1 위치, 속도 그리고 가속도 벡터

1. (a) $\vec{v}_{avg} = \left(\dfrac{x(4.00) - x(2.00)}{4.00s - 2.00s}\right)\boldsymbol{i} + \left(\dfrac{y(4.00) - y(2.00)}{4.00s - 2.00s}\right)\boldsymbol{j}$

$\qquad\quad = \left(\dfrac{5.00m - 3.00m}{2.00s}\right)\boldsymbol{i} + \left(\dfrac{3.00m - 1.50m}{2.00s}\right)\boldsymbol{j}$

$\qquad\quad \vec{v}_{avg} = (1.00\boldsymbol{i} + 0.75\boldsymbol{j})\,m/s$

(b) $v_x = \dfrac{dx}{dt} = a = 1.00\,m/s, \ v_y = \dfrac{dy}{dt} = 2ct = (0.250m/s^2)t$

$\vec{v} = v_x\boldsymbol{i} + v_y\boldsymbol{j} = (1.00\,m/s)\boldsymbol{i} + (0.250\,m/s^2)t\,\boldsymbol{j}$이므로

속도 $\vec{v}_{t=2.00s} = (1.00m/s)\boldsymbol{i} + (0.500m/s)\boldsymbol{j}$

속력 $|\vec{v}_{t=2.00s}| = \sqrt{(1.00m/s)^2 + (0.500m/s)^2} = 1.12m/s$

2. xy 평면에서 물체의 좌표가 $x = -5.00\sin\omega t$, $y = 4.00 - 5.00\cos\omega t$로 변한다.

(a) $v_x = \dfrac{dx}{dt} = \left(\dfrac{d}{dt}\right)(-5.00\sin\omega t) = -5.00\omega\cos\omega t$

$v_y = \dfrac{dy}{dt} = \left(\dfrac{d}{dt}\right)(4.00 - 5.00\cos\omega t) = 0 + 5.00\omega\sin\omega t$

따라서 $t = 0$에서 속도 $\vec{v} = (-5.00\omega\cos 0)\boldsymbol{i} + (5.00\omega\sin 0)\boldsymbol{j} = -5.00\omega\,\boldsymbol{i}\,m/s$

(b) $a_x = \dfrac{dv_x}{dt} = \dfrac{d}{dt}(-5.00\omega\cos\omega t) = +5.00\omega^2\sin\omega t$

$a_y = \dfrac{dv_y}{dt} = \dfrac{d}{dt}(5.00\omega\sin\omega t) = 5.00\omega^2\cos\omega t$

$t = 0$일 때 $\vec{a} = (5.00\omega^2\sin 0)\boldsymbol{i} + (5.00\omega^2\cos 0)\boldsymbol{j} = 5.00\omega^2\,\boldsymbol{j}\,m/s^2$

(c) $\vec{r} = (4.00m)\boldsymbol{j} + (5.00m)(-\sin\omega t\,\boldsymbol{i} - \cos\omega t\,\boldsymbol{j})$

$\vec{v} = (5.00m)\omega[-\cos\omega t\,\boldsymbol{i} + \sin\omega t\,\boldsymbol{j}]$

$\vec{a} = (5.00m)\omega^2[\sin\omega t\,\boldsymbol{i} + \cos\omega t\,\boldsymbol{j}]$

(d) 중심 $(0, 4.00m)$에서 반지름 $5.00m$인 원운동을 한다.

4.2 이차원 등가속도 운동

3. (a) $\vec{v} = \dfrac{d\vec{r}}{dt} = \dfrac{d}{dt}(3.00\boldsymbol{i} - 6.00t^2\boldsymbol{j}) = -12.0t\,\boldsymbol{j}\,m/s$

(b) $\vec{a} = \dfrac{d\vec{v}}{dt} = \dfrac{d}{dt}(-12.0t\,\boldsymbol{j}) = -12.0\,\boldsymbol{j}\,m/s^2$

(c) $t = 1.00\,s$에서 $\vec{r} = (3.00\boldsymbol{i} - 6.00\boldsymbol{j})m$, $\vec{v} = -12.0\,\boldsymbol{j}\,m/s$

4. (a) $x_f = x_i + v_{xi}t + \frac{1}{2}a_x t^2$ 에서

$0.01 = 0 + (1.80 \times 10^7 m/s)t + \frac{1}{2}(8 \times 10^{14} m/s^2)t^2$

$(4 \times 10^{14} m/s^2)t^2 + (1.80 \times 10^7 m/s)t - 10^{-2}m = 0$
근의 공식에 의해 t를 구하자.

$$t = \frac{-1.8 \times 10^7 \pm 1.84 \times 10^7 m/s}{8 \times 10^{14} m/s^2} = 5.49 \times 10^{-10} s$$

따라서 $y_f = y_i + v_{yi}t + \frac{1}{2}a_y t^2$ 에서

$$y_f = \frac{1}{2}(1.6 \times 10^{15} m/s^2)(5.49 \times 10^{-10} s)^2 = 2.41 \times 10^{-4} m$$

$$\therefore \vec{r_f} = (10.0\hat{i} + 0.241\hat{j})mm$$

(b) $\vec{v_f} = \vec{v_i} + \vec{a}t$ 에서

$\vec{v_f} = 1.80 \times 10^7 \hat{i} m/s + (8 \times 10^{14}\hat{i} m/s^2 + 1.6 \times 10^{15}\hat{j} m/s^2)(5.49 \times 10^{-10} s)$

$\quad = (1.84 \times 10^7 m/s)\hat{i} + (8.78 \times 10^5 m/s)\hat{j}$

(c) $|\vec{v_f}| = \sqrt{(1.84 \times 10^7)^2 + (8.78 \times 10^5)^2} = 1.85 \times 10^7 m/s$

(d) $\theta = \tan^{-1}\left(\frac{v_y}{v_x}\right) = \tan^{-1}\left(\frac{8.78 \times 10^5}{1.84 \times 10^7}\right) = 2.73°$

5. $\vec{r} = 29.0\cos95.0°\,\boldsymbol{i} + 29.0\sin95.0°\,\boldsymbol{j} = -2.53\boldsymbol{i} + 28.9\boldsymbol{j}$
$\quad \vec{v}_i = 4.50\cos40.0°\,\boldsymbol{i} + 4.50\sin40.0°\,\boldsymbol{j} = 3.45\boldsymbol{i} + 2.89\boldsymbol{j}$
$\quad \vec{a} = 1.90\cos200°\,\boldsymbol{i} + 1.90\sin200°\,\boldsymbol{j} = -1.79\boldsymbol{i} - 0.650\boldsymbol{j}$

(a) $\vec{v}_f = \vec{v}_i + \vec{a}t = (3.45 - 1.79t)\boldsymbol{i} + (2.89 - 0.650t)\boldsymbol{j}$

(b) $\vec{r}_f = \vec{r}_i + \vec{v}_i t + \frac{1}{2}\vec{a}t^2$

$\quad = (-2.53 + 3.45t + \frac{1}{2}(-1.79)t^2)\boldsymbol{i} + (28.9 + 2.89t + \frac{1}{2}(-0.650)t^2)\boldsymbol{j}$

$\quad = (-2.53 + 3.45t - 0.893t^2)\boldsymbol{i} + (28.9 + 2.89t - 0.325t^2)\boldsymbol{j}$

4.3 포물체 운동

6. $x_f = x_i + v_{xi}t + \frac{1}{2}a_x t^2 = 0 + v_{xi}t$

$\quad y_f = y_i + v_{yi}t + \frac{1}{2}at^2 = -0 + 0 - \frac{1}{2}gt^2 = -\frac{1}{2}gt^2$

(a) $-h = -\frac{1}{2}gt^2 \rightarrow t = \sqrt{\frac{2h}{g}}$

이때 $x_f = v_{xi}t$ 에서 $v_{xi} = \frac{d}{t} = d\sqrt{\frac{g}{2h}}$

(b) $v_{xf} = v_{xi}$ 이므로 $v_{yf} = v_{yi} + at = 0 - gt = -g\sqrt{\frac{2h}{g}} = -\sqrt{2gh}$

따라서 $\theta = \tan^{-1}\left(\dfrac{v_{yf}}{v_{xf}}\right) = \tan^{-1}\left(\dfrac{-\sqrt{2gh}}{d\sqrt{\dfrac{g}{2h}}}\right) = -\tan^{-1}\left(\dfrac{2h}{d}\right)$

7. 최고 높이에서 $v_y = 0$,

이 높이에서의 시간은 $v_{yf} = v_{yi} + a_y t \;\rightarrow\; t = \dfrac{v_{yf}-v_{yi}}{a_y} = \dfrac{0-v_{yi}}{-g} = \dfrac{v_{yi}}{g}$

$$(\Delta y)_{\max} = v_{y,avg}\,t = \left(\dfrac{v_{yf}+v_{yi}}{2}\right)t = \left(\dfrac{0+v_{yi}}{2}\right)\left(\dfrac{v_{yi}^2}{g}\right) = \dfrac{v_{yi}^2}{2g}$$

$$(\Delta y)_{\max} = 12\,ft\left(\dfrac{1m}{3.281\,ft}\right) = 3.66\,m$$

따라서 $v_{yi} = \sqrt{2g(\Delta y)_{\max}} = \sqrt{2(9.80\,m/s^2)(3.66m)} = 8.47\,m/s$

$\theta = 45°$ 이므로 $v_i = \dfrac{v_{yi}}{\sin\theta} = \dfrac{8.47\,m/s}{\sin45°} = 12.0\,m/s$

8. $h = \dfrac{v_i^2\sin^2\theta_i}{2g}$, $R = \dfrac{v_i^2(\sin2\theta_i)}{g}$

여기서 $3h = R$이므로 $\dfrac{3v_i^2\sin^2\theta_i}{2g} = \dfrac{v_i^2(\sin2\theta_i)}{g} \rightarrow \dfrac{2}{3} = \dfrac{\sin^2\theta_i}{\sin2\theta_i} = \dfrac{\tan\theta_i}{2}$

발사각 $\theta_i = \tan^{-1}\left(\dfrac{4}{3}\right) = 53.1°$

9. $v_{yf}^2 = v_{yi}^2 + 2a_y(y_f - y_i) \rightarrow 0 = v_{yi}^2 - 2g(h-0)$

$v_{yi} = \sqrt{2gh}$ 이므로

$v_{yf}^2 = 2gh + 2(-g)\left(\dfrac{1}{2}h-0\right) \rightarrow v_{yh} = \sqrt{gh}$

$v_x = \dfrac{1}{2}\sqrt{v_x^2 + v_{yh}^2} = \dfrac{1}{2}\sqrt{v_x^2 + gh}$ 이므로 $v_x = \sqrt{\dfrac{gh}{3}}$

처음 발사 각도 $\theta_i = \tan^{-1}\dfrac{v_{yi}}{v_x} = \tan^{-1}\dfrac{\sqrt{2gh}}{\sqrt{gh/3}} = \tan^{-1}\sqrt{6} = 67.8°$

10. (a) $R = h$이므로

$\dfrac{v_i^2\sin2\theta_i}{g} = \dfrac{v_i^2\sin^2\theta_i}{2g}$, 이때 $2\sin2\theta_i = \sin^2\theta_i \rightarrow 4\sin\theta_i\cos\theta_i = \sin^2\theta_i$

$\tan\theta_i = 4 \rightarrow \theta_i = \tan^{-1}(4) = 76.0°$

(b) $R = \dfrac{v_i^2\sin[2(76.0°)]}{g}$ 이고 $R_{\max} = \dfrac{v_i^2\sin[2(45.0°)]}{g} = \dfrac{v_i^2}{g}$

따라서 $R_{\max} = \dfrac{v_i^2\sin[2(76.0°)]}{g\sin[2(76.0°)]} = \dfrac{R}{\sin[2(76.0°)]} = 2.13\,R$

(c) g 영향을 받지 않으므로 다른 행성에서도 같다.

11. $x_f = v_{xi}t = (v_i\cos\theta_i)t$에서

$$t = \frac{d}{v_i\cos\theta_i}$$

물이 도달하는 건물 높이는 $y_f = v_{yi}t + \frac{1}{2}a_yt^2 = v_i\sin\theta_i\left(\frac{d}{v_i\cos\theta_i}\right) - \frac{g}{2}\left(\frac{d}{v_i\cos\theta_i}\right)^2$

$$\therefore\ h = y_f = d\tan\theta_i - \frac{gd^2}{2v_i^2\cos^2\theta_i}$$

12. $v_{yf}^2 = v_{yi}^2 + 2a_y(y_f - y_i)$에서

$\quad 0 = v_{yi}^2 + 2(-9.80m/s^2)(1.85 - 1.02)m \quad \therefore\ v_{yi} = 4.03m/s$

또한 $v_{yf}^2 = 0 + 2(-9.80m/s^2)(0.900 - 1.85)m \quad \therefore\ v_{yf} = -4.32m/s$

(a) $v_{yf} = v_{yi} + a_yt$에서

$\quad -4.32m/s = 4.03m/s + (-9.80m/s^2)t \quad \therefore\ t = 0.852s$

(b) $x = v_{xi}t$에서

$\quad 2.80m = v_{xi}(0.852s) \quad v_{xi} = 3.29m/s$

(c) $v_{yi} = 4.03m/s$

(d) $\theta = \tan^{-1}\left(\frac{v_{yi}}{v_{xi}}\right) = \tan^{-1}\left(\frac{4.03m/s}{3.29m/s}\right) = 50.8\,^\circ$

(e) $0 = v_{yi}^2 + 2(-9.80m/s^2)(2.50 - 1.20)m \quad \therefore\ v_{yi} = 5.04m/s$

또 $v_{yf}^2 = 0 + 2(-9.80m/s^2)(0.700 - 2.50)m \quad \therefore\ v_{yf} = -5.94m/s$

따라서 $-5.94m/s = 5.04m/s + (-9.80m/s^2)t \quad \therefore\ t = 1.12s$

13. (a) $x_i = 0.00m$, $y_i = 0.00m$

(b) $v_{xi} = 18.0m/s$, $v_{yi} = 0$

(c) $g = 9.80m/s^2$

(d) 수평운동의 가속도는 없다.

(e) $v_{xf} = v_{xi} + a_xt \quad \rightarrow \quad v_{xf} = v_{xi}$

(f) $v_{yf} = -\frac{1}{2}gt^2$

(g) $y_f = -\frac{1}{2}gt^2 = -h = -\frac{1}{2}gt^2 \quad \rightarrow \quad t = \sqrt{\frac{2h}{g}} = \sqrt{\frac{2(50.0m)}{9.80m/s^2}} = 3.19s$

(h) $v_{xf} = v_{xi} = 18.0m/s$

$\quad$ 수직성분 $v_{yf} = -gt = -g\sqrt{\frac{2h}{g}} = -\sqrt{2gh} = -\sqrt{2(9.80m/s^2)(50.0m)} = -31.3m/s$

따라서 $v_f = \sqrt{v_{xf}^2 + v_{yf}^2} = \sqrt{(18.0m/s)^2 + (-31.3m/s)^2} = 36.1m/s$

$\quad \theta_f = \tan^{-1}\left(\frac{v_{yf}}{v_{xf}}\right) = \tan^{-1}\left(\frac{-31.3}{18.0}\right) = -60.1\,^\circ$

14. (a) $v_{yf} = v_{yi} + a_y t$ 에서

$$t_{total} = \frac{v_{yf} - v_{yi}}{a_y} = \frac{-v_{yi} - v_{yi}}{-g} = \frac{2v_{yi}}{g} = \frac{2v_i \sin\theta_i}{g}$$

$$R = v_{xi} t_{total} = (v_i \cos\theta_i)\left(\frac{2v_i \sin\theta_i}{g}\right) = \frac{v_i^2 \sin 2\theta_i}{g}$$

$$\therefore v_i = \sqrt{\frac{Rg}{\sin 2\theta_i}} = \sqrt{\frac{(81.1m)(9.80m/s^2)}{\sin(90.0°)}} = 28.2m/s$$

(b) $t_{total} = \frac{2v_i \sin\theta_i}{g} = \frac{2(28.2m/s)\sin 45°}{9.80m/s^2} = 4.07s$

(c) $v_i = \sqrt{\dfrac{Rg}{\sin 2\theta_i}}$ 에서 수평거리가 같기 때문에 투사각이 증가하면 처음 속력이 증가되어야 한다.

15. 포물체의 위치

$$x_f = x_i + v_{xi} t + \frac{1}{2} a_x t^2 = (v_i \cos\theta)t$$

$$y_f = y_i + v_{yi} t + \frac{1}{2} a_y t^2 = h + (v_i \sin\theta)t + \frac{1}{2} gt^2$$

속도 성분:

$$v_{xf} = v_{xi} + a_x t = v_i \cos\theta, \quad v_{yf} = v_{yi} + a_y t = v_i \sin\theta - gt$$

(a) 물체가 최대 높이에 도달하면 $v_{yf} = 0$

$$v_{yf} = v_i \sin\theta - gt = 0 \rightarrow t = \frac{v_i \sin\theta}{g}$$

(b) $h_{max} = h + (v_i \sin\theta)t - \frac{1}{2}gt^2 = h + v_i \sin\theta \frac{v_i \sin\theta}{g} - \frac{1}{2}g\left(\frac{v_i \sin\theta}{g}\right)^2$

$$\therefore h_{max} = h + \frac{(v_i \sin\theta)^2}{2g}$$

16. $v_{yi} = v_i \sin\theta = -(4.00m/s)\sin 60.0° = -3.46m/s$

$$y_f = y_i + v_{yi} t + \frac{1}{2} a_y t^2 = h + (v_i \sin\theta)t - \frac{1}{2}gt^2$$

$$= 2.50 - 3.46t - 4.90t^2$$

물의 표면을 $y = 0$ 이라 하면 $4.90t^2 + 3.46t - 2.50 = 0$

근의 공식으로 t 를 구하면

$$t = \frac{-3.46 + \sqrt{(3.46)^2 - 4(4.90)(-2.50)}}{2(4.90)} = \frac{-3.46 + 7.81}{9.80} = 0.443s$$

이때 $v_{yf} = v_{yi} + a_y t = -3.46 - gt = -7.81 m/s$

수면에 떨어진 돌의 속력은 반으로 급격히 줄어, $v_{yi} = \dfrac{-7.81m/s}{2} = -3.91m/s$

따라서 $y_f = -3.91t = -3.00 \rightarrow t = 0.767s$

그러므로 돌을 던진 순간부터 수영장 바닥에 도달하기까지 걸린 시간

$$\Delta t = 0.443s + 0.767s = 1.21s$$

4.4 분석 모형: 등속 원운동하는 입자

17. 구심가속도 $a = \dfrac{v^2}{R}$ 에서

지구 둘레의 길이는 $2\pi R_E$이고, 지구 반지름 $R_E = 6.37 \times 10^6\,m$이다.

따라서 $v = \dfrac{2\pi R_E}{T} = \dfrac{2\pi (6.37 \times 10^6 m)}{(24h)(3600s/h)} = 463 m/s$

이고, 구심가속도 $a = \dfrac{v^2}{R} = \dfrac{(463 m/s)^2}{6.37 \times 10^6 m} = 0.0337 m/s^2$ (지구 중심을 향하는 방향)

18. $a_c = g$ 이고 $\dfrac{v^2}{r} = g \;\rightarrow\; v = \sqrt{rg} = \sqrt{(6400+600)(10^3 m)(8.21 m/s^2)} = 7.58 \times 10^3\,m/s$

$v = \dfrac{2\pi r}{T}$ 에서 $T = \dfrac{2\pi r}{v} = \dfrac{2\pi (7000 \times 10^3 m)}{7.58 \times 10^3 m/s} = 5.80 \times 10^3\,s$

$T = 5.80 \times 10^3\,s \left(\dfrac{1\min}{60s} \right) = 96.7 \min$

19. (a) $v = \dfrac{d}{\Delta t} = \dfrac{2\pi R}{T}$

$8.00\,rev/s \;\rightarrow\; T = \dfrac{1}{8.00\,rev/s} = 0.125\,s \;\rightarrow\; v = \dfrac{2\pi (0.600 m)}{0.125 s} = 30.2 m/s$

$6.00\,rev/s \;\rightarrow\; T = \dfrac{1}{6.00\,rev/s} = 0.167\,s \;\rightarrow\; v = \dfrac{2\pi (0.900 m)}{0.167 s} = 33.9 m/s$

그러므로 위의 두 경우중 공의 속력이 빠른 것은 $6.00\,rev/s$ 일 때이다.

(b) 구심 가속도 $a = \dfrac{v^2}{r} = \dfrac{(9.60\pi m/s)^2}{0.600 m} = 1.52 \times 10^3\,m/s^2$

(c) 구심 가속도 $a = \dfrac{(10.8\pi m/s)^2}{0.900 m} = 1.28 \times 10^3\,m/s^2$

따라서 $8\,rev/s$ 일 때 가속도가 더 크다는 것을 알 수 있다.

20. 원반의 최대 지름 가속도는 구심가속도로 구하면 된다.

즉 $a_c = \dfrac{v^2}{r} = \dfrac{(20.0 m/s)^2}{1.06 m} = 377 m/s^2$

4.5 접선 및 지름 가속도

21. (a) 구심가속도 $a = \dfrac{v^2}{r} = \dfrac{(3m/s)^2}{2m} = 4.50m/s^2$

총 가속도의 크기는 구해진 가속도의 크기보다 작을 수는 없다.

따라서 답은 "네"이고, $6.00m/s^2$일 수 있다.

가속도의 접선 성분으로 속도를 올리거나 늦출 수 있다. $\sqrt{6^2 - (4.5)^2} = 3.97m/s$

(b) 답은 "아니오"이다. 가속도의 크기는 주어진 조건으로 구한 $4.5m/s^2$보다 작을 수 없다.

22. (a) 가속도 $(-22.5\,\hat{i} + 20.2\,\hat{j})m/s^2$의 성분을 나타내면 아래와 같다.

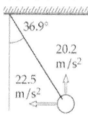

(b) $a_c = (22.5\,m/s^2)\cos(90.0° - 36.9°) + (20.2m/s^2)\cos36.9° = 29.7m/s^2$

(c) 공의 속력은 $a_c = \dfrac{v^2}{r} \rightarrow v = \sqrt{ra_c} = \sqrt{(1.50m)(29.7m/s^2)} = 6.67m/s$

  속도는 $6.67m/s$, 원의 접선방향

4.6 상대 속도와 상대 가속도

23. (a) 열차 안 정지 상태의 관찰자에게 볼트 나사는 감속하여 열차의 후면을 향하게 된다.

$a = \sqrt{(2.50m/s^2)^2 + (9.80m/s^2)^2} = 10.1m/s^2$

$\theta = \tan^{-1}\left(\dfrac{2.50}{9.80}\right) = 14.3°$ (남쪽)

관찰자에게 볼트 나사는 마치 $2.5m/s^2$ 남쪽 아래 $9.8m/s^2$의 중력장에 있는 것처럼 움직인다.

(b) $a = 9.80m/s^2$ (수직 아래쪽으로)

(c) 볼트 나사는 수직으로부터 $14.3°$에서 남쪽 직선 아래로 이동한다.

(d) 볼트는 수직 축으로 포물선을 따라 움직인다.

24. 땅에 대한 비행기의 속도는

속력 $v = \sqrt{(150km/h)^2 + (30.0km/h)^2} = 153\,km/h$,

방향은 북서쪽 $\theta = \tan^{-1}\left(\dfrac{30.0\,km/h}{150\,km/h}\right) = 11.3°$

25.

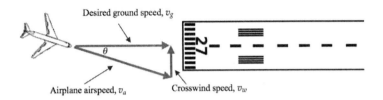

$$\theta = \sin^{-1}\left(\frac{v_w}{v_a}\right) = \sin^{-1}\left(\frac{25mi/h}{80mi/h}\right) = 18.2°$$

26. (a) $t_{up} = \dfrac{1000m}{1.2m/s - 0.500m/s} = 1.43 \times 10^3 s$

$t_{down} = \dfrac{1000m}{1.20m/s + 0.500m/s} = 588s$

그러므로 $t_{total} = 1.43 \times 10^3 s + 588s = 2.02 \times 10^3 s$

(b) $t = \dfrac{d}{v} = \dfrac{2000}{1.20} = 1.67 \times 10^3 s$

(c) 흐르는 강물에서 반대방향으로 거슬러 수영할 때 수영하는 속력을 느리게 만들기 때문에 시간이 더 걸리게 된다.

27. 미확인 선박 쪽을 x축으로 잡자.

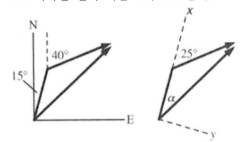

$(26km/h)t\sin(40.0° - 15.0°) = (50km/h)\sin\alpha$

$\alpha = \sin^{-1}\left(\dfrac{11.0km/h}{50km/h}\right) = 12.7°$

스피드보트가 향하는 방향은 $15.0° + 12.7° = 27.7°$ (북동쪽으로)

추가문제

28. (a) $\Delta\vec{v} = \displaystyle\int_i^f d\vec{v} = \int_i^f \vec{a}\,dt$

$\vec{v} - 5\hat{i}\,m/s = \displaystyle\int_0^t 6t^{1/2}dt\,\hat{j} = 6\dfrac{t^{3/2}}{3/2}\Big|_0^t = 4t^{3/2}\,\hat{j}\,m/s$

따라서 $\vec{v} = (5\hat{i} + 4t^{3/2}\hat{j})\,m/s$

(b) $\Delta \vec{r} = \int_i^f \vec{v}\, dt$

$\vec{r} - 0 = \int_0^t (5\hat{i} + 4t^{3/2}\hat{j})dt = \left(5t\hat{i} + 4\dfrac{t^{5/2}}{5/2}\hat{j}\right)\Big|_0^t$

$\qquad = (5t\hat{i} + 1.6t^{5/2}\hat{j})m$

29. $v_{xi} = v_i \cos\theta = 41.7\cos 35.0° = 34.2 m/s$

$\quad\ v_{yi} = v_i \sin\theta = 41.7\sin 35.0° = 23.9 m/s$

여기서 공이 날아간 시간을 알아보면

$\quad x_f = x_i + v_{xi}t \;\rightarrow\; t = \dfrac{x_f - x_i}{v_{xi}} = \dfrac{130.0m - 0}{34.2 m/s} = 3.80 s$

$\therefore\; y_f = y_i + v_{yi}t + \dfrac{1}{2}at^2 = 0 + v_{yi}t - \dfrac{1}{2}gt^2$

$\qquad = (23.9 m/s)(3.80 s) - (4.9 m/s^2)(3.80 s)^2 = 20.1\, m$

따라서 담장 높이가 24m이므로 계산된 값으로부터 확인 결과 담장을 넘기에는 불가능하다.

30. (a) 각 위치에서 가속도는

$\quad a = \dfrac{v^2}{r} = \dfrac{(5.00 m/s)^2}{1.00 m} = 25.0 m/s^2$

(b) $a_t = g = 9.80 m/s^2$

(c) 아래 그림

(d) $a = \sqrt{a_c^2 + a_t^2} = \sqrt{(25.0 m/s^2)^2 + (9.80 m/s^2)^2} = 26.8 m/s^2$

$\quad \phi = \tan^{-1}\left(\dfrac{a_t}{a_c}\right) = \tan^{-1}\left(\dfrac{9.80 m/s^2}{25.0 m/s^2}\right) = 21.4°$

5장 운동의 법칙

5.1 힘의 개념

1. $\sum F_x = T\cos 14.0° - T\cos 14.0° = 0$

$\sum F_y = -T\sin 14.0° - T\sin 14.0° = -2T\sin 14.0°$

따라서 철사가 치아에 작용하는 알짜힘의 크기는

$$R = \sqrt{(\sum F_x)^2 + (\sum F_y)^2} = \sqrt{0 + (-2T\sin 14.0°)^2}$$
$$= 2(18N)\sin 14.0° = 8.71\,N$$

2. (a) 용수철을 잡아당기면(오른쪽), 벽이 용수철을 잡아당기는 반작용력(왼쪽)이 생김.

(b) 수레가 손잡이에 가한 힘은 왼쪽 아래로 가해지면, 수레가 지구에 가하는 위로의 힘에 대해 지구가 수레에 가해지는 힘이 아래로 반작용한다.

(c) 축구공이 선수에게 오른쪽 아래로 가해지는 힘, 축구공에 의해 지구에 가해지는 위로의 힘이 작용한다.

(d) 작은 질량 물체가 큰 질량 물체에 왼쪽으로 가하는 힘

(e) 음전하에 의해 양전하에 왼쪽으로 가해지는 힘

(f) 철이 자석에 왼쪽으로 가해지는 힘

5.4 뉴턴의 제2법칙

3. (a) $\sum \vec{F} = m\vec{a} = (3.00kg)(2.00\hat{i} + 5.00\hat{j})m/s^2 = (6.00\hat{i} + 15.0\hat{j})N$

(b) $|\vec{F}| = \sqrt{(6.00)^2 + (15.0)^2} = 16.2N$

4. (a) $a = \dfrac{v_f - v_i}{t} = \dfrac{-670m/s - 670m/s}{3.00 \times 10^{-13}s} = -4.47 \times 10^{15}m/s^2$

(b) $\vec{F}_{wall\,on\,molecule} = (4.68 \times 10^{-26}kg)(-4.47 \times 10^{15}m/s^2) = -2.09 \times 10^{-10}N$

분자가 벽에 가하는 평균힘

$\vec{F}_{molecule\,on\,wall} = 2.09 \times 10^{-10}N$

5. (a) 두 힘을 합성하면

$\vec{F}_1 + \vec{F}_2 = (-6.00\boldsymbol{i} - 4.00\boldsymbol{j}) + (-3.00\boldsymbol{i} + 7.00\boldsymbol{j}) = (-9.00\boldsymbol{i} + 3.00\boldsymbol{j})\,N$

$\vec{a} = a_x\boldsymbol{i} + a_y\boldsymbol{j} = \dfrac{\sum F}{m} = \dfrac{(-9.00\boldsymbol{i} + 3.00\boldsymbol{j})N}{2.00kg} = (-4.50\boldsymbol{i} + 1.50\boldsymbol{j})m/s^2$ 이고,

$\vec{v}_f = \vec{v}_i + \vec{a}t = \vec{a}t$에서

$\vec{v}_f = [(-4.50\boldsymbol{i} + 1.50\boldsymbol{j})m/s^2](10.0s) = (-45.0\boldsymbol{i} + 15.0\boldsymbol{j})m/s$

(b) $\theta = \tan^{-1}\left(\dfrac{v_y}{v_x}\right) = \tan^{-1}\left(-\dfrac{15.0\,m/s}{45.0\,m/s}\right)$

$$\therefore \theta = -18.4° + 180° = 162°, \ x축을 기준$$

(c) $x_f - x_i = v_{xi}t + \dfrac{1}{2}a_x t^2 = \dfrac{1}{2}(-4.50\,m/s^2)(10.0s)^2 = -225\,m$

$y_f - y_i = v_{yi}t + \dfrac{1}{2}a_y t^2 = \dfrac{1}{2}(1.5\,m/s^2)(10.0s)^2 = 75.0\,m$

따라서 $\vec{\Delta r} = (-225\boldsymbol{i} + 75.0\boldsymbol{j})m$

6. $F = \sqrt{(180N)^2 + (390N)^2} = 430\,N$

$\theta = \tan^{-1}\left(\dfrac{390}{180}\right) = 65.2°$ (북동쪽)

따라서 $a = \dfrac{F}{m} = \dfrac{430N}{270kg} = 1.59\,m/s^2$

7. (a) $\vec{F} = m\vec{a}$ 에서

$(-2.00\hat{i} + 2.00\hat{j} + 5.00\hat{i} - 3.00\hat{j} - 45.0\hat{i})N = m(3.75\,m/s^2)\hat{a}$

$(-42.0\hat{i} - 1.00\hat{j})N = m(3.75\,m/s^2)\hat{a}$

$\sum F = \sqrt{(42.0)^2 + (1.00)^2} = 42.0\,N, \quad \theta = \tan^{-1}\left(\dfrac{1.00}{42.0}\right) = 181°$

$\therefore \sum\vec{F} = m(3.75\,m/s^2)\hat{a}$

따라서 가속 방향은 시계반대방향으로 $181°$

5.5 중력과 무게

8. (a) $v_i = 0, \ v_f = v, \ \Delta t = t$라 하자.

$\Delta x = \dfrac{1}{2}(v_i + v_f)\Delta t = \dfrac{1}{2}vt$

(b) $v_{xf} = v_{xi} + a_x t$에서

$a_x = \dfrac{v_{xf} - v_{xi}}{t} = \dfrac{v - 0}{t} = \dfrac{v}{t}$

9. $\sum\vec{F} = \vec{F_1} + \vec{F_2} = m\vec{a}$ 에서 성분별로 나누어 힘에 관하여 풀자.

$\sum F_x = F_{1x} + 0 = ma_x, \quad \sum F_y = F_{1y} - mg = 0$

$\therefore F_1 = \sqrt{(mv/t)^2 + (mg)^2} = m\sqrt{(v/t)^2 + g^2}$

$\theta = \tan^{-1}\left(\dfrac{mg}{mv/t}\right) = \tan^{-1}\left(\dfrac{gt}{v}\right)$

10. 남성이 지구에서 무게 $F_g = mg = 900\,N \ \rightarrow \ m = \dfrac{900N}{9.80\,m/s^2} = 91.8\,kg$

따라서 목성에서의 무게 $F_g)_{목성} = 91.8kg(25.9\,m/s^2) = 2.38\,kN$

5.6. 뉴턴의 제3법칙

11. (a) 벽돌의 자유 물체 도형

(b) 고무판의 자유 물체 도형

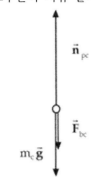

(c) $\overrightarrow{n_{cb}} = -\overrightarrow{F_{bc}}$

$Mg = -\overrightarrow{n_{pc}}$

5.7 뉴턴의 제3법칙을 이용한 분석 모형

12. (a) 막대의 힘 $(240\cos35°\,\hat{j} + 240\sin35°\,\hat{i})N = (138\hat{i} + 197\hat{j})N$

중력 $F_g = mg = 370kg(9.80m/s^2) = 3630\,N$

∴ $B + 197 - 3630 = 0 \rightarrow B = 3430N$

(b) $138 - 47.5 = (370)a \rightarrow a = \dfrac{90.2N}{370kg} = 0.244m/s^2$

13. (a) 자유물체도

$$\sum F_x = -mg\sin\theta = ma \rightarrow a = -g\sin\theta$$

$$\sum F_y = n - mg\cos\theta = 0 \rightarrow n = mg\cos\theta$$

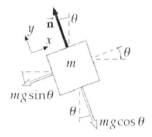

(b) $\theta = 15.0°$ 일 때 $a = -2.54 m/s^2$

(c) $v_f^2 = v_i^2 + 2a(x_f - x_i) = 2a\Delta x$

$v_f = \sqrt{2a\Delta x} = \sqrt{2(2.54 m/s^2)(2.00m)} = 3.19 m/s$

14. $T_3 = F_g$ 이고

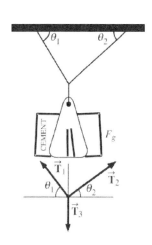

$$\sum F_y = 0 \rightarrow T_1 \sin\theta_1 + T_2 \sin\theta_2 = F_g$$

$$\sum F_x = 0 \rightarrow T_1 \cos\theta_1 = T_2 \cos\theta_2 \quad \therefore \ T_2 = T_1 \frac{\cos\theta_1}{\cos\theta_2}$$

$$T_1 = \frac{F_g \cos\theta_2}{(\sin\theta_1 \cos\theta_2 + \cos\theta_1 \sin\theta_2)} = \frac{F_g \cos\theta_2}{\sin(\theta_1 + \theta_2)}$$

따라서 $T_3 = F_g = 325N, \quad T_1 = F_g \left(\dfrac{\cos40.0°}{\sin100.0°} \right) = 253N$

$T_2 = T_1 \left(\dfrac{\cos\theta_1}{\cos\theta_2} \right) = (253N) \left(\dfrac{\cos60.0°}{\cos40.0°} \right) = 165N$

15. (a) 자유물체도

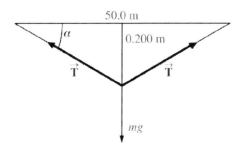

(b) 새의 질량 $m = 1.00kg, \quad mg = (1.00kg)(9.80m/s^2) = 9.80N$

각도 $\tan\alpha = \dfrac{0.200m}{25.0m} \rightarrow \alpha = 0.458°$

$T_x = T\cos\alpha, \ T_y = T\sin\alpha$

$$\sum F_y = 2T\sin\alpha - mg = 0 \quad \rightarrow \quad T = \frac{mg}{2\sin\alpha} = \frac{9.80N}{2\sin0.458°} = 613N$$

16. $\vec{a} = [(10.0\cos30.0°)\boldsymbol{i} + (10.0\sin30.0°)\boldsymbol{j}]m/s^2$

$$= (8.66\boldsymbol{i} + 5.00\boldsymbol{j})\,m/s^2$$

$$\sum \vec{F} = m\vec{a} = (1.00\,kg)(8.66\boldsymbol{i} + 5.00\boldsymbol{j}\,m/s^2$$

$$= (8.66\boldsymbol{i} + 5.00\boldsymbol{j})\,N$$

따라서 $\sum\vec{F} = \vec{F}_1 + \vec{F}_2$ 에서

$$\vec{F}_1 = \sum\vec{F} - \vec{F}_2 = (8.66\boldsymbol{i} + 5.00\boldsymbol{j} - 5.00\boldsymbol{j})\,N$$

$$= 8.66\boldsymbol{i}\,N, \ (동쪽으로)$$

17. (a) 자유물체도

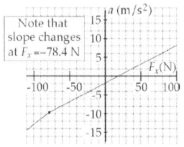

(b), (c) $\quad \sum F_x = ma \rightarrow T = (5.00\,kg)a \qquad ----- \ (1)$

$\sum F_y = ma \rightarrow 88.2\,N - T = (9.00\,kg)a \quad ---- \ (2)$

(1)+(2) ; $\quad 88.2\,N = (14.0\,kg)a$

$$\therefore \ a = 6.30\,m/s^2, \quad T = 31.5\,N$$

18. $T - m_1 g = m_1 a$

$F_x - T = m_2 a$

(a) $a = \dfrac{F_x - m_1 g}{m_1 + m_2}$

$F_x > m_1 g = 19.6\,N \ \rightarrow \ a > 0$

(b) $T = \dfrac{m_1}{m_1 + m_2}(F_x + m_2 g)$

$F_x \le -m_2 g = -78.4\,N \ \rightarrow \ T = 0$

(c) $a - F$ 그래프

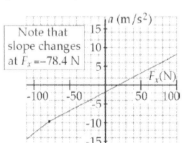

Note that slope changes at $F_x = -78.4$ N

F_x, N	-100	-78.4	-50.0	0	50.0	100
a_x, m/s^2	-12.5	-9.80	-6.96	-1.96	3.04	8.04

19. 간단하게 자유 물체도로 나타내면 다음과 같다.

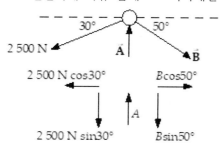

$$\sum F_x = 0 \ \rightarrow -2500N\cos 30\,° + B\cos 50\,° = 0$$

$$\therefore \ B = 3.37 \times 10^3 N$$

$$\sum F_y = 0 \ \rightarrow -2500N\sin 30\,° + A - B\sin 50\,° = 0$$

$$\therefore \ A = 3.83 \times 10^3 N$$

고로 B는 장력, A는 압축력

5.8 마찰력

20. 자동차의 가속도를 구하자.

$$v_f^2 = v_i^2 + 2a_x\Delta x \text{에서} \ v_i = 20.0m/s$$

$$a = \frac{-(20.0m/s)^2}{2 \times 30.0m} = -6.67m/s^2$$

마찰력에 의한 가속도는 $-f_s = ma$

$$\therefore \ a = \frac{-\mu_s mg}{m} = -\mu_s g = -(0.550)(9.80m/s^2) = -5.39m/s^2$$

위에서 본 가속도의 크기를 비교한 결과 정지마찰력에 의한 가속도가 작기 때문에 책이 의자에서 미끄러지지 않고 그대로 있기에는 불가능하다.

21. (a) $-\mu_s m_{짐}g = m_{짐}a_x \ \rightarrow \ a_x = -\mu_s g$

$$v_{xf}^2 = v_{xi}^2 + 2a_x\Delta x \ \rightarrow \ 0 = v_{xi}^2 + 2(-\mu_s g)(x_f - 0)$$

$$\therefore \ x_f = \frac{v_{xi}^2}{2\mu_s g} = \frac{(12.0m/s)^2}{2(0.500)(9.80m/s^2)} = 14.7m$$

(b) $\therefore \ x_f = \dfrac{v_{xi}^2}{2\mu_s g}$ 에서 질량은 필요 없는 자료이다.

22. (a) $a = \mu_s g \ \rightarrow \ \Delta x = \dfrac{at^2}{2} = \dfrac{\mu_s gt^2}{2}$

$$\mu_s = \frac{2\Delta x}{gt^2} = \frac{2(0.250\,mi)(1609m/mi)}{(9.80m/s^2)(4.43s)^2} = 4.18$$

(b) 바퀴가 미끄러지고 운동 마찰만 생기기 때문에 시간이 증가할 것이다. 또는 차가 뒤집힐

지도 모른다.

23. $T - f_k = (5.00kg)a$

$\quad (9.00kg)g - T = (9.00kg)a$

$(9.00kg)(9.80m/s^2) - 0.200(5.00kg)(9.80m/s^2) = (14.0\,kg)a$

따라서 $T = (5.00kg)(5.60m/s^2) + 0.200(5.00kg)(9.80m/s^2) = 37.8\,N$

24. (a) 자유물체도

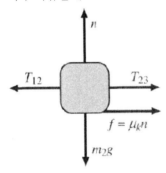

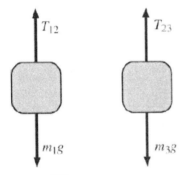

(b) m_1: $\sum F_y = ma_y \quad \rightarrow \quad T_{12} - m_1 g = -m_1 a$

$\quad m_2$: $\sum F_x = ma_x \quad \rightarrow \quad -T_{12} + \mu_k n + T_{23} = -m_2 a$

$\qquad\quad \sum F_y = ma_y \quad \rightarrow \quad n - m_2 g = 0$

$\quad m_3$: $\sum F_y = ma_y \quad \rightarrow \quad T_{23} - m_3 g = m_3 a$

이므로

$-T_{12} + 39.2\,N = (4.00kg)a$

$T_{12} - 0.350(9.80N) - T_{23} = (1.00kg)a$

$T_{23} - 19.6N = (2.00\,kg)a$

이들 세 식을 더해 장력을 소거,

$\quad 39.2N - 3.43N - 19.6N = (7.00kg)a$

$\qquad a = 2.31m/s^2$, m_1은 아래, m_2는 왼쪽, m_3는 위

(c) $-T_{12} + 39.2N = (4.00kg)(2.31m/s^2) \quad \rightarrow \quad T_{12} = 30.0\,N$

$\quad T_{23} - 19.6N = (2.00kg)(2.31\,m/s^2) \quad \rightarrow \quad T_{23} = 24.2\,N$

(d) $T_{12} = m_1 g - m_1 a \quad \rightarrow \quad T_{12}$는 감소

$$T_{23} = m_3 g + m_3 a \quad \rightarrow \quad T_{23}은 \ 감소$$

25. $\mu_s = \dfrac{a_x}{g},$

$$x_f = \frac{1}{2} a_x t^2 \rightarrow a_x = \frac{2x_f}{t^2}$$

$$\frac{2x_f}{t^2} = \mu_s g 이므로 \quad \mu_s = \frac{2x_f}{gt^2} = \frac{2(4.23m)}{(9.80m/s^2)(1.20s)} = 0.599$$

따라서 계산한 결과 정지 마찰 계수가 0.5보다 크기 때문에 신발은 우체국 규정에 만족되고 적합하다.

26. (a) $P\cos 50° - n = 0, \quad f_{s,\,max} = \mu_s n$

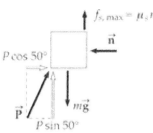

$$f_{s,\,max} = \mu_s P\cos 50° = 0.250(0.643)P$$

$$= 0.161P$$

$$P\sin 50° - 0.161P - (3.00kg)(9.80m/s^2) = 0$$

$$\therefore P_{max} = 48.6N$$

$$P\sin 50° + 0.161P - (3.00kg)(9.80m/s^2) = 0$$

$$\therefore P_{min} = 31.7N$$

(b) $P > 48.6N$이면 벽면 위로 올라간다.

$P < 31.7N$이면 벽면 아래로 내려간다.

(c) $P\cos 13° - n = 0,$

$$f_{s,\,max} = \mu_s P\cos 13° = 0.250(0.974)P$$

$$= 0.244P$$

$$P\sin 13° - 0.244P - (3.00kg)(9.80m/s^2) = 0$$

$$\therefore P_{max} = -1580N$$

$$P\sin 50° + 0.244P - (3.00kg)(9.80m/s^2) = 0$$

$$\therefore P_{min} = 62.7N$$

따라서 $P > 62.7N$이면 벽면 위로 올라간다.

$P < 62.7N$이면 벽면 아래로 내려간다.

27. $a_{1y} = \dfrac{v_{1yf}^2 - v_{1yi}^2}{2\Delta y} = \dfrac{v_{1/2}^2 - (3.58m/s)^2}{2(0.750m)} = \dfrac{v_{1/2}^2 - (12.8m^2/s^2)}{1.50m}$

$$\rightarrow v_{1/2}^2 = (1.50m)a_{1y} + (12.8m^2/s^2)$$

$a_{2y} = \dfrac{v_{2yf}^2 - v_{2yi}^2}{2\Delta y} = \dfrac{(6.26m/s)^2 - v_{1/2}^2}{2(0.750m)} = \dfrac{(39.2m/s)^2 - v_{1/2}^2}{1.50m}$

$$\rightarrow v_{1/2}^2 = (39.2m^2/s^2) - (1.50m)a_{2y}$$

$$(1.50m)a_{1y} + (12.8m^2/s^2) = (39.2m^2/s^2) - (1.50m)a_{2y}$$

$$\therefore a_{1y} = (17.6m/s^2) - a_{2y}$$

또한, $P = (61.0kg)a_{1y} = (61.0kg)[(17.6m/s^2) - a_{2y}]$
$\qquad = 1070N - (61.0kg)a_{2y}$
$\quad P = mg + ma_{2y} = (61.0kg)(9.80m/s^2) + (61.0kg)a_{2y}$
$\qquad = 598N + (61.0kg)a_{2y}$
$1070N - (61.0kg)a_{2y} = 598N + (61.0kg)a_{2y} \quad \rightarrow \quad a_{2y} = 3.87m/s^2$
따라서 $P = 1070N - (61.0kg)a_{2y} = 1070N - (61.0kg)(3.87m/s^2) = 834N$

28. (a) 자유물체도

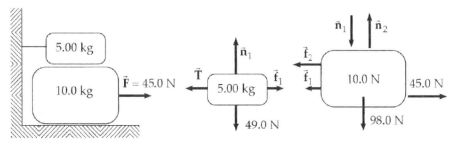

자유물체도에서 보면 f_1과 n_1은 작용-반작용력을 나타낸다.

(b) $5.00kg$인 물체에서

$n_1 = m_1 g = (5.00kg)(9.80m/s^2) = 49.0\,N$

$f_1 - T = 0 \rightarrow T = f_1 = \mu mg = 0.200(5.00kg)(9.80m/s^2) = 9.80\,N$

$10.0kg$인 물체에서

$45.0N - f_1 - f_2 = (10.0\,kg)\,a$

$n_2 - n_1 - 98.0N = 0$

이 때 $f_2 = \mu n_2 = \mu(n_1 + 98.0N) = 0.20(49.0N + 98.0N) = 29.4N$

따라서 $45.0N - 9.80N - 29.4N = (10.0kg)a \rightarrow a = 0.580m/s^2$

추가문제

29. (a) $z^2 = x^2 + h_0^2 \rightarrow x = \sqrt{z^2 - h_0^2}$

$\qquad v_x = \dfrac{dx}{dt} = \dfrac{1}{2}\left(z^2 - h_0^2\right)^{-1/2}(2z)\dfrac{dz}{dt}$, 이 때 $\dfrac{dz}{dt} = v_y$

$\qquad \therefore\ v_x = z\left(z^2 - h_0^2\right)^{-1/2}v_y = uv_y$

(b) $a_x = \dfrac{dv_x}{dt} = \dfrac{d}{dt}uv_y = u\dfrac{dv_y}{dt} + v_y\dfrac{du}{dt}$

$\quad$ 이 때, $v_y = 0 \qquad \therefore\ a_x = ua_y$

(c) $\sin 30.0° = \dfrac{80.0\,cm}{z} \rightarrow z = 1.60\,m$

$\quad u = (z^2 - h_0^2)^{1/2}z = (1.6^2 - 0.8^2)^{-1/2}(1.6) = 1.15\,m$

$\qquad \sum F_y = ma_y \rightarrow T - (0.5kg)(9.80m/s^2) = -(0.5kg)a_y$

$$a_y = (-2kg^{-1})T + 9.80m/s^2$$

$$\sum F_x = ma_x$$
$$\rightarrow T\cos 30° = (1.00kg)a_x = (1.15kg)a_y = (1.15kg)[(-2kg^{-1})T + (9.80m/s^2)]$$
$$= -2.31T + 11.3N$$
$$\therefore 3.18T = 11.3N \rightarrow T = 3.56N$$

30. (a) 자유 물체 도표

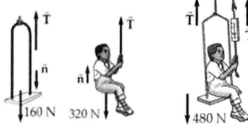

(b) $2T - (160 + 320) = ma$, $T = 250N$

여기서, $m = \dfrac{480N}{9.80m/s^2} = 49.0kg$

$\therefore a = \dfrac{(500-480)N}{49.0kg} = 0.408m/s^2$

(c) 철수가 의자에 작용한 힘은 수직항력을 의미하므로

$n + T - 320N = ma$ $\qquad \therefore m = \dfrac{320N}{9.80m/s^2} = 32.7kg$

따라서 $n = ma + 320 - T = (32.7kg)(0.408m/s^2) + 320N - 250N = 83.3N$

6장 원운동과 뉴턴 법칙의 적용

6.1 등속 원운동하는 입자 모형의 확장

1. (a) $F = \dfrac{mv^2}{r} = \dfrac{(9.11 \times 10^{-31} kg)(2.20 \times 10^6 m/s)^2}{0.529 \times 10^{-10} m} = 8.33 \times 10^{-8} N$, 안쪽으로

(b) $a = \dfrac{v^2}{r} = \dfrac{(2.20 \times 10^6 m/s)^2}{0.529 \times 10^{-10} m} = 9.15 \times 10^{22} m/s^2$, 안쪽으로

2. (a) $\sum F_y = ma_y : mg_{\text{달}} = \dfrac{mv^2}{r}$

$\qquad v = \sqrt{g_{\text{달}} r} = \sqrt{(1.52 m/s^2)(1.7 \times 10^6 m + 100 \times 10^3 m)} = 1.65 \times 10^3 m/s$

(b) $v = \dfrac{2\pi r}{T}$ 에서 $T = \dfrac{2\pi r}{v} = \dfrac{2\pi (1.8 \times 10^6 m)}{1.65 \times 10^3 m/s} = 6.84 \times 10^3 s (= 1.90\,h)$

3. (a) $v = \dfrac{235 m}{36.0 s} = 6.53 m/s$,

$\dfrac{1}{4}(2\pi r) = 235 m \rightarrow r = 150 m$

B 지점에서 가속도 $\vec{a}_r = \dfrac{v^2}{r} = \dfrac{(6.53 m/s)^2}{150 m}$, 북서쪽 $35.0°$

$\qquad\qquad = (0.285 m/s^2)(\cos 35.0°(-\boldsymbol{i}) + \sin 35.0°\,\boldsymbol{j}) = (-0.233\,\boldsymbol{i} + 0.163\,\boldsymbol{j})\,m/s^2$

(b) $v = \dfrac{235 m}{36.0 s} = 6.53 m/s$

(c) $\vec{a}_{avg} = \dfrac{\vec{v}_f - \vec{v}_i}{\Delta t} = \dfrac{(-6.53\,\boldsymbol{i} + 6.53\,\boldsymbol{j})}{36.0 s}$

$\qquad\qquad = (-0.181\,\boldsymbol{i} + 0.181\,\boldsymbol{j})\,m/s^2$

4. $\sum F_{slow} = \left(\dfrac{m}{r}\right)(14.0 m/s)^2$, $\sum F_{fast} = \left(\dfrac{m}{r}\right)(18.0 m/s)^2$

$\therefore \sum F \propto v^2 \rightarrow$ 14.0m/s에서 18.0m/s로 증가하므로 비 $\left(\dfrac{18.0}{14.0}\right)^2$ 도 증가한다.

빠른 속력에서 전체 힘은 $\sum F_{fast} = \left(\dfrac{18.0}{14.0}\right)^2 \sum F_{slow} = \left(\dfrac{18.0}{14.0}\right)^2 (130 N) = 215 N$

5. 뉴턴의 제2법칙에서

$F = ma_c = \dfrac{mv^2}{r} = (2 \times 1.661 \times 10^{-27} kg)\dfrac{(2.998 \times 10^7 m/s)^2}{0.480 m} = 6.22 \times 10^{-1} N$

6. $F_g = mg = (4.00 kg)(9.80 m/s^2) = 39.2 N$

$\qquad \theta = \sin^{-1}\left(\dfrac{1.50}{2.00}\right) = 48.6° \rightarrow r = (2.00 m)\cos 48.6° = 1.32 m$

따라서 $\sum F_x = ma_x = \dfrac{mv^2}{r}$

$T_a \cos 48.6° + T_b \cos 48.6° = \dfrac{(4.00kg)(3.00m/s^2)^2}{1.32m} = 27.27N$

$T_a + T_b = \dfrac{27.27N}{\cos 48.6°} = 41.2N$

$\sum F_y = ma_y : T_a \sin 48.6° - T_b \sin 48.6° - 39.2N = 0$

$T_a - T_b = \dfrac{39.2N}{\sin 48.6°} = 52.3N$

여기서 각 장력을 구하면

$(T_a + T_b) + (T_a - T_b) = 41.2N + 52.3N \quad \rightarrow \quad T_a = \dfrac{93.8N}{2} = 46.9N$

$T_b = 41.2N - T_a = -5.7N$

이것은 하나의 장력을 당기고, 다른 장력은 미는 것과 같은 의미로 해석되면 이 상황은 불가능하다.

그러나 다른 행성 즉, 중력가속도가 지구보다 작거나, $T_b > 0$인 경우는 가능하다. 예를 들어 달이나 화성 같은 경우는 가능하다.

7. 자유 물체도

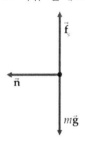

$f_s - mg = 0 \quad \rightarrow \quad f_s = mg$

$n = \dfrac{mv^2}{R}$

$\dfrac{n}{f_s} = \dfrac{\frac{mv^2}{R}}{mg} = \dfrac{v^2}{gR}$

이때 $f_s = \mu_s n$, $\quad \dfrac{n}{\mu_s n} = \dfrac{v^2}{gR} \rightarrow v = \sqrt{\dfrac{gR}{\mu_s}}$

따라서 $\omega = \dfrac{v}{R} = \dfrac{\sqrt{\frac{gR}{\mu_s}}}{R} = \sqrt{\dfrac{g}{\mu_s R}}$

(a) 매우 뚱뚱한 사람이 탔을 경우 위의 결과 식인 각속력에서 보면 질량에 무관하다는 것을 알 수 있다. 따라서 원통 놀이 기구의 각속력을 높일 필요가 없다.

(b) 역시 각속력 식에서 볼 때 정지 마찰계수에 의존하므로 마찰계수가 작아지면 각속력이 증가한다. 즉, 미끄러운 옷을 입고 타면 놀이 기구는 더 빨리 회전하게 된다.

8. $T\cos\theta - mg = 0 \quad \rightarrow \quad T\cos\theta = mg$

   $T\sin\theta = ma \quad \rightarrow \quad T\sin\theta = m\dfrac{v^2}{r}$

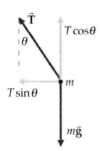

$\therefore \dfrac{T\sin\theta}{T\cos\theta} = \dfrac{\dfrac{mv^2}{r}}{mg} \qquad \therefore r = \dfrac{v^2}{g\tan\theta} = \dfrac{(23.0m/s)^2}{(9.80m/s^2)\tan15.0°} = 201\,m$

따라서 주어진 주행 조건에 의해 계산하면 곡률 반지름이 150m 보다 크다. 그래서 운전자는 도로의 설계가 잘못되었다는 자신의 주장을 정당화하지 못한다.

6.2 비등속 원운동

9. (a) $a_c = \dfrac{v^2}{r} = \dfrac{(4.00m/s)^2}{12.0m} = 1.33m/s^2$

   (b) $a = \sqrt{a_c^2 + a_t^2} = \sqrt{(1.33m/s^2)^2 + (1.20m/s^2)^2} = 1.79m/s^2$

   $\theta = \tan^{-1}\left(\dfrac{a_c}{a_t}\right) = \tan^{-1}\left(\dfrac{1.33}{1.20}\right) = 48.0°$ (안쪽)

10. (a) $\sum F = F_{net} = 2T - mg = ma = \dfrac{mv^2}{r}$

    $F_{net} = 2T - mg = 2(350N) - (40.0kg)(9.80m/s^2) = 308N$

    $\therefore v = \sqrt{\dfrac{F_{net}r}{m}} = \sqrt{\dfrac{(308N)(3.00m)}{40.0kg}} = 4.81m/s$

    (b) $n = 2T = 700N$

11. (a) $\sum F = 2T - Mg = \dfrac{Mv^2}{R} \rightarrow v^2 = (2T - Mg)\left(\dfrac{R}{M}\right)$

    $\therefore v = \sqrt{(2T - Mg)\left(\dfrac{R}{M}\right)}$

    (b) $n - Mg = F = \dfrac{Mv^2}{R} \quad \rightarrow \quad n = Mg + \dfrac{Mv^2}{R}$

12. (a) $\sum F_r = ma_r \rightarrow T - mg\cos\theta = \dfrac{mv^2}{r}$

$$\therefore T = mg\cos\theta + \dfrac{mv^2}{r} = (0.500kg)(9.80m/s^2)\cos20.0° + \dfrac{(0.500kg)(8.00m/s)^2}{2.00m}$$

$$= 4.60N + 16.0N = 20.6N$$

(b) $a_r = \dfrac{v^2}{r} = \dfrac{(8.00m/s)^2}{2.00m} = 32.0m/s^2 \,(\text{안쪽})$

$\sum F_t = ma_t \rightarrow mg\sin\theta = ma_t$

$\therefore a_t = g\sin\theta = (9.80m/s^2)\sin20.0° = 3.35m/s^2$

(c) $a = \sqrt{a_r^2 + a_t^2} = \sqrt{(32.0m/s^2)^2 + (3.35m/s^2)^2} = 32.2m/s^2$

$\theta = \tan^{-1}\left(\dfrac{3.35}{32.0}\right) = 5.98°$

(d) 변화가 없다.

(e) 물체가 내려갈 때 속력을 얻거나, 올라갈 때 속력을 잃어도 힘은 같다. 그러므로 물체의 가속도는 진자의 방향에만 관계한다.

13. (a) $a_c = \dfrac{v^2}{r} \rightarrow r = \dfrac{v^2}{a_c} = \dfrac{(13.0m/s)^2}{2(9.80m/s^2)} = 8.62m$

(b) $Mg + n = \dfrac{Mv^2}{r}$

$\therefore n = M\left(\dfrac{v^2}{r} - g\right) = M(2g - g) = Mg, \,(\downarrow)$

(c) $a_c = \dfrac{v^2}{r} = \dfrac{(13.0m/s)^2}{20.0m} = 8.45m/s^2$

(d) $n_1 + Mg = \dfrac{Mv^2}{r} = Ma_c \quad \rightarrow \quad n_1 = M(a_c - g)$에서 $a_c = 8.45m/s^2$이므로

$n_1 < 0$

따라서 수직항력은 곡선의 중심으로부터 벗어난 지점에 있으며, 벨트를 매지 않으면 사람들은 차에서 떨어지게 된다.

6.3 가속틀에서의 운동

14. (a) $\sum F_x = Ma \rightarrow a = \dfrac{T}{M} = \dfrac{18.0N}{5.00kg} = 3.60\,m/s^2 \,(\text{오른쪽})$

(b) $v =$ 일정하면 $a = 0$이고 고로 $T = 0$

(c) 비관성 관찰자(가속좌표계-기차 안)인 경우는 가상적 힘인 관성력으로 운동의 반대방향인 $-Ma$이고, 관성 관찰자(관성좌표계-기차 밖)인 경우는 운동의 같은 방향으로 힘을 받아 운동한다.

15. 승강기 운동

움직이기 시작할 때 $591N - mg = ma$

정지하고 있을 때 $391N - mg = -ma$

(a) 위 두식을 연립하면

$$591N - mg + 391N - mg = 0 \rightarrow 982N - 2mg = 0$$

$$mg = \frac{982N}{2} = 491N$$

(b) $m = \dfrac{F_g}{g} = \dfrac{491N}{9.80m/s^2} = 50.1kg$

(c) $591N - mg = ma$

$$\rightarrow \quad 591N - 491N = (50.1kg)a \rightarrow a = \frac{100N}{50.1kg} = 2.00m/s^2$$

16. $\sum F_y = ma_y: \quad n - mg = ma \rightarrow n = m(g+a), f_k = \mu_k m(g+a)$

$\sum F_x = ma_x: \quad -\mu_k m(g+a) = ma_x$

$\therefore L = vt + \dfrac{1}{2}a_x t^2 = vt - \dfrac{1}{2}\mu_k(g+a)t^2$

$\mu_k = \dfrac{2(vt-L)}{(g+a)t^2}$

17. $v = \dfrac{2\pi r}{T} = \dfrac{2\pi(0.120m)}{7.25s} = 0.104m/s$ 이고

$\dfrac{mv^2}{r} = \dfrac{m(0.104m/s)^2}{0.12m} = m(9.01\times10^{-2}m/s^2)$

기울어지는 각도는 $\therefore \tan^{-1}\left(\dfrac{0.0901m/s^2}{9.8m/s^2}\right) = 0.527°$

6.4 저항력을 받는 운동

18. 자동차의 속력 $100km/h = 27.8m/s$ 이므로

$$R = \frac{1}{2}\rho_{air}ADv_T^2 = \frac{1}{2}(0.250)(1.20kg/m^3)(2.20m^2)(27.8m/s)^2$$

$$= 255N$$

따라서 $a = -\dfrac{R}{m} = -\dfrac{255N}{1200kg} = -0.212m/s^2$

19. (a) $f_k = \mu_k n = 0.900(4.00N) = 3.60N(\uparrow)$

$\sum F_y = ma_y: \quad 3.6N - (0.16kg)(9.80m/s^2) + P_y = 0$

$\quad P_y = -2.03N = 2.03N(\downarrow)$

(b) $\sum F_y = ma_y: \quad 3.6N - (0.16kg)(9.80m/s^2) - 1.25(2.03N) = (0.160kg)a_y$

$$a_y = -0.508\,N/0.15\,kg = -3.18\,m/s^2\,(\downarrow)$$

(c) $\sum F_y = ma_y$: $(20.0\,Ns/m)v_T - (0.16\,kg)(9.80\,m/s^2) - 1.25\,(2.03\,N)$

$v_T = 4.11\,N/(20\,Ns/m) = 0.205\,m/s\,(\downarrow)$

20. (a) $a = g - Bv$, $v = v_T$, $a = 0$이므로

$$B = \frac{g}{v_T}, \quad \text{여기서 } v_T = \frac{h}{\Delta t} = \frac{1.50\,m}{5.00\,s} = 0.300\,m/s$$

따라서 $B = \dfrac{9.80\,m/s^2}{0.300\,m/s} = 32.7\,s^{-1}$

(b) $t = 0$, $v = 0$이므로 $a = g = 9.80\,m/s^2\,(\downarrow)$

(c) $v = 0.150\,m/s$ 일 때

$$a = g - Bv = 9.80\,m/s^2 - (32.7\,s^{-1})(0.150\,m/s) = 4.90\,m/s^2\,(\downarrow)$$

21. (a) $v = \dfrac{mg}{b}\left(1 - e^{-bt/m}\right) = v_T\left(1 - e^{-t/\tau}\right)$

여기서 $b = \dfrac{mg}{v_T} = \dfrac{(3.00 \times 10^{-3}\,kg)(9.80\,m/s^2)}{2.00 \times 10^{-2}\,m/s} = 1.47\,N \cdot s/m$

(b) $v = 0.632\,v_T$에서

$$0.632\,v_T = v_T\left(1 - e^{-bt/m}\right) \rightarrow 0.368 = e^{-(1.47t/0.00300)}$$

$$\therefore \ln(0.368) = -\frac{1.47t}{3.00 \times 10^{-3}} \quad \rightarrow \quad -1 = -\frac{1.47t}{3.00 \times 10^{-3}}$$

따라서 $t = -\left(\dfrac{m}{b}\right)\ln(0.368) = 2.04 \times 10^{-3}\,s$

(c) $R = v_T b = mg$에서

그러므로 $R = v_T b = mg = (3.00 \times 10^{-3}\,kg)(9.80\,m/s^2) = 2.94 \times 10^{-2}\,N$

22. $\sum F = ma$에서 $-kmv^2 = m\dfrac{dv}{dt}$

$$-k\,dt = \frac{dv}{v^2} \rightarrow -k\int_0^t dt = \int_{v_i}^v v^{-2}\,dv$$

$$-k(t - 0) = \left.\frac{v^{-1}}{-1}\right|_{v_i}^v = -\frac{1}{v} - \frac{1}{v_i}$$

$$\therefore \frac{1}{v} = \frac{1}{v_i} + kt = \frac{1 + v_i kt}{v_i} \rightarrow v = \frac{v_i}{1 + v_i kt}$$

23. $R = \dfrac{1}{2}D\rho Av^2 = \dfrac{1}{2}(1.00)(1.20\,kg/m^3)(1.60 \times 10^{-2}\,m^2)(29.0\,m/s)^2$

$$= 8.07\,N$$

$$\rightarrow \quad R \sim 10^1\,N$$

추가 문제

24. 일정한 속력으로 이동하기 때문에 접선가속도는 없고, 원의 형태로 굽어 있기 때문에 구심가속도를 가진다.

A 지점 : 속도의 방향 → 동쪽

구심가속도의 방향 → 남쪽

B 지점 : 속도의 방향 → 남쪽

구심가속도의 방향 → 서쪽

25. $r_1 = 2.50m$, $v_1 = 20.4\,m/s$, $T_1 = 50.0N$이고,

$r_2 = 1.00$, $v_2 = 51.0m/s$일 때 T_2 ?

$\sum F_x = ma_x$에서

$T_1 = \dfrac{mv_1^2}{r_1}$, $T_2 = \dfrac{mv_2^2}{r_2}$이므로 $\dfrac{T_2}{T_1} = \dfrac{v_2^2}{v_1^2}\dfrac{r_1}{r_2} = \left(\dfrac{51.0m/s}{20.4m/s}\right)^2\left(\dfrac{2.50m}{1.00m}\right) = 15.6$

$\therefore\ T_2 = 15.6\,T_1 = 781\,N$

26. (a) $\sum F_y = ma_y :\ n - mg = -\dfrac{mv^2}{r}$

속력 $v = (30km/h)\left(\dfrac{1h}{3600s}\right)\left(\dfrac{1000m}{1km}\right) = 8.33m/s$

$n = m\left(g - \dfrac{v^2}{r}\right) = (1800kg)\left[9.80m/s^2 - \dfrac{(8.33m/s)^2}{20.4m}\right] = 1.15 \times 10^4 N\,(\uparrow)$

(b) $n = 0$, $mg = \dfrac{mv^2}{r}$

$\rightarrow\ v = \sqrt{gr} = \sqrt{(9.80m/s^2)(20.4m)} = 14.1m/s = 50.9km/h$

27. (a) $ma_y = \dfrac{mv^2}{R}$,

$mg - n = \dfrac{mv^2}{R}\ \rightarrow\ n = mg - \dfrac{mv^2}{R}$

(b) 방지 턱에서 위로 튕기지 않고 접촉된 상태에서 통과하려면 $n = 0$

따라서 $mg = \dfrac{mv^2}{R}\ \rightarrow\ v = \sqrt{gR}$

28. $n\sin\theta = \dfrac{mv^2}{r}$

$n\cos\theta - mg = 0 \rightarrow n\cos\theta = mg$

$\dfrac{n\sin\theta}{n\cos\theta} = \dfrac{mv^2/r}{gr} \rightarrow \tan\theta = \dfrac{v^2}{gr}$

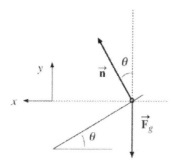

식을 정리하면

$$v^2 = gr\tan\theta = g(L\cos\theta)\tan\theta \qquad \therefore v = \sqrt{gL\sin\theta}$$

29. (a) $\displaystyle\int_{v_i}^{v} \frac{dv}{v} = -\frac{b}{m}\int_0^t dt$

$$\ln v\big|_{v_i}^{v} = -\frac{b}{m}t\big|_0^t \quad \rightarrow \quad \ln\left(\frac{v}{v_i}\right) = -\frac{bt}{m}$$

$$\frac{v}{v_i} = e^{-\frac{bt}{m}} \qquad \therefore v = v_i e^{-\frac{bt}{m}}$$

(b) 시간에 따라 지수적으로 점차 감소하다가 충분한 시간이 되면 거의 0에 가까운 속력이 된다.

(c) 유한한 시간에서는 속도가 점차 감소되면서 아주 천천히 진행한다.

(d) 이 운동에서 물체는 영원히 속도를 잃는다. 그것은 멈추는 데 있어서 유한한 거리를 이동한다. 따라서 거리를 구해보면 다음과 같다.

$$\int_0^r dr = v \int_0^t e^{-bt/m} dt$$

$$r = -\frac{m}{b}v_i \int_0^t e^{-bt/m}\left(-\frac{b}{m}dt\right) = -\frac{m}{b}v_i e^{-bt/m}\big|_0^t$$

$$= -\frac{m}{b}v_i\left(e^{-bt/m} - 1\right) = \frac{mv_i}{b}\left(1 - e^{-bt/m}\right)$$

30. 물체 1 : $T_1 + m_1 g = \dfrac{m_1 v_1^2}{r_1}$, $v_1 = 2v$, $r_1 = 2l$

   물체 2 : $T_2 - T_1 + m_2 g = \dfrac{m_2 v_2^2}{r_2}$, $v_2 = v$, $r_2 = 2l$

(a) $T_1 = \dfrac{m_1 v_1^2}{r_1} - m_1 g = m_1\left(\dfrac{v_1^2}{r_1} - g\right) = (4.00kg)\left[\dfrac{[2(4.00m/s)]^2}{2(0.500m)} - 9.80m/s^2\right] = 217N$

(b) $T_2 = T_1 + m_2\left(\dfrac{v_2^2}{r_2} - g\right) = T_1 + (3.00kg)\left[\dfrac{(4.00m/s)^2}{0.500m} - 9.80m/s^2\right]$

   $= 216.8N + 66.6N = 283N$

(c) $T_2 > T_1$이므로 줄2가 먼저 끊어지게 된다.

7장 계의 에너지

7.2 일정한 힘이 한 일

1. (a) 구매자가 쇼핑카트에 한 일

$$W_{구매자} = (F cos\theta)\Delta x = (35.0N)(50.0m)\cos25.0° = 1.59 \times 10^3 J$$

(b) 쇼핑카트를 일정한 힘으로 수평 아래 25.0°로 밀고 있기 때문에 속력이 일정하고, 수직항력이 작아 마찰력도 감소한다. 수직 성분이 없고, 마찰력이 줄어들어 그전보다 힘은 더 작다.
(c) 구매자가 가해야 하는 힘은 (b)에서처럼 같다.
(d) 구매자가 쇼핑카트에 한일은 같다.

2. (a) $W = (281.5 kg)(9.80 m/s^2)(0.171 m) = 472 J$
(b) $F = mg = (281.5 kg)(9.80 m/s^2) = 2.76 \times 10^3 N = 2.76 kN$

3. $\Delta r = (12.0 m)\Delta\phi, \quad \theta = 90° + \phi$

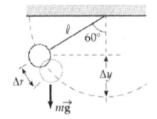

$$W = \int_i^f F\cos\theta\, dr = \int_0^{60°} mg(-\sin\phi)(12.0m)d\phi$$

$$= -mg(12.0m)\int_0^{60°}\sin\phi d\phi = (-80.0kg)(9.80m/s^2)(12m)(-\cos\phi|_0^{60°})$$

$$= (-784N)(12.0m)(-\cos60°+1) = -4.70\times10^3 J$$

7.3 두 벡터의 스칼라곱

4. $\vec{A}\cdot\vec{B} = \left(A_x\hat{i} + A_y\hat{j} + A_z\hat{k}\right)\cdot\left(B_x\hat{i} + B_y\hat{j} + B_z\hat{k}\right)$
   $= A_xB_x + A_yB_y + A_zB_z$

   여기서 $\hat{i}\cdot\hat{i} = \hat{j}\cdot\hat{j} = \hat{k}\cdot\hat{k} = 1, \ \hat{i}\cdot\hat{j} = \hat{j}\cdot\hat{k} = \hat{k}\cdot\hat{i} = 0$

5. $A = 5.00; \ B = 9.00; \ \theta = 50.0°$
   $\vec{A}\cdot\vec{B} = AB\cos\theta = (5.00)(9.00)\cos50.0° = 28.9$

6. 두 벡터 사이의 각도
   $$\theta = (360° - 132°) - (118° + 90.0°) = 20.0°$$
   따라서 $\vec{F}\cdot\vec{r} = Fr\cos\theta = (32.8N)(0.173m)\cos20.0°$

$$= 5.33\,N \cdot m = 5.33\,J$$

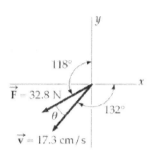

7. (a) $\vec{A} = 3.00\hat{i} - 2.00\hat{j}$, $\vec{B} = 4.00\hat{i} - 4.00\hat{j}$

$$\therefore\ \theta = \cos^{-1}\!\left(\frac{\vec{A}\cdot\vec{B}}{AB}\right) = \cos^{-1}\!\left(\frac{12.0 + 8.00}{\sqrt{13.0}\ \sqrt{32.0}}\right) = 11.3^\circ$$

(b) $\vec{A} = -2.00\hat{i} + 4.00\hat{j}$, $\vec{B} = 3.00\hat{i} - 4.00\hat{j} + 2.00\hat{k}$

$$\therefore\ \theta = \cos^{-1}\!\left(\frac{\vec{A}\cdot\vec{B}}{AB}\right) = \cos^{-1}\!\left(\frac{-6.00 - 16.0}{\sqrt{20.0}\ \sqrt{29.0}}\right) = 156^\circ$$

(c) $\vec{A} = \hat{i} - 2.00\hat{j} + 2.00\hat{k}$, $\vec{B} = 3.00\hat{j} + 4.00\hat{k}$

$$\therefore\ \theta = \cos^{-1}\!\left(\frac{\vec{A}\cdot\vec{B}}{AB}\right) = \cos^{-1}\!\left(\frac{-6.00 + 8.00}{\sqrt{9.00}\ \sqrt{25.0}}\right) = 82.3^\circ$$

7.4 변하는 힘이 한 일

8. (a) $W = \dfrac{(3.00N)(5.00m)}{2} = 7.50J$

(b) $W = (3.00N)(5.00m) = 15.0J$

(c) $W = \dfrac{(3.00N)(5.00m)}{2} = 7.50J$

(d) $W = (7.50 + 7.50 + 15.0)J = 30.0J$

9. $kx = ma \rightarrow k = \dfrac{ma}{x} = \dfrac{(4.70\times10^{-3}kg)(0.800)(9.80m/s^2)}{0.500\times10^{-2}m} = 7.37\,N/m$

10. (a) $F = ky$ 에서 $k = \dfrac{F}{y} = \dfrac{Mg}{y} = \dfrac{(4.00kg)(9.80m/s^2)}{2.50\times10^{-2}m} = 1.57\times10^3\,N/m$

따라서 질량 $1.50kg$일 때

$$y = \frac{mg}{k} = \frac{(1.50kg)(9.80m/s^2)}{1.57\times10^3\,N/m} = 0.00938m = 0.938cm$$

(b) $W = \dfrac{1}{2}ky^2 = \dfrac{1}{2}(1.57\times10^3\,N/m)(4.00\times10^{-2}m) = 1.25J$

11. $\Delta F_s = k\Delta x \quad \rightarrow \quad k = \dfrac{\Delta F_s}{\Delta x}$

$$\therefore\ k = \frac{\dfrac{1}{4}mg}{d} = \frac{\dfrac{1}{4}(0.580kg)(9.80m/s^2)}{0.00450m} = 316N/m$$

각 용수철은 316N/m의 용수철 상수를 가져야 한다.

12. (a) $F_s = kx = (3,85N/m)(0.08m) = 0.308N$

$F_g = mg = (0.250kg)(9.80m/s^2) = 2.45N$

$\qquad \sum F_y = 0 \rightarrow n - 2,45N = 0 \rightarrow n = 2,45N$

오른쪽 블록, $n = F_g = (0.500kg)(9.80m/s^2) = 4.90N$

따라서 왼쪽 블록에 대해

$\qquad \sum F_x = ma_x \rightarrow -0.308N = (0.250kg)a \quad \therefore a = -1.23m/s^2$

오른쪽 블록, $0.308N = (0.500kg)a \rightarrow \therefore a = 0.616m/s^2$

(b) 왼쪽 블록에 대해, $\sum F_x = ma_x$에서 $-0.308N + 0.245N = (0.250kg)a$

$\qquad \rightarrow a = -0.252m/s^2$(정지마찰력이 너무 크지 않다면)

오른쪽 불럭에 대해 $f_k = \mu_k n = 0.490N$. 이것은 최대정지마찰력이 더 커서 운동없고, 가속도가 0이다.

(c) 왼쪽 블록 $f_k = 0.462(2.45N) = 1.13N$, 최대정지마찰력이 더 크다. 그래서 용수철 힘은 이 블록의 운동을 못하고, 더 마찰력을 느끼게 하므로 오른쪽 블록도 마찬가지이다. 둘 다 가속도는 0이다.

13. (a) $\sum F_x = ma_x \rightarrow F - mg\cos\theta = 0$

$\qquad \therefore F = mg\cos\theta$

(b) $W = \displaystyle\int_0^{\pi/2} mg\cos\theta \, dr \quad (dr = Rd\theta)$

$\qquad = \displaystyle\int_0^{\pi/2} mg\cos\theta R d\theta = mgR\sin\theta|_0^{\pi/2}$

$\qquad = mgR(1-0) = mgR$

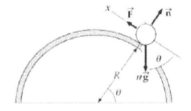

14. (a) 표와 그래프

F (N)	L (mm)	F (N)	L (mm)
0.00	0.00	12.0	98.0
2.00	15.0	14.0	112
4.00	32.0	16.0	126
6.00	49.0	18.0	149
8.00	64.0	20.0	175
10.0	79.0	22.0	190

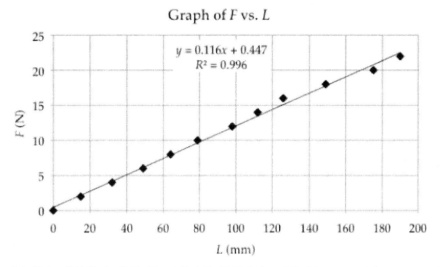

Graph of F vs. L

$$y = 0.116x + 0.447$$
$$R^2 = 0.996$$

(b) 최소 제곱법에 의해 위 그래프의 직선이다. 기울기는 $0.116 N/mm = 116 N/m$

(c) 거의 직선 식을 만족하지만 비선형적인 몇 몇 값이 있으면 특히 끝 부분이 직선에 일치하지 않음을 알 수 있다.

(d) $F - x$ 그래프의 기울기가 $k = 116 N$

(e) $F = kx = (116 N/m)(0.105 m) = 12.2 N$

15. $a = (5cm, \ -2N), \quad b = (25cm, \ 8N)$

기울기$= \dfrac{u_b - u_a}{v_b - v_a} = \dfrac{8N - (-2N)}{25cm - 5cm} = 0.5 N/cm$

$u = mv + b$에서 $-2N = (0.5N/m)(5cm) + b \ \rightarrow b = -4.5N$

$\therefore \ u = (0.5N/cm)v - 4.5N$

(a) $\displaystyle\int_a^b udv = \int_5^{25}(0.5v - 4.5)dv = \left[\dfrac{0.5v^2}{2} - 4.5v\right]_5^{25} = 0.25(625 - 25) - 4,5(25 - 5)$

$\qquad = 150 - 90 = 60 N \cdot cm = 0.600 J$

(b) $\displaystyle\int_b^a udv = -0.600 J$

(c) $\displaystyle\int_b^a udv = \int_{-2}^8 (2u + 9)du = \left[u^2 + 9u\right]_{-2}^8$

$\qquad = 64 - (-2)^2 + 9(8 + 2) = 150 N \cdot cm = 1.50 J$

7.5 운동 에너지와 일-운동 에너지 정리

16. (a) $\Delta K = K_f - K_i = \dfrac{1}{2}mv_f^2 - 0 = \sum W =$ 면적

$$\therefore \ v_f = \sqrt{\frac{2(7.50J)}{4.00kg}} = 1.94m/s$$

(b) $\therefore \ v_f = \sqrt{\frac{2(22.5J)}{4.00kg}} = 3.35m/s$

(c) $\therefore \ v_f = \sqrt{\frac{2(30.0J)}{4.00kg}} = 3.87m/s$

17. $\sum W = \Delta K$ 에서

$$W_g + W_b = \frac{1}{2}mv_f^2 - \frac{1}{2}mv_i^2 \ \to \ (mg)(h+d)\cos0° + \overline{F}d\cos180° = 0 - 0$$

$$\therefore \ \overline{F} = \frac{(mg)(h+d)}{d} = \frac{(2100kg)(9.80m/s^2)(5.12m)}{0.120m} = 8.78\times10^5 N\,(\uparrow)$$

18. $F_{app} = kd$ 에서 $k = \dfrac{10mg}{d}$

일–운동에너지 정리에 의해 $\ W_{용수철} + W_{중력} = \Delta K = 0$

$$\left(\frac{1}{2}kx_i^2 - \frac{1}{2}kx_f^2\right) + mgh\cos180° = 0 \ \to \ \frac{1}{2}kx_i^2 = mgh$$

$$h = \frac{kx_i^2}{2mg} = \frac{\dfrac{10mg}{d}x_i^2}{2mg} = \frac{10x_i^2}{2d} = \frac{10(-4.00cm)^2}{2(1.00cm)} = 80.0cm$$

따라서 위 결과 값으로부터 다트가 천장에 닿지 않기 때문에 당황하게 된다.

7.6 계의 퍼텐셜 에너지

19. $U = mgy$

(a) $y = 1.3m:$ $\ \ U = (0.20kg)(9.80m/s^2)(1.3m) = 2.5J$

(b) $y = -5.0m:$ $\ \ U = (0.20kg)(9.80m/s^2)(-5.0m) = -9.8J$

(c) $\Delta U = U_f - U_i = (-9.8J) - (2.5J) = -12.3 = -12J$

20. (a) $U_B = 0$, $U_A = mgy$ 이므로

$135ft = 41.1m$ 이고 $y = 41.1m\sin40.0° = 26.4m$

즉, $U_A = mgy = (1000kg)(9.80m/s^2)(26.4m) = 2.59\times10^5 J$

따라서 $U_B - U_A = 0 - 2.59\times10^5 J = -2.59\times10^5 J$

(b) $U_A = 0$, $U_B = mgy$ 로 조건을 바꾸면

$U_B = mgy = (1000kg)(9.80m/s^2)(-26.4m) = -2.59\times10^5 J$

$\therefore \ U_B - U_A = (-2.59\times10^5 J) - 0 = -2.59\times10^5 J$

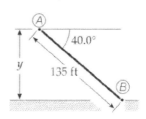

7.7 보존력과 비보존력

21. $F_g = mg = (4.00kg)(9.80m/s^2) = 39.2N(\downarrow)$

(a) $W_{OAC} = W_{OA} + W_{AC} = F_g(OA)\cos90.0° + F_g(AC)\cos180°$

$\qquad = (39.2N)(5.00m)(0) + (39.2N)(5.00m)(-1) = -196J$

(b) $W_{OBC} = W_{OB} + W_{BC} = (39.2N)(5.00m)\cos180° + (39.2N)(5.00m)\cos90.0°$

$\qquad = -196J$

(c) $W_{OC} = F_g(OC)\cos135° = (39.2N)(5.00\times\sqrt{2}\ m)\left(-\dfrac{1}{\sqrt{2}}\right) = -196J$

이들 세 경로를 통해 한 일을 계산했지만 다 같다. 그것은 중력이 보존력이기 때문이다.

22. (a) $W = \int\vec{F}\cdot d\vec{r}$ 에서 힘이 일정하다면 $W = \int\vec{F}\cdot d\vec{r} = \vec{F}\cdot(\vec{r}_f - \vec{r}_i)$ 이므로 이것은 위치에만 의존하고, 경로에는 무관하다.

(b) $W = \int\vec{F}\cdot d\vec{r} = \int(3\boldsymbol{i}+4\boldsymbol{j})\cdot(dx\,\boldsymbol{i}+dy\,\boldsymbol{j})$

$\qquad = (3.00N)\int_0^{5.00m}dx + (4.00N)\int_0^{5.00m}dy$

$\qquad = [(3.00N)x]_0^{5.00m} + [(4.00N)y]_0^{5.00m} = 15.0J + 20.0J = 35.0J$

이 계산은 모든 경로에 대하여 모두 같음을 의미한다.

23. (a) $W_{OA} = \int_0^{5.00m}dx\,\boldsymbol{i}\cdot(2y\boldsymbol{i}+x^2\boldsymbol{j}) = \int_0^{5.00m}2ydx$

$\qquad y = 0,\ W_{OA} = 0$

$W_{AC} = \int_0^{5.00m}dy\,\boldsymbol{j}\cdot(2y\boldsymbol{i}+x^2\boldsymbol{j}) = \int_0^{5.00m}x^2dy$

$\qquad x = 5.00m,\quad W_{AC} = 125J$

$\therefore W_{OAC} = 0 + 125 = 125J$

(b) $W_{OB} = \int_0^{5.00m}dy\,\boldsymbol{j}\cdot(2y\boldsymbol{i}+x^2\boldsymbol{j}) = \int_0^{5.00m}x^2dy$

$\qquad x = 0,\quad W_{OB} = 0$

$\qquad W_{BC} = \int_0^{5.00m}dx\,\boldsymbol{i}\cdot(2y\boldsymbol{i}+x^2\boldsymbol{j}) = \int_0^{5.00m}2ydx$

$\qquad y = 5.00m,\quad W_{BC} = 50.0J$

$\qquad \therefore W_{OAC} = 0 + 125 = 125J$

(c) $W_{OC} = \int(dx\,\boldsymbol{i}+dy\,\boldsymbol{j})\cdot(2y\boldsymbol{i}+x^2\boldsymbol{j}) = \int(2ydx + x^2dy)$

$\qquad x = y,\quad W_{OC} = \int_0^{5.00m}(2x+x^2)dx = 66.7J$

(d) F는 비보존력이다.

(e) 입자에 힘이 한일은 경로에 의존됨을 알 수 있다. 이는 힘이 비보존력이기 때문이다.

7.8 보존력과 퍼텐셜 에너지의 관계

24. 책을 올리는 동안 $20J$을 일을 했으면, 이것은 곧 중력 위치에너지이다.
이 책이 바닥으로 떨어질 때 중력에 의한 위치에너지 $20J$이 운동에너지로 바뀌게 된다.
따라서 $20J$의 운동에너지를 가지고 바닥에 떨어진다.
곧 문제의 상황은 불가능하다.

25. (a) $W = \int_{1.00m}^{5.00m} (2x+4)dx\,N\cdot m = \left[x^2+4x\right]_{1.00m}^{5.00m} N\cdot m$

$$= (5^2+20-1-4)J = 40.0J$$

(b) $\Delta U = -W = -40.0J$

(c) $\Delta K = K_f - \frac{1}{2}mv_1^2$

$$\therefore K_f = \Delta K + \frac{1}{2}mv_1^2 = 40.0J + \frac{(5.00kg)(3.00m/s)^2}{2} = 62.5J$$

26. $F_x = -\frac{\partial U}{\partial x} = -\frac{\partial(3x^3y-7x)}{\partial x} = -(9x^2y-7) = 7-9x^2y$

$F_y = -\frac{\partial U}{\partial y} = -\frac{\partial(3x^3y-7x)}{\partial y} = -(9x^3-0) = -3x^3$

따라서 $\vec{F} = F_x\boldsymbol{i} + F_y\boldsymbol{j} = (7-9x^2y)\boldsymbol{i} - 3x^3\boldsymbol{j}$

7.9 에너지 도표와 계의 평형

27. (a) $F_x = 0$인 지점 A, C, E
$F_x > 0$인 지점 B
$F_x < 0$인 지점 D

(b) 불안정 : A, E
안정 : C

(c) $F_x - x$ 그래프

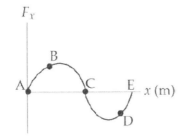

28. 평형인 배치에서

안정 불안정 중립

추가문제

29. (a) $dU = -Fdx$

$$\int_5^U dU = -\int_0^x 8e^{-2x}dx$$

$$\therefore U - 5 = -\left(\frac{8}{-2}\right)\int_0^x e^{-2x}(-2dx)$$

$$\therefore U = 5 - (-4)e^{-2x}|_0^x = 5 + 4e^{-2x} - 4\cdot1 = 1 + 4e^{-2x}$$

(b) 힘이 작용하는 물체에 대해 하는 일은 물체가 원래의 위치와 최종 위치에 따라 달라지기 때문에 힘은 반드시 보존적이어야 하며, 그들 사이의 경로에 따라 달라지지 않아야 한다. 관련된 힘에 대해 고유하게 정의된 퍼텐셜 에너지가 있다.

30. 일-운동에너지 정리에 의해

$$W_g + W_s = \Delta K$$

$$\frac{1}{2}mv_i^2 + mg\sin\theta(d+x) + \left(\frac{1}{2}kx_{s,i}^2 - \frac{1}{2}kx_{s,f}^2\right) = \frac{1}{2}mv_f^2$$

$$\frac{1}{2}mv^2 + mg\sin\theta(d+x) + \left(0 - \frac{1}{2}kx^2\right) = 0$$

$$\therefore \frac{1}{2}v^2 + g\sin\theta(d+x) - \frac{k}{2m}x^2 = 0 \rightarrow \frac{k}{2m}x^2 - (g\sin\theta)x - \left[\frac{v^2}{2} + (g\sin\theta)d\right] = 0$$

근의 공식에서

$$\therefore x = \frac{g\sin\theta + \sqrt{(g\sin\theta)^2 + \left(\frac{k}{m}\right)[v^2 + 2(g\sin\theta)d]}}{k/m}$$

$$= \frac{3.35 + \sqrt{(3.35)^2 + (200)[(0.750)^2 + 2(3.35)(0.300)]}}{200}$$

$$= 0.131\,m$$

8장 에너지 보존

8.1 분석 모형: 비고립계 (에너지)

1. (a) $\Delta K + \Delta U = 0$

$$\left(\frac{1}{2}mv^2 - 0\right) + (-mgh - 0) = 0 \qquad \therefore \frac{1}{2}mv^2 = mgh \;\; \rightarrow \;\; v = \sqrt{2gh}$$

(b) $\Delta K = W$

$$\left(\frac{1}{2}mv^2 - 0\right) = mgh \qquad \therefore \frac{1}{2}mv^2 = mgh \;\; \rightarrow \;\; v = \sqrt{2gh}$$

8.2 분석 모형: 고립계 (에너지)

2. (a) $\frac{1}{2}mv_{xi}^2 + \frac{1}{2}mv_{yi}^2 = \left(\frac{1}{2}mv_{xf}^2 + 0\right) + mgy_f$

$v_{xi} = v_{xf}$ 이므로

첫 번째 포탄, $\quad \frac{1}{2}mv_{yi}^2 = mgy_f \rightarrow y_f = \frac{v_{yi}^2}{2g} = \frac{[(1000m/s)\sin37.0°]^2}{2(9.80m/s^2)} = 1.85 \times 10^4 m$

두 번째 포탄, $y_f = \frac{(1000m/s)^2}{2(9.80m/s^2)} = 5.10 \times 10^4 m$

(b) $E_{mech} = K_i + U_i = K_i + 0$

$$= \frac{1}{2}(20.0kg)(1000m/s)^2 = 1.00 \times 10^7 J$$

3. (a) $\Delta K + \Delta U = 0$

$$\left(\frac{1}{2}mv_B^2 - 0\right) + (mgh_B - mgh_A) = 0$$

$$\frac{1}{2}mv_B^2 = mg(h_A - h_B) \rightarrow v_B = \sqrt{2g(h_A - h_B)}$$

$$\therefore \sqrt{2(9.80m/s^2)(5.00m - 3.20m)} = 5.94m/s$$

또한, $v_C = \sqrt{2g(h_A - h_C)} = \sqrt{2g(5.00 - 2.00)} = 7.67m/s$

(b) $W_g|_{A \to C} = \Delta K = \frac{1}{2}mv_C^2 - 0 = \frac{1}{2}(5.00kg)(7.67m/s)^2 = 147J$

4. (a) $mgy = (36kg)(9.80m/s^2)(0.25m) = 88.2J$

따라서 $12(1.05 \times 10^6)(88.2J) = 1.11 \times 10^8 J$

(b) $E = \left(\frac{0.01}{100}\right)(1.11 \times 10^9 J) = 1.11 \times 10^5 J$

리히터 규모로 나타내면

$$\frac{\log E - 4.8}{1.5} = \frac{\log(1.11 \times 10^5) - 4.8}{1.5} = \frac{5.05 - 4.8}{1.5} = 0.2$$

5. $\Delta K + \Delta U = 0$에서

$$\left(0 - \frac{1}{2}mv_i^2\right) + (mg(2L) - 0) = 0$$

$$\rightarrow \quad v_i = \sqrt{4gL} = \sqrt{4(9.80m/s^2)(0.770m)} = 5.49m/s$$

6. $\Delta K + \Delta U = 0$에서

$$\left(K_A + K_B + U_g\right)_f - \left(K_A + K_B + U_g\right)_i = 0$$

$$\rightarrow \quad \left(K_A + K_B + U_g\right)_i = \left(K_A + K_B + U_g\right)_f$$

$$0 + 0 + 0 = \frac{1}{2}mv_A^2 + \frac{1}{2}m\left(\frac{v_A}{2}\right)^2 + \frac{mgh}{3} - \frac{mg2h}{3}$$

$$\frac{mgh}{3} = \frac{5}{8}mv_A^2 \rightarrow v_A = \sqrt{\frac{8gh}{15}}$$

8.3 운동 마찰이 포함되어 있는 경우

7. (a) 중력 $mg = (10.0kg)(9.80m/s^2) = 98.0N$

각도 $90.0° + 20.0° = 110.0°$

$$W_g = \vec{F} \cdot \Delta\vec{r} = mgl\cos(90.0° + \theta)$$

$$= (98.0N)(5.00m)\cos 110.0° = -168J$$

(b) $\sum F_y = ma_y$ 에서

$$n - (98.0N)\cos 20.0° = 0 \rightarrow n = 92.1N$$

$$f_k = \mu_k n = 0.400(92.1N) = 36.8N$$

따라서 $\Delta E_{int} = f_k d = (36.8N)(5.00m) = 184J$

(c) $W_F = Fl = (100N)(5.00m) = 500J$

(d) $\Delta K = -f_k d + \sum W_{other\,forces} \quad \rightarrow \quad \Delta K = -f_k d + W_g + W_{app} + W_n$

따라서 $\Delta K = -184J - 168J + 500J + 0 = 148J$

(e) $K_f - K_i = -f_k d + \sum W_{other\,forces}$ 에서

$$\frac{1}{2}mv_f^2 - \frac{1}{2}mv_i^2 = \sum W_{other\,forces} - f_k d$$

$$\therefore v_f = \sqrt{\frac{2}{m}\left(\Delta K + \frac{1}{2}mv_i^2\right)} = \sqrt{\left(\frac{2}{10.0kg}\right)\left[148J + \frac{1}{2}(10.0kg)(1.50m/s)^2\right]}$$

$$= 5.65m/s$$

8. (a) $W_F = Fd\cos\theta = (130N)(5.00m)\cos 0° = 650J$

(b) $n = 392N$, $f_k = \mu_k n = (0.300)(392N) = 118N$

따라서 $\Delta E_{int} = f_k d = (118N)(5.00m) = 588J$

(c) $W_n = nd\cos\theta = (392N)(5.00m)\cos 90° = 0$

(d) $W_g = nd\cos\theta = (392N)(5.00m)\cos(-90°) = 0$

(e) $\Delta K = \sum W_{other} - \Delta E_{int}$에서

$$\frac{1}{2}mv_f^2 - 0 = 650J - 588J + 0 + 0 = 62.0J$$

(f) $v_f = \sqrt{\dfrac{2K_f}{m}} = \sqrt{\dfrac{2(62.0J)}{40.0kg}} = 1.76m/s$

9. (a) $\Delta E_{int} = -\Delta K = -\dfrac{1}{2}m(v_f^2 - v_i^2)$

$$= -\frac{1}{2}(0.400kg)[(6.00)^2 - (8.00)^2](m/s)^2 = 5.60J$$

(b) $K_f = 0$ 이고, $\Delta E_{int} = -\Delta K$

$$f_k d = -(0 - K_i) = \frac{1}{2}mv_i^2 \quad \rightarrow \quad \mu_k mg[N(2\pi r)] = \frac{1}{2}mv_i^2$$

$$N = \frac{\dfrac{1}{2}mv_i^2}{\mu_k mg(2\pi r)} = \frac{\dfrac{1}{2}(8.00m/s)^2}{(0.152)(9.80m/s^2)2\pi(1.50m)} = 2.28\,rev$$

10. (a) $\Delta K + \Delta U + \Delta E_{int} = 0$

$$\left[\frac{1}{2}mv_B^2 - \frac{1}{2}mv_A^2\right] + (mgy_B - mgy_A) + f_k d = 0$$

$$\rightarrow \quad \left[\frac{1}{2}mv_B^2 - 0\right] + (0 - mgy_A) + f_k d = 0$$

$$\rightarrow \quad \frac{1}{2}mv_B^2 = mgy_A - f_k d$$

$$\therefore v_B = \sqrt{2gy_A - \frac{2f_k d}{m}} = \sqrt{2(9.80m/s^2)(0.200m) - \frac{2(0.025N)(0.600m)}{25.0 \times 10^{-3}kg}}$$

$$= \sqrt{2.72}\,m/s = 1.65m/s$$

(b) 녹색 구슬이 빠른 속력으로 B 지점에 먼저 도달한다. 이유는 경로 길이가 짧기 때문에 마찰력이 덜 작용하기 때문이다.

11. (a) $\Delta K + \Delta U = 0 \quad \rightarrow \quad U_f = K_i - K_f + U_i$

$$U_f = 30.0J - 18.0J + 10.0J = 22.0J$$

$$E = K + U = 30.0J + 10.0J = 40.0J$$

(b) 퍼텐셜 에너지가 22.0J보다 적기 때문에 비보존력이 작용한 것이다.

(c) 전체 역학적 에너지 $E = 18.0J + 5.00J = 23.0J$이므로 원래 에너지 40.0J보다 작다.
고로 역학적 에너지가 감소했다. 따라서 비보존력이 작용한 것이다.

12. (a) $\Delta K + \Delta U = 0 \rightarrow K_f - K_i + U_f - U_i = 0$

$$0 - 0 + \left(\frac{1}{2}kx^2 - 0\right) + [mg(-x) - mgd] = 0$$

$$\frac{1}{2}kx^2 - mg(x + d) = 0$$

따라서 값을 대입해서 정리하면,

$$160x^2 - (14.7)x - 17.6 = 0$$

$$\therefore\; x = \frac{14.7 \pm \sqrt{(-14.7)^2 - 4(160)(-17.6)}}{2(160)} \quad \rightarrow \quad x = \frac{14.7 + 107}{320} = 0.381\,m$$

(b) $\Delta K + \Delta U = -f_k(x+d) \rightarrow 0 - 0 + \left(\frac{1}{2}kx^2 - 0\right) + [mg(-x) - mgd] = -f_k(x+d)$

$$\frac{1}{2}kx^2 - (mg - f_k)x - (mg - f_k)d = 0\,, \quad mg - f_k = 14.0N$$

$$\therefore\; 160x^2 - 14.0x - 16.8 = 0$$

$$x = \frac{14.0 \pm \sqrt{(-14.0)^2 - 4(160)(-16.8)}}{2(160)} = \frac{14.0 \pm 105}{320}$$

$$\therefore\; x = 0.371\,m$$

(c) $\frac{1}{2}kx^2 - mg(x+d) = 0$

$$\frac{1}{2}(320N/m)x^2 - (1.50kg)(1.63m/s^2)(x + 1.20m) = 0$$

$$160x^2 - 2.45x - 2.93 = 0$$

$$\therefore\; x = \frac{2.45 \pm \sqrt{(-2.45)^2 - 4(160)(-2.93)}}{2(160)} = \frac{2.45 \pm 43.3}{320}$$

$$\therefore\; x = 0.143\,m$$

13. (a) 마찰과 공기 저항을 무시하면 중력에 의한 일만이 작용하므로 어린이-지구 계는 고립계이다.

(b) 마찰력이 없기 때문에 비고립계가 아니다.

(c) $U_g = mgh$

(d) $E = K + U_g = \frac{1}{2}mv_i^2 + \frac{mgh}{5}$

(e) $E = \frac{1}{2}mv^2 + mgh = \frac{1}{2}m(v_{xi}^2 + v_{yi}^2) + mgy_{\max}$

$$E = \frac{1}{2}m(v_{xi}^2 + 0) + mgy_{\max} \rightarrow E = \frac{1}{2}mv_{xi}^2 + mgy_{\max}$$

(f) $E = mgh = \frac{1}{2}mv_i^2 + \frac{mgh}{5} \rightarrow v_i = \sqrt{\frac{8gh}{5}}$

(g) $E = \frac{1}{2}mv_i^2 + \frac{mgh}{5} = \frac{1}{2}mv_{xi}^2 + mgy_{\max}$

여기서 $v_{xi} = v_i\cos\theta$, $v_{yi} = v_i\sin\theta$ 이므로

$$\frac{1}{2}mv_i^2 + \frac{mgh}{5} = \frac{1}{2}m(v_i\cos\theta)^2 + mgy_{\max}$$

$$\rightarrow \quad y_{\max} = \left(\frac{4h}{5}\right)(1 - \cos^2\theta) + \frac{h}{5} = h\left(1 - \frac{4}{5}\cos^2\theta\right)$$

(h) 마찰이 존재하면 계의 역학적 에너지는 보존되지 않는다. 최고 높이에서 내려오게 된다면 운동에너지의 손실에 의해 최종 속력은 감소된다.

14. (a) $\Delta K + \Delta U = -f_k d$

$$K_i + U_i - f_{air}d = K_f + U_f \quad \rightarrow \quad 0 + mgy_i - f_1d_1 - f_2d_2 = \frac{1}{2}mv_f^2 + 0$$

$$\therefore (80.0kg)(9.80m/s^2)(1000m) - (50.0N)(800m)$$

$$- (3600N)(200m) = \frac{1}{2}(80.0kg)v_f^2$$

$$\therefore v_f = \sqrt{\frac{2(24000J)}{80.0kg}} = 24.5m/s$$

(b) 안전을 생각하기에는 속력이 너무 빠르기 때문에 부상을 입기 쉽다.

(c) $(80.0kg)(9.80m/s^2)(1000m) - (50.0N)(1000m - d_2)$

$$- (3600N)d_2 = \frac{1}{2}(80.0kg)(5.00m/s)^2$$

$$\therefore 784000J - 50000J - (3550N)d_2 = 1000J \quad \rightarrow \quad d_2 = \frac{733000J}{3550N} = 206m$$

(d) 공기 저항력은 속력의 제곱에 비례한다. 그러나 종단될 것을 생각하면 전체 저항력은 일정하다고 생각하는 것은 현실적이다.

15. 경사로에서 생각하면,

$$\Delta K + \Delta U_g + \Delta E_{int} = 0$$

$$\left(\frac{1}{2}mv_b^2 - 0\right) + (0 - mgy_i) + f_kd = 0 \rightarrow v_b = \sqrt{\frac{2}{m}(mgy_i - f_kd)} \quad , \quad f_k = \mu_k mg\cos\theta$$

바닥에서의 속력 v_b

$$\therefore v_b = \sqrt{\frac{2}{m}[mgy_i - (\mu_k mg\cos\theta)d} = \sqrt{2g(y_i - \mu_k d\cos\theta)}$$

평평한 길에 대하여

$$\Delta K + \Delta E_{int} = 0$$

$$\left(\frac{1}{2}mv_f^2 - \frac{1}{2}mv_b^2\right) + f_kL = 0 \qquad \therefore v_f = \sqrt{v_b^2 - \frac{2f_kL}{m}} \quad , \quad f_k = \mu_k mg$$

$$\therefore v_f = \sqrt{v_b^2 - 2\mu_k gL} = \sqrt{2g(y_i - \mu_k d\cos\theta) - 2\mu_k gL}$$

$$= \sqrt{2g[y_i - \mu_k(d\cos\theta + L)]}$$

여기서 수평거리 r이라하면 $r = d\cos\theta + L \rightarrow d\cos\theta = r - L$

$$\therefore v_f = \sqrt{2g\{y_i - \mu_k[(r-L) + L]\}} = \sqrt{2g(y_i - \mu_k r)}$$

계산한 결과, 높이 y_i, 전체 수평거리 r로 표현되는 것은 숙소에 도착하는 속력 면에서 어떤 경로를 택하는지는 아무런 차이가 없다. 즉, 두 경로에 대한 속력은 같다.

8.5 일률

16. (a) $P_{av} = \dfrac{W}{\Delta t} = \dfrac{K_f}{\Delta t} = \dfrac{mv^2}{2\Delta t} = \dfrac{(0.875kg)(0.620m/s)^2}{2(21\times 10^{-3}s)} = 8.01\,W$

(b) 일부 에너지가 내부에너지, 트랙에 열이 발생하고, 소리 등에 의해 전달된다. 따라서 모형 기차를 움직이기에 필요한 최소의 일률이 된다.

17. $28.0\,W$ 전구에 대해

$$E = (28.0\,W)(1.00 \times 10^4\,h) = 280k\,Wh$$

전체비용 $= \$4.50 + (280k\,Wh)(\$0.200/k\,Wh) = \$60.50$

$100\,W$ 전구에 대해

$$E = (100\,W)(1.00 \times 10^4\,h) = 1.00 \times 10^3\,k\,Wh$$

전구 개수 $= \dfrac{1.00 \times 10^4\,h}{750h/\text{전구}} = 13.3 = 13\text{전구}$

전체비용 $= 13(0.420) + (1.00 \times 10^3\,k\,Wh)(\$0.200/k\,Wh) = \$205.46$

따라서 절약 비용 $= \$205.46 - \$60.50 = \$144.96 = \$145$

18. 구형 자동차 : $W = \dfrac{1}{2}mv^2 \quad \rightarrow \quad P = \dfrac{W}{\Delta t} = \dfrac{mv^2}{2\Delta t}$

신형 스포츠카 : $W = \dfrac{1}{2}m(2v)^2 = \dfrac{1}{2}(4mv^2)$

$$\therefore P = \dfrac{4mv^2}{2\Delta t} = 4\dfrac{mv^2}{2\Delta t}$$

따라서 신형 스포츠카는 구형 자동차의 4배가 된다.

19. 자동차에 대해 $m = 1300kg$, $v = 55.0mi/h = 24.6m/s$, $t = 15.0s$
엔진이 한 일은 운동에너지와 같다.

$$\dfrac{1}{2}(1300kg)(24.6m/s)^2 = 390kJ$$

따라서 일률 $P = \dfrac{390000J}{15.0s} \sim 10^4\,W$

이것은 약 30마력에 해당된다.

20. $\Delta U_{\text{전지}} + \Delta E_{int} = 0$, $\quad \Delta U_{\text{전지}} = -0.600\,U_{\text{사용}}$

$\Delta E_{int} = -\Delta U_{\text{전지}} = 0.600\,U_{\text{사용}}$

이때, $\Delta U_{\text{전지}} = -\Delta U_g - \Delta E_{int}$

그러므로 $\Delta U_{\text{전지}} = -(mgh_{total} - 0) - 0.600\,U_{\text{사용}} = -mgh_{tot} - 0.600\,U_{\text{사용}}$

$$\Delta U_{\text{전지}} = -(890N)(150m)\left(\dfrac{1h}{3600s}\right) - 0.600(120\,Wh)$$

$$= -37.1\,Wh - 72\,Wh = -109\,Wh$$

따라서 할머니는 스쿠터로 이 행사에서 완주할 수 있다.

21. (a) 걸을 때

$$\dfrac{1h}{220\,kcal}\left(\dfrac{3mi}{h}\right)\left(\dfrac{1\,kcal}{4186J}\right)\left(\dfrac{1.30 \times 10^8\,J}{1\,gal}\right) = 423\,mi/gal$$

(b) 자전거를 탈 때

$$\dfrac{1h}{400\,kcal}\left(\dfrac{10mi}{h}\right)\left(\dfrac{1\,kcal}{4186J}\right)\left(\dfrac{1.30 \times 10^8\,J}{1\,gal}\right) = 776\,mi/gal$$

22. (a) 지방 1kg을 대사하는데 필요한 에너지

$$1\,kg\left(\frac{1000g}{1\,kg}\right)\left(\frac{9\,kcal}{1g}\right)\left(\frac{4186J}{1\,kcal}\right)=3.77\times10^7\,J$$

역학적 일 $(3.77\times10^7J)(0.20)=nFd\cos\theta$, n: 계단 수

따라서 $7.55\times10^6\,J=nmg\Delta y\cos0\degree=n(75kg)(9.8m/s^2)(80\,steps)(0.150m)$

$$=n(8.82\times10^3\,J)$$

$$\therefore\ n=\frac{7.53\times10^6\,J}{8.82\times10^3\,J}=854$$

(b) 일률 $P=\dfrac{W}{t}=\dfrac{8.82\times10^3\,J}{65s}=136\,W=(136\,W)\left(\dfrac{1hp}{746\,W}\right)=0.182hp$

(c) 이 방법은 음식 섭취량 제한과 비교하여 비현실적이다. 그러므로 실용적인 방법이 아니다.

추가 문제

23. (a) (B) 위치에 있는 물체는 $U=0$,

바닥에서 운동에너지는 $K_B=\dfrac{1}{2}mv_B^2=\dfrac{1}{2}(0.200kg)(1.50m/s)^2=0.225\,J$

(b) (A)에서 전체 에너지는 $U_A=mgR$

$$E_i=K_A+U_A=0+(0.200\,kg)(9.80m/s^2)(0.300m)=0.588J$$

(B)에서 전체에너지 $E_f=K_B+U_B=0.225J+0$

따라서 $E_{mech,i}+\Delta E_{int}=E_{mech,f}$

변환된 에너지, $\Delta E_{int}=-\Delta E_{mech}=E_{mech,i}-E_{mech,f}=0.588J-0.225J=0.363J$

(c) 이들 결과로는 마찰계수를 구하는 것이 불가능하다.

(d) 마찰에 대한 효과는 찾을 수 있지만 n(수직항력)과 f(마찰력)는 위체에 따라 다르기 때문에 μ(마찰 계수)의 실제 값을 찾을 수 없다.

24. 30분 동안 운동할 수 있는 속도로 18cm의 높이를 갖는 40계단을 20초에 오른다고 하자.

이때 그 위치에서 위치 에너지 $mgh=(85kg)(9.80m/s^2)(40\times0.18m)=6000J$

따라서 $\dfrac{6000J}{20s}=\sim10^2\,W$

결국 지속 가능한 일률을 만든다.

25. 역학적 에너지 보존법칙에 의해

$$m_2gy=\frac{1}{2}(m_1+m_2)v^2$$

따라서 $v=\sqrt{\dfrac{2m_2gy}{m_1+m_2}}=\sqrt{\dfrac{2(1.90kg)(9.80m/s^2)(0.900m)}{5.40kg}}=2.49m/s$

(b) $\dfrac{1}{2}m_2v^2+m_2gy=\dfrac{1}{2}m_2v_d^2$

$$v_d = \sqrt{2gy + v^2} = \sqrt{2(9.80m/s^2)(1.20m) + (2.49m/s)^2} = 5.45m/s$$

(c) $y = \dfrac{1}{2}gt^2 \rightarrow t = \sqrt{\dfrac{2y}{g}} = \sqrt{\dfrac{2(1.20m)}{9.80m/s^2}} = 0.495s$

따라서 $x = v_d t = (2.49m/s)(0.495s) = 1.23m$

(d) 에너지가 같지 않다.

(e) m_2의 운동 에너지 중 일부는 소리로 전달되고, 일부는 m_1과 바닥에서 내부 에너지로 변환된다.

26. (a) $\Delta K + \Delta U + \Delta E_{int} = 0$에서

$$\left(\frac{1}{2}mv^2 - 0\right) + \left(\frac{1}{2}kx^2 - \frac{1}{2}kx_i^2\right) + f_k(x_i - x) = 0$$

$$\therefore \ mv\frac{dv}{dx} + kx - f_k = 0$$

이때, $\dfrac{dv}{dx} = 0$ $\therefore \ kx - f_k = 0$

$$x = \frac{f_k}{k} = \frac{4.0N}{1.0 \times 10^3 N/m} = 4.0 \times 10^{-3} m$$

따라서 압축된 위치 $x = -4.0 \times 10^{-3} m$

(b) $kx - f_k = 0$에서

$$x = \frac{f_k}{k} = \frac{10.0N}{1.0 \times 10^3 N/m} = 1.0 \times 10^{-2} m$$

따라서 물체의 위치 $x = -1.0 \times 10^{-2} m$

27. $\Delta E = Fd\cos 0° = F(\pi R)$

따라서 $\Delta E_{mech} = \dfrac{1}{2}mv_f^2 - \dfrac{1}{2}mv_i^2 + mgy_f - mgy_i$

$$\frac{1}{2}mv_f^2 = \frac{1}{2}mv_i^2 + mgy_i + F(\pi R) = \frac{1}{2}mv_i^2 + mg(2R) + F(\pi R)$$

$$\therefore \ R = \frac{\dfrac{1}{2}mv_f^2 - \dfrac{1}{2}mv_i^2}{2mg + \pi F} = m\frac{v_f^2 - v_i^2}{4mg + 2\pi F}$$

$$(0.180kg)\frac{(25.0m/s)^2 - 0}{4(0.180kg)g + 2\pi(12.0N)} = 1.36m$$

선수의 팔이 이 기술을 수행하기 위해 1.36m가 되어야 한다는 것을 알았다. 이것은 사람의 팔보다 훨씬 길다는 것으로 봐서 불가능한 일이다.

28. (a) $W = \Delta K = \dfrac{1}{2}mv_f^2 - \dfrac{1}{2}mv_i^2 = \dfrac{1}{2}(85.0kg)[(1.00m/s)^2 - (6.00m/s)^2]$

$$= -1490J$$

(b) $\Delta K + \Delta U_{chem} = W_g$ $\Delta U_{chem} = W_g - \Delta K = -mgh - \Delta K$

$$\therefore \ \Delta U_{chem} = -(85.0kg)(9.80m/s^2)(7.30m) - \Delta K = -6080 - 1490$$

$$= -7570 J$$

(c) $\Delta K + \Delta U_g = W_f$

$\quad W_f = \Delta K + mgh = -1490 J + 6080 J = 4590 J$

29. (a) $W = \Delta K = \dfrac{1}{2} m v_f^2 - \dfrac{1}{2} m v_i^2$

(b) $\Delta K + \Delta U_{chem} = W_g$

$\quad \Delta U_{chem} = W_g - \Delta K = -mgh - \left(\dfrac{1}{2} m v_f^2 - \dfrac{1}{2} m v_i^2 \right)$

(c) $\Delta K + \Delta U_g = W_f$

$\quad W_f = \Delta K + mgh = \dfrac{1}{2} m v_f^2 - \dfrac{1}{2} m v_i^2 + mgh$

30. (a) $x = 6.00 \, cm$, $k = 850 N/m$

$$U = \dfrac{1}{2} k x^2 = \dfrac{1}{2} (850 N/m)(0.0600 m)^2 = 1.53 J$$

$\quad x = 0$; $U = 0 J$

(b) $\Delta K + \Delta U = 0 \rightarrow \dfrac{1}{2} m v_f^2 = U_i - U_f$

$\quad v_f = \sqrt{\dfrac{2(U_i - U_f)}{m}} = \sqrt{\dfrac{2(1.53 J)}{1.00 kg}} = 1.75 m/s$

(c) $x_f = \dfrac{x_i}{2} = 3.00 \, cm$

$\quad U = \dfrac{1}{2} k x^2 = \dfrac{1}{2} (850 N/m)(0.0300 m)^2 = 0.383 J$

$\quad v_f = \sqrt{\dfrac{2(0.383 J)}{1.00 kg}} = 1.51 m/s$

(d) 아니다. 이 상황은 물리적으로 진동을 하기 때문에 위치에 비례적이지 않다.

9장 선운동량과 충돌

9.1 선운동량

1. (a) $p = mv \rightarrow v = \dfrac{p}{m}$

$\therefore K = \dfrac{1}{2}mv^2 = \dfrac{1}{2}m\left(\dfrac{p}{m}\right)^2 = \dfrac{p^2}{2m}$

(b) $K = \dfrac{1}{2}mv^2$ 에서 $\qquad v = \sqrt{\dfrac{2K}{m}}$

따라서 $p = mv = m\sqrt{\dfrac{2K}{m}} = \sqrt{2mK}$

2. (a) $\vec{p} = m\vec{v} = (3.00kg)[3.00\boldsymbol{i} - 4.00\boldsymbol{j}]m/s$

$\qquad = (9.00\boldsymbol{i} - 12.0\boldsymbol{j})kg \cdot m/s$

따라서 $p_x = 9.00\,kg \cdot m/s, \quad p_y = -12.0\,kg \cdot m/s$

(b) $p = \sqrt{p_x^2 + p_y^2} = \sqrt{(9.00kg \cdot m/s)^2 + (12.0kg \cdot m/s)^2} = 15.0\,kg \cdot m/s$

따라서 $\theta = \tan^{-1}\left(\dfrac{p_y}{p_x}\right) = \tan^{-1}(-1.33) = 307°$

3. $\Delta\vec{p} = \vec{F}\Delta t \rightarrow \vec{F} = \dfrac{\Delta\vec{p}}{\Delta t} = m\left(\dfrac{\vec{v}_f - \vec{v}_i}{\Delta t}\right)$

$\vec{F}_{on\,ball} = (0.145kg)\dfrac{(55.0m/s)\boldsymbol{j} - (45.0m/s)\boldsymbol{i}}{2.00 \times 10^{-3}s} = (-3.26\boldsymbol{i} + 3.99\boldsymbol{j})N$

뉴턴의 제3법칙에 의해

$\vec{F}_{on\,bat} = -\vec{F}_{on\,ball} \rightarrow \vec{F}_{on\,bat} = (+3.26\boldsymbol{i} - 3.99\boldsymbol{j})N$

9.2 분석 모형: 고립계(운동량)

4. a) 소년 : $I = F\Delta t = \Delta p = (65.0kg)(-2.90m/s) = -189N \cdot s$

누이 : $I = -F\Delta t = -\Delta p = +189N \cdot s$

누이의 속력 $v_f = \dfrac{I}{m} = \dfrac{189N \cdot s}{40.0kg} = 4.71m/s$ (동쪽으로)

(b) 누이 신체에서 화학적 퍼텐셜에너지=전체 최종 운동에너지

$U_{chemical} = \dfrac{1}{2}m_{boy}v_{boy}^2 + \dfrac{1}{2}m_{girl}v_{girl}^2$

$\qquad = \dfrac{1}{2}(65.0kg)(2.90m/s)^2 + \dfrac{1}{2}(40.0kg)(4.71m/s)^2 = 717\,J$

(c) 계의 운동량은 0으로 보존된다.

(d) 계의 운동량의 변화가 없다고 볼 수 있으므로 두 형제에서 힘은 내력이다. 즉, 계는 고립

계라 할 수 있다.

(e) 운동량이 발생했지만 방향이 반대인 입장에서 운동량의 크기를 비교하기 때문에 전체적으로 볼 때는 운동량의 변화량은 0이 된다.

5. (a) $0 = mv_m + (3m)(2.00m/s)$

$\qquad v_m = -6.00m/s\,(왼쪽)$

(b) $\frac{1}{2}kx^2 = \frac{1}{2}mv_M^2 + \frac{1}{2}(3m)v_{3M}^2$

$\qquad\qquad = \frac{1}{2}(0.350kg)(-6.00m/s)^2 + \frac{3}{2}(0.350kg)(2.00m/s)^2 = 8.40J$

(c) 원래 에너지는 용수철이다.

(d) 힘이 작용해서 용수철의 변위가 생기는 일이 에너지로 전환된다.

(e) 계의 운동량은 보존된다.

(f) 계 내에서 두 물체에 작용되는 내력으로 운동량의 변화는 없다. 즉, 계는 고립계이다.

6. $v_f^2 - v_i^2 = 2a(x_f - x_i) \quad \rightarrow \quad 0 - v_i^2 = 2(-9.80m/s^2)(0.250m)$

$\qquad v_i = 2.20m/s$

운동량이 보존되므로

$\qquad 0 = (5.98 \times 10^{24}kg)(-v_e) + (85.0kg)(2.20m/s)$

$\qquad v_e \sim 10^{-23}m/s$

9.2 분석 모형: 고립계(운동량)

7. (a) 용수철-질량계는 고립계이므로 역학적에너지가 보존된다.

$\qquad K_i + U_{si} = K_f + U_{sf}$

$\qquad \therefore \, 0 + \frac{1}{2}kx^2 = \frac{1}{2}mv^2 + 0 \rightarrow v = x\sqrt{\frac{k}{m}}$

(b) $I = \Delta\vec{p} = mv_f - 0 = mx\sqrt{\frac{k}{m}} = x\sqrt{km}$

(c) 글라이더에 대해 $W = K_f - K_i = \frac{1}{2}mv^2 - 0 = \frac{1}{2}kx^2$

$\qquad$ 따라서 질량은 일을 하는데 있어 전혀 영향을 주지 않는다.

8. $\Delta P_x = I_x$ 에서

$\qquad mv_{x,f} - mv_{x,i} = F_{x,avg}\Delta t$

$\qquad F_{x,avg} = m\frac{v_{x,f} - v_{x,i}}{\Delta t} = 12kg\frac{0 - 16mi/h}{0.10s}\left(\frac{1609m}{1\,mi}\right)\left(\frac{1h}{3600s}\right) = -3.2 \times 10^3 N$

9. (a) $I = \left(\frac{0+4N}{2}\right)(2s - 0) + (4N)(3s - 2s) + \left(\frac{4N+0}{2}\right)(5s - 3s)$

$$= 12.0\,N \cdot s \;\rightarrow\; \vec{I} = 12.0\,N \cdot s\,\boldsymbol{i}$$

(b) $m\vec{v}_i + \vec{F}\Delta t = m\vec{v}_f$ 에서

$$\vec{v}_f = \vec{v}_i + \frac{\vec{F}\Delta t}{m} = 0 + \frac{12.0\,\boldsymbol{i}\,N \cdot s}{2.50\,kg} = 4.80\,\boldsymbol{i}\,m/s$$

(c) $\vec{v}_f = \vec{v}_i + \dfrac{\vec{F}\Delta t}{m} = -2.00\,\boldsymbol{i}\,m/s + \dfrac{12.0\,\boldsymbol{i}\,N \cdot s}{2.50\,kg} = 2.80\,\boldsymbol{i}\,m/s$

(d) $\vec{F}_{avg}\Delta t = 12.0\,\boldsymbol{i}\,N \cdot s = \vec{F}_{avg}(5.00\,s)$

$$\therefore \vec{F}_{avg} = 2.40\,\boldsymbol{i}\,N$$

9.4 일차원 충돌

10. (a) $m_T v_{Tf} + m_C v_{Cf} = m_T v_{Ti} + m_C v_{Ci}$

$$v_{Tf} = \frac{m_T v_{Ti} + m_C(v_{Ci} - v_{Cf})}{m_T}$$

$$= \frac{(9000\,kg)(20.0\,m/s) + 1200\,kg(25.0 - 18.0)m/s}{9000\,kg} = 20.9\,m/s,\; 동쪽$$

(b) $\Delta K = K_f - K_i = \left[\dfrac{1}{2}m_C v_{Cf}^2 + \dfrac{1}{2}m_T v_{Tf}^2\right] - \left[\dfrac{1}{2}m_C v_{Ci}^2 + \dfrac{1}{2}m_T v_{Ti}^2\right]$

$$= \frac{1}{2}\left(\left[m_C(v_{Cf}^2 - v_{Ci}^2)\right] + \left[m_T(v_{Tf}^2 - v_{Ti}^2)\right]\right)$$

$$= \frac{1}{2}\left\{(1200\,kg)\left[(18.0\,m/s)^2 - (25.0\,m/s)^2\right] + (9000\,kg)\left[(20.9\,m/s)^2 - (20.0\,m/s)^2\right]\right\}$$

$$= -8.68 \times 10^3\,J$$

(c) 자동차와 트럭 계의 역학적 에너지는 감소한다.
이것은 대부분의 에너지는 소리에 의해 전달되는 에너지와 함께 내부 에너지로 변환되기 때문이다.

11. (a) $mv_{1i} + 3mv_{2i} = 4mv_f$

$$\rightarrow\quad v_f = \frac{4.00\,m/s + 3(2.00\,m/s)}{4} = 2.50\,m/s$$

(b) $K_f - K_i = \dfrac{1}{2}(4m)v_f^2 - \left[\dfrac{1}{2}mv_{1i}^2 + \dfrac{1}{2}(3m)v_{2t}^2\right]$

$$= \frac{1}{2}(2.50 \times 10^4\,kg)\left[4(2.50\,m/s)^2 - (4.00\,m/s)^2 - 3(2.00\,m/s)^2\right]$$

$$= -3.75 \times 10^4\,J$$

12. (a) $(4m)v_i = (3m)(2.00\,m/s) + m(4.00\,m/s)$

$$v_i = \frac{6.00\,m/s + 4.00\,m/s}{4} = 2.50\,m/s$$

(b) $W_{배우} = K_f - K_i = \dfrac{1}{2}\left[(3m)(2.00\,m/s)^2 + m(4.00\,m/s)^2\right] - \dfrac{1}{2}(4m)(2.50\,m/s)^2$

$$= \frac{(2.50\times 10^4 kg)}{2}(12.0+16.0-25.0)(m/s)^2 = 37.5kJ$$

(c) 여기서 고려된 사건은 이전의 문제에서 완전 비탄성 충돌의 시간 역전이다. 동일한 운동량 보존 방정식은 두 과정을 설명한다.

13. (a) 충돌에 대한 운동량 보존에서

$$m_1 v_{1i} + m_2 v_{2i} = m_1 v_{1f} + m_2 v_{2f}$$

$$mv_1 + 2mv_2 = mv_f + 2mv_f = 3mv_f$$

$$v_f = \frac{mv_1 + 2mv_2}{3m} = \frac{v_1 + 2v_2}{3}$$

(b) $\Delta K = \frac{1}{2}(3m)v_f^2 - \left[\frac{1}{2}mv_1^2 + \frac{1}{2}(2m)v_2^2 \right]$

$$= \frac{3m}{2} \left[\frac{1}{3}(v_1 + 2v_2) \right]^2 - \left[\frac{1}{2}mv_1^2 + \frac{1}{2}(2m)v_2^2 \right]$$

$$= \frac{3m}{2} \left(\frac{v_1^2}{9} + \frac{4v_1 v_2}{9} + \frac{4v_2^2}{9} \right) - \frac{mv_1^2}{2} - mv_2^2$$

$$= m \left(-\frac{2v_1^2}{6} + \frac{4v_1 v_2}{6} - \frac{2v_2^2}{6} \right) = -\frac{m}{3}\left(v_1^2 + v_2^2 - 2v_1 v_2 \right)$$

14. (a) $v_{yf}^2 = v_{yi}^2 + 2a_y \Delta y$

$$v = \sqrt{v_{yi}^2 + 2a_y \Delta y} = \sqrt{0 + 2(-g)(-h)} = \sqrt{2gh}$$

$$= \sqrt{2(9.80m/s^2)(1.20m)} = 4.85m/s$$

(b) $v_{ti} = -v, \ v_{bi} = +v$ 라 하자.

운동량보존법칙에 의해

$$m_t v_{tf} + m_b v_{bf} = m_t v_{ti} + m_b v_{bi} \ \rightarrow \ m_t v_{tf} + m_b v_{bf} = (m_b - m_t)v \ \text{---}(1)$$

완전탄성충돌에 대한 조건으로부터

$$v_{ti} - v_{bi} = -(v_{tf} - v_{bf}) \rightarrow v_{bf} = v_{tf} + v_{ti} - v_{bi} = v_{tf} - 2v \ \text{---}(2)$$

(2)를 (1)에 대입 ; $m_t v_{tf} + m_b (v_{tf} - 2v) = (m_b - m_t)v$

$$v_{tf} = \left(\frac{3m_b - m_t}{m_t + m_b} \right)v = \left(\frac{3m_b - m_t}{m_t + m_b} \right)\sqrt{2gh}$$

따라서 $v_{yf}^2 = v_{yi}^2 + 2a_y \Delta y$ 에서

$$\therefore \ \Delta y = \frac{v_{yf}^2 - v_{yi}^2}{2a_y} = \frac{v_{tf}^2}{2g} = \left(\frac{3m_b - m_t}{m_t + m_b} \right)h$$

$$= \left(\frac{3(590g) - (57.0g)}{57.0g + 590g} \right)(1.20m) = 8.41m$$

9.5 이차원 충돌

15. 계에 대한 운동량 보존 법칙에 의해

$$V_f \cos\theta + V_f = 0 + v_{xiE} \ \rightarrow \ v_{xiE} = 2V_f \cos\theta$$

$$V_f \sin\theta + V_f \sin\theta = v_{yiN} + 0 \quad \rightarrow \quad v_{yiN} = 2\,V_f \sin\theta$$

$$\therefore\; v_{yiN} = v_{xiE}\tan\theta$$

$$v_{yiN} = (13.0m/s)\tan 55.0\,^\circ = 18.6 m/s$$

$$= (18.6m/s)\left(\frac{1\,mi}{1609 m}\right)\left(\frac{3600 s}{1\,h}\right) = 41.5 mi/h$$

따라서 사고현장의 자료는 피고가 35mi/h의 제한속도를 초과하고 있다는 것을 보여준다.

16. 동쪽방향 : $m(13.0m/s) = 2mv_f \cos 55.0\,^\circ$

    북쪽방향 : $mv_{2i} = 2mv_f \sin 55.0\,^\circ$

따라서 $v_{2i} = (13.0m/s)\tan 55.0\,^\circ = 18.6m/s = 41.5mi/h$

이 결과로 볼 때 북쪽방향 자동차의 운전자는 진실된 주장이 아니다. 그차의 원래속력은 $35mi/h$ 보다 더 크다.

17. (a) 상대가 풀백을 잡고 놓지 않기 때문에 상호작용이 끝날 때 두 선수가 함께 움직이므로 충돌은 전혀 탄성이 없게 된다. 고로 완전 비탄성 충돌이다.

(b) $(90.0kg)(5.00m/s) + 0 = (185kg)\,V\cos\theta \quad \rightarrow \quad V\cos\theta = 2.43m/s$

$(95.0kg)(3.00m/s) + 0 = (185kg)\,V\sin\theta \quad \rightarrow \quad V\sin\theta = 1.54m/s$

따라서 $\tan\theta = \dfrac{1.54}{2.43} = 0.633 \qquad \therefore\; \theta = 32.3\,^\circ$

$\qquad V = 2.88m/s$

(c) $K_i = \dfrac{1}{2}(90.0kg)(5.00m/s)^2 + \dfrac{1}{2}(95.0kg)(3.00m/s)^2 = 1.55 \times 10^3 J$

$\qquad K_f = \dfrac{1}{2}(185kg)(2.88m/s)^2 = 7.67 \times 10^2 J$

따라서 잃어버린 운동 에너지는 786J의 내부 에너지가 된다.

18. (a) 운동량 보존과 운동 에너지보존에 의해 구하자.

$$mv_i = mv\cos\theta + mv\cos\phi$$

$$0 = mv\sin\theta + mv\sin\phi, \quad \theta = -\phi$$

$$\frac{1}{2}mv_i^2 = \frac{1}{2}mv^2 + \frac{1}{2}mv^2$$

$$\therefore\; v = \frac{v_i}{\sqrt{2}}$$

(b) $v_i = \dfrac{2v_i\cos\theta}{\sqrt{2}} \quad \rightarrow \quad \theta = 45\,^\circ,\; \phi = -45\,^\circ$

9.6 질량 중심

19. 면밀도는 σ라 하자.

$$m_{\rm I} = (30.0cm)(10.0cm)\sigma$$

$$CM_{\rm I} = (15.0cm, 5.00cm)$$

$$m_{II} = (10.0cm)(20.0cm)\sigma$$
$$CM_{II} = (5.0cm,\ 20.0cm)$$
$$m_{III} = (10.0cm)(10.0cm)\sigma$$
$$CM_{III} = (15.0cm, 25.0cm)$$

$$\vec{r}_{CM} = \frac{\sum m_i \vec{r}_i}{\sum m_i}$$

$$= \left(\frac{1}{\sigma(300cm^2 + 200cm^2 + 100cm^2)}\right)\left\{\sigma\left[\frac{(300)(15.0i + 5.00j)}{+ (200)(5.00i + 20.0j) + (100)(15.0i + 25.0j)}\right]cm^3\right\}$$

$$= \frac{4500i + 1500j + 1000i + 4000j + 1500i + 2500j}{600}cm$$

$$= (11.7i + 13.3j)cm$$

20.

21. (a) $M = \int_0^{0.300m} \lambda dx = \int_0^{0.300m}[50.0 + 20.0x]dx$

$$= \left[50.0x + 10.0x^2\right]_0^{0.300m} = 15.9\,g$$

(b) $x_{CM} = \dfrac{\displaystyle\int_{all\ mass} x dm}{M} = \dfrac{1}{M}\int_0^{0.300m}\lambda x dx = \dfrac{1}{M}\int_0^{0.300m}[50.0x + 20.0x^2]dx$

$$= \frac{1}{15.9g}\left[25.0x^2 + \frac{20x^3}{3}\right]_0^{0.300m} = 0.153m$$

9.7 다입자계

22. (a) 그래프에 위치벡터, 속도 표시

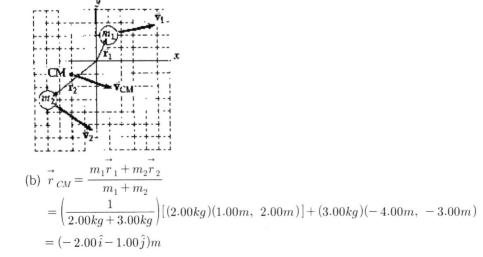

(b) $\vec{r}_{CM} = \dfrac{m_1\vec{r}_1 + m_2\vec{r}_2}{m_1 + m_2}$

$$= \left(\frac{1}{2.00kg + 3.00kg}\right)[(2.00kg)(1.00m,\ 2.00m)] + (3.00kg)(-4.00m,\ -3.00m)$$

$$= (-2.00\hat{i} - 1.00\hat{j})m$$

(c) $\vec{v}_{CM} = \dfrac{\vec{P}}{M} = \dfrac{m_1\vec{v}_1 + m_2\vec{v}_2}{m_1 + m_2}$

$\quad = \left(\dfrac{1}{2.00kg + 3.00kg}\right)[(2.00kg)(3.00m/s,\ 0.50m/s)] + (3.00kg)(3.00m/s, -2.00m/s)$

$\quad = (3.00\hat{i} - 1.00\hat{j})m/s$

(d) $\vec{P} = M\vec{v}_{CM} = m_1\vec{v}_1 + m_2\vec{v}_2 = (15.0\hat{i} - 5.00\hat{j})kg\cdot m/s$

23. (a) $\vec{r}_{CM} = \dfrac{m_1\vec{r}_1 + m_2\vec{r}_2}{m_1 + m_2} = \dfrac{3.5\left[(3i+3j)t + 2jt^2\right] + 5.5\left[3i - 2jt^2 + 6jt\right]}{3.5 + 5.5}$

$\quad\quad = (1.83 + 1.17t - 1.22t^2)i + (-2.5t + 0.778t^2)j$

여기서 $t = 2.50s$ 일 때

$\quad\quad \vec{r}_{CM} = (1.83 + 1.17\times 2.5 - 1.22\times 6.25)i + (-2.5\times 2.5 + 0.778\times 6.25)j$

$\quad\quad\quad = (-2.89i - 1.39j)cm$

(b) $\vec{v}_{CM} = \dfrac{d\vec{r}_{CM}}{dt} = (1.17 - 2.44t)i + (-2.5 + 1.56t)j$ 에서

$\quad t = 2.50s$ 일 때

$\quad\quad \vec{v}_{CM} = (1.17 - 2.44\times 2.5)i + (-2.5 + 1.56\times 2.5)j$

$\quad\quad\quad = (-4.94i + 1.39j)cm/s$

따라서 $\vec{p} = (9.00g)(-4.94i + 1.39j)cm/s$

$\quad\quad\quad = (-44.5i + 12.5j)g\cdot cm/s$

(c) (b)에서 보여준 것처럼

$\quad\quad (-4.94i + 1.39j)cm/s$

(d) $\vec{a}_{CM} = \dfrac{d\vec{v}_{CM}}{dt} = (-2.44)i + 1.56j$

(e) $\vec{F}_{net} = (9.00g)(-2.44i + 1.56j)cm/s^2 = (-220i + 140j)\mu N$

9.8 변형 가능한 계

24. (a) 바닥은 수레에 충격량을 준다.

따라서 $(6..kg)(3.00\hat{i}m/s) = 18.0kg\cdot m/s$

(b) 일은 없다. 거리가 생기질 않음.

(c) 맞다. 나중 운동량이 바닥으로부터 왔다.

(d) 아니다. 바닥이 아니고, 지구로부터 왔다.

$\quad K = \dfrac{1}{2}(6.00kg)(3.00m/s)^2 = 27.0J$

(e) 맞다. 바퀴가 뒤로 미끄러지지 않도록 해야 앞쪽으로 가속되는데, 이것은 정지 마찰력이 작용한다.

25. (a) 마룻바닥은 사람에게 충격량을 준다.

(b) 마룻바닥은 변위가 없기 때문에 사람에게 일을 하지 않는다.

(c) $\frac{1}{2}mv^2 = mgy_f \rightarrow v = \sqrt{2gy_f} = \sqrt{2(9.80m/s^2)(0.150m)} = 1.71m/s$

$p = mv = (60.0kg)(1.71m/s)(\uparrow) = 103kg \cdot m/s\,(\uparrow)$

(d) 접촉력으로 마룻바닥으로부터 운동량이 생긴다는 것을 알 수 있다.

(e) $K = \frac{1}{2}mv^2 = \frac{1}{2}(60.0kg)(1.71m/s)^2 = 88.2J$

(f) 에너지는 사람의 다리 근육으로부터 생기는 화학에너지이다. 즉, 마룻바닥은 사람에게 일을 하지 못한다.

9.9 로켓의 추진

26. $F = \dfrac{\Delta p_{water}}{\Delta t} = \dfrac{mv_f - mv_i}{\Delta t} = \dfrac{(0.600kg)(25.0m.s - 0)}{1.00s}$

$= 15.0N$

27. (a) $v = v_e \ln\dfrac{M_i}{M_f}$

$\rightarrow \quad M_i = e^{v/v_e}M_f = e^5(3.00 \times 10^3 kg) = 4.45 \times 10^5 kg$

$\Delta M = M_i - M_f = (445 - 3.00) \times 10^3\,kg = 442\;metric$

(b) $\Delta M = e^2(3.00) - 3.00 = 19.2$ metric tons

(c) 이것은 제시된 442/2.5 보다 훨씬 적다. 수학적으로 로그인 로켓 추진 방정식은 선형 함수가 아니다. 물리적으로 배기속도가 높을수록 차체가 연소하는 동안 차체가 두 번째로 도달하는 속도로 반복해서 세어 로켓 본체의 최종 속도에 대한 외부 누적 효과가 있다.

28. (a) $v - 0 = v_e \ln\left(\dfrac{M_i}{M_f}\right) = -v_e \ln\left(\dfrac{M_f}{M_i}\right), \quad M_f = M_i - kt$

$v = -v_e \ln\left(\dfrac{M_i - kt}{M_i}\right) = -v_e \ln\left(1 - \dfrac{kt}{M_i}\right), \quad T_p = \dfrac{M_i}{k}$

$\therefore \; v = -v_e \ln\left(1 - \dfrac{t}{T_p}\right)$

(b) $v = -(1500m/s)\ln\left(1 - \dfrac{t}{144s}\right)$

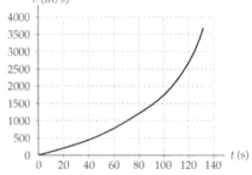

(c) $a(t) = \dfrac{dv}{dt} = \dfrac{d\left[-v_e \ln\left(1 - \dfrac{t}{T_p}\right)\right]}{dt} = -v_e\left(\dfrac{1}{1 - \dfrac{t}{T_p}}\right)\left(-\dfrac{1}{T_p}\right)$

$\qquad = \left(\dfrac{v_e}{T_p}\right)\left(\dfrac{1}{1 - \dfrac{t}{T_p}}\right)$

$\qquad \therefore\ a(t) = \dfrac{v_e}{T_p - t}$

(d) $a(t) = \dfrac{1500m/s}{144s - t}$

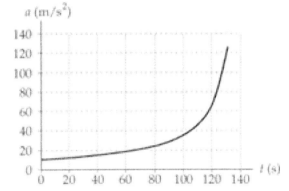

(e) $x(t) = 0 + \displaystyle\int_0^t v\,dt = \int_0^t \left(-v_e \ln\left(1 - \dfrac{t}{T_p}\right)\right)dt$

$\qquad = v_e T_p \displaystyle\int_0^t \ln\left(1 - \dfrac{t}{T_p}\right)\left(-\dfrac{dt}{T_p}\right)$

$\qquad = v_e(T_p - t)\ln\left(1 - \dfrac{t}{T_p}\right) + v_e t$

(f) $x = 1.50(144 - t)\ln\left(1 - \dfrac{t}{144}\right) + 1.50t$

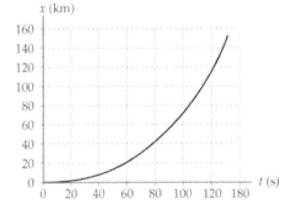

추가문제

29. $p = (150kg)(20m/s) = 3000\,kg\cdot m/s = m(25.0m/s)$

$$m = \frac{3000\,kg\cdot m/s}{25.0m/s} = 120kg$$

이러한 조건 하에서 그의 움직임이 반전되기 위해서 우주 비행사와 우주복의 최종 질량은 합당한 것보다 훨씬 적다.

30. $mv_i = (m+M)v_f$

$$v_i = \left(\frac{M+m}{m}\right)v_f, \quad d = v_f t, \quad h = \frac{1}{2}gt^2$$

따라서 $t = \sqrt{\dfrac{2h}{g}}$ 이므로 $v_f = \dfrac{d}{t} = d\sqrt{\dfrac{g}{2h}} = \sqrt{\dfrac{gd^2}{2h}}$

$$\therefore v_i = \left(\frac{M+m}{m}\right)\sqrt{\frac{gd^2}{2h}}$$

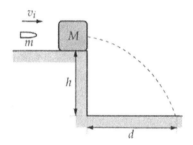

10장 고정축에 대한 강체의 회전

10.1 각위치, 각속도, 각가속도

1. (a) 지구의 자전 각속력은

$$\omega = \frac{\Delta\theta}{\Delta t} = \frac{2\pi \, rad}{1 \, day}\left(\frac{1 \, day}{8.64 \times 10^4 \, s}\right) = 7.27 \times 10^{-5} \, rad/s$$

(b) 각속력 때문에 적도에 돌출되는 영향을 준다.

2. $\alpha = \dfrac{d\omega}{dt} = 10 + 6t \rightarrow \displaystyle\int_0^w dw = \int_0^t (10 + 6t)dt \quad \therefore \; w = 10t + 3t^2$

$w = \dfrac{d\theta}{dt} = 10t + 3t^2 \rightarrow \displaystyle\int_0^\theta d\theta = \int_0^t (10t + 3t^2)dt \quad \therefore \; \theta = 5t^2 + t^3$

$t = 4.00s$일 때 $\theta = 5(4.00s)^2 + (4.00s)^3 = 144 \, rad$

10.2 분석 모형: 각가속도가 일정한 강체

3. (a) $\alpha = \dfrac{w - w_i}{t} = \dfrac{12.0 rad/s}{3.00s} = 4.00 rad/s^2$

(b) $\theta = w_i t + \dfrac{1}{2}\alpha t^2 = \dfrac{1}{2}(4.00 rad/s^2)(3.00s)^2 = 18.0 \, rad$

4. (a) $\omega_f^2 = \omega_i^2 + 2\alpha(\Delta\theta)$에서

$$\therefore \; \Delta\theta = \frac{\omega_f^2 - \omega_i^2}{2\alpha} = \frac{(2.2 rad/s)^2 - (0.06 rad/s)^2}{2(0.70 rad/s)} = 3.5 rad$$

(b) 각속도의 제곱에 비례하므로 각변위는 4배 증가한다.

5. (a) 나중 각속력 $w_f = 2.51 \times 10^4 rev/\min = 2.63 \times 10^3 \, rad/s$

따라서 드릴의 각가속도 $\alpha = \dfrac{\omega_f - \omega_i}{t} = \dfrac{2.63 \times 10^3 rad/s - 0}{3.20s} = 8.21 \times 10^2 \, rad/s$

(b) $\theta_f = w_i t + \dfrac{1}{2}\beta t^2 = 0 + \dfrac{1}{2}(8.21 \times 10^2 rad/s^2)(3.20s)^2$

$\quad\quad = 4.21 \times 10^3 \, rad$

6. 원판의 평균각속력 $\overline{\omega} = \dfrac{50.0 rad}{10.0s} = 5.00 rad/s$인데, 각가속도가 일정한 강체에서 원판의 평균각속력 $\overline{\omega} = \dfrac{w_i + w_f}{2} = \dfrac{0 + 8.00 rad/s}{2} = 4.00 \, rad/s$이다. 이들 두 값이 일치하지 않기 때문에 원판의 각가속도는 일정하지 않다. 따라서 이러한 상황은 불가능하다.

10.3 운동 마찰이 포함되어 있는 경우

7. 타이어의 평균 반지름은 $0.250m$, 마일은 1년단위 10000마일 정도라 할 때,

$$\theta = \frac{s}{r} = \left(\frac{1.00 \times 10^4\,mi}{0.250\,m}\right)\left(\frac{1609\,m}{1\,mi}\right) = 6.44 \times 10^7\,rad/yr$$

$$\therefore (6.44 \times 10^7\,rad/yr)\left(\frac{1\,rev}{2\pi\,rad}\right) = 1.02 \times 10^7\,rev/yr \sim 10^7\,rev/yr$$

8. (a) $\omega = \dfrac{v}{r} = \dfrac{25.0m/s}{1.00m} = 25.0\,rad/s$

(b) $\therefore \alpha = \dfrac{\omega_f^2 - \omega_i^2}{2(\Delta\theta)} = \dfrac{(25.0rad/s)^2 - 0}{2[(1.25rev)(2\pi rad/rev)]} = 39.8 rad/s^2$

9. (a) 사다리에서 오른쪽 다리가 수직으로부터 $\theta = \dfrac{s}{r} = \dfrac{0.690m}{4.90m} \cong 0.141\,rad$에 놓여 있다.

왼쪽 다리가 수평으로 놓이기 위해서

$$\theta = 0.141 rad = \frac{t}{0.410m} \rightarrow t = 5.77\,cm$$

(b) 돌의 두께를 잘 선택해서 미세한 기울어짐을 잘 잡도록 왼쪽 다리보다 조금 작게 잡도록 조정해야 한다.

10. (a) 9초 동안 이동한 거리는 $s = \bar{v}\,t = \dfrac{v_i + v_f}{2}t = (11.0m/s)(9.00s) = 99.0m$

이때 바퀴의 회전수 $\theta = \dfrac{s}{r} = \dfrac{99.0m}{0.290m} = 341\,rad = 54.3\,rev$

(b) $w_f = \dfrac{v_f}{r} = \dfrac{22.0m/s}{0.290m} = 75.9\,rad/s = 12.1\,rev/s$

11. (a) $\omega = \dfrac{d\theta}{dt} = 5.00t - 1.80t^2$

$$\frac{d\omega}{dt} = 5.00 - 3.60t = 0 \quad \rightarrow \quad t = 1.39s$$

$$\omega_{\max} = 5.00t - 1.8t^2|_{t=1.39} = 3.47 rad/s$$

(b) $v_{\max} = \omega_{\max} r = (3.47\,rad/s)(0.500m) = 1.74m/s$

(c) $\omega = 5.00t - 1.80t^2 = t(5.00 - 1.80t) = 0$

$$t = \frac{5.00}{1.80} = 2.78s$$

(d) $t = 2.78s$일 때,

$$\theta = 2.50t^2 - 0.600t^3 = 2.50(2.78)^2 - 0.600(2.78)^3 = 6.43\,rad$$

$$(6.43rad)\left(\frac{1\,rotation}{2\pi\,rad}\right) = 1.02\,rotations$$

10.4 돌림힘

12. $\sum \tau = (0.100m)(12.0N) - (0.250m)(9.00N)$
$\qquad - (0.250m)(10.0N) = -3.55N \cdot m$

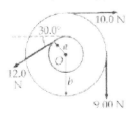

10.5 분석 모형: 알짜 돌림힘을 받는 강체

13. (a) 원반의 관성모멘트

$$I = \frac{1}{2}MR^2 = \frac{1}{2}(2.00kg)(7.00 \times 10^{-2}m) = 4.90 \times 10^{-3} kg \cdot m^2$$

$$\alpha = \frac{\sum \tau}{I} = \frac{0.600}{4.90 \times 10^{-3}} = 122 \, rad/s^2$$

따라서 $\alpha = \frac{\Delta w}{\Delta t}$ 에서 $\Delta t = \frac{\Delta w}{\alpha} = \frac{1200(2\pi/60)}{122} = 1.03s$

(b) 회전수 $\Delta \theta = \frac{1}{2}\alpha t^2 = \frac{1}{2}(122 \, rad/s)(1.03s)^2 = 64.7 \, rad = 10.3 \, rev$

14. (a) m_1에 대해

$$\sum F_y = ma_y \rightarrow n_1 - m_1 g = 0 \quad \therefore n_1 = m_1 g$$

여기서 $f_{k1} = \mu_k n_1$

$$\sum F_x = ma_x \rightarrow -f_{k1} + T_1 = m_1 a \qquad -----(1)$$

도르래에서

$$\sum \tau = I\alpha \rightarrow -T_1 R + T_2 R = \frac{1}{2}MR^2\left(\frac{a}{R}\right)$$

$$\therefore -T_1 + T_2 = \frac{1}{2}MR\left(\frac{a}{R}\right) \rightarrow -T_1 + T_2 = \frac{1}{2}Ma \qquad ----(2)$$

m_2에 대해

$$n_2 - m_2 g \cos\theta = 0 \rightarrow n_2 = m_2 g \cos\theta, \; f_{k2} = \mu_k n_2$$

$$-f_{k2} - T_2 + m_2 g \sin\theta = m_2 a \qquad -----(3)$$

(b) (1), (2), (3) 식에서

$$-f_{k1} + T_1 + (-T_1 + T_2) - f_{k2} - T_2 + m_2 g \sin\theta$$

$$= m_1 a + \frac{1}{2}Ma + m_2 a$$

$$\therefore -f_{k1} - f_{k2} + m_2 g \sin\theta = \left(m_1 + m_2 + \frac{1}{2} M \right) a$$

$$\rightarrow \quad -\mu_k m_1 g - \mu_k m_2 g \cos\theta + m_2 g \sin\theta = \left(m_1 + m_2 + \frac{1}{2} M \right) a$$

$$\therefore a = \frac{m_2 (\sin\theta - \mu_k \cos\theta) - \mu_k m_1}{m_1 + m_2 + \frac{1}{2} M} g$$

$$= \frac{(6.00kg)(\sin 30.0° - 0.360 \cos 30.0°) - 0.360(2.00kg)}{(2.00kg) + (6.00kg) + \frac{1}{2}(10.0kg)} g = 0.309 m/s^2$$

(c) (1) 식에서

$$-f_{k1} + T_1 = m_1 a \rightarrow T_1 = 2.00kg(0.309 m/s^2) + 7.06N = 7.67N$$

(2) 식에서

$$-T_1 + T_2 = \frac{1}{2} Ma \rightarrow T_2 = 7.67N + 5.00kg(0.309 m/s^2) = 9.22N$$

15. (a) $\tau = rF = (30.0m)(0.800N) = 24.0 N \cdot m$

(b) $\alpha = \dfrac{\tau}{I} = \dfrac{rF}{mr^2} = \dfrac{24.0 N \cdot m}{(0.750kg)(30.0m)^2} = 0.0356 \, rad/s^2$

(c) $a_t = \alpha r = (0.0356 rad/s^2)(30.0m) = 1.07 m/s^2$

16. (a) $\theta_f - \theta_i = w_i t + \dfrac{1}{2} \alpha t^2 \rightarrow \theta_f = \dfrac{1}{2} \alpha t^2$

$$\alpha = \frac{2\theta_f}{t^2} = \frac{2(2.00rev)\left(\dfrac{2\pi rad}{1 rev} \right)}{(10.0s)^2} = 0.251 \, rad/s^2$$

$$FR = I\alpha \rightarrow FR = (100 kg \cdot m^2)(0.251 rad/s^2) = 25.1 N \cdot m$$

$$F = 25.1N, \ R = 1.00m, \quad F = 10.0N, \ R = 2.51m$$

(b) $F \le 50.0N, \ R = \dfrac{25.1 N \cdot m}{F}$ 이기 때문에 $R \le 3.00m$이면 만족하는 값은 여러개 있다.

17. (a) $\sum \tau_{ext} = I\alpha$ 에서

$$-f_k R = \left(\frac{1}{2} MR^2 \right)\left(\frac{\omega_f - \omega_i}{t} \right)$$

$$-\mu_k FR = \left(\frac{1}{2} MR^2 \right)\left(\frac{0 - \omega_i}{t} \right) \quad \rightarrow \quad \mu_k = \frac{MR\omega_i}{2Ft}$$

따라서 $\mu_k = \dfrac{MR\omega_i}{2Ft} = \dfrac{(100kg)(0.500m)(50.0 rev/\min)}{2(70.0N)(6.00s)} \left(\dfrac{1 \min}{60s} \right)\left(\dfrac{2\pi \, rad}{1 rev} \right)$

$$= 0.312$$

(b) $-f_k r = -\mu_k Fr = \left(\dfrac{1}{2}MR^2\right)\left(\dfrac{\Delta\omega}{\Delta t}\right) = \dfrac{MR\Delta\omega}{2\Delta t}$

$$F = -\dfrac{MR^2\Delta\omega}{2\Delta t\mu_k r} = \dfrac{(100kg)(0.500m)^2(-50.0rev/\min)}{2(6.00s)(0.312)(0.300m)}\left(\dfrac{2\pi\,rad}{60s}\right) = 117N$$

18. $\Delta K + \Delta U_g = 0$

$$\left(0 - \dfrac{1}{2}mv^2\right) + (mgh - 0) = 0 \quad \rightarrow \quad v = \sqrt{2gh}$$

이때 $\omega = \dfrac{v}{r} = \dfrac{\sqrt{2gh}}{r}$

$$\omega_f^2 = \omega_i^2 + 2\alpha(\theta_f - \theta_i)$$

$$\rightarrow \quad \alpha = \dfrac{\omega_f^2 - \omega_i^2}{2(\theta_f - \theta_i)} = \dfrac{\left(\dfrac{\sqrt{2gh_2}}{r}\right)^2 - \left(\dfrac{\sqrt{2gh_1}}{r}\right)^2}{2(2\pi - 0)} = \dfrac{g}{2\pi r^2}(h_2 - h_1)$$

따라서 $\sum\tau_{ext} = I\alpha$

$$\therefore \tau_f = (mr^2)\left[\dfrac{g}{2\pi r^2}(h_2 - h_1)\right] = \dfrac{mg}{2\pi}(h_2 - h_1)$$

$$= \dfrac{(0.850kg)(9.80m/s^2)}{2\pi}(0.510m - 0.540m) = -0.0398N\cdot m$$

10.6 관성 모멘트 계산

19. $\dfrac{1}{2}MR^2 = \dfrac{1}{2}(60.0kg)(0.120m)^2 = 0.432kg\cdot m^2$

$$\sim 10^0\,kg\cdot m^2 = 1\,kg\cdot m^2$$

20. $I_{y'} = \displaystyle\int_{all\,mass} r^2 dm = \int_0^L x^2\dfrac{M}{L}dx = \dfrac{M}{L}\dfrac{x^3}{3}\Big|_0^L = \dfrac{1}{3}ML^2$

21. (a) 관성모멘트 $I = Mx^2 + m(L-x)^2$

$$\dfrac{dI}{dx} = 2Mx - 2m(L-x) = 0 \quad \rightarrow \quad x = \dfrac{mL}{M+m}$$

이때 $\dfrac{d^2I}{dx^2} = 2m + 2M$, 그러므로 축이 질량 중심을 지날 때 관성 모멘트가 최소가 된다.

(b) $I_{CM} = M\left[\dfrac{mL}{M+m}\right]^2 + m\left[1 - \dfrac{m}{M+m}\right]^2 L^2 = \dfrac{Mm}{M+m}L^2$

따라서 $I_{CM} = \mu L^2$, 여기서 $\mu = \dfrac{Mm}{M+m}$

10.7 회전 운동 에너지

22. (a) $I_x = m_1 r_1^2 + m_2 r_2^2 + m_3 r_3^2$

$\qquad = (4.00kg)(3.00m)^2 + (2.00kg)(2.00m)^2 + (3.00kg)(4.00m)^2$

$\qquad = 92.0 kg \cdot m^2$

(b) $K_R = \dfrac{1}{2} I_x w^2 = \dfrac{1}{2}(92.0 kg \cdot m^2)(2.00m)^2 = 184 J$

(c) $v_1 = r_1 w = (3.00m)(2.00 rad/s) = 6.00 m/s$

$\quad v_2 = r_2 w = (2.00m)(2.00 rad/s) = 4.00 m/s$

$\quad v_3 = r_3 w = (4.00m)(2.00 rad/s) = 8.00 m/s$

(d) $K_1 = \dfrac{1}{2} m_1 v_1^2 = \dfrac{1}{2}(4.00kg)(6.00m/s)^2 = 72.0 J$

$\quad K_2 = \dfrac{1}{2} m_2 v_2^2 = \dfrac{1}{2}(2.00kg)(4.00m/s)^2 = 16.0 J$

$\quad K_3 = \dfrac{1}{2} m_3 v_3^2 = \dfrac{1}{2}(3.00kg)(8.00m/s)^2 = 96.0 J$

따라서 $K = K_1 + K_2 + K_3 = 72.0J + 16.0J + 96.0J = 184J = \dfrac{1}{2} I_x w^2$

(e) 관성모멘트를 통해 운동에너지를 계산한 것과 각 강체들에 대한 병진운동에너지를 통해 계산한 결과는 당연히 같다. 이는 회전운동과 선운동은 같은 차원이므로 물리적 분석이 같다는 것을 알 수 있다.

23. (a) $\Delta K + \Delta U = 0$

$\qquad \left[\left(\dfrac{1}{2} I_1 \omega^2 + \dfrac{1}{2} I_2 \omega^2 \right) - 0 \right] + \left[m_1 g y_1 + m_2 g y_2 - 0 \right] = 0$

$\qquad \therefore \omega = \sqrt{\dfrac{-2g(m_1 y_1 + m_2 y_2)}{I_1 + I_2}} = \sqrt{\dfrac{-2g(m_1 y_1 + m_2 y_2)}{m_1 r_1^2 + m_2 r_2^2}}$

$\qquad = \sqrt{\dfrac{-2(9.80m/s^2)\left[(0.120kg)(2.86m) + (60.0kg)(-0.140m)\right]}{(0.120kg)(2.86m)^2 + (60.0kg)(0.140m)^2}} = 8.55 \, rad/s$

따라서 $v = r\omega = (2.86m)(8.55 \, rad/s) = 24.5 m/s$

(b) 등가속도로 움직이지 않는다.

(c) 각가속도가 변하기 때문에 일정한 접선 가속도로 움직이지 않는다.

(d) 아니다.

(e) 아니다. 각운동량이 변한다.

(f) 고립계에서 역학적 에너지는 일정하다.

10.8 회전 운동에서의 에너지 고찰

24. 한 끝 고정 나무막대의 관성모멘트(시침, 분침) $I = \frac{1}{3}ML^2$

$$K_R = \frac{1}{2}I_h w_h^2 + \frac{1}{2}I_m w_m^2$$

여기서 $I_h = \frac{m_h L_h^2}{3} = \frac{60.0kg(2.70m)^2}{3} = 146kg \cdot m^2$,

$$w_h = \frac{2\pi rad}{12h}\left(\frac{1h}{3600s}\right) = 1.45 \times 10^{-4} rad/s$$

$$I_m = \frac{m_m L_m^2}{3} = \frac{100kg(4.50m)^2}{3} = 675kg \cdot m^2$$,

$$w_m = \frac{2\pi rad}{1h}\left(\frac{1h}{3600s}\right) = 1.75 \times 10^{-3} rad/s$$

따라서 $K_R = \frac{1}{2}(146kg \cdot m^2)(1.45 \times 10^{-4} rad/s)^2$

$$+ \frac{1}{2}(675kg \cdot m^2)(1.75 \times 10^{-3} rad/s)^2 = 1.04 \times 10^{-3}J$$

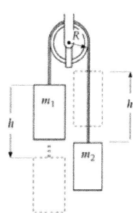

25. $\Delta K = K_f - K_i = \frac{1}{2}m_1 v^2 + \frac{1}{2}m_2 v^2 + \frac{1}{2}I\omega^2, \quad v = R\omega$

$$\therefore \Delta K = \frac{1}{2}\left(m_1 + m_2 + \frac{I}{R^2}\right)v^2$$

역학적 에너지 보존법칙에 의해

$$\frac{1}{2}\left(m_1 + m_2 + \frac{I}{R^2}\right)v^2 + m_2 gh - m_1 gh = 0$$

$$\therefore v = \sqrt{\frac{2(m_1 - m_2)gh}{m_1 + m_2 + \frac{I}{R^2}}}$$

따라서 $\omega = \frac{v}{R} = \sqrt{\frac{2(m_1 - m_2)gh}{m_1 R^2 + m_2 R^2 + I}}$

26. (a) $mg = (5.10kg)(9.80m/s^2) = 50.0\,N$ (아래)

$\sum \tau = I\alpha$ 에서 T를 구하자.

이때, $I = \frac{1}{2}MR^2 = \frac{1}{2}(3.00kg)(0.250m)^2 = 0.0938\,kg \cdot m^2$

따라서

$$n(0) + F_{gp}(0) + T(0.250m) = (0.0938kg \cdot m^2)(a/0.250\,m)$$

$50.0N - T = (5.10kg)a$ 에서

$\therefore T = 50.0N - (5.10kg)a$

$$[50.0N - (5.10kg)a](0.250m) = (0.0938kg \cdot m^2)\left(\frac{a}{0.250m}\right)$$

$T = 50.0N - (5.10kg)(7.57m/s^2) = 11.4N$

(b) $50.0N - (5.10kg)a = (1.50kg)a$

$a = \dfrac{50.0N}{6.60kg} = 7.57\,m/s^2$

(c) $v_f^2 = v_i^2 + 2a(y_f - y_i) = 0 + 2(7.57m/s^2)(6.00m)$

$\quad v_f = 9.53 m/s\,(아래)$

(d) $0 + 0 + m_1 g y_{1i} = \dfrac{1}{2}m_1 v_{1f}^2 + \dfrac{1}{2}I_2 \omega_{2f}^2 + 0$

$\quad mgy_i = \dfrac{1}{2}mv^2 + \dfrac{1}{2}I\omega^2$

$\quad 2mgy_i = mv^2 + I\left(\dfrac{v^2}{R^2}\right) = v^2\left(m + \dfrac{I}{R^2}\right)$

$\quad \therefore\ v = \sqrt{\dfrac{2mgy_i}{m + (I/R^2)}} = \sqrt{\dfrac{2(5.10kg)(9.80m/s^2)(6.00m)}{5.10kg + \dfrac{0.0938kg\cdot m^2}{(0.250m)^2}}} = 9.53\,m/s$

10.9 강체의 굴림 운동

27. (a) $\dfrac{1}{2}mv_2^2 + \dfrac{1}{2}Iw_2^2 + mgy_2 = \dfrac{1}{2}mv_1^2 + \dfrac{1}{2}Iw_1^2$

$\quad \rightarrow\quad \dfrac{1}{2}mv_2^2 + \dfrac{1}{2}\left(\dfrac{2}{3}mr^2\right)\left(\dfrac{v_2}{r}\right)^2 + mgy_2 = \dfrac{1}{2}mv_1^2 + \dfrac{1}{2}\left(\dfrac{2}{3}mr^2\right)\left(\dfrac{v_1}{r}\right)^2$

$\quad \dfrac{5}{6}v_2^2 + gy_2 = \dfrac{5}{6}v_1^2$

$v_2 = \sqrt{v_1^2 - \dfrac{6}{5}gy_2} = \sqrt{(4.03m/s)^2 - \dfrac{6}{5}(9.80m/s^2)(0.900m)} = 2.38m/s$

(b) 구심가속도 $a_c = \dfrac{v_2^2}{r} = \dfrac{(2.38m/s)^2}{0.450m} = 12.6m/s^2 > g$

따라서 중력가속도보다 크므로 트랙에 접촉되어 떨어지지 않는다.

(c) $\dfrac{1}{2}mv_3^2 + \dfrac{1}{2}\left(\dfrac{2}{3}mr^2\right)\left(\dfrac{v_3}{r}\right)^2 + mgy_3 = \dfrac{1}{2}mv_1^2 + \dfrac{1}{2}\left(\dfrac{2}{3}mr^2\right)\left(\dfrac{v_1}{r}\right)^2$

$\quad v_3 = \sqrt{v_1^2 - \dfrac{6}{5}gy_1} = \sqrt{(4.03m/s)^2 - \dfrac{6}{5}(9.80m/s^2)(-0.200m)} = 4.31m/s$

(d) $\dfrac{1}{2}mv_2^2 + mgy_2 = \dfrac{1}{2}mv_1^2$

$\quad \rightarrow\quad v_2 = \sqrt{v_1^2 - 2gy_2} = \sqrt{(4.03m/s)^2 - (9.80m/s^2)(0.900m)} = \sqrt{-1.40m^2/s^2}$

(e) 결과의 값이 허수가 나온다. 이것은 운동 자체의 분석이 잘 못된 것이다. 공은 굴러가야 하며, 미끄러지면서 간다면 고리의 꼭대기에 결코 도달할 수 없다.

28. (a) 원통

(b) 질량 m인 물체인 경우

$$K_i = U_f \quad \rightarrow \quad \frac{1}{2}mv^2 = mgd\sin\theta$$

$$\therefore d = \frac{v^2}{2g\sin\theta}$$

강체의 입장인 경우

$$K_{trans,i} + K_{rot.i} = U_f \quad \rightarrow \quad \frac{1}{2}mv^2 + \frac{1}{2}I\omega^2 = mgd\sin\theta$$

$$\therefore \frac{1}{2}mv^2 + \frac{1}{2}\left(\frac{1}{2}mr^2\right)\left(\frac{v}{r}\right)^2 = mgd\sin\theta$$

$$\therefore d = \frac{3v^2}{4g\sin\theta}$$

$$\frac{3v^2}{4g\sin\theta} - \frac{v^2}{2g\sin\theta} = \frac{v^2}{4g\sin\theta}$$

실린더가 50% 더 멀리 이동한다.

(c) 정지 마찰이 원통에 작용하지 않기 때문에 원통은 역학적 에너지를 잃지 않는다. 물체보다 50% 더 많은 운동 에너지를 가지므로 경사로 위로 50% 더 멀리 이동한다.

추가문제

29. $\sum \tau_{ext} = I\alpha$ 에서

중간 지점이 부러지게 되었다면

$$mg\left(\frac{h}{2}\right)\sin\theta = I\alpha$$

굴뚝의 관성모멘트를 $\frac{1}{3}mh^2$이라 하자.

$$mg\left(\frac{h}{2}\right)\sin\theta = \left(\frac{1}{3}mh^2\right)\alpha \quad \rightarrow \quad \alpha = \frac{3}{2}\frac{g}{h}\sin\theta$$

따라서 $a_t = r\alpha = \frac{3}{2}\frac{gr}{h}\sin\theta$

$$\frac{3}{2}\frac{gr}{h}\sin\theta > g\sin\theta \quad \rightarrow \quad r > \frac{2}{3}h$$

위의 물리적 계산은 회전하면서 발생하는 토크가 있다는 것이다. 미리 작업 전에 굴뚝의 강도를 조사해서 만약 회전하면서 올 수 있는 토크를 고려하여 보증 정도를 파악해야 했어야 되는데, 그러질 못했기 때문에 작업상 생긴 파손은 보증 되어야 한다고 조언하도록 한다.

30. (a) $\alpha = -10.0 - 5.00\,t = \frac{d\omega}{dt}$

$$\Delta\omega = \int_{65}^{\omega} d\omega = \int_{0}^{t} (-10.0 - 5.00t)dt$$

따라서 $\omega - 65.0 = -10.0 - 2.50t^2$ $\qquad \therefore \omega = 65.0 - 10.0t - 2.50t^2$

$t = 3.00\,s$ 일 때 $\quad \therefore \omega = 65.0 - 10.0t - 2.50t^2|_{t=3} = 12.5\,rad/s$

(b) $\omega = \dfrac{d\theta}{dt} = 65.0\,rad/s - (10.0\,rad/s^2)t - (2.50\,rad/s^3)t^2$

$\quad \Delta\theta = \displaystyle\int_0^t w\,dt = \int_0^t (65.0 - 10.0t - 2.50t^2)\,dt$

$\qquad = 65.0t - 5.00t^2 - 0.833t^3|_{t=3} = 128\,rad$

11장 각운동량

11.1 벡터곱과 돌림힘

1. $\vec{M} \times \vec{N} = \begin{vmatrix} \boldsymbol{i} & \boldsymbol{j} & \boldsymbol{k} \\ 2 & -3 & 1 \\ 4 & 5 & -2 \end{vmatrix}$

$$= \boldsymbol{i}(6-5) - \boldsymbol{j}(-4-4) + \boldsymbol{k}(10+12) = \boldsymbol{i} + 8.00\boldsymbol{j} + 22.0\boldsymbol{k}$$

2. (a) 넓이 $= |\vec{A} \times \vec{B}| = AB\sin\theta = (42.0cm)(23.0\,cm)\sin(65.0° - 15.0°)$
$$= 740\,cm^2$$

(b) $\vec{A} + \vec{B} = [(42.0cm)\cos15.0° + (23.0cm)\cos65.0°]\boldsymbol{i}$
$$+ [(42.0cm)\sin15.0° + (23.0cm)\sin65.0°]\boldsymbol{j}$$

$$= (50.3cm)\boldsymbol{i} + (31.7\,cm)\boldsymbol{j}$$

크기 : $|\vec{A} + \vec{B}| = \sqrt{(50.3cm)^2 + (31.7cm)^2} = 59.5\,cm$

3. $|\vec{A} \times \vec{B}| = \vec{A} \cdot \vec{B} \quad \rightarrow \quad AB\sin\theta = AB\cos\theta$

$\tan\theta = 1 \rightarrow \theta = 45.0°$

4. $|\hat{i} \times \hat{i}| = 1 \cdot \sin0 = 0$, 같은 방향으로 $0°$ 이므로 같은 단위벡터의 크로스곱은 0이다.

$|\hat{i} \times \hat{j}| = 1 \cdot \sin90° \, \hat{k} = \hat{k}$

$|\hat{j} \times \hat{k}| = 1 \cdot \sin90° \, \hat{i} = \hat{i}$

$|\hat{k} \times \hat{i}| = 1 \cdot \sin90° \, \hat{j} = \hat{j}$

5. (a) 점 O에 대하여 지렛 팔의 길이 $OD = L$로 모두 같다.

힘 $\vec{F}_3$가 $|\vec{F}_3| = |\vec{F}_1| + |\vec{F}_2|$ 인 크기를 가지면, 알짜 돌림힘은 0이다.

$$\sum\tau = F_1L + F_2L - F_3L = F_1L + F_2L - (F_1+F_2)L = 0$$

(b) 힘 $\vec{F}_3$에 의해 생기는 돌림힘은 거리 OD에 수직에 관계하다. 그러므로 선분 BC를 따라 다른 점에서 작용해도 알짜 돌림힘은 변하지 않는다.

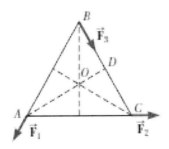

6. (a) 아니오.

(b) 아니오.

$$(2\boldsymbol{i} - 3\boldsymbol{j} + 4\boldsymbol{k}) \cdot (4\boldsymbol{i} + 3\boldsymbol{j} - \boldsymbol{k}) = 8 - 9 - 4 = -5$$

따라서 벡터의 크로스 곱은 도트곱과 같은 방법으로 계산할 수 없다.

7. (a) $\vec{\tau} = \vec{r} \times \vec{F} = \begin{vmatrix} \boldsymbol{i} & \boldsymbol{j} & \boldsymbol{k} \\ 4 & 6 & 0 \\ 3 & 2 & 0 \end{vmatrix} = \boldsymbol{i}(0-0) - \boldsymbol{j}(0-0) + \boldsymbol{k}(8-18) = (-10.0 N \cdot m)\boldsymbol{k}$

(b) 예, 새로운 축에 대하여 힘의 작용 길이는 반으로 하고, 시계방향의 돌림힘 대신에 시계반대방향으로 곱하면 문제의 조건을 충족할 수 있다.

(c) 예 힘이 작용하는 선상에 많이 있다.

(d) 예 (c)에서 나타내는 선과 y축과의 교점에 있다.

(e) 아니오, 교점은 오직 하나만 생기게 된다.

(f) $\vec{\tau}_{new} = \vec{r}_{new} \times \vec{F} = \begin{vmatrix} \boldsymbol{i} & \boldsymbol{j} & \boldsymbol{k} \\ 4 & 6-y & 0 \\ 3 & 2 & 0 \end{vmatrix} = \boldsymbol{i}(0-0) - \boldsymbol{j}(0-0) + \boldsymbol{k}(8-18+3y) = (+5.0 N \cdot m)\boldsymbol{k}$

$$8 - 18 + 3y = 5 \rightarrow 3y = 15$$

$$\therefore \ y = 5$$

따라서 새 축에 의한 위치벡터는 $5.00\boldsymbol{j} m$

11.2 분석 모형: 비고립계 (각운동량)

8. $\vec{L} = \vec{r} \times \vec{p} = \vec{r} \times m\vec{v}$ 에서

$$\vec{L} = (1.50\boldsymbol{i} + 2.20\boldsymbol{j})m \times (1.50 kg)(4.20\boldsymbol{i} - 3.60\boldsymbol{j})m/s$$
$$= (-8.10\boldsymbol{k} - 13.9\boldsymbol{k})kg \cdot m^2/s = (-22.0 kg \cdot m^2/s)\boldsymbol{k}$$

9. $\vec{L} = \vec{r} \times \vec{p}$ 에서

$$\vec{L} = \begin{vmatrix} \boldsymbol{i} & \boldsymbol{j} & \boldsymbol{k} \\ x & y & 0 \\ mv_x & mv_y & 0 \end{vmatrix} = \boldsymbol{i}(0-0) - \boldsymbol{j}(0-0) + \boldsymbol{k}(mxv_y - myv_x)$$
$$= m(xv_y - yv_x)\boldsymbol{k}$$

10. (a) $\vec{r} = (4.30 km)\boldsymbol{k}$,

$$\vec{p} = m\vec{v} = (12000 kg)(-175\boldsymbol{i} m/s) = -2.10 \times 10^6 \boldsymbol{i} kg \cdot m/s$$
$$\therefore \vec{L} = \vec{r} \times \vec{p} = (4.30 \times 10^3 \boldsymbol{k} m) \times (-2.10 \times 10^6 \boldsymbol{i} kg \cdot m/s)$$
$$= (-9.03 \times 10^9 kg \cdot m^2/s)\boldsymbol{j}$$

(b) $L = rp\sin\theta = mv(r\sin\theta)$에서 $r\sin\theta$는 비행기의 고도이다.

그러므로 등속도를 갖고 날고 있다면 각운동량은 일정하다. 따라서 변하지 않는다.

(c) $L = mvr\sin 180° = 0$, 즉, 파이크스 피크 정상에 대한 각운동량은 0이다.

11. (a) $\vec{L} = \vec{r} \times \vec{p}$ 에서 $\vec{r} = 0$이기 때문에 0이다.

(b) 포물체의 최고점에서

$$x = \frac{1}{2}R = \frac{v_i^2 \sin 2\theta}{2g}, \quad y = h_{\max} = \frac{(v_i \sin 2\theta)^2}{2g}$$

따라서 $\vec{L}_1 = \vec{r}_1 \times m\vec{v}_1 = \left[\frac{v_i^2 \sin 2\theta}{2g}\boldsymbol{i} + \frac{(v_i \sin\theta)^2}{2g}\boldsymbol{j}\right] \times mv_{xi}\boldsymbol{i}$

$$= -\frac{mv_i^3 \sin^2\theta\cos\theta}{2g}\boldsymbol{k}$$

(c) $\vec{L}_2 = R\boldsymbol{i} \times m\vec{v}_2 = mR\boldsymbol{i} \times (v_i\cos\theta\,\boldsymbol{i} - v_i\sin\theta\,\boldsymbol{j})$

$$= -mRv_i\sin\theta\,\boldsymbol{k} = -\frac{2mv_i^3\sin\theta\sin\theta}{g}\boldsymbol{k}$$

(d) 중력이 아랫방향으로 작용하므로 $-z$방향에 돌림힘에 의해 각운동량을 변하시킨다.

12. $T\sin\theta = \frac{mv^2}{r}, \quad T\cos\theta = mg \quad \rightarrow \quad \frac{\sin\theta}{\cos\theta} = \frac{v^2}{rg}$

$$v = \sqrt{rg\frac{\sin\theta}{\cos\theta}}$$

$\therefore\ L = \mathrm{m}\,rv\sin 90.0° = \sqrt{rg\frac{\sin\theta}{\cos\theta}} = \sqrt{m^2 gr^3\frac{\sin\theta}{\cos\theta}}$, 여기서 $r = l\sin\theta$이므로

따라서 $L = \sqrt{m^2 gl^3\frac{\sin^4\theta}{\cos\theta}}$

13. $\theta = wt = \frac{vt}{R}$이고

$$\vec{r} = R\boldsymbol{i} + R\cos\theta\,\boldsymbol{i} + R\sin\theta\,\boldsymbol{j} = R\left[\left(1 + \cos\left(\frac{vt}{R}\right)\right)\boldsymbol{i} + \sin\left(\frac{vt}{R}\right)\boldsymbol{j}\right]$$

이때 $\vec{v} = \frac{d\vec{r}}{dt} = -v\sin\left(\frac{vt}{R}\right)\boldsymbol{i} + v\cos\left(\frac{vt}{R}\right)\boldsymbol{j}$

따라서 $\vec{L} = \vec{r} \times m\vec{v} = mvR[(1 + \cos wt)\boldsymbol{i} + \sin wt\,\boldsymbol{j}] \times [-\sin wt\,\boldsymbol{i} + \cos wt\,\boldsymbol{j}]$

$$= mvR\left[\cos\left(\frac{vt}{R}\right) + 1\right]\boldsymbol{k}$$

14. (a) $\int_0^{\vec{r}} d\vec{r} = \int_0^t \vec{v}\,dt = \vec{r} - 0 = \int_0^t (6t^2\boldsymbol{i} + 2t\boldsymbol{j})dt$

$\vec{r} = (6t^3/3)\boldsymbol{i} + (2t^2/2)\boldsymbol{j} = 2t^3\boldsymbol{i} + t^2\boldsymbol{j}\,(m)$

(b) 처음 원점에서 출발한 입자는 1사분면에서 운동하고, x축에 점점 근접되면서 속도가 더욱 빨라진다.

(c) $\vec{a} = \frac{d\vec{v}}{dt} = \frac{d}{dt}(6t^2\boldsymbol{i} + 2t\boldsymbol{j}) = (12t\boldsymbol{i} + 2\boldsymbol{j})m/s^2$

(d) $\vec{F} = m\vec{a} = (5kg)(12t\boldsymbol{i} + 2\boldsymbol{j})m/s^2 = (60t\boldsymbol{i} + 10\boldsymbol{j})\,N$

(e) $\vec{\tau} = \vec{r} \times \vec{F} = (2t^3\boldsymbol{i} + t^2\boldsymbol{j}) \times (60t\boldsymbol{i} + 10\boldsymbol{j})$

$= 20t^3\boldsymbol{k} - 60t^3\boldsymbol{k} = -40t^3\boldsymbol{k}\,N\cdot m$

(f) $\vec{L} = \vec{r} \times m\vec{v} = (5kg)(2t^3\boldsymbol{i} + t^2\boldsymbol{j}) \times (6t^2\boldsymbol{i} + 2t\boldsymbol{j})$

$= 5(4t^4\boldsymbol{k} - 6t^4\boldsymbol{k}) = -10t^4\boldsymbol{k}\,kg\cdot m^2/s$

(g) $K = \dfrac{1}{2} m \vec{v} \cdot \vec{v} = \dfrac{1}{2}(5kg)(6t^2 \boldsymbol{i} + 2t \boldsymbol{j}) \cdot (6t^2 \boldsymbol{i} + 2t \boldsymbol{j})$

$\quad = (2.5)(36t^4 + 4t^2) = (90t^4 + 10t^2)J$

(h) $p = \dfrac{d}{dt}(90t^4 + 10t^2)J = (360t^3 + 20t)W$

15. (a) $\vec{r} = \vec{r}_i + \vec{v}_i t + \dfrac{1}{2}\vec{a}t^2 \rightarrow \vec{r} = (l\cos\theta\,\boldsymbol{i} + l\sin\theta\,\boldsymbol{j}) + 0 - (\dfrac{1}{2}gt^2)\boldsymbol{j}$

$\qquad \vec{v} = -gt\,\boldsymbol{j}$

$\qquad \therefore \vec{L} = m\left[(l\cos\theta\,\boldsymbol{i} + l\sin\theta\,\boldsymbol{j}) + 0 - (\dfrac{1}{2}gt^2)\boldsymbol{j}\right] \times (-gt\,\boldsymbol{j})$

$\qquad\quad = -mglt\cos\theta\,\boldsymbol{k}$

(b) $-z$ 방향으로 포사체에 중력에 의한 돌림힘이 작용한다.

(c) 점 P에서 각운동량의 변화율은 돌림힘이고,

$\qquad \dfrac{d}{dt}(-mglt\cos\theta\,\boldsymbol{k}) = -mgl\cos\theta\,\boldsymbol{k}$

11.3 회전하는 강체의 각운동량

16. $I = \dfrac{2}{5}MR^2 = \dfrac{2}{5}(15.0kg)(0.500m)^2 = 1.50\,kg\cdot m^2$

그러므로 각운동량의 크기 $L = Iw = (1.50kg\cdot m^2)(3.00rad/s) = 4.50kg\cdot m^2/s$

따라서 $\vec{L} = (4.50kg\cdot m^2/s)\boldsymbol{k}$

17. (a) $L = Iw = \left(\dfrac{1}{2}MR^2\right)w$

$\qquad = \dfrac{1}{2}(3.00kg)(0.200m)^2(6.00rad/s) = 0.360kg\cdot m^2/s$

(b) $L = Iw = \left[\dfrac{1}{2}MR^2 + M\left(\dfrac{R}{2}\right)^2\right]w$

$\qquad = \dfrac{3}{4}(3.00kg)(0.200m)^2(6.00rad/s) = 0.540kg\cdot m^2/s$

18. $K = \dfrac{1}{2}Iw^2 = \dfrac{1}{2}\dfrac{I^2 w^2}{I} = \dfrac{L^2}{2I}\quad (L = Iw)$

19. $L = I_h \omega_h + I_m \omega_m$

시침의 관성모멘트와 분침의 관성모멘트

$\qquad I_h = \dfrac{m_h L_h^2}{3} = \dfrac{(60.0kg)(2.70m)^2}{3} = 146kg\cdot m^2$

$\qquad I_m = \dfrac{m_m L_m^2}{3} = \dfrac{(100kg)(4.50m)^2}{3} = 675kg\cdot m^2$

또한, $\omega_h = \dfrac{2\pi\,rad}{12\,h}\left(\dfrac{1h}{3600s}\right) = 1.45\times10^{-4}\,rad/s$, $\quad \omega_m = \dfrac{2\pi\,rad}{1\,h}\left(\dfrac{1h}{3600s}\right) = 1.75\times10^{-3}\,rad/s$

따라서 $L = (146)(1.45 \times 10^{-4}) + (675)(1.75 \times 10^{-3}) = 1.20 \, kg \cdot m^2/s$

각운동량의 방향은 시계방향으로 회전하므로 시계면의 안쪽 수직.

20. (a) 지구를 속이 꽉 찬구로 생각하자.

$$I = \frac{2}{5} MR^2 = \frac{2}{5}(5.98 \times 10^{24} kg)(6.37 \times 10^6 m)^2 = 9.71 \times 10^{37} kg \cdot m^2$$

이때 각속도 $w = \dfrac{1 \, rev}{24h} = \dfrac{2\pi}{86400s} = 7.27 \times 10^5 \, s^{-1}$

$$\therefore L = Iw = (9.71 \times 10^{37} \, kg \cdot m^2)(7.27 \times 10^5 \, s^{-1}) = 7.06 \times 10^{33} kg \cdot m^2/s$$

(천구의 북극을 향한다.)

(b) 이 경우는 지구를 입자처럼 생각하자.

관성모멘트 $I = MR^2 = (5.98 \times 10^{24} kg)(1.496 \times 10^{11} m)^2 = 1.34 \times 10^{47} kg \cdot m^2$

또한 $w = \dfrac{1 \, rev}{365.25 \, d} = \dfrac{2\pi \, rad}{(365.25 \, d)(86400 \, s/d)} = 1.99 \times 10^{-7} s^{-1}$

따라서 지구의 각운동량

$$L = Iw = (1.34 \times 10^{47} kg \cdot m^2)(1.99 \times 10^{-7} s^{-1})$$

$$= 2.66 \times 10^{40} kg \cdot m^2/s \text{ (황도의 북극을 향한다.)}$$

(c) 한바퀴 도는 주기가 다르고, 지구와 태양 사이의 거리가 너무 멀기 때문에 관성모멘트 값이 지축을 도는 것보다 6배 정도 크기 때문에 각운동량의 크기가 다르다. 즉, 태양 주위를 도는 원운동에서의 각운동량이 크다.

21. 앞바퀴에서 수직항력 $n = 0$ 이라 하자.

$f_s = ma_x$

$n - F_g = 0 \rightarrow n = mg$

$\sum \tau = I\alpha \rightarrow F_g(0) - n(77.5cm) + f_s(88cm) = 0$

즉, $-mg(77.5cm) + ma_x(88cm) = 0$

$$\therefore a_x = \frac{(9.80m/s^2)(77.5cm)}{88cm} = 8.63m/s^2$$

11.4 분석 모형: 고립계 (각운동량)

22. $I_i \omega_i = I_f \omega_f$ 에서

$$I_i\left(\frac{2\pi}{T_i}\right) = I_f\left(\frac{2\pi}{T_f}\right) \quad \rightarrow \quad kMR_i^2\left(\frac{2\pi}{T_i}\right) = kMR_f^2\left(\frac{2\pi}{T_f}\right)$$

$$\therefore R_f = R_i \sqrt{\frac{T_f}{T_i}} = (10.0kg)\sqrt{\frac{2.3s}{2.6s}} = 9.4 \, km$$

23. (a) 역학적 에너지는 일정하지 않다. 일부 여성의 몸의 화학적 에너지는 역학적 에너지로 변환된다.

(b) 운동량은 일정하지 않다. 운동 방향의 변화가 있기 때문에 일정하지 않다.

(c) 축에 대해 돌림힘은 계가 고립계이므로 각운동량은 일정하다.

(d) 계의 각운동량이 보존되므로 $L_f = L_i = 0$

고로 $L_f = I_{여성}w_{여성} + I_{회전반}w_{회전반} = 0$

$$w_{회전반} = \left(-\frac{I_{여성}}{I_{회전반}}\right)w_{여성} = \left(-\frac{m_{여}r^2}{I_{회}}\right)\left(\frac{v_{여}}{r}\right)$$

$$= -\frac{m_{여}rv_{여}}{I_{회}} = -\frac{60.0kg(2.00m)(1.50m/s)}{500kg \cdot m^2}$$

$$= -0.360\,rad/s$$

(시계반대)

(e) $\Delta K = K_f - 0 = \frac{1}{2}m_{여}v_{여}^2 + \frac{1}{2}I_{회}w_{회}^2$

$$= \frac{1}{2}(60kg)(1.50m/s)^2 = \frac{1}{2}(500kg \cdot m^2)(0.360rad/s)$$

$$= 99.9\,J$$

24. (a) $(Iw)_{처음} = (Iw)_{나중}$

$$\rightarrow \quad mR^2\left(\frac{v_i}{R}\right) + m_pR^2(0) = \left(mR^2 + m_pR^2\right)\left(\frac{v_f}{R}\right)$$

$$\therefore mRv_i = (m+m_p)Rv_f$$

$$\rightarrow \quad v_f = \left(\frac{m}{m+m_p}\right)v_i = \left(\frac{2.40kg}{2.40kg+1.30kg}\right)(5.00m/s) = 3.24m/s$$

따라서 $T = \frac{2\pi R}{v_f} = \frac{2\pi(1.50m)}{3.24m/s} = 2.91s$

(b) 네, 알짜 외부 돌림힘이 없으므로 각운동량은 일정하다.

(c) 아니오, 운동량의 방향이 변하므로 계의 운동량은 일정하지 않다.

(d) 아니오, 일부 역학적 에너지는 내부에너지로 변환된다. 충돌은 완전 비탄성충돌이다.

25. (a) $Iw)_{처음} = Iw)_{나중}$

$$\rightarrow \quad \frac{1}{2}mR^2w_i = \left(\frac{1}{2}mR^2 + m_cr^2\right)w_f$$

$$\therefore w_f = \frac{\frac{1}{2}mR^2w_i}{\frac{1}{2}mR^2 + mr^2} = \frac{\frac{1}{2}(30.0kg)(1.90m)^2(4\pi rad/s)}{\frac{1}{2}(30.0kg)(1.90m)^2 + (2.25kg)(1.80m)^2}$$

$$= 11.1\,rad/s\,(시계반대)$$

(b) 아니오. 역학적 에너지는 일정하지 않다. 일부 내부에너지로 전환된다.

$$K_i = \frac{1}{2} I w_i^2 = \frac{1}{2} (\frac{1}{2} m R^2) w_i^2$$

$$= \frac{1}{2} \left[\frac{1}{2} (30.0 kg)(1.90 m)^2 \right] (4\pi\, rad/s)^2 = 4276 J$$

$$K_f = \frac{1}{2} I w_f^2 = \frac{1}{2} (\frac{1}{2} m R^2 + m_c r^2) w_f^2$$

$$= \frac{1}{2} \left[\frac{1}{2} (30.0 kg)(1.90 m)^2 + (2.25 kg)(1.80 m)^2 \right] (11.1\, rad/s)$$

$$= 3768 J$$

그러므로 $507 J$이 변화된다.

(c) 나중 운동량 $(2.25 kg)(1.80 m)(11.1\, rad/s) = 44.9\, kg \cdot m/s$ (북쪽)

회전반의 베어링은 회전반-진흙 계에서 신속하게 북쪽방향으로 충돌한 후 계의 운동량은 변하게 된다.

26. (a) 각속도를 구하기 위해 구심가속도에서 알아보자

$$a_c = g = \frac{v^2}{r}$$

$$\rightarrow \quad w = \sqrt{\frac{g}{r}} = \sqrt{\frac{9.80 m/s^2}{100 m}} = 0.313\, rad/s$$

$$I = M r^2 = (5 \times 10^4 kg)(100 m)^2 = 5 \times 10^8\, kg \cdot m^2$$

따라서 $L = I w = (5 \times 10^8\, kg \cdot m^2)(0.313\, rad/s)$
$\qquad\qquad = 1.57 \times 10^8\, kg \cdot m^2/s$

(b) $\Delta t = \dfrac{L_f - 0}{\sum \tau} = \dfrac{1.57 \times 10^8\, kg \cdot m^2/s}{2(125 N)(100 m)}$

$\qquad = 6.26 \times 10^3\, s = 1.74 h$

27. (a) 총알은 각운동량을 갖는다.

(b) $r = 1.00 m - 0.100 m = 0.900 m$

$\quad L_i = r p = m_B r v_i$

$\qquad = (0.00500 kg)(0.900 m)(1.00 \times 10^3 m/s)$

$\qquad = 4.50\, kg \cdot m^2/s$

(c) 완전 비탄성충돌이므로 운동 에너지가 보존되지 않는다.
전부 내부에너지로 변환되기 때문이다.

(d) $m_B r v_i = I w = (I_d + I_B) w_f$

$$= (\frac{1}{3} M_d L^2 + m_B r^2) w_f$$

$$w = \frac{m_B r v_i}{\frac{1}{3} M_d L^2 + m_B r^2}$$

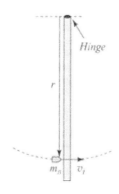

$$= \frac{(0.00500kg)(0.900m)(1.00\times10^3m/s)}{\frac{1}{3}(18.0kg)(1.00m)^2+(0.00500kg)(0.900m)^2} = 0.749\,rad/s$$

(e) $KE_f = \frac{1}{2}I\omega^2 = \frac{1}{2}\left[\frac{1}{3}(18.0kg)(1.00m)^2+(0.00500kg)(0.900m)^2\right](0.749\,rad/s)^2$

$\qquad = 1.68J$

$$KE_i = \frac{1}{2}m_Bv^2 = \frac{1}{2}(0.00500kg)(1.00\times10^3m/s)^2 = 2.50\times10^3J$$

따라서 처음 운동 에너지의 대부분은 내부 에너지로 전환된다.

11.5 자이로스코프와 팽이의 운동

28. $I = \frac{2}{5}MR^2 = \frac{2}{5}(5.98\times10^{24}kg)(6.37\times10^6m)^2 = 9.71\times10^{37}kg\cdot m^2$

각운동량 $L = I\omega = (9.71\times10^{37}\,kg\cdot m^2)\left(\frac{2\pi\,rad}{86400s}\right) = 7.06\times10^{33}\,kg\cdot m^2/s^2$

따라서 세차운동을 일으키는 돌림힘

$$\tau = L\omega_p = (7.06\times10^{33}\,kg\cdot m^2/s)\left(\frac{2\pi rad}{2.58\times10^4\,yr}\right)\left(\frac{1\,yr}{365.25\,d}\right)\left(\frac{1\,d}{86400s}\right)$$

$$= 5.45\times10^{22}\,N\cdot m$$

추가문제

29. (a) $\sum\tau = TR - TR = 0$

(b) $\sum\tau = \frac{dL}{dt} = 0 \quad \rightarrow \quad L = $ 일정

원숭이와 바나나는 같은 속도로 위쪽으로 움직인다.

(c) 원숭이는 바나나에 도달할 수 없다.

원숭이와 바나나에 적용되는 뉴턴의 2법칙은 위쪽으로 동일한 가속도를 준다.

30. (a) $L = \sum mrv = 2(75.0kg)(5.00m)(5.00m/s) = 3.75\times10^3kg\cdot m^2/s$

(b) $K = \frac{1}{2}mv^2 + \frac{1}{2}mv^2 = (75.0kg)(5.00m/s)^2 = 1.88\times10^3J$

(c) $L = 3.75\times10^3kg\cdot m^2/s$

계의 각운동량은 변하지 않는다. 새로운 각운동량은 같다.

(d) $L = 2mrv$에서

$$v = \frac{L}{2mr} = \frac{3.75kg\cdot m^2/s}{2(75.0kg)(2.50m)} = 10.0m/s$$

(e) $K = 2(\frac{1}{2}mv^2) = (75.0kg)(10.0m/s)^2 = 7.50 \times 10^3 J$

(f) 변환된 계의 역학적 에너지

$\qquad 7.50 \times 10^3 J - 1.88 \times 10^3 J = 5.62 \times 10^3 J$

12장 고정축에 대한 강체의 회전

12.1 분석 모형: 평형 상태의 강체

1. $\sum \tau_{ext} = 0$에서

$$-M_A g\left(\frac{1}{2}l\right) - M_B g\left(\frac{3}{2}l\right) - M_C g\left(\frac{5}{2}l\right) - m_{선반} g\left(\frac{3}{2}l\right) + 2F_{오른쪽}(3l) = 0$$

$$\therefore F_{오른쪽} = \frac{1}{12}(M_A + 3M_B + 5M_C + 3m_{선반})g$$

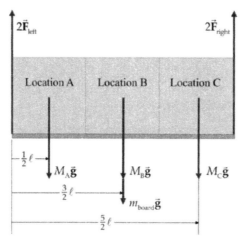

Left-to-Right Arrangement	M_A (kg)	M_B (kg)	M_C (kg)	F_{right} (N)
1-2-3	50	100	125	821
1-3-2	50	125	100	780
2-1-3	100	50	125	739
2-3-1	100	125	50	617
3-1-2	125	50	100	657
3-2-1	125	100	50	576

따라서 안전한 배열 : 상자2-상자3-상자1, 상자3-상자1-상자2, 상자3-상자2-상자1
위험한 배열 : 상자1-상자2-상자3, 상자1-상자3-상자2, 상자2-상자1-상자3

2. $\sum \tau_p = -n_o\left[\frac{l}{2}+d\right] + m_1 g\left[\frac{l}{2}+d\right] + m_b g d - m_2 g x = 0$,

$n_o = 0$이므로

$$x = \frac{(m_1 g + m_b g)d + m_1 g \dfrac{l}{2}}{m_2 g} = \frac{(m_1 + m_b)d + m_1 \dfrac{l}{2}}{m_2}$$

$$= \frac{(5.00kg + 3.00kg)(0.300m) + (5.00kg)\dfrac{1.00m}{2}}{15.0m}$$

$$= 0.327m$$

x는 0.2m 길이의 빔의 나머지부분보다 크기 때문에
이 상황은 불가능하다.

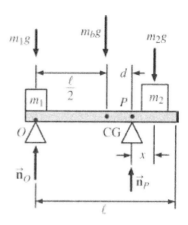

12.2 무게 중심 알아보기

3. 1부분의 무게중심의 좌표, $x_1 = 2.00\,cm$, $y_1 = 9.00\,cm$

   2부분의 무게중심의 좌표, $x_2 = 8.00\,cm$, $y_1 = 2.00\,cm$

각 부분의 넓이, $A_1 = 72.0 cm^2$, $A_2 = 32.0\,cm^2$

따라서,

$$x_{CG} = \frac{\sum m_i x_i}{\sum m_i} = \frac{(72.0 cm^2)(2.00 cm) + (32.0 cm^2)(8.00 cm)}{72.0 cm^2 + 32.0 cm^2}$$

$$= 3.85\,cm$$

$$y_{CG} = \frac{\sum m_i y_i}{\sum m_i} = \frac{(72.0 cm^2)(9.00 cm) + (32.0 cm^2)(2.00 cm)}{104 cm^2}$$

$$= 6.85\,cm$$

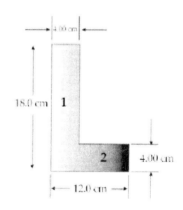

4. $x_{CG} = \dfrac{m_1 x_1 - m_2 x_2}{m_1 - m_2}$ 에서

$$\therefore x_{CG} = \frac{\sigma \pi R^2 0 - \sigma \pi \left(\dfrac{R}{2}\right)^2 \left(\dfrac{-R}{2}\right)}{\sigma \pi R^2 - \sigma \pi \left(\dfrac{R}{2}\right)^2} = \frac{R/8}{3/4} = \frac{R}{6}$$

5. $dm = \dfrac{\sigma(x - 3.00)^2 dx}{9}$

$$M = \int dm = \int_{x=0}^{3.00} \frac{\sigma(x-3)^2 dx}{9}$$

$$= \left(\frac{\sigma}{9}\right) \int_0^{3.00} (x^2 - 6x + 9) dx$$

$$= \left(\frac{\sigma}{9}\right)\left[\frac{x^3}{3} - \frac{6x^2}{2} + 9x\right]_0^{3.00} = \sigma$$

따라서 무게중심의 x좌표는

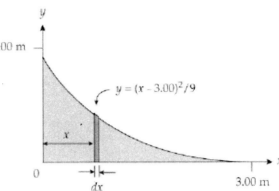

$y = (x - 3.00)^2/9$

$$x_{CG} = \frac{\int x\,dm}{M} = \frac{1}{9\sigma}\int_0^{3.00} \sigma x(x-3)^2\,dx$$

$$= \frac{1}{9}\left[\frac{x^4}{4} - \frac{6x^3}{3} + \frac{9x^2}{2}\right]_0^{3.00} = \frac{6.75m}{9.00} = 0.750m$$

12.3 정적 평형 상태에 있는 강체의 예

6. $\sum \tau_{중심} = -F_{샘}(2.80m) + F_{조}(1.80m) = 0$

    $\rightarrow \quad F_{조} = 1.56\,F_{샘} \qquad \text{------ (1)}$

또한, $\sum F_y = 0 \rightarrow F_{샘} + F_{조} = 450N \qquad \text{------- (2)}$

$(1) \rightarrow (2)$; $\quad F_{샘} + 1.56F_{샘} = 450N \qquad \therefore F_{샘} = \frac{450N}{2.56} = 176N$(위쪽으로)

따라서 (1)에서 $F_{조} = 1.56(176N) = 274N$(위쪽으로)

7. $\sum \tau = 0 = mg(3r) - Tr$

    $2T - Mg\sin45.0° = 0$

        $\rightarrow T = \frac{Mg\sin45.0}{2} = \frac{(1500kg)g\sin45.0°}{2}$

                $= 530g\,N$

      $\therefore m = \frac{T}{3g} = \frac{530g}{3g} = 177kg$

8. (a) 막대에 대한 힘 도형

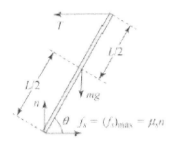

(b) $\sum \tau = 0 \rightarrow 0 + 0 - mg\left(\dfrac{L}{2}\cos\theta\right) + T(L\sin\theta) = 0$

$\therefore \ T = \dfrac{mg}{2}\left(\dfrac{\cos\theta}{\sin\theta}\right) = \dfrac{mg}{2}\cot\theta$

(c) $\sum F_x = 0 \rightarrow - T + \mu_s n = 0 \quad \therefore \ T = \mu_s n \quad ------(1)$

$\sum F_y = 0 \rightarrow n - mg = 0 \quad \therefore \ n = mg \quad -------(2)$

$(2) \rightarrow (1) : \quad T = \mu_s mg$

(d) (a)에서 (c)까지의 결과로부터 $\mu_s = \dfrac{1}{2}\cot\theta$

(e) 사다리를 약간 왼쪽으로 이동하면, 각도 θ가 감소한다. (b)에서 보면 장력 T는 증가하고 이것은 마찰력을 더 크게 만든다. 그러나 정지 마찰력은 이미 최대값을 갖는다. 따라서 사다리는 미끄러진다.

9. (a) $T_e\sin42.0° = 20.0N \quad \rightarrow \quad T_e = 29.9N$

(b) $T_e\cos42.0° = T_m \rightarrow T_m = 22.2\,N$

10. (a) 막대에 대한 힘의 도형

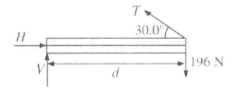

(b) $\sum \tau = (T\sin30.0°)d - Mgd = 0$

$T = \dfrac{Mg}{\sin30.0°} = \dfrac{196N}{\sin30.0°} = 392N$

(c) $\sum F_x = 0 \rightarrow H - T\cos30.0° = 0$

$H = (392N)\cos30.0° = 339N$, 오른쪽

(d) $\sum F_y = 0 \rightarrow V + T\sin30.0° - 196N = 0$

$V = 196N - (392N)\sin30.0° = 0$

(e) $\sum \tau = H(0) - Vd + T(0) + 196N(0) = 0 \quad \rightarrow \quad V = 0$

(f) $\sum F_y = 0 \rightarrow \quad V + T\sin30.0° - 196N = 0$

$$T = \frac{0 + 196N}{\sin 30.0°} = 392N$$

(g) $\sum F_x = 0 \rightarrow H - T\cos 30.0° = 0$

$H = (392N)\cos 30.0° = 339N$, 오른쪽

(h) 두 풀이가 정확하게 일치한다.

11. (a) 거리의 수평 성분 $x = (5.00m)\cos 20.0° = 4.70m$

수직 성분 $y = (5.00m)\sin 20.0° = 1.71m$

각도 $\theta = \tan^{-1}\left[\dfrac{4.70m}{12.0 - 1.71m}\right] = 24.5°$

$H_x(0) + H_y(0) - Mg(4.00m)\cos 20.0°$
$- (T\sin 24.5°)(1.71m) + (T\cos 24.5°)(4.70m)$
$- mg(7.00m)\cos 20.0° = 0$

$\therefore T = 27.7kN$

(b) $\sum F_x = 0 \rightarrow H_x - T\sin 24.5° = 0$

$\therefore H_x = (27.7kN)\sin 24.5° = 11.5kN$ (오른쪽)

(c) $\sum F_y = 0 \rightarrow H_y - Mg + T\cos 24.5° - mg = 0$

따라서 $H_y = (M+m)g - (27.7kN)\cos 24.5° = -4.19kN$ (아래)

12. (a) $a_t = \alpha r = (1.73\,rad/s^2)(7.00m) = 12.1m/s^2$

$a_t\cos 20.0° = 11.4m/s^2$, 이것은 중력 가속도보다 더 크다. 따라서 시간 간격 없다. 말의 발이 움직이기 시작하자마자 다리와의 접촉이 끊긴다.

(b) $\sum \tau = I\alpha$ 에서

$$Mg\left(\frac{l}{2}\right)\cos\theta_0 = \frac{1}{3}Ml^2\alpha$$

$$\therefore \alpha = \frac{3g\cos 20.0°}{2(8.00m)} = 1.73\,rad/s$$

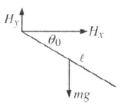

(c) $K_i + U_i = K_f + U_f$

$Mgh = \frac{1}{2}I\omega^2$ 이므로

$$Mg\left(\frac{l}{2}\right)(1 + \sin 20.0°) = \frac{1}{2}\left(\frac{1}{3}Ml^2\right)\omega^2$$

$$\therefore \omega = \sqrt{\frac{3g(1 + \sin 20.0°)}{8.00m}} = 2.22\,rad/s$$

(d) $a_t = \frac{l}{2}\alpha = \frac{1}{2}(8.0m)(1.73\,rad/s^2) = 6.92\,m/s^2$

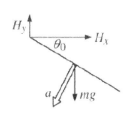

$H_x = (2000kg)(6.92m/s^2)\sin 20.0° = 4.72kN$

$H_y = (2000kg)(9.80m/s^2) + (2000kg)(-6.92m/s^2)\cos 20.0° = 6.62kN$

따라서 $\vec{F} = (4.72\hat{i} + 6.62\hat{j})\,kN$

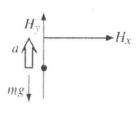

(e) $H_y - Mg = Ma_y = M\omega^2\dfrac{l}{2}$

$\qquad H_y = Mg + M\omega^2\dfrac{l}{2} = M(g + \omega^2\dfrac{l}{2})$

$\qquad\quad = (2000kg)\left(9.80m/s^2 + (2.22rad/s)^2\dfrac{8.00m}{2}\right) = 59.1\,kJ$

13. (a) 못뽑이 부분이 못에 작용하는 힘 R이라 하면,

$\qquad (R\sin30.0°)0 + (R\cos30.0°)(5.00\,cm) + Mg(0) - (150N)(30.0cm) = 0$

$\qquad \therefore R = 1039.2\,N = 1.04kN$(오른쪽, $60°$, 위로)

(b) $f - R\sin30.0° + 150N = 0 \qquad \therefore f = 370N$

$\qquad n - Mg - R\cos30.0° = 0$

또한, $n = (1.00kg)(9.80m/s^2) + (1040N)\cos30.0° = 910N$

$\qquad \therefore \overrightarrow{F_{\text{표면}}} = (370\hat{i} + 910\hat{j})N$

14. (a) 그림을 통해 힘에 대해 나타내면 다음과 같다.

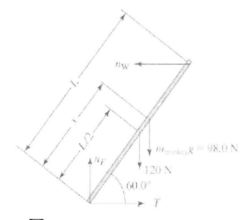

(b) $\sum F_y = 0 \rightarrow n_F - 120N - m_{monkey}g = 0$

$\qquad n_F = 120N + (10.0kg)(9.80m/s^2) = 218N$

(c) $x = \dfrac{2L}{3}$ 일 때, $\sum \tau_{\text{아래끝}} = 0$

$\qquad -(120N)\left(\dfrac{L}{2}\cos60.0°\right) - (98.0N)\left(\dfrac{2L}{3}cos60.0°\right) + n_w(L\sin60.0°) = 0$

$\qquad \therefore n_w = \dfrac{[60.0N + (196/3)N]\cos60.0°}{\sin60.0°} = 72.4N$

따라서 $\sum F_x = 0 \rightarrow T - n_w = 0 \qquad \therefore T = n_w = 72.4\,N$

(d) 줄이 끊어지기 전까지

$\qquad T = n_w = 80.0N$

따라서 $\sum \tau_{아래끝} = 0$

$$-(120N)\left(\frac{L}{2}cos60.0°\right) - (98.0N)x\cos60.0°$$
$$+ (80.0N)(Lsin60.0°) = 0$$

$$\therefore x = \frac{[(80.0N)\sin60.0° - (60.0N)\cos60.0°]L}{(98.0N)\cos60.0°}$$
$$= 0.802L = 0.802(3.00m) = 2.41m$$

(e) 수평면이 거칠고 줄을 제거하면 마루바닥과 사다리 끝의 정지마찰력이 커야 원숭이가 올라갈 수 있다. 따라서 분석에 필요한 것은 정지마찰계수 μ_s이다.

15. 힘 F의 성분을 보면

$$F_x = F\cos 15.0°$$

$$F_y = -F\sin15.0°$$

$$\sum F_x = 0 \rightarrow F\cos15.0° - n_x = 0 \qquad -------- \quad (1)$$

$$\sum F_y = 0 \rightarrow -F\sin15.0° - 400N + n_y = 0 \qquad --------- \quad (2)$$

이때 $b = R - 8.00cm = (20.0 - 8.00)cm = 12.0cm$

$$a = \sqrt{R^2 - b^2} = \sqrt{(20.0cm)^2 - (8.00cm)^2} = 16.0cm$$

(a) $\sum \tau = 0 \rightarrow -F_x b + F_y a + (400N)a = 0$

$$\therefore F[-(12.0cm)\cos15.0° + (16.0cm)\sin15.0°] + (400N)(16.0cm) = 0$$

즉, $F = \dfrac{6400N \cdot cm}{7.45cm} = 859N$

(b) (1), (2)에서

$$n_x = (859N)\cos15.0° = 830N$$

$$n_y = 400N + (859N)\sin15.0° = 622N$$

$$\therefore n = \sqrt{n_x^2 + n_y^2} = 1.04kN, \quad \theta = \tan^{-1}\left(\frac{n_y}{n_x}\right) = \tan^{-1}(0.749) = 36.9° \text{ (왼쪽 위)}$$

16. $\sum F_x = 0 \rightarrow F\cos\theta - n_x = 0 \qquad ----- \quad (1)$

$\quad \sum F_y = 0 \rightarrow -F\sin\theta - mg + n_y = 0 \qquad ----- \quad (2)$

$\quad b = R - h, \quad a = \sqrt{R^2 - (R-h)^2} = \sqrt{2Rh - h^2}$

(a) $\sum \tau = 0 \rightarrow -F_x b + F_y a + mga = 0$, 힘의 성분을 대입

$$F[-b\cos\theta + a\sin\theta] + mga = 0 \rightarrow F = \frac{mga}{b\cos\theta - a\sin\theta}$$

$$\therefore F = \frac{mga}{b\cos\theta - a\sin\theta} = \frac{mg\sqrt{2rh - h^2}}{(R-h)\cos\theta - \sqrt{2Rh - h^2}\,\sin\theta}$$

(b) (1), (2)을 이용해서

$$n_x = F\cos\theta = \frac{mg\sqrt{2Rh-h^2}\cos\theta}{(R-h)\cos\theta - \sqrt{2Rh-h^2}\sin\theta}$$

$$n_y = F\sin\theta + mg = mg\left[1 + \frac{\sqrt{2Rh-h^2}\cos\theta}{(R-h)\cos\theta - \sqrt{2Rh-h^2}\sin\theta}\right]$$

12.4 관성 모멘트 계산

17. $B = -\dfrac{\Delta P}{\Delta V / V_i} = -\dfrac{\Delta P V_i}{\Delta V}$ 을 이용하자.

(a) 부피의 변화 $\Delta V = -\dfrac{\Delta P V_i}{B} = -\dfrac{(1.13\times10^8 N/m^2)(1\,m^3)}{0.21\times10^{10}\,N/m} = -0.0538\,m^3$

(b) 질량 $m = 1.03\times10^3\,kg$, 부피 $V = 1\,m^3 - 0.0538\,m^3 = 0.946\,m^3$

따라서 $\rho = \dfrac{m}{V} = \dfrac{1.03\times10^3\,kg}{0.946\,m^3} = 1.09\times10^3\,kg/m^3$

(c) 이런 극단적인 경우에만 5%의 부피변화를 가지면, 바닷물은 거의 비압축성이라 한다.

18. $\dfrac{20.0kN}{0.200kN} = 100$

$\therefore (1mm)\sqrt{100} \sim 1\,cm$

19. 층밀리기에서 보면

$$\Delta x = \frac{hf}{SA} = \frac{(5.00\times10^{-3}m)(20.0N)}{(3.0\times10^6\,N/m^2)(14.0\times10^{-4}\,m^2)} = 2.38\times10^{-5}m$$

$$\Delta x = 2.38\times10^{-2}\,mm$$

20. 영률 $Y = \dfrac{stress}{strain}$, Y는 그래프의 기울기를 의미한다.

$$Y = \frac{300\times10^6\,N/m^2}{0.003} = 1.0\times10^{11}N/m^2$$

21. (a) $F = \sigma A$에서

$$F = \sigma(\pi r^2) = (4.00\times10^8\,N/m)\left[\pi(0.500\times10^{-2}m)^2\right]$$
$$= 3.14\times10^4\,N$$

(b) $F = \sigma A$

$$= \sigma(h)(2\pi r)$$
$$= (4.00\times10^8\,N/m)(0.500\times10^{-2}m)(2\pi)(0.500\times10^{-2}m)$$
$$= 6.28\times10^4\,N$$

22. 부피 V에서 $\Delta V = -0.0900\,V$

$$\therefore \Delta P = -\frac{B(\Delta V)}{V_i}$$

$$= -\frac{(2.00\times10^9\,N/m^2)(-0.0900\,V)}{1.09\,V}$$

$$= 1.65\times10^8\,N/m^2$$

23. $|\vec{F}| = \frac{m|v_f - v_i|}{\Delta t} = \frac{30.0kg|-10.0m/s - 20.0m/s|}{0.110s} = 8.18\times10^3\,N$

따라서 $Stress = \frac{F}{A} = \frac{8.18\times10^3\,N}{\pi(0.0230m)^2/4} = 1.97\times10^7\,N/m^2$

$strain = \frac{stress}{Y} = \frac{1.97\times10^7\,N/m^2}{20.0\times10^{10}\,N/m^2} = 9.85\times10^{-5}$

추가문제

24. (a) 강체의 정적 평형상태
(b) 자유 물체도 표현을 보면 다음과 같다.

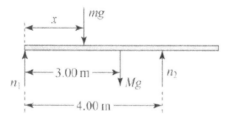

(c) 여성은 수직항력 n_1이 가장 클 때, $x=0$이다.
(d) $n_1 = 0$
(e) $n_1 = 0$이고,

$$0 + n_2 - Mg - mg = 0$$

$$\therefore n_2 = Mg + mg = 882N + 539N = 1.42\times10^3\,N$$

$$n_2(0) + (4.00m - x)mg + (4.00m - 3.00m)Mg = 0$$

$$x = (1.00m)\frac{M}{m} + 4.00m = (1.00m)\frac{90.0kg}{55.0kg} + 4.00m = 5.64m$$

(f) $0 - (539N)x - (882N)(3.00m) + (1.42 \times 10^3 N)(4.00m) = 0$

$$x = \frac{-3.03 \times 10^3 N \cdot m}{-539N} = 5.62m$$

위치는 (e)와 거의 같다.

25. 각 위치에서 항력; n_A, n_B

$$\sum F_y = 0 \rightarrow n_A + n_B - (8.00 \times 10^4 kg)g - (3.00 \times 10^4 kg)g = 0$$

$$\sum \tau = 0 \rightarrow -(3.00 \times 10^4 kg)(15.0m)g - (8.00 \times 10^4 kg)(25.0m)g + n_B(50.0m) = 0$$

위의 돌림힘 식에서 n_B를 구하면

$$n_B = \frac{\left[(3.00 \times 10^4 kg)(15.0m) + (8.00 \times 10^4 kg)(25.0m)\right](9.80m/s^2)}{50.0m}$$

$$= 4.80 \times 10^5 N$$

따라서 힘의 식에서

$$n_A = (8.00 \times 10^4 kg + 3.00 \times 10^4 kg)(9.80m/s^2) - 4.80 \times 10^5 N = 5.98 \times 10^5 N$$

26. $\sum F_y = 0 \rightarrow 380N - F_g + 320N = 0$

$$\therefore F_g = 700N$$

$$\sum \tau = 0 \rightarrow -380N(1.65m) + (700N)x + (320N)(0) = 0$$

$$\therefore x = 0.896m$$

27. (a) 자유 물체도 표현은 다음과 같다.

(b) $\sum \tau_0 = (-700N)(1.00m) - (200N)(3.00m) - (80.0N)(6.00m)$
$\quad + (T\sin 60.0°)(6.00m) = 0$

$$\therefore T = 343N$$

$R_x = T\cos 60.0° = 171N$

$R_y = 980N - T\sin 60.0° = 683N$

(c) $\sum \tau_0 = (-700N)x - (200N)(3.00m)$
$\qquad - (80.0N)(6.00m) + [(900N)\sin60.0°](6.00m) = 0$

$\qquad x = 5.14m$

28. $\sum \tau = 0$에서

$\qquad (T\cos25.0°)(\dfrac{3l}{4}\sin65.0°)$

$\qquad + (T\sin25.0°)(\dfrac{3l}{4}\cos65.0°)$

$\qquad = (2000N)(l\cos65.0°) + (1200N)(\dfrac{l}{2}\cos65.0°)$

$\qquad T = 1465N = 1.46kN$

$\sum F_x = 0$에서

$\qquad H = T\cos25.0° = 1328N(오른쪽) = 1.33kN$

$\sum F_y = 0$에서

$\qquad V = 3200N - T\sin25.0° = 2581N(위로) = 2.58kN$

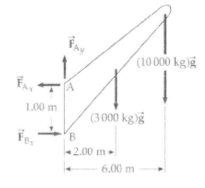

29. 강체의 제1 평형 조건에서

$\qquad \sum F_x = 0 \;\rightarrow R_s - T\cos\theta = 0$

$\qquad \sum F_y = 0 \;\rightarrow R_y - F_g + T\sin\theta = 0$

제2 평형 조건에서

$\sum \tau = 0$
$\qquad \rightarrow R_y(0) + R_s(0) - F_g(d+L) + (0)(T\cos\theta) + (d+2L)(T\sin\theta) = 0$

(a) 제2조건에서

$\qquad T = \dfrac{F_g(L+d)}{\sin\theta(2L+d)}$

(b) 제1조건에서

$\qquad R_x = \dfrac{F_g(L+d)\cot\theta}{2L+d}, \;\; R_y = \dfrac{F_g L}{2L+d}$

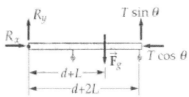

30. (a)

$\qquad \sum \tau = 0$
$\qquad\qquad \rightarrow \; -(4.00m)(10000N)\cos60° + T(4.00m)\sin80° = 0$

$\qquad T = \dfrac{(10000N)\cos60°}{\sin80°} = 5.08kN$

(b) $F_H - T\cos20° = 0$

$\qquad F_H = 4.77kN$

(c) $F_V + T\sin 20° - 10000N = 0$

$\quad F_V = (10000N) - T\sin 20° = 8.26kN$

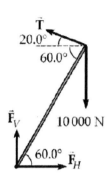

13장 만유인력

13.1 뉴턴의 만유인력 법칙

1. $F = \dfrac{GMm}{r^2} = (6.67 \times 10^{-11}\,N \cdot m^2/kg^2)\dfrac{(1.50kg)(15.0 \times 10^{-3}kg)}{(4.50 \times 10^{-2}m)^2}$

    $= 7.41 \times 10^{-10}\,N$

2. (a) 태양과 지구 사이의 거리 $1.496 \times 10^{11}\,m$, 지구와 달 사이의 거리 $3.84 \times 10^8\,m$

    태양과 달 사이의 거리 $1,496 \times 10^{11}m - 3.84 \times 10^8 m = 1.492 \times 10^{11}\,m$

    또한, 태양의 질량 $M_S = 1.99 \times 10^{30}\,kg$, 지구의 질량 $M_E = 5.98 \times 10^{24}\,kg$,

    달의 질량 $M_M = 7.36 \times 10^{22}\,kg$

    $\therefore\ F_{SM} = \dfrac{(6.67 \times 10^{-11}N \cdot m^2/kg^2)(1.99 \times 10^{30}kg)(7.36 \times 10^{22}kg)}{(1.492 \times 10^{11}m)^2}$

    $= 4.39 \times 10^{20}\,N$

    (b) $F_{EM} = \dfrac{(6.67 \times 10^{-11}N \cdot m^2/kg^2)(5.98 \times 10^{24}kg)(7.36 \times 10^{22}kg)}{(3.84 \times 10^8 m)^2}$

    $= 1.99 \times 10^{20}\,N$

    (c) $F_{SE} = \dfrac{(6.67 \times 10^{-11}N \cdot m^2/kg^2)(1.99 \times 10^{30}kg)(5.98 \times 10^{24}kg)}{(1.496 \times 10^{11}m)^2}$

    $= 3.55 \times 10^{22}\,N$

    (d) 태양과 달 사이의 인력이 지구와 달 사이의 인력보다 더 크다.

    또한, 이러한 힘의 크기 때문에 태양은 달에 인력이 작용되기 때문에 지구로부터 멀어지지 않는다.

3. 두 사람 질량은 70kg이고, 구로 생각하자.

    $F_g = \dfrac{Gm_1 m_2}{r^2} = \dfrac{(6.67 \times 10^{-11}N \cdot m^2/kg^2)(70kg)(70kg)}{(2m)^2}$

    $= 10^{-7}\,N$

4. 구에 구성된 원소를 잘 모르기 때문에 이 상황은 불가능하다.

13.2 자유 낙하 가속도와 중력

5. (a) $m_{obj}\,g = \dfrac{Gm_{obj}m_{Miranda}}{r_{Miranda}^2}$ 에서

$$g = \frac{Gm_{miranda}}{r^2_{Miranda}} = \frac{(6.67 \times 10^{-11} N \cdot m^2/kg^2)(6.68 \times 10^{19} kg)}{(242 \times 10^3 m)^2}$$

$$= 0.0761 m/s^2$$

(b) $y_f = y_i + v_{yi} + \frac{1}{2}a_y t^2$ 에서

$$-5000m = 0 + 0 + \frac{1}{2}(-0.0761 m/s^2)t^2$$

$$\therefore t = \left(\frac{2(5000m)s^2}{0.0761m}\right)^{1/2} = 363s$$

(c) $x_f = x_i + v_{xi}t + \frac{1}{2}a_x t^2 = 0 + (8,50m/s)(363s) + 0 = 3.08 \times 10^3 m$

(d) $v_{xf} = v_{xi} = 8.50m/s$

$$v_{yf} = v_{yi} + a_y t = 0 - (0.0761 m/s^2)(363s) = -27.6 m/s$$

따라서 $\vec{v}_f = (8.50\boldsymbol{i} - 27.6\boldsymbol{j})m/s$ $v_f = \sqrt{8.50^2 + 27.6^2} = 28.9 m/s$,

$$\tan^{-1}\left(\frac{27.6m/s}{8.50m/s}\right) = 72.9\,° \; (x축 \; 아래)$$

13.3 분석 모형: 중력장 내의 입자

6. (a) $g_1 = g_2 = \frac{MG}{r^2 + a^2}$

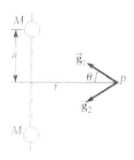

$g_{1y} = -g_{2y}$

$g_{1y} + g_{2y} = 0$, $g_{1x} = g_{2x} = g_2 \cos\theta$

$$\cos\theta = \frac{r}{(a^2 + r^2)^{1/2}}$$

$\vec{g} = 2g_{2x}(-\boldsymbol{i})$ → $\vec{g} = \frac{2MGr}{(r^2 + a^2)^{3/2}}$ (질량중심)

(b) $r = 0$에서 두 물체의 중력장은 크기가 같고, 방향이 반대이므로 합쳐서 0이다.

(c) $r \to 0$일 때, $\frac{2MGr}{(r^2 + a^2)^{3/2}}$ 에서 $\frac{2MG(0)}{a^3} = 0$

(d) r이 a보다 클 때, 장의 벡터 각도는 아주 작아진다. 매우 거리가 멀기 때문에 장 벡터는 거의 축과 평행하게 된다. 그러므로 질량 $2M$인 하나의 물체로부터 장 벡터를 가진다.

(e) $r \gg a$이면 $\frac{2MGr}{(r^2 + 0)^{3/2}} = \frac{2MGr}{r^3} = \frac{2MG}{r^2}$

7. (a) $F = \frac{GMm}{r^2} = \frac{(6.67 \times 10^{-11} N \cdot m^2/kg^2)[100(1.99 \times 10^{30}kg)(10^3 kg)]}{(1.00 \times 10^4 m + 50.0m)^2}$

$$= 1.31 \times 10^{17}\,N$$

(b) $\Delta F = \dfrac{GMm}{r_{front}^2} - \dfrac{GMm}{r_{back}^2}$

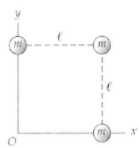

$$\therefore \Delta g = \frac{\Delta F}{m} = \frac{Gm(r_{back}^2 - r_{front}^2)}{r_{front}^2 r_{back}^2}$$

$$= (6.67 \times 10^{-11}\,N \cdot m^2/kg^2) \frac{[100(1.99 \times 10^{30}\,kg)][(1.01 \times 10^4\,m)^2 - (1.00 \times 10^4\,m)^2]}{(1.00 \times 10^4\,m)(1.01 \times 10^4\,m)^2}$$

$$= 2.62 \times 10^{12}\,N/kg$$

13.4 케플러의 법칙과 행성의 운동

8. $F_g = mg = \dfrac{GM_E m}{r^2} \rightarrow g = \dfrac{GM_E}{r^2}$

   $g = 9.00\,m/s^2$

따라서 $r = \sqrt{\dfrac{GM_E}{g}} = \sqrt{\dfrac{(6.67 \times 10^{-11}\,N \cdot m^2/kg^2)(5.98 \times 10^{24}\,kg)}{9.00\,m/s^2}} = 6.66 \times 10^6\,m$

케플러의 제3법칙에서 $T^2 = 4\pi^2 r^3 GM_E S$

$$T = 2\pi \sqrt{\frac{r^3}{GM_E}} = 2\pi \sqrt{\frac{(6.66 \times 10^6\,m)^3}{(6.67 \times 10^{-11}\,N \cdot m^2/kg^2)(5.98 \times 10^{24}\,kg)}} = 5.41 \times 10^3\,s$$

$$\therefore T = (5.41 \times 10^3\,s)\left(\frac{1h}{3600s}\right) = 1.50\,h = 90.0\,\min$$

9. (a) $a = \dfrac{r_D + r_T}{2}$ 에서

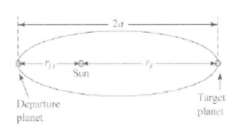

$r_D = 1.496 \times 10^{11}\,m = 1.00\,AU$

$r_T = 2.28 \times 10^{11}\,m\left(\dfrac{1\,AU}{1.496 \times 10^{11}\,m}\right) = 1.52\,AU$

따라서 $a = \dfrac{r_D + r_T}{2} = \dfrac{1.00\,AU + 1.52\,AU}{2} = 1.26\,AU$

케플러의 제3법칙 $T^2 = a^3$ 이므로

$$\therefore T = \sqrt{a^3} = \sqrt{(1.26\,AU)^3} = 1.41\,yr$$

지구로부터 화성까지 가는데 걸리는 시간 $\Delta t = \dfrac{1}{2}T = \dfrac{1.41\,yr}{2} = 0.71\,yr$

(b) 이 여행은 아무 때나 할 수 없다. 우주 정거장이 거기에 위치할 때 우주선이 도착할 때까지 일정 기간 머물러 있어야 가능하다.

10. (a) 입자는 각운동량이 무의미하다. 왜냐하면 입자는 원점에서 곧장 나아가기 때문에 회전의 의미를 갖지 않는다.

(b) 각운동량은 일정하다. 외부의 영향력이 물체에 작용하는 것은 확인되지 않는다.

(c) 속력이 일정할 때 주어진 시간 간격에서 진행거리가 같다. 따라서 삼각형의 면적을 계산하면 같다는 것을 알 수 있다. 즉,

$$\frac{1}{2}bv_0(t_B-t_A)=\frac{1}{2}bv_0(t_D-t_C)$$

11. $T^2=\left(\dfrac{4\pi^2}{GM_E}\right)r^3$ 이고, 평균 반지름을 구하면

$$r=\frac{r_{\min}+r_{\max}}{2}=\frac{6670km+385000km}{2}=1.96\times10^8\,m$$

따라서 $T=2\pi\sqrt{\dfrac{r^3}{GM_E}}=2\pi\sqrt{\dfrac{(1.96\times10^8m)^3}{(6.67\times10^{-11}N\cdot m^2/kg^2)(5.98\times10^{24}kg)}}=8.63\times10^5\,s$

이때 이 여행에 걸리는 시간 $\Delta t=\dfrac{1}{2}T=\left(\dfrac{8.63\times10^5s}{2}\right)\left(\dfrac{1\,day}{8.64\times10^4\,s}\right)=4.99\,d$

12. 각운동량 보존법칙에 의해

$$r_pv_p=r_av_a$$

$$\therefore\frac{v_p}{v_a}=\frac{r_a}{r_p}=\frac{2289km+6.37\times10^3\,km}{459km+6.37\times10^3\,km}=\frac{8659km}{6829km}=1.27$$

13. (a) $\dfrac{GM_{sun}m}{r^2}=\dfrac{mv^2}{r}\rightarrow v=\sqrt{\dfrac{GM_{sun}}{r}}$

수성(Mercury)에 대한 속력

$$v_M=\sqrt{\frac{(6.67\times10^{-11}N\cdot m^2/kg^2)(1.99\times10^{30}kg)}{5.79\times10^{10}\,m}}=4.79\times10^4\,m/s$$

명왕성(Pluto)에 대한 속력

$$v_p=\sqrt{\frac{(6.67\times10^{-11}N\cdot m^2/kg^2)(1.99\times10^{30}kg)}{5.91\times10^{12}\,m}}=4.74\times10^3\,m/s$$

속력이 더 빠른 수성은 명왕성보다 태양으로부터 더 멀어질 수 있다.

(b) r_p와 r_M은 운동 선상에서 수직이고, 시간 t에서 태양으로부터 같은 거리에 떨어져 있으므로

$$\sqrt{r_p^2+v_p^2t^2}=\sqrt{r_M^2+v_M^2t^2}$$

$$r_p^2-r_M^2=(v_M^2-v_p^2)t^2$$

$$\therefore t=\sqrt{\frac{(5.91\times10^{12}m)^2-(5.79\times10^{10}m)^2}{(4.79\times10^4\,m/s)^2-(4.74\times10^3\,m/s)^2}}=1.24\times10^8s=3.93\,yr$$

14. (a) $T^2=\dfrac{4\pi^2a^3}{GM}$, $a=3.84\times10^8\,m$

$$M = \frac{4\pi^2 a^3}{GT^2} = \frac{4\pi^2 (3.84 \times 10^8 \, m)^3}{(6.67 \times 10^{-11} \, N \cdot m^2/kg^2)(27.3 \times 86400s)^2}$$

$$= 6.02 \times 10^{24} \, kg$$

실제 질량은 $5.98 \times 10^{24} \, kg$이고, 계산된 값보다 약간 작다.

(b) 지구는 달을 공전하면서 달 주위를 돈다. 그래서 두 물체는 서로 반대편에 정지된 상태에서 질량 중심에 대해 거의 원을 그리며 움직인다. 달 궤도 반경은 지구-달 사이의 거리 보다 약간 작다는 것을 알 수 있다.

13.5 중력 퍼텐셜 에너지

15. $U = -G\dfrac{Mm}{r}$, $g = \dfrac{GM}{R^2}$

$$\Delta U = -GMm\left(\frac{1}{3R} - \frac{1}{R}\right) = \frac{2}{3}mgR$$

$$= \frac{2}{3}(1000kg)(9.80m/s^2)(6.37 \times 10^6 m) = 4.17 \times 10^{10} \, J$$

16. (a) 역학적 에너지보존법칙으로부터
$$(K + U_g)_h = (K + U_g)_r$$

$$0 - \frac{GM_E m}{R_E + h} = \frac{1}{2}mv^2 - \frac{GM_E m}{r} \rightarrow v = \left[2GM_E\left(\frac{1}{r} - \frac{1}{R_E + h}\right)\right]^{1/2} = -\frac{dr}{dt}$$

(b) $\displaystyle\int_i^f dt = \int_i^f -\frac{dr}{v} = \int_f^i \frac{dr}{v}$

$$\Delta t = \int_{R_E}^{R_E + h} \left[2GM_E\left(\frac{1}{r} - \frac{1}{R_E + h}\right)\right]^{1/2} dr$$

$$\therefore \Delta t = (2 \times 6.67 \times 10^{-11} \times 5.98 \times 10^{24})^{-1/2}$$

$$\times \int_{6.37 \times 10^6 m}^{6.87 \times 10^6 m} \left[\left(\frac{1}{r} - \frac{1}{6.87 \times 10^6 m}\right)\right]^{-1/2} dr$$

이때 $u = \dfrac{r}{10^6}$

$$\Delta t = (7.977 \times 10^{14})^{-1/2} \int_{6.37}^{6.87} \left(\frac{1}{10^6 u} - \frac{1}{6.87 \times 10^6}\right)^{-1/2} 10^6 \, du$$

$$= 3.541 \times 10^{-8} \frac{10^6}{(10^6)^{-1/2}} \int_{6.37}^{6.87} \left(\frac{1}{u} - \frac{1}{6.87}\right)^{-1/2} du, \text{ 여기서 적분값은 } 9.596$$

$$= 3.541 \times 10^{-8} \times 10^9 \times 9.596 = 339.8 = 340s$$

17. (a) $U_{tot} = U_{12} + U_{13} + U_{23} = 3U_{12} = 3\left(-\dfrac{Gm_1 m_2}{r_{12}}\right)$

$$= -\frac{3(6.67\times10^{-11}N\cdot m^2/kg^2)(5.00\times10^{-3}kg)^2}{0.300\,m}$$

$$= -1.67\times10^{-14}J$$

(b) 각 입자는 중간 지점에서 알짜 인력이 작용한다. 각 입자는 같은 가속도를 가지고 삼각형의 중심을 향해 운동한다. 이 입자들은 삼각형의 중심에서 순간적으로 충돌한다.

13.6 행성과 위성의 운동에서 에너지 관계

18. $\sum F = \dfrac{GMm}{R^2} = \dfrac{mv^2}{R} \rightarrow v = \sqrt{\dfrac{GM}{R}}$

따라서 탈출속도를 구하자.

$$\frac{1}{2}mv_{esc}^2 = \frac{GMm}{R} \text{ 에서 } v_{esc} = \sqrt{\frac{2GM}{R}} = \sqrt{2}\,v$$

19. $\dfrac{v_i^2}{R_E+h} = \dfrac{GM_E}{(R_E+h)^2}$ 에서 속도를 구하자.

$$v_i^2 = \frac{GM_E}{R_E+h}$$

따라서 운동에너지를 계산하자.

$$K_i = \frac{1}{2}mv_i^2 = \frac{1}{2}\left(\frac{GM_E m}{R_E+h}\right) = \frac{1}{2}\left[\frac{(6.67\times10^{-11}N\cdot m^2/kg^2)(5.98\times10^{24}kg)(500kg)}{6.37\times10^6 m + 0.500\times10^6 m}\right]$$

$$= 1.45\times10^{10}J$$

$$K_f = \frac{1}{2}(500kg)(2.00\times10^3 m/s)^2 = 1.00\times10^9 J$$

또한 위치에너지의 변화량

$$\Delta U = GM_E m\left(\frac{1}{R_i} - \frac{1}{R_f}\right)$$

$$= (6.67\times10^{-11}N\cdot m^2/kg^2)(5.98\times10^{24}kg)(500kg)(-1.14\times10^{-8}m^{-1})$$

$$= -2.27\times10^9 J$$

따라서 공기마찰에 의한 내부에너지로 변환된 에너지

$$E_{int} = K_i - K_f - \Delta U = (14.5 - 1.00 + 2.27)\times10^9 J = 1.58\times10^{10}J$$

20. $E = -\dfrac{GM_E}{2r}$ 에서 인공위성 궤도를 $r = 2R_E$에서 $r = 3R_E$로 이동하는데 필요한 일

$$W = \Delta E = -\frac{GM_E m}{2r_f} + \frac{GM_E m}{2r_i} = GM_E m\left[\frac{1}{4R_E} - \frac{1}{6R_E}\right]$$

$$= \frac{GM_E m}{12R_E}$$

21. $\frac{1}{2}mv_i^2 = mgy$에서

$$v_i = \sqrt{2gy} = \sqrt{2(9.80m/s^2)(0.500m)} = 3.13m/s$$

여기서

$$\frac{1}{2}mv_i^2 - \frac{GM_A m}{R_A} = 0 + 0, \quad \text{이때,} \quad \rho = \frac{M_E}{\frac{4}{3}\pi R_E^3} = \frac{M_A}{\frac{4}{3}\pi R_A^3} \quad \rightarrow \quad M_A = \left(\frac{R_A}{R_E}\right)^3 M_E$$

$$g = \frac{GM_E}{R_E^2}$$

따라서, $\quad \frac{1}{2}v_i^2 = \frac{GM_A}{R_A} \quad \rightarrow \quad \frac{1}{2}(2gy_f) = \frac{G}{R_A}\left(\frac{R_A}{R_E}\right)^3 M_E$

$$\therefore \frac{GM_E}{R_E^2}y_f = \frac{GM_E R_A^2}{R_E^2},$$

$$R_A^2 = y_f R_E = (0.500m)(6.37\times10^6 m)$$

$$\rightarrow \quad R_A = \sqrt{(0.500m)(6.37\times10^6 m)} = 1.78\times10^3 m$$

22. (a) $v_{esc} = \sqrt{\frac{2M_s G}{R_s}} = \sqrt{\frac{2(1.99\times10^{30}kg)(6.67\times10^{-11}N\cdot m^2/kg^2)}{1.50\times10^9 m}}$

$$= 42.1\,km/s$$

(b) $v = \sqrt{\frac{2M_s G}{x}}$, x : 태양으로부터 거리

$$x = \frac{v^2}{2M_s G}, \quad \text{이때} \quad v = \frac{125000\,km}{3600s} = 34.7\,m/s$$

따라서 $\quad x = \frac{v^2}{2M_s G} = \frac{(34.7m/s)^2}{2(1.99\times10^{30}kg)(6.67\times10^{-11}N\cdot m^2/kg^2)} = 2.20\times10^{11}m$

이들 값으로부터 탈출하기에 충분하다.

23. (a) 중력이 존재하지 않으므로 위성의 존재는 행성이 로켓에 가하는 힘에 영향을 미치지 않는다.

(b) 가니메데, $U_1 = -\frac{Gm_1 m_2}{r} = -\frac{(6.67\times10^{-11}N\cdot m^2)m_2(1.495\times10^{23}kg)}{(2.64\times10^6 m)kg^2}$

$$= (-3.78\times10^6 m^2/s^2)m_2$$

또한, 목성, $U_2 = -\frac{Gm_1 m_2}{r} = -\frac{(6.67\times10^{-11}N\cdot m^2)m_2(1.90\times10^{27}kg)}{(1.071\times10^9 m)kg^2}$

$$= (-1.18\times10^8 m^2/s^2)m_2$$

따라서, $\quad \frac{1}{2}m_2 v_{esc}^2 = [(3.78\times10^6 + 1.18\times10^8)m^2/s^2]m_2$

$$\therefore v_{esc} = \sqrt{2(1.22 \times 10^8\,m^2/s^2)} = 15.6\,km/s$$

추가문제

24. $0 - \dfrac{GM_E m}{r_{\max}} = \dfrac{1}{2}mv_i^2 - \dfrac{GM_E m}{r_i} \quad \rightarrow \quad \dfrac{1}{r_{\max}} = \dfrac{v_i^2}{2GM_E} + \dfrac{1}{r_i}$

   여기서 $r_i = R_E + 250\,km = 6.37 \times 10^6\,m + 250 \times 10^3\,m = 6.62 \times 10^6\,m$

   $v_i = 6.00\,km/s = 6.00 \times 10^3\,m/s$

   $\dfrac{1}{r_{\max}} = \dfrac{(6.00 \times 10^3\,m/s)^2}{2(6.67 \times 10^{-11}\,N\cdot m^2/kg^2)(5.98 \times 10^{24}kg)} + \dfrac{1}{6.62 \times 10^6\,m} = 1.06 \times 10^{-7}\,m^{-1}$

   $r_{\max} = 9.44 \times 10^6\,m$

따라서 $h_{\max} = r_{\max} - R_E = 9.44 \times 10^6\,m - 6.37 \times 10^6\,m = 3.07 \times 10^6\,m$

(b) 만약 로켓이 적도의 발사장에서 발사되었다면, 지구의 자전 때문에 그 축을 중심으로 해서 동쪽의 속도 성분을 가지게 될 것이다. 따라서 남극에서 발사되는 것에 비해, 더 클 것이고 로켓은 지구에서 더 멀리 이동할 것이다.

25. $\dfrac{1}{2}mv^2 = mg_{Io}h, \quad h = 70000\,m, \quad g_{Io} = 1.79\,m/s^2$

   $v = \sqrt{2g_{Io}h} = \sqrt{2(1.79\,m/s^2)(70000m)} = 500\,m/s$

   따라서, $\dfrac{1}{2}mv^2 - \dfrac{GMm}{r_1} = -\dfrac{GMm}{r_2}$

   $\dfrac{1}{2}v^2 = (6.67 \times 10^{-11}\,N\cdot m^2/kg^2)(8.90 \times 10^{22}\,kg)\left(\dfrac{1}{1.82 \times 10^6 m} - \dfrac{1}{1.89 \times 10^6 m}\right)$

   $= 492\,m/s$

26. $\dfrac{g_{n,s}}{a_c} = \dfrac{\dfrac{GM_{n,s}}{r_{n,s}^2}}{r_{n,s}\omega^2} = \dfrac{GM_{n,s}}{r_{n,s}^3 \left(\dfrac{2\pi}{T}\right)^2} = \dfrac{GM_{n,s}\,T^2}{4\pi^2 r_{n,s}^3}$

   $= (6.67 \times 10^{-11}\,N\cdot m^2/kg^2)\dfrac{2(1.99 \times 10^{30}kg)(1.4 \times 10^{-3}s)^2}{4\pi^2(10 \times 10^3\,m)^3} = 13.2$

중성자별에 대해 제공된 데이터로 볼 때, 중력가속도가 구심가속도보다 큰 값을 가진다. 필요한 중성자별의 질량은 태양의 질량보다 7배 정도 적다.

27. $\dfrac{T_b}{T_s} = n$

   $T^2 = K_E a^3 \qquad \dfrac{a_b}{a_s} = \left(\dfrac{T_b}{T_s}\right)^{2/3} = n^{2/3} \qquad \therefore a_b = n^{2/3}a_s$

$$E_b = \frac{1}{2}mv^2 - G\frac{M_E m}{h + R_E}$$

$$\rightarrow \quad -G\frac{M_E m}{2a_b} = \frac{1}{2}mv^2 - \frac{GM_E m}{a_s} \quad \rightarrow \quad \therefore \quad v = \sqrt{GM_E\left(\frac{2}{a_s} - \frac{1}{a_b}\right)}$$

$$v = \sqrt{GM_E\left(\frac{2}{a_s} - \frac{1}{n^{2/3}a_s}\right)} = \sqrt{\frac{GM_E}{a_s}\left(2 - \frac{1}{n^{2/3}}\right)} = \sqrt{\frac{GM_E}{R_E + h}\left(2 - \frac{1}{n^{2/3}}\right)}$$

따라서 $v_{rel} = v - v_s = \sqrt{\frac{GM_E}{R_E + h}}\left(\sqrt{2 - \frac{1}{n^{2/3}}} - 1\right)$

$$= \sqrt{\frac{(6.67 \times 10^{-11} N \cdot m^2 / kg^2)(5.98 \times 10^{24} kg)}{6.37 \times 10^6 m + 5.00 \times 10^5 m}}\left(\sqrt{2 - \frac{1}{(2.00)^{2/3}}} - 1\right)$$

$$= 1.30 \times 10^3 m/s$$

28. $v = \sqrt{\dfrac{GM}{r}}$ 과 $v = \dfrac{2\pi r}{T}$ 를 사용한다면, 궤도의 반지름이 지구의 반지름 보다 작다는 것을 알기 때문에 우주선은 지하 궤도에 있어야 할 것이다. 따라서 불가능하다.

29. (a) $\dfrac{1}{2}mv_i^2 - \dfrac{GmM_E}{R_E} = 0 - \dfrac{GmM_E}{R_E + h}$

여기서 $\dfrac{1}{2}mv_{esc}^2 = \dfrac{GmM_E}{R_E}$

따라서, $\dfrac{1}{2}v_i^2 - \dfrac{1}{2}v_{esc}^2 = -\dfrac{1}{2}v_{esc}^2\dfrac{R_E}{R_E + h} \quad \rightarrow \quad v_{esc}^2 - v_i^2 = \dfrac{v_{esc}^2 R_E}{R_E + h}$

$$\therefore \quad h = \frac{v_{esc}^2 R_E}{v_{esc}^2 - v_i^2} - R_E = \frac{v_{esc}^2 R_E - v_{esc}^2 R_E + v_i^2 R_E}{v_{esc}^2 - v_i^2}$$

$$= \frac{v_i^2 R_E}{v_{esc}^2 - v_i^2} = \frac{(6.37 \times 10^6 m)(8.76\,km/s)^2}{(11.2\,km/s)^2 - (8.76\,km/s)^2} = 1.00 \times 10^7 m$$

(b) $v_i^2 = v_{esc}^2\left(1 - \dfrac{R_E}{R_E + h}\right) = v_{esc}^2\left(\dfrac{h}{R_E + h}\right)$

$$= (11.2 \times 10^3 m/s)^2\left(\frac{2.51 \times 10^7 m}{6.37 \times 10^6 m + 2.51 \times 10^7 m}\right)$$

$$= 1.00 \times 10^8 m^2/s^2$$

$$\therefore \quad v_i = 1.00 \times 10^4 m/s$$

30. (a) $g = \dfrac{GM_E}{r^2} = GM_E r^{-2}$ (아래방향)

$$\frac{dg}{dr} = GM_E(-2)r^{-3} = -2GM_E r^{-3}$$

따라서 $\dfrac{dg}{dr} = -\dfrac{2GM_E}{R_E^3}$

(b) $\quad \dfrac{|\Delta g|}{\Delta r} = \dfrac{|\Delta g|}{h} = \dfrac{2\,GM_E}{R_E^3}$

$\quad\quad |\Delta g| = \dfrac{2\,GM_E h}{R_E^3}$

(c) $\quad |\Delta g| = \dfrac{2\,GM_E h}{R_E^3} = \dfrac{2\,(6.67 \times 10^{-11}\,N{\cdot}m^2/kg^2)(5.98 \times 10^{24} kg)(6.00m)}{(6.37 \times 10^6\,m)^3}$

$\quad\quad\quad = 1.85 \times 10^{-5} m/s^2$

14장 유체 역학

14.1 압력

1. 의자의 다리에 작용하는 항력은 다리 하나당 $n = \dfrac{mg}{4}$

따라서 다리 하나에 작용하는 압력

$$P = \frac{n}{A} = \frac{mg/4}{\pi r^2} = \frac{(95.0kg)(9.80m/s^2)}{4\pi(0.500 \times 10^{-2}m)^2} = 2.96 \times 10^6\,Pa$$

2. (a) $\rho_{nucleus} \approx \dfrac{m_{proton}}{V_{proton}} = \dfrac{3(1.67 \times 10^{-27}kg)}{4\pi(1 \times 10^{-15}m)^3} \sim 4 \times 10^{17}\,kg/m^3$

(b) 원자의 밀도는 철의 밀도와 다른 보편적인 고체나 액체보다도 거의 10^{14}배나 크다. 이것은 원자가 주로 빈 공간임을 보여준다. 액체와 고체, 게다가 기체까지 주로 빈 공간이다.

3. $F = P_0 A = P_0(4\pi R^2)$

  이 힘은 공기의 무게 $F_g = mg = P_0(4\pi R^2)$

따라서 공기의 질량이 다 같다고 하면

$$m = \frac{P_0(4\pi R^2)}{g} = \frac{(1.013 \times 10^5 N/m^2)\left[4\pi(6.37 \times 10^6 m)^2\right]}{9.80m/s^2}$$

$$= 5.27 \times 10^{18}\,kg$$

14.2 깊이에 따른 압력의 변화

4. 베르누이 방정식으로부터

$$P_1 + \rho g y_1 = P_2 + \rho g y_2$$

$$1.013 \times 10^5 Pa + 0 = 0 + (10^3\,kg/m^3)(9.80m/s^2)y_2$$

$$\therefore\ y_2 = 10.3\,m$$

따라서 위의 계산으로 만족하는 길이는 10.3m이므로 12m인 빨대로 물을 마시는 것은 불가능하다.

5. $F_g = F = PA$, $F_g = (80kg)(9.80m/s^2) = 784N$이고

$$A = \frac{F_g}{P} = \frac{784N}{1.013 \times 10^5 Pa} = 7.74 \times 10^{-3}\,m^2$$

6. $P_{gauge} = \rho g h = (1000kg/m^3)(9.80m/s^2)(1.20m)$

$$= 1.18 \times 10^4\,Pa$$

물이 벽에 작용하는 힘은

$$F = P_{gauge} A = (1.18 \times 10^4 \, Pa)(2.40m)(9.60m)$$
$$= 2.71 \times 10^5 \, N$$

7. $\Delta P = \rho_w gh$

$$\Delta V = \frac{-V \Delta P}{B} = \frac{-\rho_w ghV}{B} = -\frac{4\pi \rho_w ghr^3}{3B}$$

$$= -\frac{4\pi(1013kg/m^3)(9.80m/s^2)(1000m)(1.50m)^3}{3(14.0 \times 10^{10} \, Pa)}$$

$$= -1.02 \times 10^{-3} \, m^3$$

따라서 $V = \frac{4}{3}\pi r^3 \to dV = 4\pi r^2 dr$, $r = 1.50m$

그리고 $dV = \Delta V$라 하자.

$$-1.02 \times 10^{-3} \, m^3 = 4\pi(1.50m)^2 dr$$

$$\therefore dr = -3.60 \times 10^{-5} \, m$$

그러므로 지름이 0.0721mm 만큼 감소한다.

14.3 압력의 측정

8. (a) $P = P_0 + \rho gh$

$$\therefore P - P_0 = \rho gh = (1000kg)(9.8m/s^2)(0.160m) = 1.57 \, kPa$$

$$= (1.57 \times 10^3 \, Pa)\left(\frac{1 \, atm}{1.013 \times 10^5 \, Pa}\right) = 0.0155 \, atm$$

또한 수은 기둥의 높이 $h = \dfrac{P - P_0}{\rho g} = \dfrac{1568 \, Pa}{(13600 \, kg/m^3)(9.80m/s^2)} = 11.8 \, mm$

(b) 척수기둥 내부 또는 두개골과 척수기둥 사이의 유체의 막힘은 유체수치가 상승하는 것을 막을 수 있다.

9. (a) $P = \rho gh$에서

$$h = \frac{P_0}{\rho g} = \frac{1.013 \times 10^5 \, Pa}{(0.984 \times 10^3 \, kg/m^3)(9.80m/s^2)}$$

$$= 10.5 \, m$$

(b) 아니오. 약간의 알코올과 물이 기화되면서 진공은 좋지 않다. 알코올과 물의 평형 증기압력은 수은의 증기압보다 더 높다.

10. (a) $PA - P_0 A = m_w g = \rho Vg = \rho Ahg$

$$\therefore P = P_0 + \rho gh$$

(b) $P_b A - P_0 A = m_w g + Mg = \rho Vg + Mg = \rho Ahg + Mg$

$$P_b = P_0 + \rho h g + \frac{Mg}{A}$$

$$\Delta P = P_b - P = \frac{Mg}{A}$$

14.4 부력과 아르키메데스의 원리

11. $T_1 = F_g = m_{물체}g = \rho_{물체}gV_{물체}$

     $T_2 + B = F_g \;\; \rightarrow T_2 + B = T_1$

     $\therefore \; T_2 - T_1 = B = m_w g = \rho_w V_{물체}g$

따라서 물체의 밀도 $\rho_{물체}$

$$\rho_{물체} = \frac{m_{물체}}{V_{물체}} = \frac{T_1/g}{B/\rho_w g} = \frac{\rho_w T_1}{B} = \frac{\rho_w T_1}{T_1 - T_2}$$

$$= \frac{(1000 kg/m^3)(5.00N)}{1.50N} = 3.33 \times 10^3 kg/m^3$$

12. (a) $B = \rho_{glycerin}(0.40\,V) = \rho_w \dfrac{V}{2}$

$$\therefore \; \rho_{gly} = \frac{\rho_w}{2(0.40)} = \frac{1000 kg/m^3}{0.80} = 1250 kg/m^3$$

(b) $B = F_g = \rho_w \dfrac{V}{2}$

     $= \rho_{공} V$

따라서 $\rho_{공} = \dfrac{\rho_w}{2} = 500 kg/m^3$

13. (a) $B - T - F_g = 0$

     $B - 15.0N - 10.0N = 0 \;\; \rightarrow \;\; B = 25.0\,N$

(b) 오일은 블록의 양쪽에서 수평으로 안쪽으로 밀린다.

(c) 끈의 장력이 증가한다. 그 블록 아래의 물은 그 위에 있는 기름의 무게로 인해 더 높은 압력을 받고 있기 때문에 그 블록을 전보다 더 강하게 밀어올린다.

(d) $P = \rho_{oil}gh$

     $F_{oil} = PA = \rho_{oil}ghA = \rho_{oil}g\Delta V$

     $F_{oil} + B - T - F_g = 0 \;\; \rightarrow \;\; F_{oil} + 25.0N - 60.0N - 15.0N = 0$

     $\therefore \; F_{oil} = 50.0N$

따라서 $\dfrac{F_{up}}{B}=\dfrac{\rho_{oil}g\Delta V}{\rho_w g(V/4)}$

$\rightarrow \dfrac{\Delta V}{V}=\dfrac{F_{up}}{4B}\dfrac{\rho_w}{\rho_{oil}}=\dfrac{50.0N}{4(25.0N)}\dfrac{1000kg/m^3}{800kg/m^3}=0.625$

고로 62.5%가 잠긴다.

14. (a) $B=w_{total}=w_b+w_s$ 에서

$\rho_w g V_{sub}=\rho_b g V_b+m_s g$

따라서 $\rho_b=\dfrac{\rho_w V_b-m_s}{V_b}=\rho_w-\dfrac{m_s}{V_b}=1.00\times10^3 kg/m^3-\dfrac{0.310kg}{5.24\times10^{-4}m^3}$

$=408 kg/m^3$

(b) $m_s<0.310kg$ 이면 수면 위로 좀 올라올 것이다. 즉, 물에 잠긴 부분이 감소하게 된다.

(c) $m_s\geq0.350kg$ 이면 물 속으로 완전 잠기면서 수면 아래로 내려갈 것이고, 적정 수위에서 평형 상태를 유지할 것이다.

15. $-mg+B=0=-\rho_0 g V_{rod}+\rho g V_{잠김}$

$\rho_0 ALg=\rho A(L-h)g$

$\therefore \rho=\dfrac{\rho_0 L}{L-h}$

16. (a) $B_{total}=600\cdot B_{1개}=600(\rho_{air}g V_b)$

$=600\left[\rho_{air}g\left(\dfrac{4\pi}{3}r^3\right)\right]=600\left[(1.20kg/m^3)(9.80m/s^2)\dfrac{4\pi}{3}(0.50m)^3\right]$

$=3.7\times10^3 N=3.7kN$

(b) $\sum F_y=B_{total}-m_{total}g$

$=3.7\times10^3 N-600(0.30kg)(9.8m/s^2)=1.9\times10^3 N=1.9kN$

(c) 높은 고도에서 대기압은 지표면에서의 기압보다 낮다. 따라서 압력의 차가 생겨 풍선이 부풀어서 커지기 때문에 터지게 된다.

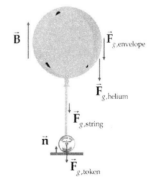

17. $B+n-F_{g,envelope}-F_{g,helium}-F_{g,string}-F_{g.}$

$\therefore B-(m_{envelope}+m_{helium}+m_{string}+m$

$\therefore m_{token}=\dfrac{B}{g}-(m_{envelope}+m_{helium}+m_{string})$

$\therefore m_{token}=\dfrac{\rho g V_{풍선}}{g}-(m_{envelope}+\rho_{helium}V_{풍선}+m_{string})$

$=(\rho_{air}-\rho_{helium})V_{풍선}-(m_{envelope}+m_{string})$

$$= (1.20kg/m^3 - 0.179kg/m^3)(0.230m^3) - (0.150kg + 0.0700kg)$$
$$= 0.0148kg$$

14.5 유체 동역학

18. (a) $A = \pi r^2 = \dfrac{\pi d^2}{4} = \pi(2.74cm)^2/4$

$Av = \dfrac{25.0L}{1.50\min}$ 이므로

$v = \dfrac{25.0L/1.50\min}{A} = \left(\dfrac{25.0L}{1.50\min}\right)\left[\dfrac{4}{\pi(2.74)^2 cm^2}\right]\left(\dfrac{1\min}{60s}\right)\left(\dfrac{10^3 cm^3}{1L}\right)$

$\quad = 0.471\, m/s$

(b) $\dfrac{A_2}{A_1} = \left(\dfrac{\pi d_2^2}{4}\right)\left(\dfrac{4}{\pi d_1^2}\right) = \left(\dfrac{d_2}{d_1}\right)^2 = \left(\dfrac{1}{3}\right)^2 = \dfrac{1}{9}$

$\quad \therefore A_2 = \dfrac{A_1}{9}$

연속방정식에 의해 $A_2 v_2 = A_1 v_1$

$\quad v_2 = \left(\dfrac{A_1}{A_2}\right)v_1 = 9(0.471m/s) = 4.24\, m/s$

19. (a) $P = \dfrac{\Delta E}{\Delta t} = \dfrac{\Delta mgh}{\Delta t} = \left(\dfrac{\Delta m}{\Delta t}\right)gh = Rgh$

(b) $P_{EL} = 0.85(8.50 \times 10^5\, kg/s)(9.80m/s^2)(87.0m) = 616\, MW$

14.6 베르누이 방정식

20. (a) 해수면과 구멍 사이에

$$P_1 + \rho g y_1 + \frac{1}{2}\rho v_1^2 = P_2 + \rho g y_2 + \frac{1}{2}\rho v_2^2$$

$$1\, atm + (1030kg/m^3)(9.80m/s^2)(2.00m) + 0 = P_2 + 0 + 0$$

$$\therefore P_2 = 1atm + 20.2kPa$$

따라서 손에 작용되는 알짜힘은

$$F = PA = (20.2 \times 10^3\, N/m^2)\left(\frac{\pi}{4}\right)(1.2 \times 10^{-2}m)^2$$

$$= 2.28\, N$$

(b) 베르누이방정식에 의해

$$1\,atm+0+20.2\,kPa=1\,atm+\frac{1}{2}\,(1030\,kg/m^3)v_2^2+0$$

$$v_2=6.26m/s$$

따라서 부피 흐름률은

$$A_2v_2=\frac{\pi}{4}(1.2\times10^{-2}m)^2(6.26m/s)=7.08\times10^{-4}m^3/s$$

1에이커(ac)의 땅을 파서 깊이 1ft을 채우려면 $4047m^2\times0.3048m=1234m^3$

$$\therefore\ \frac{1234m^3}{7.08\times10^{-4}m^3/s}=1.74\times10^6\,s=20.2\,days$$

21. (a) 부피의 흐름률을 구하자.

먼저 연속방정식 $A_1v_1=A_2v_2\ \to\ \pi(1\,cm)^2v_1=\pi(0.5\,cm)^2v_2$

$$\therefore\ v_2=4v_1$$

여기서 유관을 생각하면

$$P_1-P_2=\Delta P=\frac{1}{2}\rho(4v_1)^2+0-\frac{1}{2}\rho v_1^2$$

$$\Delta P=\frac{1}{2}(850\,kg/m^3)15v_1^2\ \to\ v_1=(0.0125\,m/s)\sqrt{\Delta P}$$

따라서 부피의 흐름률 $\pi(0.01\,m)^2(0.0125m/s)\sqrt{\Delta P}=(3.93\times10^{-6}m^3/s)\sqrt{\Delta P}$

(b) $\Delta P=6.00\,kPa$에서

$$(3.93\times10^{-6}m^3/s)\sqrt{6000\,Pa}=0.305\,L/s$$

(c) $\Delta P=12.0\,kPa$이므로 위의 값의 2배이다.

$$\sqrt{2}\,(0.305\,L/s)=0.431\,L/s$$

22. (a) $v_{yf}^2=v_{yi}^2+2a_y\Delta y$

따라서 $0=v_i^2+2(-9.80m/s^2)(40.0m)$ $\therefore\ v_i=28.0\,m/s$

(b) 베르누이 방정식

$$P_1+\frac{1}{2}\rho v_i^2+\rho gy_i=P_2+\frac{1}{2}\rho v_2^2+\rho gy_2\ \to\ P_1=P_2=1\,atm$$

$$\frac{1}{2}v_i^2+0=0+(9.80m/s^2)(40.0m)$$

$$\therefore\ v=28.0m/s$$

(c) 답이 정확하게 같다. 이것은 물리적 모델화하는 과정이 서로 잘 일치한다.

(d) $P_1+0+(1000\,kg/m^3)(9.80m/s^2)(-175m)$

$\quad=P_0+0+(1000kg/m^3)(9.80m/s^2)(+40.0m)$

$$P_1-P_0=(1000kg/m^3)(9.80m/s^2)(215m)=2.11\,MPa$$

23. (a) 답은 다양할 것이다. 그러나 베르누이 효과에 의존될 것이다.

(b) $P_1 + \dfrac{1}{2}\rho v_1^2 + \rho g y_1 = P_2 + \dfrac{1}{2}\rho v_2^2 + \rho g y_2$

$P_1 + 0 + \rho g y = P_2 + \dfrac{1}{2}\rho v_2^2 + \rho g y \quad \rightarrow \quad P_1 - P_2 = \dfrac{1}{2}\rho v_2^2$

따라서 알짜힘 $F_1 - F_2 = (P_1 - P_2)A = \left(\dfrac{1}{2}\rho v_2^2\right)A = \dfrac{1}{2}\rho A v_2^2$

$\quad \therefore F_1 - F_2 = \dfrac{1}{2}\rho A v_2^2 = \dfrac{1}{2}(1.2kg/m^3)(4.00m)(1.50m)(11.2m/s)^2 = 452\,N$

(c) $\therefore F_1 - F_2 = \dfrac{1}{2}\rho A v_2^2 = \dfrac{1}{2}(1.2kg/m^3)(4.00m)(1.50m)(22.4m/s)^2$
$\quad\quad\quad = 1.81 \times 10^3\,N$

14.7 관에서 점성 유체의 흐름

24. 필요한 힘

$\quad 0.120\,N$

25. 바늘 앞뒤의 압력차

$\quad 1.51 \times 10^8\,Pa$

26. $0.200\,mm$

14.8 유체 동역학의 응용

27. (a) $Mg = (P_1 - P_2)A$

$\quad\quad \therefore \dfrac{(16000kg)(9.80m/s^2)}{2(40.0m^2)} = 7.00 \times 10^4\,Pa - P_2$

$\quad P_2 = 7.0 \times 10^4\,Pa - 0.196 \times 10^4\,Pa = 6.80 \times 10^4\,Pa$

(b) 더 크다. 공기가 아래쪽으로 편향됨으로 인한 또 다른 상승력이 포함됨에 따라, 압력 차이는 비행기를 계속 비행시키기 위해 그렇게 클 필요가 없다.

28. (a) $P_0 + \rho g h + 0 = P_0 + 0 + \dfrac{1}{2}\rho v_3^2$

$\quad\quad v_3 = \sqrt{2gh}$

만약 $h = 1.00m$ 이면 $v_3 = 4.43m/s$

(b) 베르누이 방정식에서

$$P_0 + \rho g y + \frac{1}{2}\rho v_2^2 = P_0 + 0 + \frac{1}{2}\rho v_3^2$$

$v_2 = v_3$ 이므로

$$P = P_0 - \rho g y$$

$P \geq 2.3\,kPa$ 이므로

$$y \leq \frac{P_0 - P}{\rho g} = \frac{1.013 \times 10^5\,Pa - 2.30 \times 10^3\,Pa}{(10^3\,kg/m^3)(9.80\,m/s^2)} = 10.1\,m$$

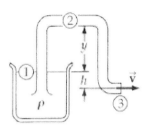

추가문제

29. (a) 평형 입자 모델화

(b) $B - F_b - F_{He} - F_g = 0$

(c) $\rho_{air}\,Vg - m_b g - \rho_{He}\,Vg - m_s g = 0$

$$m_s = (\rho_{air} - \rho_{He})V - m_b$$

$$= (\rho_{air} - \rho_{He})\frac{4}{3}\pi r^2 - m_b$$

(d) $m_s = \left[(1.20 - 0.179)kg/m^3\right]\left[\frac{4}{3}\pi(0.400m)^3\right] - 0.250\,kg$

$$= 0.0237\,kg$$

(e) $m_s = m\dfrac{h}{l}$ 에서

$$h = l\frac{m_s}{m} = (2.00m)\frac{0.0237\,kg}{0.0500\,kg} = 0.948\,m$$

30. $F_g - B = F_g{}' - B'$

여기서, $B = \rho_{air}\,gV, \quad B' = \left(\dfrac{F_g{}'}{\rho g}\right)\rho_{air}\,g$

$$\therefore F_g = F_g{}' + \left(V - \frac{F_g{}'}{\rho g}\right)\rho_{air}\,g$$

15장 진동

15.1 용수철에 연결된 물체의 운동

1. (a) $F_s = -kx_i = -(130N/m)(+0.13m) = -17N$

   (b) 이 때, $a = \dfrac{F_s}{m} = \dfrac{-17N}{0.60kg} = -28m/s^2$

15.2 분석 모형: 단조화 운동하는 입자

2. $x = A\cos wt, \ A = 0.050\,m$

   $v = -Aw\sin wt, \ a = -Aw^2\cos wt, \ f = 3600\,rev/\min = 60\,Hz, \ w = 2\pi f = 120\pi\,s^{-1}$

(a) $v_{\max} = wA = (120\pi)(0.0500)m/s = 18.8\,m/s$

(b) $a_{\max} = w^2 A = (120\pi)^2(0.0500)m/s^2 = 7.11\,km/s^2$

3. $x = (4.00cm)\cos(3.00\pi t + \pi)$에서

(a) $w = 2\pi f = 3.00\pi$ 또는 $f = 1.50\,Hz$

(b) $T = \dfrac{1}{f} = 0.667\,s$

(c) $A = 4.00\,m$

(d) $\phi = \pi\,rad$

(e) $x(t - 0.250s) = (4.00m)\cos(1.75\pi) = 2.83\,m$

4. $T = \dfrac{1}{f}, \quad w = 2\pi f = \sqrt{\dfrac{k}{m}}$

   $T = 2\pi\sqrt{\dfrac{m}{k}}$

   $\rightarrow \quad k = \dfrac{4\pi^2 m}{T^2} = \dfrac{4\pi^2(7.00kg)}{(2.60s)^2} = 40.9\,N/m$

5. (a) $x = x_i + v_{xi}t + \dfrac{1}{2}a_x t^2$

   $= 0.270m + (0.140m/s)(4.50s) + \dfrac{1}{2}(-0.320m/s^2)(4.50s)^2$

   $= -2.34\,m$

(b) $v_x = v_{xi} + a_x t = 0.140m/s - (0.320m/s^2)(4.50s) = -1.30\,m/s$

(c) $x = A\cos(\omega t + \phi)$

   $v = -A\omega\sin(\omega t + \phi)$

$$a = -A\omega^2 \quad \rightarrow \quad -0.320 m/s^2 = -\omega^2 (0.270 m) \quad \omega = 1.09 \, rad/s$$

$t = 0$일 때, $0.270m = A \cos\phi$

$$0.140 m/s = -A (1.09 s^{-1}) \sin\phi$$

$$\frac{0.140}{0.270} = -(1.09 s^{-1}) \tan\phi \quad \rightarrow \quad \tan\phi = -0.476 \quad \phi = -25.5°$$

여기서 $0.270m = A \cos(-25.5°) \rightarrow A = 0.299 \, m$

따라서 $t = 4.50 s$ 일 때,

$$x = (0.299 m) \cos [(1.09 \, rad/s)(4.50 s) - 25.5°]$$
$$= (0.299 m) \cos 255° = -0.0763 \, m$$

(d) $v = -(0.299 m)(1.09 s^{-1}) \sin 255° = 0.315 m/s$

6. (a) 완전탄성 충돌이므로 바운드되는 높이가 일정하다. 이러한 충돌이 반복적으로 이루어지므로 이 운동은 주기운동을 한다.

(b) $x = \frac{1}{2} g t^2$ 에서

$$t = \sqrt{\frac{2x}{g}} = \sqrt{\frac{2(4.00m)}{9.80 m/s^2}} = 0.904 \, s$$

따라서 $T = 2(0.904 \, s) = 1.81 \, s$

(c) 운동은 단조화운동이다. 공에 작용하는 알짜힘은 일정하고, $F = -mg$

7. 진동 주기는 $T = 1/f = 1/1.50 \, Hz = \frac{2}{3} s$

(a) $x = 2.00 \cos (3.00\pi t - 90°) = 2.00 \sin 3.00\pi t$

(b) $v_{max} = v_i = Aw = 2.00(3.00\pi) = 6.00\pi \, cm/s = 18.8 \, cm/s$

(c) $t = \frac{T}{2} = \frac{1}{3} s$

(d) $a_{max} = Aw^2 = 2.00(3.00\pi)^2 = 18.0\pi^2 \, cm/s^2 = 178 \, cm/s^2$

(e) $t = \frac{3}{4} T = 0.500 \, s$

(f) 입자는 1바퀴 도는 거리 8cm, 고로 $1.00 s = \frac{3}{2} T = 1.5$ 바퀴

따라서 $8cm + 4cm = 12.0 \, cm$

8. (a) $x(t) = x_i \cos wt + \left(\frac{v_i}{w}\right) \sin wt$

$$v = \frac{dx}{dt} = -x_i w \sin wt + v_i \cos wt$$

$$a = \frac{dv}{dt} = -x_i w^2 \cos wt - v_i w \sin wt$$

$$=-w^2\left(x_i\cos wt+\left(\frac{v_i}{w}\right)\sin wt\right)=-w^2x$$

따라서 단순조화운동을 하며 일정한 시간에서 가속도가 음의 값을 가지고 진동한다.
모든 조건을 만족한다. $t=0$ 에서 $x=x_i,\ v=v_i$

(b) $v^2-ax=v^2-(-w^2x)x=v^2+w^2x^2$

$$=(-x_iw\sin wt+v_i\cos wt)^2+w^2(x_i\cos wt+\left(\frac{v_i}{w}\right)\sin wt)^2$$

$$=x_i^2w^2\sin^2 wt-2x_iv_iw\sin wt\cos wt+v_i^2\cos^2 wt$$
$$+x_i^2w^2\cos^2 wt+2x_iv_iw\cos wt\sin wt+v_i^2\sin^2 wt$$

$$=x_i^2w^2+v_i^2$$

따라서 $v=0,\ x=A$ 이면 $v^2-ax=v^2+w^2x^2=0+w^2(A^2)=w^2A^2$

9. (a) 네, 주어진 정보로 진동주기를 구할 수 있다.

(b) $kx-mg=0\ \to\ k=\frac{mg}{x}$ 이 때, $x=18.3\,cm$

$$\omega=\sqrt{\frac{k}{m}}=\sqrt{\frac{g}{x}}\quad \therefore\ T=2\pi\sqrt{\frac{x}{g}}=2\pi\sqrt{\frac{0.183}{9.80}}=0.859\,s$$

또한, 용수철 진자에서 주기를 구하는 과정에서 질량은 무관함을 알 수 있다.

15.3 단조화 진동자의 에너지

10. $\frac{1}{2}mv^2=\frac{1}{2}kx^2$ 에서

$$v=x\sqrt{\frac{k}{m}}=(3.16\times10^{-2}m)\sqrt{\frac{5.00\times10^6\,N/m}{10^3\,kg}}=2.23\,m/s$$

11. $v^2+w^2x^2=w^2A^2,\ v_{max}=wA,\ v=\frac{wA}{2}$ 이므로

$$\left(\frac{wA}{2}\right)^2+w^2x^2=w^2A^2$$

이 수식으로부터 $x^2=\frac{3}{4}A^2$

이때, $A=3.00\,cm$ 일 때 $x=\pm\frac{\sqrt{3}}{2}A=\pm2.60\,cm$

12. (a) $E=\frac{1}{2}kA^2$ 에서 $A'=2A,\ E'=\frac{1}{2}k(A')^2=\frac{1}{2}k(2A)^2=4E$

그러므로 에너지 4배 증가한다.

(b) $v_{\max} = \sqrt{\dfrac{k}{m}} A$ 에서 A 가 2배이므로 속도도 2배이다.

(c) $a_{\max} = \dfrac{k}{m} A$ 에서 A 가 2배이므로 가속도도 2배이다.

(d) $T = 2\pi \sqrt{\dfrac{m}{k}}$ 에서 A 와 무관하므로 주기는 변하지 않는다.

13. (a) 단조화운동은 고립계로 에너지가 보존되므로

$$E = \frac{1}{2}kA^2 = \frac{1}{2}mv^2 + \frac{1}{2}kx^2$$

$$\therefore \frac{1}{2}mv^2 = \frac{1}{2}kA^2 - \frac{1}{2}kx^2 \quad \rightarrow \frac{1}{2}mv^2 = \frac{1}{2}k(A^2 - x^2)$$

따라서 $x = \dfrac{1}{3}A$ 일 때

$$\frac{1}{2}mv^2 = \frac{1}{2}k\left[A^2 - \left(\frac{A}{3}\right)^2\right] = \frac{1}{2}kA^2\left(1 - \frac{1}{9}\right)$$

$$= \frac{1}{2}kA^2 \frac{8}{9} = \frac{8}{9}E$$

(b) $x = \dfrac{1}{3}A$ 일 때 $\quad \dfrac{1}{2}kx^2 = \dfrac{1}{2}k\left(\dfrac{A}{3}\right)^2 = \dfrac{1}{9}\left(\dfrac{1}{2}kA^2\right) = \dfrac{1}{9}E$

(c) $\dfrac{1}{2}kA^2 = \dfrac{1}{2}mv^2 + \dfrac{1}{2}kx^2 = \dfrac{1}{2}\left(\dfrac{1}{2}kx^2\right) + \dfrac{1}{2}kx^2 = \dfrac{3}{4}kx^2$

$$\therefore x = \pm \sqrt{\frac{2}{3}} A$$

(d) 아니오. 계의 최대 퍼텐셜에너지는 계의 전체 에너지와 같다. 즉, 운동에너지와 퍼텐셜에너지를 합한다. 계에서 전체에너지는 항상 일정하기 때문에, 최대 퍼텐셜에너지보다 결코 더 클 수가 없다.

14. (a) 등가속도 운동 분석모형

(b) $y_f = y_i + v_{yi}t + \dfrac{1}{2}a_y t^2$ 에서

$$-11.0m = 0 + 0 + \frac{1}{2}(-9.80m/s^2)t^2 \quad \rightarrow \quad t = \sqrt{\frac{22.0m}{9.80m/s^2}} = 1.50s$$

(c) 고립계

(d) 역학적 에너지 보존법칙을 적용하자.

$$mgy = \frac{1}{2}kx^2 \quad \rightarrow \quad (65.0kg)(9.80m/s^2)(36.0m) = \frac{1}{2}k(25.0m)^2$$

$$k = 73.4\,N/m$$

(e) $mg = kx \quad \rightarrow \quad x = \dfrac{mg}{k} = \dfrac{(65.0kg)(9.80m/s^2)}{73.4N/m} = 8.68m$

(f) $\omega = \sqrt{\dfrac{k}{m}} = \sqrt{\dfrac{73.4N/m}{65.0kg}} = 1.06\,rad/s$

(g) $x = A\cos\omega t \quad \rightarrow \quad t = 0, \ x = 16.3m$

$$-8.68m = (16.3m)\cos\omega t \quad \rightarrow \quad \omega t = \pm 122° = \pm 2.13\,rad$$

$$\therefore \ v = -\omega A \sin(-2.13\,rad) = \omega A(0.848)$$

그러므로 $\omega t = 1.06t = -2.13\,rad \quad \rightarrow \quad t = \dfrac{-2.13\,rad}{1.06\,rad/s} = -2.01\,s$

따라서 시간 간격은 $+2.01\,s$

(h) 전체 시간 $t_{total} = 1.50s + 2.01s = 3.50s$

15. (a) $F = kx = (83.8N/m)(5.46 \times 10^{-2}m) = 4.58\,N$

(b) $U_s = \dfrac{1}{2}kx^2 = \dfrac{1}{2}(83.8N/m)(5.46 \times 10^{-2})^2 = 0.125\,J$

(c) $-F_s + F = 0 \quad \rightarrow \quad a = \dfrac{F_s}{m} = \dfrac{4.58N}{0.250kg} = 18.3\,m/s^2$

(d) $K = E = 0.125J \quad \rightarrow \quad v = \sqrt{\dfrac{2E}{m}} = \sqrt{\dfrac{2(0.125J)}{0.250kg}} = 1.00\,m/s$

(e) 작아진다.

(f) 운동 마찰계수를 알아야 한다.

(g) $\Delta E_{mech} = \Delta K + \Delta U = -f_k d$

$$\therefore \ 0 + \left(0 - \frac{1}{2}kx^2\right) = -f_k d = -\mu_k mgd$$

$$\mu_k = \frac{kx^2}{2mgd} = \frac{kx}{2mg} = \frac{(83.8N/m)(0.0546m)}{2(0.250kg)(9.8m/s^2)} = 0.934$$

15.4 단조화 운동과 등속 원운동의 비교

16. (a) 타이어는 각속도가 일정하게 회전되고 타이어에 수직인 평면에서 혹의 운동이 투사되는 것을 볼 수 있기 때문에 이 운동은 단조화운동이다.

(b) $w = \dfrac{3.00m/s}{0.300m} = 10.0\,rad/s$

그러므로 $T = \dfrac{2\pi}{w} = \dfrac{2\pi}{(10.0\,rad/s)} = 0.628\,s$

15.5 진자

17. $T = 2\pi\sqrt{\dfrac{l}{g}}$

(a) $T = \left(\dfrac{3\,min}{120\,회}\right)\left(\dfrac{60s}{1\,min}\right) = 1.50\,s$

(b) $l = g\left(\dfrac{T^2}{4\pi^2}\right) = (9.80m/s^2)\left(\dfrac{(1.50s)^2}{4\pi^2}\right) = 0.559\,m$

18. $F = -mg\sin\theta, \quad \tan\theta = \dfrac{x}{R}$

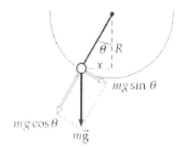

변위가 아주 작다면, $\tan\theta \approx \sin\theta \rightarrow F = -\dfrac{mg}{R}x = -kx$

이때 $F = -mw^2 x$와 비교하면

$$w = \sqrt{\dfrac{k}{m}} = \sqrt{\dfrac{g}{R}}$$

19. $f = 0.450\,Hz,\ d = 0.350\,m,\ m = 2.20\,kg$

$$T = \dfrac{1}{f}$$

$$T = 2\pi\sqrt{\dfrac{I}{mgd}} \rightarrow T^2 = \dfrac{4\pi^2 I}{mgd}$$

여기서 관성모멘트를 구하면 다음과 같다.

$$I = T^2\dfrac{mgd}{4\pi^2} = \left(\dfrac{1}{f}\right)^2\dfrac{mgd}{4\pi^2} = \dfrac{(2.20kg)(9.80m/s^2)(0.350m)}{4\pi^2(0.450\,s^{-1})^2}$$

$$= 0.944\,kg\cdot m^2$$

20. 물리진자에서

$$T = 2\pi\sqrt{\dfrac{I}{mgd}} \rightarrow T^2 = \dfrac{4\pi^2 I}{mgd}$$

$$\therefore I = T^2\dfrac{mgd}{4\pi^2} = \left(\dfrac{1}{f}\right)^2\dfrac{mgd}{4\pi^2} = \dfrac{mgd}{4\pi^2 f^2}$$

21. 단조화운동에서

$$A = r\theta = (1.00m)\left[(15.0^\circ)\dfrac{\pi}{180^\circ}\right] = 0.262\,m$$

$$w = \sqrt{\dfrac{g}{L}} = \sqrt{\dfrac{9.80m/s^2}{1.00m}} = 3.13\,rad/s$$

(a) $v_{max} = Aw = (0.262m)(3,13s^{-1}) = 0.820m/s$

(b) $a_{max} = Aw^2 = (0.262m)(3.13s^{-1})^2 = 2.57m/s^2$

22. (a) 평행축 정리 $I = I_{CM} + md^2$

$$T = 2\pi\sqrt{\dfrac{I}{mgd}} = 2\pi\sqrt{\dfrac{I_{CM} + md^2}{mgd}}$$

(b) d가 매우 클 때 $T \rightarrow 2\pi\sqrt{\dfrac{d}{g}}$

d가 매우 작을 때 $T \rightarrow 2\pi\sqrt{\dfrac{I_{CM}}{mgd}}$

따라서 주기가 최솟값을 만족하려면

$$\frac{dT}{dd} = 0 = \frac{d}{dd} 2\pi (I_{CM} + md^2)^{1/2} (mgd)^{-1/2}$$

$$= 2\pi (I_{CM} + md^2)^{1/2} \left(-\frac{1}{2}\right) (mgd)^{-3/2} mg$$

$$+ 2\pi (mgd)^{-1/2} \left(\frac{1}{2}\right) (I_{CM} + md^2)^{-1/2} 2md$$

$$= \frac{-\pi (I_{CM} + md^2) mg}{(I_{CM} + md^2)^{1/2} (mgd)^{3/2}} + \frac{2\pi md\, mgd}{(I_{CM} + md^2)^{1/2} (mgd)^{3/2}} = 0$$

$$-I_{CM} - md^2 + 2md^2 = 0 \qquad \therefore\ I_{CM} = md^2$$

23. (a) $I = mr^2 = (2.00 \times 10^{-2} kg)(5.00 \times 10^{-3} m)^2 = 5.00 \times 10^{-7} kg \cdot m^2$

(b) $I\dfrac{d^2\theta}{dt^2} = -\kappa\theta \quad \rightarrow \quad \omega = \dfrac{2\pi}{T} = \sqrt{\dfrac{\kappa}{I}}$

$$\therefore\ \kappa = I\omega^2 = (5.00 \times 10^{-7} kg \cdot m^2)\left(\frac{2\pi}{0.250 s}\right)^2 = 3.16 \times 10^{-4} \frac{N \cdot m}{rad}$$

15.6 감쇠 진동

24. 전체 에너지 $E = \dfrac{1}{2} mv^2 + \dfrac{1}{2} kx^2$

시간에 대해 미분하면

$$\frac{dE}{dt} = mv\frac{d^2x}{dt^2} + kxv$$

$$\therefore\ \frac{md^2x}{dt} = -kx - bv$$

$$\frac{dE}{dt} = v(-kx - bv) + kvx$$

따라서 $\dfrac{dE}{dt} = -bv^2 < 0$

결과적으로 감쇠진동의 역학적 에너지는 항상 감소되는 것을 보여준다.

25. $x = Ae^{-bt/2m} \cos(\omega t + \phi)$

$$\frac{dx}{dt} = Ae^{-bt/2m}\left(-\frac{b}{2m}\right)\cos(\omega t + \phi) - Ae^{-bt/2m}\omega\sin(\omega t + \phi)$$

$$\frac{d^2x}{dt^2} = -\frac{b}{2m}\left[Ae^{-bt/2m}\left(-\frac{b}{2m}\right)\cos(\omega t + \phi) - Ae^{-bt/2m}\omega\sin(\omega t + \phi)\right]$$

$$-\left[Ae^{-bt/2m}\left(-\frac{b}{2m}\right)\omega\sin(\omega t + \phi) + Ae^{-bt/2m}\omega^2\cos(\omega t + \phi)\right]$$

$$-kx - b\frac{dx}{dt} = m\frac{d^2x}{dt^2}$$

$$\rightarrow \quad -kAe^{-bt/2m}\cos(\omega t + \phi) + \frac{b^2}{2m}Ae^{-bt/2m}\cos(\omega t + \phi)$$

$$+ b\omega Ae^{-bt/2m}\sin(\omega t + \phi)$$

$$= -\frac{b}{2}\left[Ae^{-bt/2m}\left(-\frac{b}{2m}\right)\cos(\omega t + \phi) - Ae^{-bt/2m}\omega\sin(\omega t + \phi)\right]$$

$$+ \frac{b}{2}Ae^{-bt/2m}\omega\sin(\omega t + \phi) - m\omega^2 Ae^{-bt/2m}\cos(\omega t + \phi)$$

코사인 항 : $-k + \dfrac{b}{2m} = -\dfrac{b}{2}\left(-\dfrac{b}{2m}\right) - m\omega^2 = \dfrac{b^2}{4m} - m\left(\dfrac{k}{m} - \dfrac{b^2}{4m}\right) = -k + \dfrac{b^2}{2m}$

사인 항 : $b\omega = \dfrac{b}{2}\omega + \dfrac{b}{2}\omega = b\omega$

식의 계수가 같기 때문에 $x = Ae^{-bt/2m}\cos(\omega t + \phi)$는 해가 된다.

15.7 강제 진동

26. $F = 3.00\sin(2\pi t),\ k = 20.0 N/m,\ m = 2.00 kg$

(a) $w_0 = \sqrt{\dfrac{k}{m}} = \sqrt{\dfrac{20.0 N/m}{2.00 kg}} = 3.16\,s^{-1}$

(b) $F = 3.00\sin(2\pi t)$ 에서

$\qquad w = 2\pi = 6.28\,s^{-1}$

(c) $A = \dfrac{F_0/m}{w^2 - w_0^2} = \dfrac{(3.00 N/m)/(2.00 kg)}{(6.28\,s^{-1})^2 - (3.16\,s^{-1})^2} = 0.0509\,m = 5.09\,cm$

27. $F_0\sin wt - kx = m\dfrac{d^2x}{dt^2}$ ----- (1)

$x = A\cos(wt + \phi)$ ------ (2)

$\dfrac{dx}{dt} = -Aw\sin(wt + \phi)$ ------ (3)

$\dfrac{d^2x}{dt^2} = -Aw^2\cos(wt + \phi)$ ------ (4)

$F_0\sin wt - kA\cos(wt + \phi) = m(-Aw^2)\cos(wt + \phi)$

진폭을 구하면 (2), (4)을 (2)에 대입,

$(kA - mAw^2)\cos(wt + \phi) = F_0\sin wt = -F_0\cos(wt + 90°)$

$kA - mAw^2 = -F_0$

따라서 $A = \dfrac{F_0/m}{w^2 - w_0^2}$, $w_0 = \sqrt{\dfrac{k}{m}}$

28. $\dfrac{dU(r)}{dr} = 4\epsilon\left[\dfrac{-12\sigma^{12}}{r^{13}} + \dfrac{6\sigma^6}{r^7}\right]$ 에서

$$F = -\dfrac{dU(r)}{dr} = -4\epsilon\left[\dfrac{-12\sigma^{12}}{r^{13}} + \dfrac{6\sigma^6}{r^7}\right]$$

따라서 $x << r_{eq}$,

$$F = -4\epsilon\left[\dfrac{-12\sigma^{12}}{(r_{eq}+x)^{13}} + \dfrac{6\sigma^6}{(r_{eq}+x)^7}\right] = -24\epsilon\left[-2\sigma^{12}(r_{eq}+x)^{-13} + \sigma^6(r_{eq}+x)^{-7}\right]$$

$$= -24\epsilon\left[-2\sigma^{12}r_{eq}^{-13}\left(1 + \dfrac{x}{r_{eq}}\right)^{-13} + \sigma^6 r_{eq}^{-7}\left(1 + \dfrac{x}{r_{eq}}\right)^{-7}\right]$$

여기서 이항정리 $(1+x)^n \approx 1 + nx$ 을 이용하면

$$F = -24\epsilon\left[-2\sigma^{12}r_{eq}^{-13}\left(1 - 13\dfrac{x}{r_{eq}}\right) + \sigma^6 r_{eq}^{-7}\left(1 - 7\dfrac{x}{r_{eq}}\right)\right], \quad r_{eq} = 2^{1/6}\sigma \rightarrow \sigma = \dfrac{r_{eq}}{2^{1/6}}$$

$$= -24\epsilon\left[-2\left(\dfrac{r_{eq}^{12}}{4}\right)\dfrac{1}{r_{eq}^{13}}\left(1 - 13\dfrac{x}{r_{eq}}\right) + \left(\dfrac{r_{eq}^6}{2}\right)\dfrac{1}{r_{eq}^7}\left(1 - 7\dfrac{x}{r_{eq}}\right)\right]$$

$$= -24\epsilon\left[-\dfrac{1}{2r_{eq}}\left(1 - 13\dfrac{x}{r_{eq}}\right) + \dfrac{1}{2r_{eq}}\left(1 - 7\dfrac{x}{r_{eq}}\right)\right]$$

$$= -\dfrac{12\epsilon}{r_{eq}}\left[-\left(1 - 13\dfrac{x}{r_{eq}}\right) + \left(1 - 7\dfrac{x}{r_{eq}}\right)\right] = -\left(\dfrac{72\epsilon}{r_{eq}^2}\right)x$$

$$\therefore F = -\left(\dfrac{72\epsilon}{r_{eq}^2}\right)x = -\left\{\dfrac{72\epsilon}{\left[2^{1/6}\sigma\right]^2}\right\}x = -\left(\dfrac{72\epsilon}{\sqrt[3]{2}\,\sigma^2}\right)x$$

$$k = \dfrac{72\epsilon}{\sqrt[3]{2}\,\sigma^2} = 57.1\dfrac{\epsilon}{\sigma^2}$$

추가문제

29. $\tau = MgL\sin\theta + kxh\cos\theta = -I\dfrac{d^2\theta}{dt^2}$

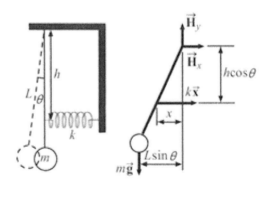

$\sin\theta \approx \theta$, $\cos\theta = 1$ 이고,

$x \approx s = h\theta$

$$\dfrac{d^2\theta}{dt^2} = -\left(\dfrac{MgL + kh^2}{I}\right)\theta = -\omega^2\theta$$

$$\therefore \omega = \sqrt{\dfrac{MgL + kh^2}{ML^2}} = 2\pi f$$

$$\therefore f = \dfrac{1}{2\pi L}\sqrt{gL + \dfrac{kh^2}{M}}$$

30. $\omega_0 = \sqrt{\dfrac{k}{m}} = \sqrt{\dfrac{10.0N/m}{0.001kg}} = 100\,s^{-1}$

따라서

$$\dfrac{x_{max}(23.1ms)}{x_{max}(0)} = 0.250 = \dfrac{Ae^{-(b/2m)(0.0231s)}}{A(e^0)} = e^{-(b/2m)(0.0231s)}$$

$$\therefore \frac{b}{2m} = -\frac{\ln(0.250)}{0.0231s} = 60.0s^{-1}$$

만약 감쇠 상수를 2배로 하면 $\frac{b}{2m} = 120.0s^{-1}$이 되므로 $\frac{b}{2m} > \omega_0$이기 때문에 지나친 감쇠가 된다. 따라서 시스템이 진동하지 않기 때문에 설계하려는 요건을 달성하지 못한다.

16장 파동의 운동

16.1 파동의 전파

1. $d = (7.80km/s)t = (4.50km/s)(t + 17.3s)$

따라서 $(7.80 - 4.50)(km/s)t = (4.50km/s)(17.3s)$

$$\therefore t = \frac{(4.50km/s)(17.3s)}{(7.80 - 4.50)km/s} = 23.6\,s$$

또 $d = (7.80km/s)(23.6s) = 184km$

2. (a) P파는 짧은 거리를 이동하는데, 빨리 운동하기 때문에 P파는 B 지점에 먼저 도착한다.
(b) P파의 이동 거리 $2R\sin30.0° = 2(6.37 \times 10^6 m)\sin30.0° = 6.37 \times 10^6 m$

$$\Delta t_p = \frac{6.37 \times 10^6 m}{7800m/s} \simeq 817s$$

이때 지구 표면을 따라 진행하는 레일리파의 거리 $s = R\theta = R\left(\frac{\pi}{3}rad\right) = 6.67 \times 10^6 m$

$$\Delta t_s = \frac{6.67 \times 10^6 m}{4500\,m/s} \simeq 1482s$$

따라서 시간 차이 $\Delta T = \Delta t_s - \Delta t_p = 666s = 11.1\min$

3. (a) $x_f = x_i + vt \quad \rightarrow \quad L = vt$

$$\therefore t = \frac{L}{v}$$

$$\Delta t = t_{air} - t_{copper} = \frac{L}{v_{air}} - \frac{L}{v_{copper}} = L\left(\frac{1}{v_{air}} - \frac{1}{v_{copper}}\right)$$

$$\therefore L = \frac{\Delta t}{\dfrac{1}{v_{air}} - \dfrac{1}{v_{copper}}} = \frac{\Delta t}{\dfrac{1}{343m/s} - \dfrac{1}{3560m/s}}$$

$$\therefore L = (380m/s)\Delta t$$

(b) $L = (380m/s)(127 \times 10^{-3}s) = 48.2\,m$
(c) $\Delta L = (0.010)L = (0.010)(48.2m) = 0.48m = 48\,cm$

16.2 분석 모형: 진행파

4. $v = f\lambda = (4.00\,Hz)(60.0\,cm) = 240\,cm/s = 2.4\,m/s$

5. (a) $y - t$ 그래프

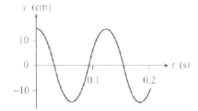

(b) $T = \dfrac{2\pi}{w} = \dfrac{2\pi}{50.3\,s^{-1}} = 0.125\,s$

(c) 이것은 교재의 예제에서 알 수 있는 주기와 일치한다.

6. A 지점에서 $y_A = (1.50cm)\cos(-50.3t)$

　B 지점에서 $y_B = (15.0cm)\cos(15.7x_B - 50.3t) = (15.0cm)\cos\left(-50.3t \pm \dfrac{\pi}{3}\right)$

　　$15.7x_B = (15.7\,m^{-1})x_B = \pm\dfrac{\pi}{3} \rightarrow x_B = -0.0667\,m = \pm 6.67\,cm$

16.3 줄에서의 파동의 속력

7. $stress = \dfrac{T}{A} \rightarrow T = A(stress)$

줄에서 횡파의 속력은

$$v = \sqrt{\dfrac{T}{\mu}} = \sqrt{\dfrac{A(stress)}{m/L}} = \sqrt{\dfrac{Sress}{m/AL}}$$

$$\sqrt{\dfrac{Stress}{m/Volume}} = \sqrt{\dfrac{Sress}{\rho}}$$

따라서 스트레스가 최대일 때,

최대속력 $v_{\max} = \sqrt{\dfrac{2.70\times10^8\,Pa}{7860\,kg/m^3}} = 185\,m/s$

8. 두 파동의 속력은

$$v_1 = \sqrt{\dfrac{T_1}{\mu}}\,,\ \ v_2 = \sqrt{\dfrac{T_2}{\mu}}$$

$$\therefore\ \mu = \dfrac{T_2}{v_2^2} = \dfrac{T_1}{v_1^2}\,,\ \ \mu = constant$$

따라서 $T_2 = \left(\dfrac{v_2}{v_1}\right)^2 T_1 = \left(\dfrac{30.0m/s}{20.0m/s}\right)^2 (6.00\,N) = 13.5N$

9. (a) $F = mg = (3.00kg)(9.80m/s^2) = 29.4\,N$

　　따라서 $v = \sqrt{\dfrac{F}{\mu}}$ 에서 $\mu = \dfrac{F}{v^2} = \dfrac{29.4N}{(24.0m/s)^2} = 0.0510kg/m$

(b) $m = 2.00\,kg$일 때, $F = mg = (2.00kg)(9.80m/s^2) = 19.6\,N$

　　$v = \sqrt{\dfrac{F}{\mu}} = \sqrt{\dfrac{19.6N}{0.0510kg/m}} = 19.6\,m/s$

16.4 줄에서 사인형 파동의 에너지 전달률

10. $T =$ 일정, $v = \sqrt{\dfrac{T}{\mu}} \;\rightarrow\; P = \dfrac{1}{2}\mu w^2 A^2 v$

(a) L은 2배이고, μ는 같다. v는 일정하다. 그러므로 P는 일정하다. [1]

(b) 진폭이 2배이고 각속도는 1/2배가 되면 $P \propto w^2 A^2$에서 일정하다. [1]

(c) 파장과 진폭이 2배이면, $w^2 A^2 \propto \dfrac{A^2}{\lambda^2}$ 이므로 일정하다. [1]

(d) L과 λ가 1/2배이고, μ는 같다면 $w^2 \propto \dfrac{1}{\lambda^2}$ 는 4배가 된다. 따라서 P는 4배 증가한다.

11. (a) 줄의 파동에 대해서 에너지 전달률은 진폭의 제곱과 속력에 비례한다. 일정한 에너지와 진동수도 일정하게 전파되기 때문에 에너지 전달률은 일정하다. 속력은 떨어지고 진폭은 증가한다.

(b) $P = F v A^2$,

$\qquad F v_{granite} A_{granite}^2 = F v_{mudfill} A_{mudfill}^2$

$\qquad \dfrac{A_{mudfill}}{A_{granite}} = \sqrt{\dfrac{v_{gra}}{v_{mud}}} = \sqrt{\dfrac{v_{gra}}{v_{gra}/25.0}} = \sqrt{\dfrac{25.0\, v_{gra}}{v_{gra}}} = 5.00$

$\qquad$ 진폭은 5배 증가한다.

12. $\mu = 30.0 g/m = 30.0 \times 10^{-3} kg/m$

$\qquad \lambda = 1.50 m, \; f = 50.0\,Hz : \; w = 2\pi f = 314 s^{-1}$

$\qquad 2A = 0.150 m : \; A = 7.50 \times 10^{-2} m$

(a) $y = A \sin\!\left(\dfrac{2\pi}{\lambda} x - wt\right) \rightarrow y = (0.075) \sin(4.19 x - 314 t)$

(b) $P = \dfrac{1}{2}\mu w^2 A^2 v = \dfrac{1}{2}(30.0 \times 10^{-3})(314)^2 (7.50 \times 10^{-2})^2 \left(\dfrac{314}{4.19}\right)$

$\qquad = 625\; W$

16.5 선형 파동 방정식

13. $y = \ln[b(x - vt)]$

$\qquad \dfrac{\partial}{\partial x}\left[\dfrac{1}{f(x)}\right] = \dfrac{1}{f(x)} \dfrac{\partial[f(x)]}{\partial x} \qquad \text{----- (1)}$

$\qquad \dfrac{\partial}{\partial x}\left[\dfrac{1}{f(x)}\right] = \dfrac{\partial}{\partial x}[f(x)]^{-1} = (-1)[f(x)]^{-2}\dfrac{\partial[f(x)]}{\partial x}$

$\qquad\qquad\qquad = -\dfrac{1}{[f(x)]^2}\dfrac{\partial[f(x)]}{\partial x} \qquad \text{------- (2)}$

식 (1)에서

$$\frac{\partial y}{\partial x} = \left(\frac{1}{b(x-vt)}\right)\frac{\partial(bx-bvt)}{\partial x} = \left(\frac{1}{b(x-vt)}\right)(b) = \frac{1}{x-vt}$$

식 (2)에서

$$\frac{\partial^2 y}{\partial x^2} = \frac{1}{(x-vt)^2}$$

같은 방법으로 $\quad \dfrac{\partial y}{\partial x} = \dfrac{-v}{x-vt}, \quad \dfrac{\partial^2 y}{\partial t^2} = \dfrac{v^2}{(x-vt)^2}$

$$\therefore \ \frac{\partial^2 y}{\partial x^2} = \frac{1}{v^2}\frac{\partial^2 y}{\partial t^2}$$

14. 선형 파동 방정식 $\quad \dfrac{\partial^2 y}{\partial x^2} = \dfrac{1}{v^2}\dfrac{\partial^2 y}{\partial t^2}$

$y = e^{b(x-vt)}$ 이면

$$\frac{\partial y}{\partial t} = -bve^{b(x-vt)}, \quad \frac{\partial y}{\partial x} = be^{b(x-vt)}$$

$$\frac{\partial^2 y}{\partial t^2} = b^2 v^2 e^{b(x-vt)}, \quad \frac{\partial^2 y}{\partial x^2} = b^2 e^{b(x-vt)}$$

그러므로 $\quad \dfrac{\partial^2 y}{\partial t^2} = v^2\dfrac{\partial^2 y}{\partial x^2}, \quad e^{b(x-vt)}$ 는 해임을 입증.

15. (a) $y = x^2 + v^2 t^2$

$$\frac{\partial y}{\partial x} = 2x, \quad \frac{\partial^2 y}{\partial x^2} = 2$$

$$\frac{\partial y}{\partial t} = v^2 2t, \quad \frac{\partial^2 y}{\partial t^2} = 2v^2$$

$\dfrac{\partial^2 y}{\partial t^2} = \dfrac{1}{v^2}\dfrac{\partial^2 y}{\partial t^2}$ 에서 $\quad 2 = \dfrac{1}{v^2}(2v^2)$

따라서 파동함수는 파동 방정식을 만족한다.

(b) $\dfrac{1}{2}(x+vt)^2 + \dfrac{1}{2}(x-vt)^2 = x^2 + v^2 t^2$

$$f(x+vt) = \frac{1}{2}(x+vt)^2, \quad g(x-vt) = \frac{1}{2}(x-vt)^2$$

(c) $y = \sin x \cos vt$

$$\frac{\partial y}{\partial x} = \cos x \cos vt, \quad \frac{\partial^2 y}{\partial x^2} = -\sin x \cos vt$$

$$\frac{\partial y}{\partial t} = -v\sin x \sin vt, \quad \frac{\partial^2 y}{\partial t^2} = -v^2 \sin x \cos vt$$

따라서 $\dfrac{\partial^2 y}{\partial x^2} = \dfrac{1}{v^2}\dfrac{\partial^2 y}{\partial t^2}$ → $-\sin x\cos vt = \dfrac{-1}{v^2}v^2\sin x\cos vt$

여기서 $\sin(x+vt) = \sin x\cos vt + \cos x\sin vt$
$\sin(x-vt) = \sin x\cos vt - \cos x\sin vt$

이므로

$$\sin x\cos vt = f(x+vt) + g(x-vt)$$

$$f(x+vt) = \frac{1}{2}\sin(x+vt), \quad g(x-vt) = \frac{1}{2}\sin(x-vt)$$

16.6 음파

16. (a) $A = 2.00\,\mu m$

(b) $\lambda = \dfrac{2\pi}{15.7} = 0.400\,m = 40.0\,cm$

(c) $v = \dfrac{w}{k} = \dfrac{858}{15.7} = 54.6\,m/s$

(d) $s = 2.00\cos[(15.7)(0.0500) - (858)(3.00\times10^{-3})] = -0.433\mu m$

(e) $v_{\max} = Aw = (2.00\mu m)(858s^{-1}) = 1.72\,mm/s$

16.7 음파의 속력

17. 종파의 속력은 $v = \sqrt{\dfrac{B}{\rho}}$ 이므로

탄성률 $B = \rho v^2 = (2500kg/m^3)(7\times10^3 m/s)^2 = 1\times10^{11}\,Pa$

18. $\Delta P_{\max} = \rho v w s_{\max} = \rho v\left(\dfrac{2\pi v}{\lambda}\right)s_{\max}$

$\lambda_{\max} = \dfrac{2\pi\rho v^2 s_{\max}}{\Delta P_{\max}} = \dfrac{2\pi(1.20kg/m^3)(343m/s)^2(5.50\times10^{-6}m)}{0.840\,Pa} = 5.81m$

19. $v = (331m/s)\left(1 + \dfrac{27.0\,℃}{273\,℃}\right)^{1/2} = 347m/s$

→ $v = (331m/s)\left(1 + \dfrac{0\,℃}{273\,℃}\right)^{1/2} = 331m/s$

따라서 4.6% 감소한다. 같은 압력에서 찬 공기는 더 응축된다.

(b) 같은 매질에서 진동수는 변하지 않는다.

(c) $v/f = (347m/s)/(4000/s) = 86.7\,mm$ 에서

$v/f = (331m/s)/(4000/s) = 82.8\,mm$

20. $v = \dfrac{2d}{\Delta t} = \dfrac{2(78.8m)}{0.47\,s} = 335\,m/s$

21. (b)를 먼저 풀면

$$d_s = \sqrt{h^2 + \left(\dfrac{h}{2}\right)^2} = \dfrac{h\sqrt{5}}{2}\ \text{이고},\ 2.00\,s\ \text{동안 소리가 전파되었다면}$$

$$\dfrac{h\sqrt{5}}{2} = (343m/s)(2.00s) = 686m$$

$$\therefore\ h = \dfrac{2(686m)}{\sqrt{5}} = 614\,m$$

(a) $v(2.00s) = \dfrac{h}{2} = 307\,m$

따라서 $v = \dfrac{307m}{2.00s} = 153\,m/s$

16.8 음파의 세기

22. $I = \dfrac{1}{2}\rho w^2 s_{\max}^2 v$

(a) 진동수가 2.50배 증가된 $2500\,Hz$에서

세기는 $(2.50)^2 = 6.25$배 증가된다. 그러므로 $6.25(0.600) = 3.75\,W/m^2$

(b) 진동수는 1/2배로하고, 변위 진폭은 2배로 증가시키면

$$I = \dfrac{1}{2}\rho w^2 s_{\max}^2 v = 0.600\,W/m^2$$

$$I' = \dfrac{1}{2}\rho w'^2 s_{\max}'^2 v = \dfrac{1}{2}\rho\left(\dfrac{w}{2}\right)^2 (2s_{\max})^2 v = \dfrac{1}{2}\rho w^2 s_{\max}^2 v = 0.600\,W/m^2$$

23. (a) $120\,dB = (10\,dB)\log\left[\dfrac{I}{10^{-12}\,W/m^2}\right]$

$$I = 1.00\,W/m^2 = \dfrac{P}{4\pi r^2}$$

$$\therefore\ r = \sqrt{\dfrac{P}{4\pi I}} = \sqrt{\dfrac{6.00\,W}{4\pi(1.00\,W/m^2)}} = 0.691\,m$$

(b) $0\,dB = (10\,dB)\log\left[\dfrac{I}{10^{-12}\,W/m^2}\right]$

$$I = 1.00\times10^{-12}\,W/m^2 = \dfrac{P}{4\pi r^2}$$

$$\therefore\ r = \sqrt{\dfrac{P}{4\pi I}} = \sqrt{\dfrac{6.00\,W}{4\pi(1.00\times10^{-12}\,W/m^2)}} = 691\,km$$

24. 양쪽에 잔디 깎는 기계가 대략 같은 거리에 있다고 하자. 이럴 때 소리가 두 배로 커질 것이라 생각하지만, 소리를 파동이라 할 때 두 파의 합성은 대수적으로 합하는 것이 아니기 때문에 한 대에서 들리는 소리보다 조금 더 크게 들릴 뿐이다. 따라서 주어진 상황은 불가능하다.

16.9 도플러 효과

25. (a) $f' = \left(\dfrac{v + v_0}{v - v_s}\right) f$ 로 B가 A로부터 듣기 때문에 B 이다.

(b) 신호가 관찰자를 향해 접근하므로 진동수는 증가한다. 즉, v_s의 부호는 +(양) 이다.

(c) 관찰자는 신호로부터 멀어지기 때문에 진동수는 감소한다. 즉, v_0는 −(음) 이다.

(d) 소리의 속력은 바다 속에서 발생한다. 음속은 $1533 m/s$

(e) $f_0 = f\left(\dfrac{v + v_0}{v - v_s}\right) = (5.27 \times 10^3\,Hz)\left[\dfrac{(1533 m/s) + (-3.00 m/s)}{(1533 m/s) - (11.0 m/s)}\right] = 5.30 \times 10^3\,Hz$

26. 체렌코프 복사선이 꼭지 반각 $53.0°$ 인 파면에서 $\sin\theta = \dfrac{v_{light}}{v_s}$,

물속에서 전자의 속력은

$$\therefore v_s = \frac{v_{light}}{\sin\theta} = \frac{2.25 \times 10^8\,m/s}{\sin(53.0°)} = 2.82 \times 10^8\,m/s$$

27. $\dfrac{f'_A}{f'_T} = \dfrac{\left(\dfrac{v + v_{OA}}{v - v_s}\right) f}{\left(\dfrac{v + v_{OT}}{v - v_s}\right) f}$ 　　　　　　(v_0는 육상선수의 속력)

$\qquad = \dfrac{v + v_{OA}}{v + v_{OT}} = \dfrac{v + (-v_O)}{v + (+v_O)} = \dfrac{v - v_O}{v + v_O}$

$\therefore \dfrac{5}{6} = \dfrac{v - v_0}{v + v_0} \quad \rightarrow 5v + 5v_0 = 6v - 6v_0$

$\qquad 11v_0 = v \qquad v_0 = \dfrac{v}{11} = \dfrac{343 m/s}{11} = 31.2 m/s$

이것은 육상선수가 달리는 것보다 훨씬 더 빠르다.

28. (a) 확성기의 최대 속력은

$$\frac{1}{2} m v_{\max}^2 = \frac{1}{2} k A^2$$

$$v_{\max} = \sqrt{\frac{k}{m}}\, A = \sqrt{\frac{20.0 N/m}{5.00 kg}}\,(0.500 m) = 1.00 m/s$$

따라서 $f' = f\left(\dfrac{v}{v - v_{\max}}\right) = 440 Hz\left(\dfrac{343}{343 - 1.00}\right) = 441 Hz$

(b) $f' = f\left(\dfrac{v}{v + v_{\max}}\right) = 440\,Hz\left(\dfrac{343}{343 + 1.00}\right) = 439\,Hz$

(c) $\beta = (10\,dB)\log\left(\dfrac{I}{I_0}\right) = (10\,dB)\log\left(\dfrac{P/4\pi r^2}{I_0}\right)$ 에서

$$\beta_{\max} - \beta_{min} = (10\,dB)\log\left(\dfrac{P}{4\pi I_0 r_{\min}^2}\right) - (10\,dB)\log\left(\dfrac{P}{4\pi I_0 r_{\max}^2}\right)$$

$$= (10\,dB)\log\left(\dfrac{P}{4\pi I_0 r_{\min}^2}\dfrac{4\pi I_0 r_{\max}^2}{P}\right) = (10\,dB)\log\left(\dfrac{r_{\max}^2}{r_{\min}^2}\right)$$

$$= (20\,dB)\log\left(\dfrac{r_{\max}}{r_{\min}}\right)$$

따라서 $60.0\,dB - \beta_{\min} = (20\,dB)\log(2.00) = 6.02\,dB$

$\therefore \beta_{\min} = 54.0\,dB$

추가문제

29. $v = \sqrt{\dfrac{T}{\mu}}$, $T = mg$ 이므로

$$m = \dfrac{\mu v^2}{g}$$

따라서 $v = f\lambda \quad \rightarrow \quad v = \dfrac{\omega}{k}$

$$m = \dfrac{\mu}{g}\left(\dfrac{\omega}{k}\right)^2 = \dfrac{0.250\,kg/m}{9.80\,m/s^2}\left(\dfrac{18\pi\,s^{-1}}{0.750\pi\,m^{-1}}\right) = 14.7\,kg$$

30. $v = (331\,m/s)\sqrt{1 + \dfrac{T_c}{273}} = (331\,m/s)\sqrt{1 + \dfrac{37.0}{273}} = 353\,m/s$

$\therefore \lambda = \dfrac{v}{f} = \dfrac{353\,m/s}{20000\,Hz} = 1.76 \times 10^{-2}\,m = 1.76\,cm$

따라서 사람 고막의 지름은 $1.76\,cm$ 이다.

17장 중첩과 정상파

17.1 분석 모형: 간섭하는 파동

1. 파의 중첩
   $$y = y_1 + y = 3.00 \cos(4.00x - 1.60t) + 4.00 \sin(5.00x - 2.00t)$$

   (a) $x = 1.00$, $t = 1.00$ 일 때,
   $$y = 3.00 \cos[4.00(1.00) - 1.60(1.00)] + 4.00 \sin[5.00(1.00) - 2.00(1.00)]$$
   $$= 3.00 \cos(2.40\,rad) + 4.00 \sin(3.00\,rad) = -1.65cm$$

   (b) $x = 1.00$, $t = 5.00$ 일 때,
   $$y = 3.00 \cos[4.00(1.00) - 1.60(5.00)] + 4.00 \sin[5.00(1.00) - 2.00(5.00)]$$
   $$= 3.00 \cos(3.20\,rad) + 4.00 \sin(4.00\,rad) = -6.02cm$$

   (c) $x = 5.00$, $t = 0$ 일 때,
   $$y = 3.00 \cos[4.00(1.00) - 1.60(0)] + 4.00 \sin[5.00(1.00) - 2.00(0)]$$
   $$= 3.00 \cos(2.00\,rad) + 4.00 \sin(2.50\,rad) = +1.15cm$$

2. (a) $t = 2.00\,s$

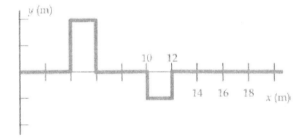

   $t = 4.00\,s$

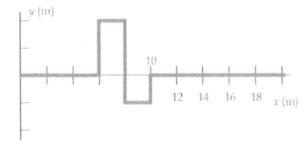

   $t = 5.00\,s$

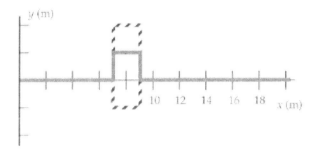

$t = 6.00\,s$

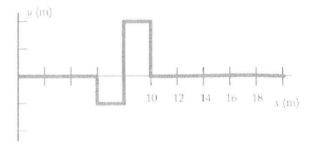

(b) $t = 2.00\,s$

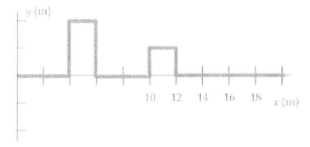

$t = 4.00\,s$

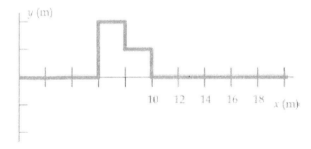

$t = 5.00\,s$

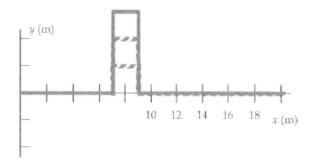

$t = 6.00\,s$

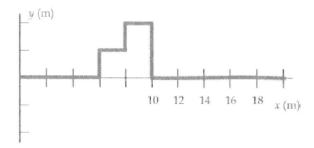

3. 시간에 따른 파동의 모습은 아래 그림과 같다.

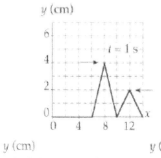

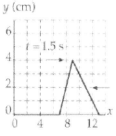

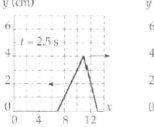

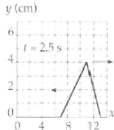

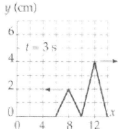

4. $\Delta r = \sqrt{d^2 + x^2} - x$

$$\sqrt{d^2 + x^2} - x = \left(n + \frac{1}{2}\right)\lambda \quad n = 0,\ 1,\ 2,\ \cdots$$

$$x = \frac{d^2 - \left[\left(n + \frac{1}{2}\right)\lambda\right]^2}{2\left(n + \frac{1}{2}\right)\lambda}$$

따라서 $\left[\left(n+\dfrac{1}{2}\right)\lambda\right]^2 < d^2$

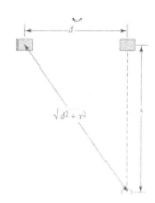

$$\therefore \; n < \frac{d}{\lambda} - \frac{1}{2} = \frac{df}{v} - \frac{1}{2}$$

$$\rightarrow \quad n < \frac{(4.00\,m)(200\,Hz)}{343\,m/s} - \frac{1}{2} = 1.83$$

이것은 $n=0$, 1만 만족된다.

그러므로 3번째 극소 지점을 통과하는 것은 불가능하다.

5. (a) 두 펄스에서

$$\phi = 3x - 4t \rightarrow x = \frac{\phi + 4t}{3}$$

파가 이동할 때 t가 증가하면 x도 증가한다. 오른쪽으로 이동, 즉 $+x$방향

같은 방법으로, $x = \dfrac{\phi - 4t + 6}{3}$ 에서

파가 이동하면 t가 증가할 때 x는 감소한다. 따라서 왼쪽으로 이동, 즉 $-x$방향

(b) $y_1 + y_2 = 0$

$$\frac{5}{(3x-4t)^2 + 2} + \frac{-5}{(3x+4t-6)^2 + 2} = 0$$

$$(3x-4t)^2 = (3x+4t-6)^2 \quad \rightarrow \quad 8t = 6 \quad \rightarrow \quad t = 0.750\,s$$

(c) $(3x-4t)^2 = (3x+4t-6)^2$ 에서 $(3x-4t) = -(3x+4t-6)$

시간 항이 없어진다. $x = 1.00\,m$ 지점에서 항상 상쇄된다.

17.2 정상파

6. 파동함수가 선형 파동 방정식의 해임을 보이자.

$y = 2A_0 \sin kx \cos wt$ 로부터

$$\frac{\partial y}{\partial x} = 2A_0 k \cos kx \cos wt, \qquad \frac{\partial y}{\partial t} = -2A_0 w \sin kx \sin wt$$

$$\frac{\partial^2 y}{\partial x^2} = -2A_0 k^2 \sin kx \cos wt, \qquad \frac{\partial^2 y}{\partial t^2} = -2A_0 w^2 \sin kx \cos wt$$

파동 방정식에 대입하면

$$-2A_0 k^2 \sin kx \cos wt = \left(\frac{1}{v^2}\right)(-2A_0 w^2 \sin kx \cos wt)$$

즉, $v = \dfrac{w}{k}$ 을 만족한다. 따라서 $v = \lambda f = \dfrac{\lambda}{2\pi} 2\pi f = \dfrac{w}{k}$ 이기 때문에 이 식은 사실이다.

7. (a) 정상파 $y = 2A \sin\left(kx + \dfrac{\phi}{2}\right)\cos\left(wt - \dfrac{\phi}{2}\right)$ 에서

$\sin\left(kx + \dfrac{\phi}{2}\right)$ 항은 파의 모양을 결정한다. 따라서 마디들은 $kx + \dfrac{\phi}{2} = n\pi \rightarrow x = \dfrac{n\pi}{k} - \dfrac{\phi}{2k}$ 에 위치한다.

이웃하는 마디의 위치는 반파장마다 생긴다.

$$\Delta x = \left[(n+1)\dfrac{\pi}{k} - \dfrac{\phi}{2k}\right] - \left[\dfrac{n\pi}{k} - \dfrac{\phi}{2k}\right] = \dfrac{\pi}{k} = \dfrac{\lambda}{2}$$

(b) 네, 각 마디의 위치를 의미하는 $x = \dfrac{n\pi}{k} - \dfrac{\phi}{2k}$ 는 $\phi = 0$인 경우와 비교해서 이동된 파동 사이의 위상차에 의해 왼쪽으로 $\dfrac{\phi}{2r}$ 만큼 이동한다.

8. 정상파 $y = 6\sin\left(\dfrac{\pi}{2}x\right)\cos(100\pi t)$

(a) $t = 0\,\mathrm{s}$일 때

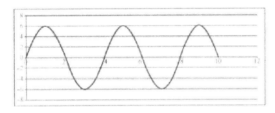

$t = 5\,ms$일 때

$t = 10\,ms$일 때

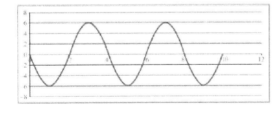

$t = 15\,ms$일 때

$t = 20 ms$일 때

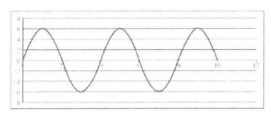

(b) 그림에서 x축을 따라 그래프가 반복되기 전까지의 가장 짧은 거리를 파장이라 하고, 파장 $\lambda = 4m$

(c) 진동수는 주기의 역수이다. 주기는 그래프에서 꼭대기에서 바닥까지 걸린 시간을 의미한다. 주기는 $20 ms$이고, 진동수는 $\dfrac{1}{0.020} s = 50 Hz$

(d) 파동함수에 의해 $y = (2A \sin kx) \cos wt$에서 $k = \dfrac{\pi}{2} \rightarrow \lambda = \dfrac{2\pi}{k} = \dfrac{2\pi}{\pi/2} = 4m$

(e) $w = 2\pi f = 100\pi \rightarrow f = 50 Hz$

17.4 분석 모형: 경계 조건하의 파동

9. (a) $L = 2\lambda \rightarrow \lambda = \dfrac{L}{2} = \dfrac{120 cm}{2} = 60.0 cm = 0.600 m$

(b) 줄의 기본진동수는 $v = f\lambda = 72.0 m/s \rightarrow f_1 = \dfrac{v}{2L} = \dfrac{72.0 m/s}{2(1.20 m)} = 30.0 Hz$

10. (a) $\lambda_n = \dfrac{2L}{n} \ (n = 1, \ 2, \ 3, \ \cdots)$

$\qquad \lambda_1 = \dfrac{2L}{1} = 2(2.60 m) = 5.20 m$

(b) 줄의 진동수 $f_n = n\dfrac{v}{2L} = \dfrac{1}{2L} \sqrt{\dfrac{T}{\mu}}$ 에 알 수 있듯이 줄에서 파의 속력을 알 수 없다. 따라서 구할 수 없다.

11. (a) $v = \sqrt{\dfrac{T}{\mu}} = \sqrt{\dfrac{20.0 N}{9.00 \times 10^{-3} kg/m}} = 47.1 m/s$

기본 파장은 $\lambda = 2d_{NN} = 2L = 0.600 m$,

진동수 $f_1 = \dfrac{v}{\lambda} = \dfrac{v}{2L} = \dfrac{47.1 m/s}{0.600 m} = 78.6 Hz$

(b) $f_2 = 2f_1 = 157 Hz$

$\quad f_3 = 3f_1 = 236 Hz$

$\quad f_4 = 4f_1 = 314 Hz$

12. 막대 위의 줄에서 기본 모드에 의한 정상파는 A와 B 사이의 중간에 배를 갖고, 두 마디만을 갖는다. 따라서

$$\frac{\lambda}{2} = \overline{AB} = \frac{L}{\cos\theta} \quad \rightarrow \lambda = \frac{2L}{\cos\theta}$$

기본 진동수 f 일 때 줄의 진행파 속력은 $v = f\lambda = \dfrac{2Lf}{\cos\theta}$

도르래에 의한 장력 $T = Mg$ 이므로

$$v = \sqrt{\frac{T}{\mu}} = \sqrt{\frac{Mg}{m \overline{AB}}} = \sqrt{\frac{MgL}{m\cos\theta}}$$

따라서 두 속력이 같기 때문에

$$\frac{2Lf}{\cos\theta} = \sqrt{\frac{MgL}{m\cos\theta}}$$

$$\therefore m = \frac{Mg\cos\theta}{4f^2 L} = \frac{(1.00kg)(9.80m/s^2)\cos 35.0°}{4(60.0\,Hz)^2(0.300m)} = 1.86\,g$$

13. $\dfrac{\lambda}{2} = \overline{AB} = \dfrac{L}{\cos\theta} \quad \rightarrow \lambda = \dfrac{2L}{\cos\theta}$

$$v = f\lambda = \frac{2Lf}{\cos\theta} , \quad v = \sqrt{\frac{T}{\mu}} = \sqrt{\frac{Mg}{m\overline{AB}}} = \sqrt{\frac{MgL}{m\cos\theta}}$$

$$\therefore \frac{2Lf}{\cos\theta} = \sqrt{\frac{MgL}{m\cos\theta}} \quad \rightarrow \quad m = \frac{Mg\cos\theta}{4f^2 L}$$

14. $T_1 = mg = \rho Vg$

$$T_2 = \rho Vg - \rho_w\left(\frac{V}{2}\right)g = \left(\rho - \frac{\rho_w}{2}\right)Vg$$

줄에서 파의 속력은 $\sqrt{\dfrac{T_1}{\mu}}$ 에서 $\sqrt{\dfrac{T_2}{\mu}}$ 로 변한다. 진동수는 $\lambda = 2L$ 일 때 f_1 에서 f_2 로 변한다. 여기서 $f_1 = \dfrac{v_1}{\lambda} = \sqrt{\dfrac{T_1}{\mu}}\,\dfrac{1}{\lambda}$, $f_2 = \sqrt{\dfrac{T_2}{\mu}}\,\dfrac{1}{\lambda}$

따라서 $\dfrac{f_2}{f_1} = \sqrt{\dfrac{T_2}{T_1}} = \sqrt{\dfrac{\rho - \rho_w/2}{\rho}} = \sqrt{\dfrac{8.92 - 1.00/2}{8.92}}$

$$\therefore f_2 = (300Hz)\sqrt{\frac{8.42}{8.92}} = 291Hz$$

17.5 공명

15. $v = \sqrt{gd} = \sqrt{(9.80m/s^2)(36.1m)} = 18.8m/s$

$$d_{NA} = 210 \times 10^3 m = \frac{\lambda}{4} \rightarrow \lambda = 840 \times 10^3 m$$

$$T = \frac{1}{f} = \frac{\lambda}{v} = \frac{840 \times 10^3 m}{18.8 m/s} = 4.47 \times 10^4 s = 12h, 24\text{min}$$

만에서의 자연적 진동수는 달에서의 주기와 정확히 일치하기 때문에 공명에 의해 증폭된 높은 조수를 식별한다.

17.6 공기 관에서의 정상파

16. 공기의 온도 $T = 37.0℃ = 310K$라 가정하고, 파이프 내부 소리 속력은
$$v = 331 m/s + (0.600 m/s \cdot ℃)(37.0℃) = 353 m/s$$

한쪽 관이 막힌 소리 파의 파장은 $\lambda = 4L$

따라서 $\lambda = 4(5.00 ft) = 2.00 \times 10 ft$

$$\therefore f = \frac{v}{\lambda} = \frac{(353 m/s)}{(2.00 \times 10 ft)} \left(\frac{3.281 ft}{1 m} \right) = 57.9 Hz$$

17. (a) $\lambda = \frac{v}{f} = \frac{343 m/s}{261.6/s} = 1.31 m$

$$d_{A to A} = \frac{1}{2}\lambda = 0.656 m$$

(b) $5d_{N to A} = \frac{5\lambda}{4} = \frac{5}{4}(1.31 m) = 1.64 m$

18. 한쪽이 열려있는 좁은 관에 대해

$$f = n\frac{v}{4L} \quad (n = 1, 3, 5, \cdots)$$

(a) 마디와 마디 사이의 거리
$$d_{NN} = 68.3 cm - 22.8 cm = 45.5 cm$$

여기서 $d_{NN} = \frac{\lambda}{2}$

$$\therefore v = \lambda f = 2d_{NN}f = 2(0.455m)(384Hz)$$
$$= 349 m/s$$

(b) 공명은 튜브의 길이가 반파장만큼 더 증가할 때 발생한다.

즉, $68.3 cm + 45.5 = 113.8 = 1.14 m$

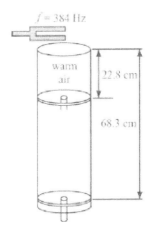

19. $\lambda = \frac{2L}{n} \quad (n = 1, 2, 3, \cdots)$

$$\rightarrow \quad L = \frac{n\lambda}{2} = \frac{nv}{2f} \quad \therefore f = \frac{nv}{2L}$$

그러므로 $L = 0.860 m$, $L' = 2.10 m$이고 $v = 355 m/s$일 때
공명 진동수는

$$f_n = n(206\,Hz)\quad (L = 0.860m, n = 1 \sim 9\ )$$

$$f_n = n(84.5\,Hz)\quad (L' = 2.10m,\quad n = 2 \sim 23\,)$$

20. $\dfrac{\lambda}{2} = d_{AA} = \dfrac{L}{n} \rightarrow L = \dfrac{n\lambda}{2}\ (n = 1,\ 2,\ 3,\ \cdots)$

$\lambda = \dfrac{v}{f}$ 일 때 $L = n\left(\dfrac{v}{2f}\right)(n = 1,\ 2,\ 3,\ \cdots)$

$\therefore\ L = n\left(\dfrac{343m/s}{2(680Hz)}\right) = n(0.252m)\ (n = 1,\ 2,\ 3,\ \cdots)$

따라서 공명이 일어나는 위치는 $0.252m,\ 0.504m,\ 0.757m,\ \cdots,\ n(0.252)m$

21. (a) $d_{AA} = 2000\,m/n\ (n = 1,\ 2,\ 3,\ \cdots)$

$\lambda = 2d_{AA} = 4000\,m/n$

$f = \dfrac{v}{\lambda} = \dfrac{343m/s}{4000m/n} = 0.085n\,Hz,\ n = 1,\ 2, 3,\ \cdots$

(b) 좋은 규칙이다.

22. $\lambda = \dfrac{v}{f}\ ,\quad \Delta h = \dfrac{v}{2f}$

$R\Delta t = \pi r^2 \Delta h = \dfrac{\pi r^2 v}{2f}\quad \rightarrow\quad \Delta t = \dfrac{\pi r^2 v}{2Rf}$

$\Delta t = \dfrac{\pi r^2 v}{2Rf} = \dfrac{\pi (0.0500m)^2 (343m/s)}{2(1.00L/\min)(512Hz)}\left(\dfrac{1L}{10^3\,cm^3}\right)\left(\dfrac{100cm}{m}\right)^3$

$= (2.63\,\min)\left(\dfrac{60s}{1\,\min}\right) = 158\,s$

23. $R\Delta t = \pi r^2 \Delta h = \dfrac{\pi r^2 v}{2f}$

$\Delta t = \dfrac{\pi r^2 v}{2Rf}$

24. $f_1 = \dfrac{v}{2L}$

$\dfrac{f_{warm}}{f_{cold}} = \dfrac{v_w/2L}{v_c/2L} = \dfrac{v_w}{v_c}$

따라서 $\dfrac{f_{warm}}{f_{cold}} = \dfrac{(331m/s)\sqrt{1 + \dfrac{T_w}{273℃}}}{(331m/s)\sqrt{1 + \dfrac{T_c}{273℃}}}$

$$= \frac{\sqrt{1 + \dfrac{T_w}{273℃}}}{\sqrt{1 + \dfrac{T_c}{273℃}}}$$

$$T_c = \left(\frac{f_w}{f_c}\right)^2 (273℃ + T_w) - 273℃$$

따라서 $T_c = \left(\dfrac{1}{2^{1/12}}\right)^2 (273℃ + 22.2℃) - 273℃ = -10.0℃$

25. $f_n = n\dfrac{v}{2L}$ $n = 1.\ 2,\ 3,\ \cdots$

$$f_n = n\frac{343m/s}{2(0.730m)} = n(235\,Hz),\ n = 1, 2,\ 3,\ \cdots$$

따라서 $n = 1$일 때 진동수 235Hz는 양쪽 끝이 열린 관의 진동수와 일치한다.

또한, $f_n = n\dfrac{v}{4L}$ $n = 1.\ 3,\ 5,\ \cdots$

$$f_n = n\frac{343m/s}{4(0.730m)} = n(117.5\,Hz),\ n = 1, 3,\ 5,\ \cdots$$

따라서 n=5일 때 진동수 587Hz는 한쪽 끝만 열린 관에서 일치한다.
그러나 한 관을 통해 이들 진동수와 일치하는 것은 불가능하다.

17.7 맥놀이: 시간적 간섭

26. 벽을 향하는 학생, $v_s = +v_{student}$, $v_0 = 0$

$$f' = f\frac{v + v_0}{v - v_s} = f\frac{v}{v - v_{student}}$$

반사파가 관측자를 향하는 경우, $v_s = 0$, $v_0 = +v_{student}$

$$f'' = f'\frac{v + v_0}{v - v_s} = f'\frac{v + v_s}{v} = f\frac{v}{v - v_{student}}\frac{v + v_{student}}{v}$$

$$= f\frac{v + v_{student}}{v - v_{student}}$$

(a) 벽을 향해 접근될 때,

$$f_b = |f'' - f| = f\frac{v + v_{stu}}{v - v_{stu}} - f = f\left[\frac{v + v_{stu}}{v - v_{stu}} - 1\right]$$

$$= f\frac{2v_{stu}}{v - v_{stu}} = (256\,Hz)\frac{2(1.33m/s)}{343m/s - 1.33m/s} = 1.99\,Hz$$

(b) 벽으로부터 멀어질 때,

$$f_b = |f'' - f| = f - f\frac{v - v_{stu}}{v + v_{stu}} = f\left[1 - \frac{v - v_{stu}}{v + v_{stu}}\right]$$

$$= f\frac{2v_{stu}}{v+v_{stu}}$$

$$v_{stu} = \frac{f_b v}{2f-f_b} = \frac{(5Hz)(343m/s)}{2(256Hz)-5Hz} = 3.38m/s$$

27. (a) 줄에서 발생할 수 있는 진동수는 $521Hz$ 또는 $525Hz$ 이다.

(b) 줄을 좀 쪼이면 진동수와 속력이 증가한다. 처음 진동수가 521Hz이면 맥놀이는 줄어들 것이다. 대신에 진동수가 525Hz에서 시작하면 526Hz가 되어야 한다. 답 525Hz

(c) $f = \dfrac{v}{\lambda} = \dfrac{\sqrt{T/\mu}}{2L} = \dfrac{1}{2L}\sqrt{\dfrac{T}{\mu}}$ 에서

$$\frac{f_2}{f_1} = \sqrt{\frac{T_2}{T_1}} \rightarrow T_2 = \left(\frac{f_2}{f_1}\right)^2 T_1$$

$$장력\ 변화율 = \frac{T_2-T_1}{T_1} = \frac{T_2}{T_1}-1 = \left(\frac{f_2}{f_1}\right)^2 - 1 = \left(\frac{523}{526}\right)^2 - 1$$

$$= -0.0114 = -1.14\%$$

따라서 장력은 1.14% 감소한다.

17.8 비사인형 파형

28. $s = 100\sin\theta + 157\sin2\theta + 62.9\sin3\theta + 105\sin4\theta$
$\qquad + 51.9\sin5\theta + 29.5\sin6\theta + 25.3\sin7\theta$

따라서 합성 파형은 아래의 그래프와 같다.

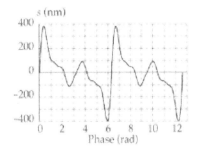

추가문제

29. 맥놀이 횟수는

$$f_{beat} = |f_1 - f_2|\quad 에서$$

$$f_2 = f_1 - f_{beat} = (150Hz) - (4Hz) = 146Hz$$

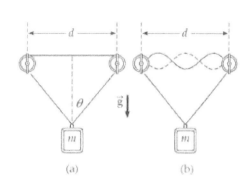
(a) (b)

30. (a) $\sin\theta = \dfrac{d/2}{(L-d)/2} = \dfrac{d}{L-d}$

$\cos\theta = \sqrt{1-\sin^2\theta} = \left[1 - \left(\dfrac{d}{L-d}\right)^2 \right]^{1/2}$

$\qquad = \left[\dfrac{(L^2 - 2dL + d^2) - d^2}{(L-d)^2} \right]$

$\qquad = \dfrac{\sqrt{L^2 - 2dL}}{L-d}$

따라서 $2T\cos\theta = mg$

$\qquad \therefore \ T = \dfrac{mg}{2\cos\theta} = \dfrac{mg(L-d)}{2\sqrt{L^2 - 2dL}}$

(b) 줄에서 속력 $v = \sqrt{\dfrac{T}{\mu}}$, 정상파의 파장 $\lambda = \dfrac{2d}{3}$

이때 진동수 $f = \dfrac{v}{\lambda} = \dfrac{3}{2d}\sqrt{\dfrac{mg(L-d)}{2\mu\sqrt{L^2-2dL}}}$

18장 온도

18.2 온도계와 섭씨 온도 눈금

1. $T_N = aT_F + b$

   $0 = a(32.0°\text{F}) + b \quad \rightarrow \quad b = -(32.0°\text{F})a$

   $100°N = a(98.6°\text{F}) + b$

   $100°N = a(98.6°\text{F}) - (32.0°\text{F})a = (66.6°\text{F})a$

   $\therefore \quad a = 1.50°N/°F, \quad b = -(32.0°\text{F})(1.50°N/°F) = -48.0°N$

따라서 $\quad T_N = (1.50°N/°F)T_F - 48.0°N$

(a) $T_N = (1.50°N/°F)(-460°\text{F}) - 48.0°N = -738°N$

(b) $T_N = (1.50°N/°F)(-37.9°\text{F}) - 48.0°N = -105°N$

(c) $T_N = (1.50°N/°F)(212°\text{F}) - 48.0°N = 270°N$

(d) $T_N = (1.50°N/°F)(134.1°\text{F}) - 48.0°N = 153°N$

18.3 등적 기체 온도계와 절대 온도 눈금

2. (a) $T_F = \dfrac{9}{5}T_C + 32 = \dfrac{9}{5}(41.5℃) + 32 = 107°\text{F}$

 (b) 네, 많이 아프다고 생각한다. 정상인 신체 온도는 98.6°F인데, 환자는 온도가 높아 몸에 열이 많이 나기 때문에 조심해야 할 필요가 있다.

3. (a) $T_F = \dfrac{9}{5}T_C + 32 = \dfrac{9}{5}(-78.5) + 32 = -109°\text{F}$

   또, $T = T_C + 273.15 = (-78.5 + 273.15)K = 195K$

(b) $T_F = \dfrac{9}{5}T_C + 32 = \dfrac{9}{5}(37.0) + 32 = 98.6°\text{F}$

   $T = T_C + 273.15 = (37.0 + 273.15)K = 310K$

4. (a) $T_F = \dfrac{9}{5}T_C + 32 = \dfrac{9}{5}(-195.81℃) + 32 = -320°\text{F}$

(b) $T = T_C + 273.15 = -195.81 + 273.15 = 77.3K$

18.4 고체와 액체의 열팽창

5. $\Delta x = [17 \times 10^{-16}(℃)^{-1}](28.0cm)(46.5℃ - 18.0℃)$

$$= 1.36 \times 10^{-2}\,cm$$

$$\Delta y = \left[17 \times 10^{-6}\,(\text{℃})^{-1}\right](134cm)(28.5\text{℃}) = 6.49 \times 10^{-2}\,cm$$

$$\Delta r = \sqrt{\Delta x^2 + \Delta y^2} = \sqrt{(0.136)^2 + (0.649)^2} = 0.663\,mm$$

$$\theta = \tan^{-1}\left(\frac{\Delta y}{\Delta x}\right) = \tan^{-1}\left(\frac{0.649mm}{0.136mm}\right) = 78.2°$$

6. $\Delta L = L_i \overline{\alpha}(T - T_i)$

     $\overline{\alpha} = \alpha(20.0\text{℃}) = 1.7 \times 10^{-5}\,(\text{℃})^{-1}$ 이므로

     $\therefore\ \Delta L = (35.0m)\left[1.70 \times 10^{-5}\,(\text{℃})^{-1}\right]\left[35.0\text{℃} - (-20.0\text{℃})\right] = +3.27\,cm$

7. $\Delta L = L_i \alpha \Delta T$에서

     $1.00 \times 10^{-2}\,cm = \left[1.30 \times 10^{-4}\,(\text{℃})^{-1}\right](2.20\,cm)(T - 20.0\text{℃})$

      $\therefore\ T = 55.0\text{℃}$

8. $\Delta L = L_i \alpha \Delta T$

        $= (1300km)\left[11.0 \times 10^{-6}\,(\text{℃})^{-1}\right](35\text{℃} - (-73\text{℃})) = 1.54\,km$

강철 송유관에서 팽창을 막기 위해서 관을 휘게 만든다.

9. (a) $\Delta A = 2\alpha A_i \Delta T$

        $= 2\left[17.0 \times 10^{-6}\,(\text{℃})^{-1}\right](0.0800m)^2(50.0\text{℃})$

        $= 1.09 \times 10^{-5}\,m^2 = 0.109\,cm^2$

(b) 구멍의 옆의 길이는 증가한다. 따라서 이것은 구멍의 넓이가 증가한다는 것이다.

10. $\left(\frac{1}{2}L_i\right)^2 + y^2 = \left[\frac{1}{2}L_i + \alpha\left(\frac{1}{2}L_i\right)\Delta T\right]^2$

     $\rightarrow\quad y = \frac{1}{2}L_i\sqrt{2\alpha\Delta T + \alpha^2(\Delta T)^2}$

           $= \frac{1}{2}(250m)\sqrt{2(12 \times 10^{-6}\text{℃}^{-1})(20.0\text{℃}) + (12 \times 10^{-6}\text{℃})^2(20.0\text{℃})^2} = 2.74\,m$

11. $\left(\frac{1}{2}L_i\right)^2 + y^2 = \left[\frac{1}{2}L_i + \alpha\left(\frac{1}{2}L_i\right)\Delta T\right]^2 \quad \rightarrow \quad y = \frac{1}{2}L_i\sqrt{2\alpha\Delta T + \alpha^2(\Delta T)^2}$

12. (a) $L = L_i(1 + \alpha\Delta T)$에서

      $5.050\,cm = 5.000\,cm\left[1 + (24.0 \times 10^{-6}\,(\text{℃})^{-1})(T - 20.0\text{℃})\right]$

        $\therefore\ T = 437\text{℃}$

(b) ΔT에서 $L_{Al} = L_{Brass}$

      $L_{i,\,Al}(1 + \alpha_{Al}\Delta T) = L_{i,\,Brass}(1 + \alpha_{Brass}\Delta T)$

$$5.000cm\left[1+(24.0\times10^{-6}(\text{℃})^{-1})\Delta T\right]$$
$$=5.050cm\left[1+(19.0\times10^{-6}(\text{℃})^{-1}\Delta T\right]$$
$$\therefore \ \Delta T=2080\text{℃}$$

따라서 $T=2.1\times10^{3}\text{℃}$

(c) 아니오. 알루미늄의 녹는점은 660℃이다. 또, 황동에 대한 자료가 없다. 구리와 아연의 합금에 대한 녹는점은 900℃이다.

13. $L_{Al}(1+\alpha_{Al}\Delta T)=L_{Brass}(1+\alpha_{Brass}\Delta T)$

$$\Delta T=T-T_i=\frac{L_{Al}-L_{Brass}}{L_{Brass}\alpha_{Brass}-L_{Al}\alpha_{Al}}$$

$$=\frac{10.02cm-10.00cm}{(10.00cm)(19.0\times10^{-6}(\text{℃})^{-1})-(10.02cm)(24.0\times10^{-6}(\text{℃})^{-1})}$$

$$=-396\text{℃}$$

$$-396=T-20.0 \qquad T=-376\text{℃}$$

이 상황은 불가능하다. 절대 0도 아래로 내려가기 때문이다.

14. (a) 아세톤의 처음 부피는 100mL이고, 20.0℃로 냉각될 때 부피는
$$V_f=V_i(1+\beta\Delta T)=(100mL)\left\{1+[1.50\times10^{-4}(\text{℃})^{-1}](-15.0\text{℃})\right\}$$
$$=99.8\,mL$$

(b) 아세톤의 부피는 감소하고 플라스크의 부피는 증가한다. 이것은 플라스크의 100mL 표시 된 곳 아래가 되는 것을 의미한다.

15. (a) $\dfrac{F}{A}=\dfrac{Y\Delta L}{L_i}$, $\dfrac{\Delta L}{L_i}=\alpha\Delta T$

$$\frac{F}{A}=\frac{Y\Delta L}{L_i}=Y\alpha\Delta T=(7.00\times10^{9}\,N/m^2)[12.0\times10^{-6}\text{℃}^{-1}](30.0\text{℃})$$
$$=2.52\times10^{6}\,N/m^2$$

(b) 균열이 생기지는 않는다.

16. (a) $stress=\dfrac{F}{A}=Y\dfrac{\Delta L}{L_i}=\dfrac{Y}{L_i}\alpha L_i\Delta T=Y\alpha\Delta T$

$$F=Y\alpha\Delta T$$
$$=(20.0\times10^{10}N/m^2)(4.00\times10^{-6}m^2)[11\times10^{-6}\text{℃}^{-1}](45.0\text{℃})=396\,N$$

(b) $\Delta T=\dfrac{stress}{Y\alpha}=\dfrac{3.00\times10^{8}N/m^2}{(20.0\times10^{10}N/m^2)(11\times10^{-6}/\text{℃})}=136\text{℃}$

18.5 이상 기체의 거시적 기술

17. 각 펌프질에서 탱크의 공기 부피는 두 배가 된다. 따라서 1 L의 물은 첫 번째 펌프에서

주입된 공기에 대해, 두 번째 펌프에서는 2 L, 나머지 1 L는 세 번째 펌프에서 배출된다. 각 사람은 80%가 채워지는 대신 물 반을 가득 채운 탱크로 출발함으로써 자신의 장치를 더 효율적으로 사용할 수 있었다.

18. $PV = nRT$에서

$$n = \frac{PV}{RT} = \frac{(1.01 \times 10^5 \, N/m^2)\,[(10.0m)(20.0m)(30.0m)]}{(8.314 \, J/mol \cdot K)(293K)}$$

$$= 2.49 \times 10^5 \, mol$$

따라서 $N = nN_A = (2.49 \times 10^5 \, mol)(6.022 \times 10^{23} \, molecules/mol)$

$$= 1.50 \times 10^{29} \, molecules$$

19. (a) $PV = nRT$에서 $n = \frac{PV}{RT}$

따라서 $m = nM = \frac{PVM}{RT} = \frac{(1.013 \times 10^5 \, Pa)(0.100m)^3(28.9 \times 10^{-3} \, kg/mol)}{(8.314 \, J/mol \cdot K)(300K)}$

$$= 1.17 \times 10^{-3} \, kg$$

(b) $F_g = mg = (1.17 \times 10^{-3} \, kg)(9.80 \, m/s^2) = 11.5 \, mN$

(c) $F = PA = (1.013 \times 10^5 \, N/m^2)(0.100m)^2 = 1.01 \, kN$

(d) 분자들은 벽에 부딪치면서 매우 빠른 속력으로 이동한다.

20. (a) $PV = nRT$에서

$$n = \frac{PV}{RT} = \frac{(1.01 \times 10^5 \, N/m^2)(1.00m^3)}{(8.314 \, J/mol \cdot K)(293K)} = 41.6 \, mol$$

(b) $m = nM = (41.6 \, mol)(28.9 \, g/mol) = 1.20 \, kg$

(c) 이 값은 20℃에서 $1.20 \, kg/m^3$의 표의 밀도와 일치한다.

21. $N_A m_0 = 4.00 \, g/mol$

$$m_0 = \frac{4.00 \, g/mol}{6.02 \times 10^{23} \, molecules/mol} = 6.64 \times 10^{-24} \, g/molecule$$

$$= 6.64 \times 10^{-27} \, kg$$

22. $PV = Nk_B T$에서

$$N = \frac{PV}{k_B T} = \frac{(1.00 \times 10^{-9} \, Pa)(1.00m^3)}{(1.38 \times 10^{-23} \, J/K)(300K)} = 2.42 \times 10^{11} \, molecules$$

23. $\Delta n = \frac{\Delta m}{M} = \frac{1}{M} \frac{\Delta m}{\Delta t} \Delta t$

$$\therefore \Delta n = \frac{1}{44.0\,g/mol}\left[3(1.09\,kg/d)\right](7.00d)\left(\frac{1000g}{1kg}\right) = 520\,mol$$

$$P = \frac{nRT}{V} = \frac{(520\,mol)(8.314\,J/mol\cdot K)\left[(273.15-45.0)K\right]}{150\times10^{-3}\,m^3}$$

$$= 6.58\times10^{6}\,Pa$$

24. $\sum F_y = 0 \rightarrow B - W_{air\ inside} - W_{balloon} = 0$

$$\rho_{out}gV - \rho_{in}gV - m_b g = 0 \quad \rightarrow \quad (\rho_{out} - \rho_{in})V = m_b$$

여기서 $\rho_{out} = 1.244\,kg/m^3$, $V = 400\,m^3$, $m_b = 200\,kg$

$PV = nRT$에서 $\dfrac{n}{V} = \dfrac{P}{RT}$

$$\rho_{in} = \rho_{out}\left(\frac{283\,K}{T_{in}}\right), \quad 여기서 \ (\rho_{out} - \rho_{in})V = m_b$$

$$\rho_{out}\left(1 - \frac{283K}{T_{in}}\right) = \frac{m_b}{V} \quad \rightarrow \quad \frac{283K}{T_{in}} = 1 - \frac{m_b}{\rho_{out}V}$$

$$\rightarrow \quad T_{in} = \frac{283K}{\left(1 - \dfrac{m_b}{\rho_{out}V}\right)} = \frac{283K}{\left(1 - \dfrac{200kg}{(1.244kg/m^3)(400m^3)}\right)} = 473\,K$$

25. $P_0 V = n_1 R T_1 = \left(\dfrac{m_1}{M}\right)R T_1$

$$P_0 V = n_2 R T_2 = \left(\frac{m_2}{M}\right)R T_2$$

위의 두 식으로부터 $m_1 - m_2 = \dfrac{P_0 V M}{R}\left(\dfrac{1}{T_1} - \dfrac{1}{T_2}\right)$

26. 총 질량 $M = (0.800)(28.0\,g/mol) + (0.200)(32.0\,g/mol) = 0.0288\,kg/mol$

$$\therefore PV = nRT = \left(\frac{m}{M}\right)RT에서$$

$$m = \frac{PVM}{RT} = \frac{(1.00\times10^5\,N/m^2)(38.4\,m^3)(0.0288\,kg/mol)}{(8.314\,J/mol\cdot K)(293K)}$$

$$= 45.4\,kg \sim 10^2\,kg$$

27. $P = P_0 + \rho_{sea}gh$

$$\frac{P_i V_i}{T_i} = \frac{P_f V_f}{T_f}$$

$$V_f = \left(\frac{P_i}{P_f}\right)\left(\frac{T_f}{T_i}\right)V_i = \left(\frac{P_0}{P_0 + \rho_{sea}gh}\right)\left(\frac{T_f}{T_i}\right)V_i$$

$$= \left[\frac{1.013 \times 10^5 Pa}{1.013 \times 10^5 Pa + (1025 kg/m^3)(9.80 m/s^2)(49.4m)} \right] \left(\frac{273 + 4.0}{273 + 20.0} \right) V_i$$
$$= 0.160 \, V_i$$

따라서 $V_f = 0.160 \, V_i \quad \rightarrow \quad A h_f = 0.160 A h$

$$\therefore \ h_f = 0.160 h = 0.160 (2.50 m) = 0.400 m$$

28. 초기 절대압력($P_{i,abs}$)은

$$P_{i,abs} = P_{gi} + P_0, \ \text{여기서} \ P_{gi}: \text{게이지 압력}, \ P_0: \text{외부압력}$$

나중 절대압력은

$$P_{f,abs} = P_{gf} + P_0$$

또한 $\dfrac{m_f}{m_i} = \dfrac{n_f}{n_i}$ 이므로 온도와 부피가 일정한 경우

$$\frac{P_{f,abs} V}{P_{i,abs} V} = \frac{n_f RT}{n_i RT} = \frac{m_f}{m_i} \quad \rightarrow m_f = m_i \left(\frac{P_{f,abs}}{P_{i,abs}} \right)$$

따라서 원통 안에 있는 기체의 질량은 $m_f = m_i \left(\dfrac{P_{gf} + P_0}{P_{gi} + P_0} \right)$

추가문제

29. (a) $\sin\left(\dfrac{\theta}{2} \right) = \dfrac{L_0(1 + \alpha_{Al} \Delta T)/2}{L_0} = \dfrac{L_0(1 + \alpha_{Al} \Delta T)}{2 L_0}$

$$\therefore \ \theta = 2 \sin^{-1} \left(\frac{1 + \alpha_{Al} T_c}{2} \right)$$

(b) 만약 온도가 떨어지면 섭씨온도는 영하의 값을 갖고, 답에는 지장 없이 정확하다.

(c) $T_c = 0$ 에서 $\theta = 2\sin^{-1} \left(\dfrac{1}{2} \right) = 60.0℃$ 로 정확하다.

(d) $\sin\left(\dfrac{\theta}{2} \right) = \dfrac{L_0(1 + \alpha_{Al} \Delta T)}{2 L_0(1 + \alpha_{invar} \Delta T)}$

$$\therefore \ \theta = 2\sin^{-1} \left(\frac{1 + \alpha_{Al} T_c}{2(1 + \alpha_{invar} T_c)} \right)$$

(e) $\theta = 2\sin^{-1} \left(\dfrac{1 + \alpha_{Al} T_c}{2(1 + \alpha_{invar} T_c)} \right) = 2\sin^{-1} \left(\dfrac{1 + (24 \times 10^{-6})660}{2(1 + 0.9 \times 10^{-6})660} \right)$

$$= 2\sin^{-1} \left(\frac{1.01584}{2.001188} \right) = 2\sin^{-1} 0.508$$
$$= 61.0°$$

(f) $\theta = 2\sin^{-1} \left(\dfrac{1 + (24 \times 10^{-6})(-273)}{2(1 + 0.9 \times 10^{-6})(-273)} \right)$

$$= 2\sin^{-1} \left(\frac{0.9934}{1.9995} \right) = 2\sin^{-1} 0.497$$
$$= 59.6°$$

30. (a) $\Delta A = l\Delta w + w\Delta l + \Delta w \Delta l$에서

$\Delta w \Delta l = 0,\ \Delta w = w\alpha\Delta T,\ \Delta l = l\alpha\Delta T$

$\Delta A = lw\alpha\Delta T + lw\alpha\Delta T$

따라서 $A = lw,\quad \Delta A = 2\alpha A\Delta T$

(b) $\Delta w \Delta l \approx 0,\ \alpha\Delta T \approx 0$

$\alpha\Delta T \ll 1$

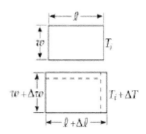

19장 열역학 제1법칙

19.1 열과 내부 에너지

1. (a) $Q = 540\,cal\left(\dfrac{10^3\,cal}{1\,cal}\right)\left(\dfrac{4.186\,J}{1\,cal}\right) = 2.26 \times 10^6\,J$

(b) 한 계단 오르는데 한 일 $W_1 = mgh$,

n계단을 오르는데 한 전체 일 $W = Nmgh \quad \to \quad Q = Nmgh$

$$N = \frac{Q}{mgh} = \frac{2.26 \times 10^6\,J}{(55.0kg)(9.80m/s^2)(0.150m)} = 2.80 \times 10^4 \text{ 계단}$$

(c) $N = \dfrac{0.25Q}{mgh} = 0.25\left(\dfrac{Q}{mgh}\right) = 0.25(2.80 \times 10^4 \text{ 계단})$

$$= 6.99 \times 10^3 \text{ 계단}$$

19.2 비열과 열량 측정법

2. $Q = mgh = mc\Delta T$에서

$$\Delta T = \frac{Q}{mc_w} = \frac{mgh}{mc_w} = \frac{(9.80m/s^2)(807m)}{4186J/kg \cdot ℃} = 1.89℃$$

따라서 나중 온도는 $T_f = T_i + \Delta T = 15.0℃ + 1.89℃ = 16.9℃$

3. $Q_{water} + Q_{Al} + Q_{Cu} = 0$

$(0.250kg)\left(4186\dfrac{J}{kg℃}\right)(T_f - 20℃) + (0.400kg)\left(900\dfrac{J}{kg℃}\right)(T_f - 26℃)$

$+ (0.100kg)\left(387\dfrac{J}{kg℃}\right)(T_f - 100℃) = 0$

$\therefore 1046.5\,T_f - 20930℃ + 360\,T_f - 9360℃ + 38.7\,T_f - 3870℃ = 0$

$1445.2\,T_f = 34160℃ \quad \to \quad T_f = 23.6℃$

4. $Q = mc_{silver}\Delta T$ 에서

$$c_{silver} = \frac{Q}{m\Delta T} = \frac{1.23 \times 10^3\,J}{(0.525kg)(10.0℃)} = 234J/kg \cdot ℃$$

5. $Q_{cold} = -Q_{hot}$

$m_w c_w (T_f - T_w) = -m_{egg} c_{egg} (T_f - T_{egg})$

$m_w = \dfrac{-m_{egg} c_{egg} (T_f - T_{egg})}{c_w (T_f - T_w)}$

$= \dfrac{-6(0.0555kg)(3.27 \times 10^3 J/kg℃)(40℃ - 100℃)}{(4186 \times 10^3 J/kg℃)(40℃ - 23℃)} = 0.918\,kg$

6. $Q_{cold} = -Q_{hot}$ 에서

$$m_{Al}c_{Al}(T_f - T_c) + m_c c_w(T_f - T_c) = -m_h c_w(T_f - T_h)$$

$$(m_{Al}c_{Al} + m_c c_w)T_f - (m_{Al}c_{Al} + m_c c_w)T_c = -m_h c_w T_f + m_h c_w T_h$$

$$\therefore \ T_f = \frac{(m_{Al}c_{Al} + m_c c_w)T_c + m_h c_w T_h}{m_{Al}c_{Al} + m_c c_w + m_h c_w}$$

7. (a) $Q_{cold} = -Q_{hot}$ 에서

$$(m_w c_w + m_c c_c)(T_f - T_c) = -m_{Cu}c_{Cu}(T_f - T_{Cu}) - m_x c_x(T_f - T_x)$$

여기서 w: 물, c: 열량계, Cu: 구리 샘플, x: 미지의 물체

$$[(0.250kg)(4186J/kg \cdot ℃) + (0.100kg)(900J/kg \cdot ℃)](20.0℃ - 10.0℃)$$
$$= -(0.0500kg)(387J/kg \cdot ℃)(20.0 - 80.0)℃$$
$$-(0.0700kg)c_x(20.0℃ - 100℃)$$

$$1.0204 \times 10^4 J = (5.60kg \cdot ℃)c_x$$

$$\therefore \ c_x = 1.82 \times 10^3 \ J/kg \cdot ℃$$

(b) 측정한 비열의 값을 표에서 비교 분석하면 미지의 물체가 무엇인지 확인할 수 있다. 측정한 물질은 베릴륨이다.

(c) 미지의 합금 또는 표의 목록에 없으면 분석하기가 어렵지만 보편적인 물질과 표의 자료를 통해 알 수 있다.

8. (a) $W = \vec{F} \cdot \vec{\Delta r} = (3.20N)(40.0m/s)(15.0s)\cos 0.00° = 1920J$

$$Q = mc\Delta T$$

$$\therefore \ \Delta T = \frac{Q}{mc} = \frac{1920J}{(0.267kg)(448J/kg \cdot ℃)} = 16.1℃$$

(b) 한 일의 양이 같다. 고로 16.1℃

(c) 드릴 비트가 하는 일은 모두 같기 때문에 강철의 내부에너지의 변화는 같다. 따라서 드릴 비트의 모양은 문제 해결에 의미가 없다. 필요 없는 정보는 비트 끝의 모양이다.

9. (a) 퍼텐셜에너지의 60%가 내부에너지로 전환되므로

$$(f)(mgh) = mc\Delta T \quad \rightarrow \quad \Delta T = \frac{fgh}{c}$$

따라서 $\Delta T = \dfrac{(0.600)(9.80m/s^2)(50.0m)}{387J/kg \cdot ℃} = 0.760℃ = T - 25.0℃$

$$\therefore \ T = 25.8℃$$

(b) (a)에서 알 수 있는 것처럼 질량은 의존하지 않는다. 퍼텐셜에너지와 내부에너지는 질량에 의존하지만 결과적으로 질량은 두 에너지 식에서 질량이 지워지기 때문에 질량은 무시된다.

19.3 숨은열

10. 필요한 총 에너지는

$$Q = (융해열에너지) + (녹는에너지) + (기화열에너지)$$
$$+ (끓는에너지) + (110℃ 도달에너지)$$

따라서 $Q = (0.0400kg)[(2090 J/kg \cdot ℃)(10.0℃)$

$$+ (3.33 \times 10^5 J/kg) + (4186 J/kg \cdot ℃)(100℃)$$

$$+ (2.26 \times 10^6 J/kg) + (2010 J/kg \cdot ℃)(10.0℃)]$$

$$\therefore Q = 1.22 \times 10^5 J$$

11. $W_{skier} = Q_{snow}$

$$fd = m_{snow}L_f \quad \rightarrow \quad f = \mu_k n = \mu_k(m_{skier}g)$$

$$\therefore d = \frac{m_{snow}L_f}{\mu_k(m_{skier}g)} = \frac{(1.00kg)(3.33 \times 10^5 J/kg)}{0.200(75.0kg)(9.80 m/s^2)} = 2.27km$$

12. 에너지 보존 법칙에 의해

$$\frac{1}{2}mv^2 + mc|\Delta T| = m_w L_f \quad , \quad 여기서 \ m_w : 녹은 \ 얼음의 \ 질량$$

따라서 $m_w = \left(\frac{3.00 \times 10^{-3} kg}{3.33 \times 10^5 J/kg} \right) [(0.500)(240 m/s)^2 + (128 J/kg \cdot ℃)(30.0℃)]$

$$= \frac{86.4J + 11.5J}{333000 J/kg} = 0.294 g$$

13. (a) 과잉 얼음에 의해 물은 냉각되어 0℃로 내려가기 때문에 일부 얼음도 녹고, 물과 섞이게 된다. 따라서 물+얼음 계의 최종온도는 0℃가 된다.

(b) $mL_f = -m_w c_w (0℃ - T_i)$에서

$$m(3.33 \times 10^5 J/kg) = -(0.600kg)(4186 J/kg \cdot ℃)(0℃ - 18.0℃)$$

$$\therefore m = 136g$$

그러므로 얼음은 $114g$ 남는다.

14. (a) $nK = mc\Delta T$

$$n\left[\frac{1}{2}(1500kg)(25.0 m/s)^2 \right] = (6.00kg)(900 J/kg℃)(660℃ - 20℃)$$

$$\therefore n = \frac{3.46 \times 10^6 J}{4.69 \times 10^5 J} = 7.37$$

따라서 브레이크가 녹으려면 7번을 멈추어야 한다.

19.4 열역학 과정에서의 일

15. $P = \left(\dfrac{P_i}{V_i} \right) V$에서

(a) $W = -\int_i^f P\,dV = -\int_{V_i}^{3V_i} \left(\dfrac{P_i}{V_i}\right) V\,dV = -\dfrac{P_i}{2V_i}(9V_i^2 - V_i^2)$

$\qquad = -4P_iV_i$

(b) $PV = nRT$에서

$\qquad \left[\left(\dfrac{P_i}{V_i}\right)V\right]V = nRT \quad \rightarrow \quad T = \left(\dfrac{P_i}{nRV_i}\right)V^2$

16. (a) $W_{i\to f} = -\int P\,dV = -(6.00\times10^6\,Pa)(2.00\,m^3 - 1.00\,m^3)$
$\qquad\qquad\qquad\qquad - (4.00\times10^6\,Pa)(3.00\,m^3 - 2.00\,m^3)$
$\qquad\qquad\qquad\qquad - (2.00\times10^6\,Pa)(4.00\,m^3 - 3.00\,m^3)$

$\qquad\qquad = -12.0\,MJ$

(b) $W_{f\to i} = +12.0\,MJ$

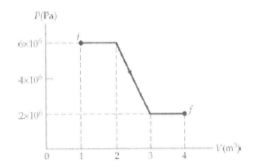

19.5 열역학 제1법칙

17. 열역학 제1법칙 $\Delta E_{int} = Q + W$에서

$\qquad Q = \Delta E_{int} - W = -500\,J - 220\,J = -720\,J$

부호가 마이너스인 것은 계로부터 열에 의해서 전달된다.

18. $\Delta E_{int} = Q + W = 10.0\,J + 12.0\,J = 22.0\,J$

기체의 온도가 증가한다. 그러나 문제의 조건에서 온도는 감소하므로 이 상황은 불가능하다.

19. (a) $PV = nRT \quad \rightarrow \quad V_i = \dfrac{nRT}{P_i}$

$\qquad$ 초기 부피는 $V_i = \dfrac{(2.00\,mol)(8.314\,J/mol\cdot K)(300\,K)}{(0.400\,atm)(1.013\times10^5\,Pa/atm)}\left(\dfrac{1\,Pa}{N/m^2}\right) = 0.123\,m^3$

또 $P_iV_i = P_fV_f$에서

$$V_f = V_i \left(\frac{P_i}{P_f}\right) = (0.123\, m^3)\left(\frac{0.400\, atm}{1.20\, atm}\right) = 0.0410\, m^3$$

(b) $W = -\int P\,dV = -nRT\ln\left(\frac{V_f}{V_i}\right)$

$$= -(4.99\times 10^3 J)\ln\left(\frac{1}{3}\right) = +5.48\, kJ$$

(c) 온도가 일정하기 때문에

$$\Delta E_{int} = 0 = Q + W$$

$$Q = -5.48\, kJ$$

20. (a) $W = -P\Delta V = -P(V_s - V_w)$

$$PV_s = nRT, \quad V_w = \frac{m}{\rho} = \frac{nM}{\rho}$$

$$PV_s = (1.00\, mol)\left(8.314\frac{J}{K\cdot mol}\right)(373K) = 3101 J$$

$$PV_w = (1.00\, mol)(18.0g/mol)(\frac{1.013\times 10^5 N/m^2}{1.00\times 10^6 g/m^3}) = 1.82 J$$

$$W = -3101 J + 1.82 J = -3.10 kJ$$

(b) $Q = L_v \Delta m = (18.0g)(2.26\times 10^6 J/kg) = 40.7 kJ$

따라서 $\Delta E_{int} = Q + W = 40.7 kJ - 3.10 kJ = 37.6 kJ$

21. (a) $W = -P\Delta V = -P(3\alpha V \Delta T)$

$$= -(1.013\times 10^5 N/m^2)\left[3(24.0\times 10^{-6}\,℃^{-1})\left(\frac{1.00\, kg}{2.70\times 10^3\, kg/m^3}\right)(18.0℃)\right]$$

$$= -0.0486\, J$$

(b) $Q = mc\Delta T = (900 J/kg\cdot ℃)(1.00 kg)(18.0℃) = 16.2\, kJ$

(c) $\Delta E_{int} = Q + W = 16.2 kJ - 48.6\, mJ = 16.2 kJ$

22. (a) $\Delta E_{int,ABC} = \Delta E_{int,AC}$

$$\Delta E_{int,ABC} = Q_{ABC} + W_{ABC}$$

$$\therefore Q_{ABC} = \Delta E_{int} - W_{ABC} = 800 J + 500 J = 1300 J$$

(b) $W_{CD} = -P_C \Delta V_{CD}, \quad \Delta V_{AB} = -\Delta V_{CD}, \quad P_A = 5P_C$

따라서 $W_{CD} = \frac{1}{5}P_A \Delta V_{AB} = -\frac{1}{5}W_{AB} = 100 J$

(c) $W_{CDA} = W_{CD}$

$$Q_{CA} = \Delta E_{int,CA} - W_{CDA} = -800 J - 100 J = -900 J$$

(d) $\Delta E_{int,CD} = \Delta E_{int,CDA} - \Delta E_{int,DA} = -800 J - 500 J = -1300 J$

$$Q_{CD} = \Delta E_{int,CD} - W_{CD} = -1300 J - 100 J = -1400 J$$

19.6 열 과정에서 에너지 전달 메커니즘

23. $P_{net} = \sigma Ae(T^4 - T_0^4)$

    $= (5.67 \times 10^{-8}\ W/m^2 \cdot K^4)(1.50\ m^2)(0.900)\left[(308K)^4 - (293K)^4\right]$
    $= 125\ W$

    $T_{ER} = P_{net}\Delta t = (125\ J/s)(600s) = 74.8\ kJ$

24. $k = 1.3\ J/s \cdot m \cdot ℃$

    $P = kA\dfrac{T_h - T_c}{L} = (0.8\ W/m \cdot ℃)(5.00m^2)\dfrac{20℃}{12.0 \times 10^{-2}m}$
    $= 667\ W$

25. (a) $e\sigma A\,T_h^4/e\sigma A\,T_c^4 = (2373/2273)^4 = 1.19$

    (b) $e\sigma 2\pi r_h l\,T_h^4 = e\sigma 2\pi r_c l\,T_c^4 \quad \rightarrow \quad \dfrac{r_c}{r_h} = 1.19$

26. $P = kA\dfrac{T_h - T_c}{L} = (0.210\ W/m \cdot ℃)(1.40m^2)\dfrac{37.0℃ - 34.0℃}{0.0250m}$

    $= 35.3\ W$

    $= (35.3\ J/s)\left(\dfrac{1\ kcal}{4186\ J}\right)\left(\dfrac{3600s}{1h}\right)$

    $= 30.3\ kcal/h$

27. (a) $R = \left[0.890 + \left(\dfrac{0.250}{3.50}\right) \times 1.01 + 0.890\right]\left(\dfrac{ft^2 \cdot ℉ \cdot h}{Btu}\right)$

    $= 1.85\,\dfrac{ft^2 \cdot ℉ \cdot h}{Btu}$

    (b) $\dfrac{1.85}{0.890} = 2.08$

28. (a) $P = kA\dfrac{T_H - T_c}{L} = \dfrac{Q}{\Delta t}$

    $Q = (0.0120\dfrac{W}{m℃})(0.490m^2)\left(\dfrac{37.0 - 23.0}{0.0450m}\right)(12h)\left(\dfrac{3600s}{1h}\right)$
    $= 7.90 \times 10^4\ J$

    $Q = (0.0120\dfrac{W}{m℃})(0.490m^2)\left(\dfrac{37.0 - 16.0}{0.0450m}\right)(12h)\left(\dfrac{3600s}{1h}\right)$
    $= 1.19 \times 10^5\ J$

    전체 열 에너지 $Q_t = 1.19 \times 10^5\ J + 7.90 \times 10^4\ J = 1.98 \times 10^5\ J$

    $m = \dfrac{Q}{L} = \dfrac{1.98 \times 10^5\ J}{205 \times 10^3\ J/kg} = 0.964\ kg$

    (b) 상자가 조립될 때 단열재의 시료와 내부 표면을 37℃로 미리 예열할 수 있다. 그리고 테스트 기간 동안 온도의 변화는 없으며 시료와 단열재의 질량은 차이가 없다. 따라서 이들 정

보를 몰라도 계산할 수 있다.

추가문제

29. $Q = mc\Delta T = \rho V c \Delta T$

$$P = \frac{dQ}{dt} = \rho\left(\frac{dV}{dt}\right)c\Delta T = \rho R c \Delta T$$

$$\therefore c = \frac{P}{\rho R \Delta T} = \frac{200\,W}{900kg/m^3\,(2.00L/\min)\left(\frac{1\min}{60s}\right)(3.50\,\text{℃})}\left(\frac{1\,L}{10^{-3}\,m^3}\right)$$

$$= 1.90 \times 10^3\,\frac{J}{kg\cdot\text{℃}}$$

30. (a) $\dfrac{1}{2}MR^2 = \dfrac{1}{2}\rho V R^2 = \dfrac{1}{2}\rho(\pi R^2 t)R^2$

$$= \frac{1}{2}(8920kg/m^3)\pi(28m)^4 1.2m$$

$$= 1.033 \times 10^{10} kg \cdot m^2$$

$I_i\omega_i = I_f\omega_f$

$$\frac{1}{2}MR_i^2\omega_i = \frac{1}{2}MR_f^2\omega_f = \frac{1}{2}MR_i^2(1-\alpha|\Delta T|)^2\omega_f$$

$$\omega_f = \omega_i\frac{1}{(1-\alpha|\Delta T|)^2}$$

$$= (25\,rad/s)\frac{1}{\left[1-(17\times10^{-6}\text{℃}^{-1})(830\text{℃})\right]^2}$$

$$= 25.7207\,rad/s$$

(a) $\dfrac{1}{2}I_f\omega_f^2 - \dfrac{1}{2}I_i\omega_i^2$

$$= \frac{1}{2}(I_i\omega_i)\omega_f - \frac{1}{2}I_i\omega_i^2$$

$$= \frac{1}{2}I_i\omega_i(\omega_f - \omega_i)$$

$$= \frac{1}{2}\left[1.033\times10^{10}kg\cdot m^2(25\,rad/s)\right](0.7207\,rad/s)$$

$$= 9.31 \times 10^{10}\,J$$

(b) $\Delta E_{int} = mc\Delta T = 2.64\times10^7\,kg\,(387J/kg\cdot\text{℃})(20\text{℃}-850\text{℃})$

$$= -8.47\times10^{12}\,J$$

20장 기체의 운동론

20.1 이상 기체의 분자 모형

1. $\overline{K} = \frac{3}{2} k_B T$ 에서

$$T = \frac{2}{3} \left(\frac{\overline{K}}{k_B} \right) = \frac{2}{3} \left(\frac{3.60 \times 10^{-22} J}{1.38 \times 10^{-23} J/K} \right) = 17.4 K$$

따라서 $PV = nRT \rightarrow n = \frac{PV}{RT} = \frac{(1.20 \times 10^5 N/m^2)(4.00 \times 10^{-3} m^3)}{(8.314 J/mol \cdot K)(17.4 K)} = 3.32 \, mol$

2. $P = \frac{2}{3} \frac{N}{V} \overline{K}$ 에서 $N = \frac{3}{2} \frac{PV}{\overline{K}}$

$$n = \frac{N}{N_A} = \frac{3}{2} \frac{PV}{\overline{K} N_A}$$

3. $P = \frac{2N}{3V} \left(\frac{m_0 \overline{v^2}}{2} \right), \quad \overline{K} = \frac{m_0 \overline{v^2}}{2} = \frac{3PV}{2N}, \quad N = nN_A$

$$\overline{K} = \frac{3PV}{2nN_A} = \frac{3(8.00 \, atm)(1.013 \times 10^5 \, Pa/atm)(5.00 \times 10^{-3} m^3)}{2(2 \, mol)(6.02 \times 10^{23} \, molecules/mol)}$$

$$= 5.05 \times 10^{-21} J$$

4. $p_{rms} = m v_{rms} = \frac{M}{N_A} \sqrt{\frac{3RT}{M}} = \frac{1}{N_A} \sqrt{3RTM} \quad (v_{rms} = \sqrt{\frac{3RT}{M}})$

$$= \frac{1}{6.02 \times 10^{23}} \sqrt{3(8.314 J/mol \cdot K)(350 K)(32.0 \times 10^{-3} kg)}$$

$$= 2.78 \times 10^{-23} kg \cdot m/s$$

5. (a) $PV = nRT = \frac{Nm_0 v^2}{3}$

$$E_{trans} \frac{Nm_0 v^2}{2} = \frac{3}{2} PV = \frac{3}{2} (3.00 \times 1.013 \times 10^5 \, Pa)(5.00 \times 10^{-3} m^3)$$

$$= 2.28 \, kJ$$

(b) $\frac{m_0 v^2}{2} = \frac{3 k_B T}{2} = \frac{3RT}{2 N_A} = \frac{3(8.314 J/mol \cdot K)(300 K)}{2(6.02 \times 10^{23})}$

$$= 6.21 \times 10^{-21} J$$

6. (a) 헬륨에 대해

$$m_0 = 4.00 \, u \left(\frac{1.66 \times 10^{-24} g}{1 \, u} \right) = 6.64 \times 10^{-27} kg \quad (1 \, u = 1.66 \times 10^{-24} g)$$

(b) 철에 대해

$$m_0 = 55.9\,u\left(\frac{1.66 \times 10^{-24}g}{1\,u}\right) = 9.28 \times 10^{-26}\,kg$$

(c) 납에 대해

$$m_0 = 207\,u\left(\frac{1.66 \times 10^{-24}g}{1\,u}\right) = 3.44 \times 10^{-25}\,kg$$

7. $\overline{F} = Nm_0\dfrac{\Delta v}{\Delta t} = \dfrac{(5.00 \times 10^{23})[(4.65 \times 10^{-26}\,kg)2\,(300m/s)]}{1.00s} = 14.0N$

따라서 압력은

$$P = \frac{\overline{F}}{A} = \frac{14.0N}{8.00 \times 10^{-4}m^2} = 17.4\,kPa$$

8. (a) 이상기체 상태 방정식 $PV = nRT$에서

기체가 점유된 부피 $V = 7.00L(10^3\,cm^3/1L)(1\,m^3/10^6\,cm^3) = 7.00 \times 10^{-3}\,m^3$

$\therefore\ T = \dfrac{PV}{nR} = \dfrac{(1.60 \times 10^6\,Pa)(7.00 \times 10^{-3}\,m^3)}{(3.50\,mol)(8.31\,J/mol \cdot K)} = 385\,K$

(b) 기체의 분자당 평균운동에너지

$$\overline{KE}_{molecules} = \frac{3}{2}k_B T = \frac{3}{2}(1.38 \times 10^{-23}\,J/K)(385\,K) = 7.97 \times 10^{-21}\,J$$

(c) 기체의 분자 질량

20.2 이상 기체의 몰비열

9. $\Delta E_{int} = \dfrac{3}{2}nR\Delta T = \dfrac{3}{2}(3.00\,mol)(8.314\,J/mol \cdot K)(200K)$

$\qquad = 74.8\,J$

10. 공기의 내부에너지 $E_{int} = \dfrac{5}{2}nRT$

처음과 나중의 내부 에너지 비는 다음과 같다.

$$\frac{E_{int,f}}{E_{int,i}} = \frac{\frac{5}{2}n_f RT_f}{\frac{5}{2}n_i RT_i} \quad \rightarrow \quad \frac{E_{int,f}}{E_{int,i}} = \frac{P_f V_f}{P_i V_i}$$

여기서 $P_i = P_f = P_0$, $V_i = V_i = V_{집}$ 이므로

$$\frac{E_{int,f}}{E_{int,i}} = 1$$

따라서 고객이 한 말은 사실임을 알 수 있다. 위의 물리적 계산을 통해 누나를 이해시킨다.

11. (a) $n = 1.00\,mol$, $T_i = 300K$

$\qquad V = $일정, $\quad W = 0$

(b) $\Delta E_{int} = Q + W = 209J + 0 = 209J$

(c) $\Delta E_{int} = n C_V \Delta T = n\left(\dfrac{3}{2}R\right)\Delta T$에서

$$\Delta T = \frac{2\Delta E_{int}}{3nR} = \frac{2(209J)}{3(1.00\,mol)(8.314\,J/mol \cdot K)} = 16.8K$$

$$\therefore \ T = T_i + \Delta T = 300K + 16.8K = 317K$$

12. (a) 몰 비열 $C_V = \dfrac{5}{2}R$이므로

단위 질량당 일정 부피에서 비열은

$$c_v = \frac{C_V}{M} = \frac{5}{2}R\left(\frac{1}{M}\right) = \frac{5}{2}(8.314\,J/mol \cdot K)\left(\frac{1.00\,mol}{0.0289\,kg}\right)$$

$$= 719\,J/kg \cdot K = 0.719\,kJ/kg \cdot K$$

(b) $m = Mn = M\left(\dfrac{PV}{RT}\right)$

$$= (0.0289\,kg/mol)\left[\frac{(200 \times 10^3\,Pa)(0.350\,m^3)}{(8.314\,J/mol \cdot K)(300K)}\right] = 0.811\,kg$$

(c) 등적과정에서 $W = 0$이고,

$$Q = m c_v \Delta T = (0.811\,kg)(0.719\,kJ/kg \cdot K)(700K - 300K)$$

$$= 233\,kJ$$

(d) 등압과정에서

$$Q = n C_p \Delta T = \frac{m}{M}(C_V + R)\Delta T = \frac{m}{M}\left(\frac{5}{2}R + R\right)\Delta T$$

$$= \frac{m}{M}\left(\frac{7}{2}R\right)\Delta T = m\left(\frac{7}{5}\right)\left(\frac{\frac{5}{2}R}{M}\right)\Delta T = m\left[\left(\frac{7}{5}\right)\left(\frac{C_V}{M}\right)\right]\Delta T$$

$$\therefore \ Q = (0.811\,kg)\left[\frac{7}{5}(0.719\,kJ/kg \cdot K)\right](400K) = 327kJ$$

13. $Q_{cold} = -Q_{hot} \quad \rightarrow \quad m_{air}c_{p,air}(T_f - T_{i,air}) = -m_w c_w(\Delta T)_w$

$$\therefore (\Delta T)_w = \frac{m_{air}c_{p,air}(T_{i,air} - T_f)}{m_w c_w}$$

$$= \frac{(\rho V)_{air}c_{p,air}(20℃ - 90℃)}{(\rho V)_w c_w}$$

여기서 $C_{p,air} = \dfrac{7}{2}R$

$$\rightarrow \quad c_{p,air} = \frac{7}{2}\left(\frac{R}{M}\right) = \frac{7}{2}(8.314\,J/mol \cdot K)\left(\frac{1.00\,mol}{28.9\,g}\right) = 1.01\,J/g \cdot ℃$$

$$\therefore (\Delta T)_w = \frac{\left[(1.20 \times 10^{-2}\,g/cm^3)(200\,cm^3)\right](1.01\,J/g \cdot ℃)(70℃)}{\left[(1.00\,g/cm^3)(800\,cm^3)\right](4.186\,J/g \cdot ℃)}$$

$$= -5.05 \times 10^{-3}℃$$

물의 온도 변화의 크기 정도는 10^{-3}과 10^{-2} 사이 이다.

20.3 에너지 등분배

14. 21. (a) $E_{int} = Nf\left(\dfrac{k_B T}{2}\right) = f\left(\dfrac{nRT}{2}\right)$

(b) $C_V = \dfrac{1}{n}\left(\dfrac{dE_{int}}{dT}\right) = \dfrac{1}{2}fR$

(c) $C_p = C_V + R = \dfrac{1}{2}(f+2)R$

(d) $\gamma = \dfrac{C_p}{C_V} = \dfrac{f+2}{f}$

15. (a) 보일-샤를의 법칙에 의해

$$\frac{P_f V_f}{T_f} = \frac{P_i V_i}{T_i} \quad \rightarrow \quad T_f = \left(\frac{P_f}{P_i}\right)\left(\frac{V_f}{V_i}\right) T_i$$

또한 $\dfrac{v_{rms,f}}{v_{rms,i}} = \dfrac{\sqrt{\dfrac{5RT_f}{M}}}{\sqrt{\dfrac{5RT_i}{M}}} = \sqrt{\dfrac{T_f}{T_i}}$

$$= \sqrt{\frac{\left(\dfrac{P_f}{P_i}\right)\left(\dfrac{V_f}{V_i}\right) T_i}{T_i}} = \sqrt{\left(\frac{P_f}{P_i}\right)\left(\frac{V_f}{V_i}\right)}$$

$$= \sqrt{\left(\frac{1.00\,atm + 1.95\,atm}{1.00\,atm + 1.65\,atm}\right)\left(\frac{1.0500\,V_i}{V_i}\right)} = 1.08$$

(b) 자유도에 차이가 있지만 분자의 평균 속력의 증가는 결과식에 무관하기 때문에 변화가 없다. 즉, 영향을 받지 않는다.

16. $C_p - C_V = R$이므로

비열비 γ로부터 $C_p = 1.75\,C_V$

$$1.75\,C_V - C_V = R \quad \rightarrow C_V = \frac{R}{0.75} = \frac{4}{3}R$$

이들 값은 $\gamma = 1 + \dfrac{R}{C_V} = 1.67$로부터 얻은 $C_V = \dfrac{3}{2}R$보다 크다. 그러므로 새롭게 발견한 기체의 비열비 $\gamma = 1.75$의 주장은 올바른 것이 아니라고 할 수 있다.

17. 단열과정으로 $Q = 0$

고립계에서 $\Delta K + \Delta E_{int} = 0 \quad \rightarrow \quad \Delta K + nc_v \Delta T = 0$

$$\Delta K = -nc_v(T_f - T_i)$$

$$= -nc_v\left(\frac{T_i V_i^{\gamma-1}}{V^{\gamma-1}} - T_i\right)$$

$$= -nc_v T_i\left[\left(\frac{V_i}{V_f}\right)^{\gamma-1} - 1\right]$$

$$=-nc_v T_i\left[\left(\frac{V_i}{V_i+AL}\right)^{\gamma-1}-1\right]$$

따라서

$$\Delta K=-n\left(\frac{5}{2}R\right)T_i\left[\left(\frac{V_i}{V_i+AL}\right)^{\frac{7}{5}-1}-1\right]$$

$$=-\frac{5}{2}P_i V_i\left[\left(\frac{V_i}{V_i+AL}\right)^{\frac{2}{5}}-1\right]$$

$$\therefore\ P_i=\frac{\Delta K}{\frac{5}{2}V_i\left[1-\left(\frac{V_i}{V_i+AL}\right)^{\frac{2}{5}}\right]}=\frac{\frac{1}{2}mv^2-0}{\frac{5}{2}V_i\left[1-\left(\frac{V_i}{V_i+AL}\right)^{\frac{2}{5}}\right]}$$

$$=\frac{mv^2}{5V_i\left[1-\left(\frac{V_i}{V_i+AL}\right)^{\frac{2}{5}}\right]}$$

$$=\frac{(0.00110kg)(120m/s)^2}{5(12.0\times10^{-6}m^3)\left\{1-\left[\frac{12.0\times10^{-6}m^3}{12.0\times10^{-6}m^3+(0.0300\times10^{-4}m^2)(0.500m)}\right]^{\frac{2}{5}}\right\}}$$

$$=5.74\times10^6\,Pa$$

20.4 이상 기체의 단열 과정

18. (a) $P_i V_i^\gamma=P_f V_f^\gamma\ \rightarrow\ \frac{V_f}{V_i}=\left(\frac{P_i}{P_f}\right)^{1/\gamma}=\left(\frac{1.00}{20.0}\right)^{5/7}=0.118$

(b) $\frac{T_f}{T_i}=\frac{P_f V_f}{P_i V_i}=(20.0)(0.118)=2.35$

(c) 단열과정이므로 $Q=0$

(d) $\gamma=1.40=\frac{C_p}{C_V}=\frac{R+C_V}{C_V},\ \ C_V=\frac{5}{2}R$이고,

$\Delta T=2.35T_i-T_i=1.35T_i$

따라서 $\Delta E_{int}=nC_V\Delta T=(0.0160mol)\left(\frac{5}{2}\right)(8.314J/mol\cdot K)[1.35(300K)]$

$=135\,J$

(e) $W=-Q+\Delta E_{int}=0+135J=+135J$

19. $T_1 V_1^{\gamma-1}=T_2 V_2^{\gamma-1}$ 에서

$$T_2 = T_1\left(\frac{V_1}{V_2}\right)^{\gamma-1} = (300K)\left(\frac{1}{2}\right)^{(1.40-1)} = 227K$$

20. $(TV^{\gamma-1})_i = (TV^{\gamma-1})_f$ 에서

$$T_f = T_i\left(\frac{V_i}{V_f}\right)^{\gamma-1} = (323K)(14.5)^{1.40-1} = 941\,K$$

엔진에서 나중 온도가 668℃가 됨을 알 수 있다. 그러나 엔진의 재료를 알루미늄으로 제작하면 알루미늄의 녹는 온도가 660℃이기 때문에 자동차의 중량을 줄이는 방법에서 문제가 발생한다. 따라서 엔진 재료를 알루미늄으로 하는 것은 불가능하다.

21. (a) $V_i = \pi\left(\frac{2.50\times10^{-2}\,m}{2}\right)(0.500m) = 2.45\times10^{-4}\,m^3$

(b) $PV = nRT$ 에서

$$n = \frac{P_iV_i}{RT_i} = \frac{(1.013\times10^5\,Pa)(2.45\times10^{-4}\,m^3)}{(8.314J/mol\cdot K)(300K)} = 9.97\times10^{-3}\,mol$$

(c) $P_f = 101.3KPa + 800kPa = 901kPa = 9.01\times10^5\,Pa$

(d) $(PV^\gamma)_i = (PV^\gamma)_f$ 에서

$$V_f = V_i\left(\frac{P_i}{P_f}\right)^{1/\gamma} = (2.45\times10^{-4}\,m^3)\left(\frac{101.3}{901.3}\right)^{\frac{5}{7}}$$
$$= 5.15\times10^{-5}\,m^3$$

(e) $P_fV_f = nRT_f$ 에서

$$T_f = T_i\frac{P_fV_f}{P_iV_i} = T_i\frac{P_f}{P_i}\left(\frac{P_i}{P_f}\right)^{1/\gamma} = T_i\left(\frac{P_i}{P_f}\right)^{(1/\gamma-1)}$$
$$= 300K\left(\frac{101.3}{901.3}\right)^{(5/7-1)} = 560K$$

(f) $\Delta E_{int} = W = nc_v\Delta T = (9.97\times10^{-3}\,mol)\frac{5}{2}(8.314J/mol\cdot K)(560K-300K)$
$$= 53.9J$$

(g) 펌프의 지름은 $25.0mm + 2.00mm + 2.00mm = 29.0mm$
$$\therefore\ V = [\pi(14.5\times10^{-3}\,m)^2 - \pi(12.5\times10^{-3}m)^2]\times(4.00\times10^{-2}\,m)$$
$$= 6.79\times10^{-6}\,m^3$$

(h) $m = \rho V = (7.86\times10^3\,kg/m^3)(6.79\times10^{-6}\,m^3) = 53.3\,g$

(i) $\Delta E_{int} = W = nc_v\Delta T + mc\Delta T$
$$\therefore\ \Delta T = \frac{W}{nc_v+mc} = \frac{53.9J}{(9.97\times10^{-3}\,mol)\frac{5}{2}(8.314)+(0.0533kg)(448J/kg\cdot℃)}$$
$$= 2.24℃$$

20.5 분자의 속력 분포

22. (a) $\dfrac{v_{rms,35}}{v_{rms,37}} = \dfrac{\sqrt{3RT/M_{35}}}{\sqrt{3RT/M_{37}}} = \left(\dfrac{37.0\,g/mol}{35.0\,g/mol}\right)^{1/2} = 1.03$

(b) 더 가벼운 원자, ^{35}Cl, 더 빠르게 이동한다.

23. (a) $v_{avg} = \sqrt{\dfrac{8k_BT}{\pi m_0}}$ 로부터

$$T = \dfrac{\pi(6.64\times10^{-27}\,kg)(1.12\times10^4\,m/s)^2}{8(1.38\times10^{-23}\,J/mol\cdot K)} = 2.37\times10^4\,K$$

(b) $T = \dfrac{\pi(6.64\times10^{-27}\,kg)(2.37\times10^3\,m/s)^2}{8(1.38\times10^{-23}\,J/mol\cdot K)} = 1.06\times10^3\,K$

24. 멕스웰-볼츠만 속력 분포 함수에서 $\dfrac{dN_v}{dv} = 0$,

$$4\pi N\left(\dfrac{m_0}{2\pi k_BT}\right)^{3/2} = \exp\left(-\dfrac{m_0v^2}{2k_BT}\right)\left(2v - \dfrac{2m_0v^3}{2k_BT}\right) = 0$$

$$\therefore\ 2 - \dfrac{m_ov^2}{k_BT} = 0 \quad \rightarrow \quad v_{mp} = \sqrt{\dfrac{2k_BT}{m_0}}$$

25. (a) 볼츠만 분포법칙에 대해서 분자-지구 계의 중력위치에너지 m_0gy 에서 높이 y 에 따른 분자의 밀도 수는 $\rightarrow\ n_0 e^{m_0gy/k_BT}$

(b) $\dfrac{n(y)}{n_0} = e^{-m_0gy/k_BT} = e^{-Mgy/N_Ak_BT} = e^{-Mgy/RT}$

$$= e^{-(28.9\times10^{-3})(9.8)(11\times10^3)/(8.314)(293)} = e^{-1.279} = 0.278$$

26. (a) $a = \dfrac{m_0g}{k_BT}$ 라 하자.

$$\int_0^\infty e^{-m_0gy/k_BT}dy = \int_0^\infty e^{-ay}dy = \int_{y=0}^\infty e^{-ay}(-ady)\left(-\dfrac{1}{a}\right)$$

$$= \left(-\dfrac{1}{a}\right)e^{-ay}\Big|_0^\infty = \left(-\dfrac{1}{a}\right)(0-1) = \dfrac{1}{a}$$

$$\int_0^\infty ye^{-ay}dy = \dfrac{1!}{(a)^2} = \left(\dfrac{1}{a}\right)^2$$

따라서 $y_{avg} = \dfrac{\displaystyle\int_0^\infty ye^{-ay}dy}{\displaystyle\int_0^\infty e^{-ay}dy} = \dfrac{(1/a)^2}{(1/a)} = \dfrac{1}{a} = \dfrac{k_BT}{m_0g}$

(b) $y_{avg} = \dfrac{k_B T}{(M/N_A)} = \dfrac{RT}{Mg} = \dfrac{(8.314 J/mol \cdot K)(283K)}{(28.9 \times 10^{-3} kg)(9.8 m/s^2)} = 8.31 \, km$

추가문제

27. (a) $v_{avg} = \dfrac{\sum\limits_i^N v_i}{N} = \dfrac{3.00 + 4.00 + 5.80 + 2.50 + 3.60 + 1.90 + 3.80 + 6.60}{8}$

$= \dfrac{31.2 \, km/s}{8} = 3.90 \, km/s$

(b) $v_{rms} = \sqrt{\dfrac{\sum\limits_i^N v_i^2}{N}} = \sqrt{\dfrac{3^2 + 4^2 + 5.8^2 + 2.5^2 + 3.6^2 + 1.9^2 + 3.8^2 + 6.6^2}{8}}$

$= \sqrt{\dfrac{139.46 \, km^2/s^2}{8}} = \sqrt{17.43 \, km^2/s^2} = 4.18 \, km/s$

28. (a) $\dfrac{1}{2}k_B T + \dfrac{1}{2}k_B T + \dfrac{1}{2}k_B T + \dfrac{1}{2}k_B T + \dfrac{1}{2}k_B T + \dfrac{1}{2}k_B T = 3k_B T$

$\therefore \dfrac{E_{int}}{nT} = 3R$

(b) $3(8.314 J/mol \cdot K) = \dfrac{3(8.314 J)}{(55.845 \times 10^{-3} kg) \cdot K} = 447 J/kg \cdot K$

이것은 0.3% 이내의 표에 나오는 값 $448 J/kg \cdot ℃$ 에 일치하고 있다.

(c) $3(8.314 J/mol \cdot K) = \dfrac{3(8.314 J)}{(197 \times 10^{-3} kg) \cdot K} = 127 J/kg \cdot K$

이것은 2% 이내의 표에 나오는 값 $129 J/kg \cdot ℃$ 에 일치하고 있다.

29. (a) 압력이 증가하면 부피는 감소한다.

따라서 $\dfrac{dV}{dP} < 0 \quad \rightarrow \quad -\dfrac{1}{V}\left(\dfrac{dV}{dP}\right) > 0$

(b) $V = \dfrac{nRT}{P}$ 에서

$\kappa_1 = -\dfrac{1}{V}\dfrac{d}{dP}\left(\dfrac{nRT}{P}\right) = -\dfrac{nRT}{V}\left(-\dfrac{1}{P^2}\right) = \dfrac{1}{P}$

(c) $PV^\gamma = C$이고,

$\kappa_2 = -\left(\dfrac{1}{V}\right)\dfrac{d}{dP}\left(\dfrac{C}{P}\right)^{1/\gamma}$

$= \left(\dfrac{1}{V\gamma}\right)\dfrac{C^{1/\gamma}}{(P^{1/\gamma+1})} = \dfrac{V}{V\gamma P}$

$= \dfrac{1}{\gamma P}$

(d) $\kappa_1 = \dfrac{1}{P} = \dfrac{1}{2.00 \, atm} = 0.500 \, atm^{-1}$

(e) $\kappa_2 = \dfrac{1}{\gamma P} = \dfrac{1}{\dfrac{5}{3}(2.00\,atm)} = 0.300\,atm^{-1}$

30. (a) $\overline{v^2} = \dfrac{1}{N}\displaystyle\int_0^\infty v^2 N_v\,dv \ , \quad a = \dfrac{m_0}{2k_B T}$

따라서 $\overline{v^2} = \dfrac{4N\pi^{-1/2}a^{3/2}}{N}\displaystyle\int_0^\infty v^4 e^{-av^2}\,dv$

$\qquad\qquad = (4a^{3/2}\pi^{-1/2})\dfrac{3}{8a^2}\sqrt{\dfrac{\pi}{a}} = \dfrac{3k_B T}{m}$

$\qquad \therefore\ v_{rms} = \sqrt{\overline{v^2}} = \sqrt{\dfrac{3k_B T}{m_0}}$

(b) $v_{avg} = \dfrac{1}{N}\displaystyle\int_0^\infty v N_v\,dv$

$\qquad = \dfrac{4Na^{3/2}\pi^{-1/2}}{N}\displaystyle\int_0^\infty v^3 e^{-av^2}\,dv$

$\qquad = \dfrac{4a^{3/2}\pi^{-1/2}}{2a^2}$

$\qquad = \sqrt{\dfrac{8k_B T}{\pi m_0}}$

21장 열기관, 엔트로피 및 열역학 제2법칙

21.1 열기관과 열역학 제2법칙

1. (a) $e = \dfrac{W_{eng}}{|Q_h|} = 1 - \dfrac{|Q_c|}{|Q_h|}$ $\rightarrow$ $\dfrac{|Q_c|}{|Q_h|} = 1 - e$ $\rightarrow |Q_h| = \dfrac{|Q_c|}{1-e}$

   따라서 $|Q_h| = \dfrac{|Q_c|}{1-e} = \dfrac{8000\,J}{1-0.250} = 10.7\,kJ$

(b) 한 순환 과정에서 걸리는 시간은

$$W_{eng} = |Q_h| - |Q_c| = 2667\,J \quad 이므로$$

$$P = \frac{W_{eng}}{\Delta t} \rightarrow \Delta t = \frac{W_{eng}}{P} = \frac{2667\,J}{5000\,J/s} = 0.533\,s$$

2. (a) 열기관에서의 열효율은

$$W = \frac{|Q_h|}{4} \quad 이므로 \quad e = \frac{1}{4} = 0.25, \quad 또는 \ 25\%$$

(b) 에너지 보존으로부터

$$|Q_c| = |Q_h| - W \quad 이고, \quad W = \frac{|Q_h|}{4} \quad 이므로$$

$$|Q_c| = \frac{3|Q_h|}{4} \qquad 또는 \quad \frac{|Q_c|}{|Q_h|} = \frac{3}{4}$$

3. 질량 Δm_{Hg}을 녹이는 에너지 $|Q_c| = m_{Hg}L_f$,
   질량 Δm_{Al}을 응고시키는 에너지 $|Q_h| = m_{Al}L_f$

$$e = 1 - \frac{|Q_c|}{|Q_h|}$$

$$= 1 - \frac{\Delta m_{Hg}L_{Hg}}{\Delta m_{Al}L_{Al}} = 1 - \frac{(15.0\,g)(1.18\times10^4\,J/kg)}{(1.00\,g)(3.97\times10^5\,J/kg)}$$

$$= 0.554 = 55.4\%$$

21.2 열펌프와 냉동기

4. (a) $W = Q_H - Q_L = 625\,kJ - 550\,kJ = 75.0\,kJ$

(b) $COP = \dfrac{Q_L}{W} = \dfrac{Q_L}{Q_H - Q_L} = \dfrac{550\,kJ}{625\,kJ - 550\,kJ} = 7.33$

5. (a) $W = P \cdot \Delta t = \left(457\,\dfrac{kWh}{y}\right)\left(\dfrac{3.60\times10^6\,J}{1\,kWh}\right)\left(\dfrac{1\,y}{365\,d}\right)(1\,d)$

   $= 4.51\times10^6\,J$

(b) $COP_R = |Q_c|/W$ 에서

$\quad |Q_c| = (COP)_R \cdot W = 6.30(4.51 \times 10^6 J) = 2.84 \times 10^7 J$

(c) $|Q_c| = mc_w \Delta T + mL_f$ 에서

$$m = \frac{|Q_c|}{c_w |\Delta T| + L_f}$$

$$= \frac{2.84 \times 10^7 J}{(4186 J/kg \cdot ℃)(20.0℃) + 3.33 \times 10^5 J/kg} = 68.1 \, kg$$

6. (a) $COP_{h.p} = \dfrac{Q_H}{W} = \dfrac{Q_H}{Q_H - Q_L}$

$\quad \therefore \ Q_H = COP \cdot W = COP \cdot P\Delta t$

$\qquad = (4.20)(1.75 \times 10^3 J/s)(3600s) = 2.65 \times 10^7 J$

(b) $COP_{refr} = \dfrac{Q_L}{W} = \dfrac{Q_L}{Q_H - Q_L} = \dfrac{Q_H - W}{Q_H - Q_L}$

$\qquad = \dfrac{Q_H}{Q_H - Q_L} + \dfrac{W}{Q_H - Q_L}$, 여기서 $W = Q_H - Q_L$ 이므로

$\qquad = COP_{h.p.} - 1 = (4.20) - 1 = 3.20$

21.4 카르노 기관

7. (a) $T_c = 430℃ = 703K$, $\quad T_h = 1870℃ = 2143K$

$\quad e_c = \dfrac{\Delta T}{T_h} = \dfrac{1440K}{2143K} = 0.672 = 67.2\%$

(b) $e = \dfrac{W_{eng}}{Q_h} = 0.420 \ \rightarrow \ Q_h = 1.40 \times 10^5 J$

$\quad W_{eng} = 0.420 |Q_h| = 5.88 \times 10^4 J$

$\quad \therefore \ P = \dfrac{W_{eng}}{\Delta t} = \dfrac{5.88 \times 10^4 J}{1s} = 58.8 \, kW$

8. 카르노 열효율을 계산해 보자.

$\quad e_c = 1 - \dfrac{T_c}{T_h} = 1 - \dfrac{273K}{293K} = 0.0683 = 6.83\%$

그러므로 계산된 열효율이 작은 값을 만족하므로, 발명가의 엔진이 열효율 11%를 가질 수 있는 방법은 없다.

9. $\begin{cases} Q_h = Q_c + W \\ e = \dfrac{W}{Q_h} = \dfrac{W}{Q_c + W} \end{cases} \rightarrow \dfrac{1}{e} = \dfrac{Q_c + W}{W} = \dfrac{Q_c}{W} + 1$

$\quad COP = \dfrac{Q_c}{W} = \dfrac{1}{e} - 1$

그러므로 $COP = \dfrac{Q_c}{W} = \dfrac{1}{e} - 1 = \dfrac{1}{0.350} - 1 = 1.86$

10. (a) $\Delta E_{int} = 0$ 이고,

$$W = |Q_h| - |Q_c| = |Q_c|\left[\dfrac{|Q_h|}{|Q_c|} - 1\right] \qquad \rightarrow \qquad \dfrac{|Q_h|}{|Q_c|} = \dfrac{T_h}{T_c}$$

$$\therefore \; W = \dfrac{T_h - T_c}{T_c}|Q_c|$$

(b) $COP = \dfrac{|Q_c|}{W} \qquad \rightarrow \qquad COP = \dfrac{T_c}{T_h - T_c}$

11. (a) $T_c = 20.0℃ + 273 = 293 K$

$$e = 1 - \dfrac{T_c}{T_h} = 0.650 \quad \rightarrow \quad \dfrac{T_c}{T_h} = 0.350 \quad \rightarrow T_h = \dfrac{T_c}{0.35}$$

따라서 $T_h = \dfrac{293K}{0.35} = 837K$, 또 $T_h = 837 - 273 = 564℃$

(b) 아니오. 실제 기관은 비가역상태에서 작동되기 때문에 카르노 효율보다 실제 효율은 작을 것이다.

12. $e_{c,s} = 1 - \dfrac{T_c}{T_h} = 1 - \dfrac{(273K + 20.0℃)}{(273K + 350℃)} = 0.530$

$$e_{c,w} = 1 - \dfrac{283}{623} = 0.546$$

따라서 $0.320\left(\dfrac{0.546}{0.530}\right) = 0.330 = 33.0\%$

13. (a) $e_c = 1 - \dfrac{T_c}{T_h} = 1 - \dfrac{273 + 5.00}{273 + 20.0} = 0.0512 = 5.12\%$

(b) $e = \dfrac{W_{eng}}{|Q_h|} \rightarrow |Q_h| = \dfrac{W_{eng}}{e}$

$$\therefore \; \dfrac{d|Q_h|}{dt} = \dfrac{1}{e}\dfrac{dW_{eng}}{dt}$$

$$|P_h| = \dfrac{P_{eng}}{e} = \dfrac{75.0MW}{0.0512}$$

$$= 1.46 \times 10^3 MW\left(\dfrac{10^6 J/s}{1MW}\right)\left(\dfrac{3600s}{1h}\right) = 5.27 \times 10^{12} J/h$$

(c) $N_{home} = \dfrac{P_{eng}}{P_{home}}$

$$= \dfrac{75.0MW}{950kWh/mo}\left(\dfrac{10^3 kW}{1MW}\right)\left(\dfrac{30d}{1mo}\right)\left(\dfrac{24h}{1d}\right)$$

$$= 5.68 \times 10^4 home$$

(d) $I_{absorbed} = \dfrac{P_{absorbed}}{A}, \quad P_{absorbed} = P_h$

$$I_{absorbed} = \frac{P_h}{A} \text{이므로} \quad A = \frac{P_h}{I_{absorbed}}$$

따라서 $A = \dfrac{5.27 \times 10^{12} J/h}{650\, W/m^2 (0.5)} \left(\dfrac{1h}{3600 s} \right) = 4.50 \times 10^6\, m^2$

(e) 네,

$$N_{engines} = \frac{A_{ocean}}{A} = \frac{3.6 \times 10^{14}\, m^2}{4.50 \times 10^6\, m^2} = 8 \times 10^7\ engines$$

$$N_{total\,homes} = N_{engine} N_{homes} = (8 \times 10^7)(5.68 \times 10^4) = 5 \times 10^{12}\ homes$$

(f) 수치적으로는 가치가 있다고 할 수 있으나, 아마 설비 추진은 아닐 것이다.

14. (a) $e_c = 1 - \dfrac{T_c}{T_h} = 1 - \dfrac{350 K}{500 K} = 0.300$

(b) $\dfrac{de_c}{dT_h} = 0 - T_c(-1) T_h^{-2} = \dfrac{T_c}{T_h^2} = \dfrac{350 K}{(500 K)^2} = 1.40 \times 10^{-3}\, K^{-1}$

(c) $\dfrac{de_c}{dT_c} = 0 - \dfrac{1}{T_h} = -\dfrac{1}{500 K} = -2.00 \times 10^{-3}\, K^{-1}$

(d) 아니오. T_h에 의존한다.

15. (a) $\dfrac{W_{eng}}{|Q_h|} = \dfrac{W_{eng}}{|Q_c| + W_{eng}} = \dfrac{2}{3}\left(1 - \dfrac{T_c}{T_h}\right) = \dfrac{2}{3}\dfrac{T_h - T_c}{T_h}$

$\quad\quad \dfrac{|Q_c| + W_{eng}}{W_{eng}} = \dfrac{1.5\, T_h}{T_h - T_c}$

$\quad\quad \therefore\ \dfrac{|Q_c|}{W_{eng}} = \dfrac{1,5\, T_h}{T_h - T_c} - 1 = \dfrac{1.5\, T_h - T_h + T_c}{T_h - T_c}$

$\quad\quad \rightarrow \quad |Q_c| = W_{eng}\dfrac{0.5\, T_h + T_c}{T_h - T_c}$

$\quad\quad \therefore\ \dfrac{|Q_c|}{\Delta t} = \dfrac{W_{eng}}{\Delta t} = \dfrac{W_{eng}}{\Delta t}\dfrac{0.5\, T_h + T_c}{T_h - T_c}$

(b) 연소실의 온도가 상승함에 따라 배기 전력이 감소한다.

(c) $\dfrac{|Q_c|}{\Delta t} = (1.40 MW)\left(\dfrac{0.5\, T_h + 383 K}{T_h - 383 K}\right)$

$\quad\quad = (1.40 MW)\left(\dfrac{0.5(1073 K) + 383 K}{1073 K - 383 K}\right)$

$\quad\quad = 1.87 MW$

(d) $\dfrac{|Q_c|}{\Delta t} = \dfrac{1}{2}(1.87 MW) = (1.40 MW)\left(\dfrac{0.5\, T_h + 383 K}{T_h - 383 K}\right)$

$\quad\quad \dfrac{0.5\, T_h + 383 K}{T_h - 383 K} = 0.666$

$\quad\quad T_h = \dfrac{683 K}{0.166} = 3.84 \times 10^3\, K$

(e) $\dfrac{|Q_c|}{\Delta t} = 1.40\,MW\left(\dfrac{0.5}{1}\right) = 0.700\,MW$

$\left(\dfrac{1}{4}\right)(1.87\,MW) = 0.466\,MW$, 열 배출률이 너무 작다. 그래서 답이 없다. 에너지 배출률이 그렇게 작을 수는 없다.

16. (a) $e = \dfrac{W_1 + W_2}{Q_{1h}} = \dfrac{e_1 Q_{1h} + e_2 Q_{2h}}{Q_{1h}}$

　　이제 $Q_{2h} = Q_{1c} = Q_{1h} - W_1 = Q_{1h} - eQ_{1h'}$

　　즉, $e = \dfrac{e_1 Q_{1h} + e_2(Q_{1h} - eQ_{1h'})}{Q_{1h}} = e_1 + e_2 - e_1 e_2$

(b) $e = e_1 + e_2 - e_1 e_2$

$\quad = 1 - \dfrac{T_i}{T_h} + 1 - \dfrac{T_c}{T_i} - \left(1 - \dfrac{T_i}{T_h}\right)\left(1 - \dfrac{T_c}{T_i}\right)$

$\quad = 2 - \dfrac{T_i}{T_h} - \dfrac{T_c}{T_i} - 1 + \dfrac{T_i}{T_h} + \dfrac{T_c}{T_i} - \dfrac{T_c}{T_h}$

$\quad = 1 - \dfrac{T_c}{T_h}$

(c) 가역 엔진의 조합은 카르노 효율을 가지기 때문에 가역 엔진이 된다. 결과적으로 효율성이 개선되지는 않는다.

(d) $W_2 = W_1 \quad \rightarrow \quad e = \dfrac{W_1 + W_2}{Q_{1h}} = \dfrac{2W_1}{Q_{1h}} = 2e_1$

$\quad 1 - \dfrac{T_c}{T_h} = 2\left(1 - \dfrac{T_i}{T_h}\right) \quad \rightarrow \quad 0 - \dfrac{T_c}{T_h} = 1 - \dfrac{2T_i}{T_h}$

$\quad 2T_i = T_h + T_c \quad \rightarrow \quad T_i = \dfrac{1}{2}(T_h + T_c)$

(e) $e_1 = e_2$

$\quad = 1 - \dfrac{T_i}{T_h} = 1 - \dfrac{T_c}{T_i}$

$\quad T_i^2 = T_c T_h \quad \rightarrow \quad T_i = (T_h T_c)^{1/2}$

17. $COP = 0.100\,COP_{carnot}$

$\quad \dfrac{Q_h}{W} = 0.100\left(\dfrac{Q_h}{W}\right)_c = 0.100\left(\dfrac{1}{\text{카르노효율}}\right)$

$\quad \dfrac{Q_h}{W} = 0.100\left(\dfrac{T_h}{T_h - T_c}\right)$

$\quad\quad = 0.100\left(\dfrac{293\,K}{293\,K - 268\,K}\right) = 1.17$

따라서 방으로 들어가는 에너지는 $1.17\,J$이다.

21.5 가솔린 기관과 디젤 기관

18. 압축비=6.00,

    비열비 $\gamma = 1.40$

(a) 오토 순환과정의 열효율

$$e = 1 - \left(\frac{V_2}{V_1}\right)^{\gamma-1} = 1 - \left(\frac{1}{6.00}\right)^{0.400} = 51.2\%$$

(b) 실제 효율 $e' = 15.0\%$이면, 에너지 전달에 소모되는 연료의 비율

$$e - e' = 36.2\%$$

19. 이상적인 디젤기관에서

BC 과정 : $Q_{BC} = nC_p(T_C - T_B) > 0$

DA 과정 : $Q_{DA} = nC_v(T_A - T_D) < 0$

그러므로 $|Q_c| = |Q_{DA}|$, $Q_h = Q_{BC}$

따라서 열효율

$$\begin{aligned}
e &= 1 - \frac{|Q_c|}{Q_h} \\
&= 1 - \frac{(T_D - T_A)C_v}{(T_C - T_B)C_p} \\
&= 1 - \frac{1}{\gamma}\left(\frac{T_D - T_A}{T_C - T_B}\right)
\end{aligned}$$

21.6 엔트로피

20. (a) 네 개의 동전을 던질 때 윗면, 아래면 확인

Result	Possible Combinations	Total
All heads	HHHH	1
3H, 1T	THHH, HTHH, HHTH, HHHT	4
2H, 2T	TTHH, THTH, THHT, HTTH, HTHT, HHTT	6
1H, 3T	HTTT, THTT, TTHT, TTTH	4
All tails	TTTT	1

(b) 위의 표를 근거로 보면, 윗면 2개, 아래면 2개가 나오는 경우가 제일 빈번하다.

21. (a) 네 개의 구슬 대신 세 개의 구슬을 뽑는 경우

(a)

Result	Possible Combinations	Total
All red	RRR	1
2R, 1G	RRG, RGR, GRR	3
1R, 2G	RGG, GRG, GGR	3
All green	GGG	1

(b) 네 개의 구슬 대신 다섯 개의 구슬을 뽑는 경우

(b)

Result	Possible Combinations	Total
All red	RRRRR	1
4R, 1G	RRRRG, RRRGR, RRGRR, RGRRR, GRRRR	5
3R, 2G	RRRGG, RRGRG, RGRRG, GRRRG, RRGGR, RGRGR, GRRGR, RGGRR, GRGRR, GGRRR	10
2R, 3G	GGGRR, GGRGR, GRGGR, RGGGR, GGRRG, GRGRG, RGGRG, GRRGG, RGRGG, RRGGG	10
1R, 4G	RGGGG, GRGGG, GGRGG, GGGRG, GGGGR	5
All green	GGGGG	1

21.7 열역학 계의 엔트로피

22. $\Delta S = \dfrac{Q_r}{T}$

$= \dfrac{mc_w|\Delta T|}{T}$

$= \dfrac{(0.125kg)(4186J/kg \cdot \text{℃})(80\text{℃})}{293K}$

$= 143J/K$

23. $\Delta S = \dfrac{\frac{1}{2}mv^2}{T} = \dfrac{\frac{1}{2}(1500kg)(20.0m/s)^2}{293K} = 1.02kJ/K$

24. $\Delta S = 2\left[n\ln\left(\dfrac{V_f}{V_i}\right)\right]$

$= 2\left[(0.0440)(8.314J/mol \cdot K)(\ln 2)\right]$

$$= 0.507\,J/K$$

25. $\Delta S = \displaystyle\int_i^f \frac{dQ}{T} = \int_{T_i}^{T_f} mc\frac{dT}{T} = mc\ln|_{T_i}^{T_f} = mc\ln\left(\frac{T_f}{T_i}\right)$

$\qquad = (0.250kg)(4186\,J/kg\cdot K)\ln\left(\dfrac{353K}{293K}\right) = 195\,J/K$

26. $\Delta S = mc_{ice}\displaystyle\int_{261K}^{273K}\frac{dT}{T} = mc_{ice}\ln T|_{261K}^{273K}$

$\qquad = (0.0279kg)(2090\,J/kg\cdot\text{℃})\ln\left(\dfrac{273K}{261K}\right) = 2.62\,J/K$

$\quad \Delta S = \dfrac{Q}{T} = \dfrac{mL_f}{T} = \dfrac{(0.0279kg)(3.33\times10^5\,J/kg)}{273K} = 34.0\,J/K$

$\quad \Delta S = mc_{liquid}\ln\left(\dfrac{T_f}{T_i}\right) = (0.0279kg)(4186\,J/kg\cdot\text{℃})\ln\left(\dfrac{373K}{273K}\right) = 36.5\,J/K$

$\quad \Delta S = \dfrac{mL_v}{T} + mc_{steam}\ln\left(\dfrac{T_f}{T_i}\right)$

$\qquad = \dfrac{(0.0279kg)(2.26\times10^6\,J/kg)}{373K} + (0.0279kg)(2010\,J/kg\cdot\text{℃})\ln\left(\dfrac{388K}{373K}\right)$
$\qquad = 169\,J/K + 2.21\,J/K$

따라서 $\Delta S_{total} = (2.62+34.0+36.5+169+2.21)J/K = 244\,J/K$

21.8 엔트로피와 제2법칙

27. (a) $\Delta S_h = \dfrac{-2.50\times10^3\,J}{725K} = -3.45\,J/K$

(b) $\Delta S_c = \dfrac{+2.50\times10^3\,J}{310K} = +8.06\,J/K$

(c) $\Delta S_U = \Delta S_h + \Delta S_c = -3.45 + 8.06 = +4.61\,J/K$

28. $2500\,kcal/d = \left(\dfrac{2500\times10^3\,cal}{86400s}\right)\left(\dfrac{4186J}{1\,cal}\right) = 120\,W$

$\quad \dfrac{\Delta S}{\Delta t} = \dfrac{Q/T}{\Delta t} = \dfrac{Q/\Delta t}{T} = \dfrac{120\,W}{293K} = 0.4\,W/K \sim 1\,W/K$

추가문제

29.
$$\frac{\Delta S}{\Delta t} = \frac{Q/\Delta t}{T}$$
$$= \frac{mgy/\Delta t}{T} = \frac{(5000 m^3/s)(1000 kg/m^3)(9.80 m/s^2)(50.0 m)}{293 K}$$
$$= 8.36 \times 10^6 J/K \cdot s$$

30. (a) $V_f = \dfrac{V_i}{8}$

$$P_i V_i^\gamma = P_f V_f^\gamma \quad \rightarrow \quad P_f = P_i \left(\frac{V_i}{V_f} \right)^\gamma = P_i 8^{1.40} = 18.4 P_i$$

$$P_f V_f = \frac{18.4 P_i V_i}{8} = 2.30 P_i V_i = 2.30 n R T_i = n R T_f$$

$$T_f = 2.30 T_i$$

$$\Delta E_{int} = n c_v \Delta T = n \frac{5}{2} R (T_f - T_i)$$
$$= \frac{5}{2} n R (1.30 T_i)$$
$$= \frac{5}{2} (1.30 P_i V_i)$$
$$= \frac{5}{2} (1.30)(1.013 \times 10^5 N/m^2)(0.120 \times 10^{-3} m^3)$$
$$= 39.4 J$$

$$Q = 0, \ \Delta E_{int} = Q + W$$
$$W = 39.4 \, J$$

(b) $I = \dfrac{1}{2} M R^2 = \dfrac{1}{2}(5.10 kg)(0.0850 m)^2 = 0.0184 kg \cdot m^2$

$$K_{rot.i} + W = K_{rot.f}$$

$$\frac{1}{2} I \omega_i^2 - 39.4 J = 0$$

$$\omega_i = \left[\frac{2(39.4 J)}{0.0184 kg \cdot m^2} \right]^{1/2} = 65.4 \, rad/s = 625 \, rev/min$$

(c) $W = 0.05 K_{rot.i}$

$$39.4 J = 0.05 \left[\frac{1}{2}(0.0184 kg \cdot m^2) \omega_i^2 \right]$$

$$\therefore \omega_i = \left(\frac{2(789 J)}{0.0184 kg \cdot m^2} \right)^{1/2} = 293 \, rad/s = 2.79 \times 10^3 \, rev/min$$

22장 전기장

22.1 전하의 특성

1. (a) 전자를 하나 잃어버린 전하량은 $0-1(-1.60 \times 10^{-19}C) = +1.60 \times 10^{-19}C$이다.

중성 헬륨원자의 평균질량은 1.0079u 이고 u$=1.660 \times 10^{-27}kg$이므로,

He^+의 질량은

$$1.0079(1.660 \times 10^{-27}kg) - 9.11 \times 10^{-31}kg$$
$$= 1.67 \times 10^{-27}kg$$

(b) 같은 방법으로, 전하량은 $+1.60 \times 10^{-19}C$이다.

나트륨 원자의 평균 질량은 22.990u 이므로

Na^+의 질량은

$$22.990(1.660 \times 10^{-27}kg) - 9.11 \times 10^{-31}kg$$
$$= 3.82 \times 10^{-26}kg$$

(c) 같은 방법이지만 전자를 얻었으므로 전하량은 $0+1(-1.60 \times 10^{-19}C) = -1.60 \times 10^{-19}C$이다.

염소원자의 평균 질량은 35.453u이므로 Cl^-의 질량은

$$35.453(1.660 \times 10^{-27}kg) + 9.11 \times 10^{-31}kg$$
$$= 5.89 \times 10^{-26}kg$$

(d)같은 방법이지만 전자를 2개 잃었으므로, 전하량은 $-2(-1.60 \times 10^{-19}C) = +3.20 \times 10^{-19}C$이다. 칼슘원자의 평균 질량은 40.078u이므로 Ca^{2+}의 질량은

$$40.078(1.660 \times 10^{-27}kg) - 2(9.11 \times 10^{-31}kg)$$
$$= 6.65 \times 10^{-26}kg$$

(e)같은 방법이지만 전자를 3개 얻었으므로, 전하량은 $3(-1.60 \times 10^{-19}C) = -4.80 \times 10^{-19}C$이다. 질소원자의 평균 질량은 14.007u이므로 N^{3-}의 질량은

$$14.007(1.660 \times 10^{-27}kg) + 3(9.11 \times 10^{-31}kg)$$
$$= 2.33 \times 10^{-26}kg$$

(f)같은 방법이지만 전자를 4개 잃었으므로, 전하량은 $-4(-1.60 \times 10^{-19}C) = +6.40 \times 10^{-19}C$이다. 질소원자의 평균 질량은 (e)에서와 같으므로 N^{4+}의 질량은 $14.007(1.660 \times 10^{-27}kg) - 4(9.11 \times 10^{-31}kg) = 2.32 \times 10^{-26}kg$이다.

(g)같은 방법이지만 질소원자핵은 전자를 7개 잃어야 하므로 전하량은 $-7(-1.60 \times 10^{-19}C) = +1.12 \times 10^{-18}C$이다.

질소원자의 평균 질량은 (e)에서와 같으므로 질소원자핵 N^{7+}의 질량은

$$14.007(1.660 \times 10^{-27}kg) - 7(9.11 \times 10^{-31}kg)$$
$$= 2.32 \times 10^{-26}kg$$

(h)분자 전체에서 전자 하나를 얻었으므로, 전하량은 $+1(-1.60 \times 10^{-19}C) = -1.60 \times 10^{-19}C$이다. 수소원자의 평균 질량은 1.0079u이고 산소원자의 평균 질량은 15.999u이므로, H_2O^-의 질량은

$$[2(1.0079) + 15.999](1.660 \times 10^{-27}kg) + 9.11 \times 10^{-31}kg$$
$$= 2.99 \times 10^{-26}kg$$

22.2 쿨롱의 법칙

2. (a) 두 이온은 1e 만큼 대전되어 있으므로, 이온 사이의 전기력은 쿨롱의 법칙에 의해

$$F = k_e \frac{q_1 q_2}{r^2}$$

$$= \frac{k_e e^2}{r^2} = \frac{(8.99 \times 10^9 N \cdot m^2/C^2)(1.60 \times 10^{-19} C)^2}{(0.500 \times 10^{-9} m)^2} = 9.21 \times 10^{-10} N$$

(b) 똑같다. 전기력은 두 전하량의 크기와 거리에 의해 결정되기 때문이다.

3. 쿨롱의 법칙으로부터

$$F = k_e \frac{q_1 q_2}{r^2} = (8.99 \times 10^9 N \cdot m^2/C^2) \frac{(+40 C)(-40 C)}{(2000 m)^2} = -3.60 \times 10^6 N \text{ (인력)}$$

위쪽 전하는 아래쪽 전하에 의해 아래쪽 방향으로 힘을 받을 것이다.

4. $(70 kg)\left(\frac{1 u}{1.66 \times 10^{-27} kg}\right) = 4 \times 10^{28} u$

이것은 거의 1/2을 갖는다. $2 \times 10^{28} u$이고 1%가 되므로 $2 \times 10^{26} u$이고,

전하량 $(2 \times 10^{26})(1.60 \times 10^{-19} C) = 3 \times 10^7 C$

파인만의 힘의 크기

$$F = \frac{k_e q_1 q_2}{r^2} = \frac{(8.99 \times 10^9 N \cdot m^2/C^2)(3 \times 10^7 C)^2}{(0.5 m)^2} \sim 10^{26} N$$

중력의 크기 $F_g = mg = (6 \times 10^{24} kg)(10 m/s^2) \sim 10^{26} N$

따라서 거의 같은 힘의 크기를 갖는다.

5. (a) 쿨롱의 법칙에 의해 $F = k_e \frac{q_1 q_2}{r^2}$이므로

$$F = \frac{(8.99 \times 10^9 N \cdot m^2/C^2)(7.50 \times 10^{-9} C)(4.20 \times 10^{-9} C)}{(1.80 m)^2}$$

$$= 8.74 \times 10^{-8} N$$

(b) 두 전하가 모두 양전하로 대전되어 있으므로 척력이 발생한다.

6. $F_e = k_e \frac{q_E q_M}{r^2} = (8.99 \times 10^9 N \cdot m^2/C^2) \frac{(1.00 \times 10^5 C)^2}{(3.84 \times 10^8 m)^2} = 610 N$

$$F_g = G \frac{m_E m_M}{r^2} = (6.67 \times 10^{-11} N \cdot m^2/kg^2) \frac{(5.98 \times 10^{24} kg)(7.36 \times 10^{22} kg)}{(3.84 \times 10^8 m)^2} = 1.99 \times 10^{20} N$$

따라서 위의 계산으로부터 비교해보면 중력은 전기력보다 18배나 더 크다.

7. (a) $\vec{F} = \frac{k_e (3q) Q}{x^2} \hat{i} + \frac{k_e (q) Q}{(d-x)^2} (-\hat{i}) = 0, \ d = 1.50 m$

$$\frac{3}{x^2} = \frac{1}{(d-x)^2} \rightarrow d - x = \frac{x}{\sqrt{3}}$$

$$\therefore \ x = 0.634d = 0.634(1.50m) = 0.951m$$

(b) 세 번째 전하가 양전하이면 안정된 상태가 된다.

8. (a) $\vec{F} = \dfrac{k_e q_1 Q}{x^2}\hat{l} + \dfrac{k_e q_2 Q}{(d-x)^2}(-\hat{i}) = 0$,

$$\dfrac{q_1}{x^2} = \dfrac{q_2}{(d-x)^2} \rightarrow d-x = x\sqrt{\dfrac{q_2}{q_1}}$$

$d > x$일 때, $d = x + x\sqrt{\dfrac{q_2}{q_1}} = x\left(\dfrac{\sqrt{q_1} + \sqrt{q_2}}{\sqrt{q_1}}\right)$

$$x = \left(\dfrac{\sqrt{q_1}}{\sqrt{q_1} + \sqrt{q_2}}\right)d$$

(b) 세 번째 전하가 양전하이면 안정된 상태가 된다.

9. (a) $F_e = k_e\dfrac{q_E q_M}{r^2} = (8.99 \times 10^9 N \cdot m^2/C^2)\dfrac{(1.60 \times 10^{-19}C)^2}{(0.529 \times 10^{-10}m)^2}$

$$= 8.22 \times 10^{-8}N$$

(b) $F = \dfrac{mv^2}{r} \ \rightarrow \ v = \sqrt{\dfrac{Fr}{m}} = \sqrt{\dfrac{(8.22 \times 10^{-8}N)(0.529 \times 10^{-10}m)}{9.11 \times 10^{-31}kg}}$

$$= 2.19 \times 10^6 m/s$$

10. q_1, q_2사이에 작용하는 힘은 척력이며

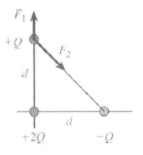

$F_1 = k_e\dfrac{q_1 q_2}{r_{12}^2}$

$= (8.99 \times 10^9 N \cdot m^2/C^2)\dfrac{(6.00 \times 10^{-6}C)(1.50 \times 10^{-6}C)}{(3.00 \times 10^{-2}m)^2}$

$= 89.9N$

q_1, q_3사이에 작용하는 힘은 인력이며

$F_2 = k_e\dfrac{q_1 q_3}{r_{13}^2}$

$= (8.99 \times 10^9 N \cdot m^2/C^2)\dfrac{(6.00 \times 10^{-6}C)(2.00 \times 10^{-6}C)}{(5.00 \times 10^{-2}m)^2}$

$= 43.2N$

q_2, q_3사이에 작용하는 힘은 인력이며

$F_3 = k_e\dfrac{q_2 q_3}{r_{23}^2}$

$= (8.99 \times 10^9 N \cdot m^2/C^2)\dfrac{(1.50 \times 10^{-6}C)(2.00 \times 10^{-6}C)}{(2.00 \times 10^{-2}m)^2}$

$= 67.4N$

(a) q_1에 작용하는 합력은 $F = F_1 - F_2 = 46.7N$ (방향은 왼쪽)

(b) q_2에 작용하는 합력은 $F = F_1 + F_3 = 157N$ (방향은 오른쪽)

(c) q_3에 작용하는 합력은 $F = F_2 + F_3 = 111N$ (방향은 왼쪽)

11. 원점에 있는 전하에 의해 받는 힘은

$$\overrightarrow{F_1} = k_e \frac{Q(2Q)}{d^2}\hat{j} = \frac{k_e Q^2}{d^2}[2\hat{j}]$$

x=d의 위치에 있는 전하에 의해 받는 힘은

$$\overrightarrow{F_2} = k_e \frac{Q(Q)}{(d^2+d^2)}[\frac{\hat{i}-\hat{j}}{\sqrt{2}}] = \frac{k_e Q^2}{d^2}[\frac{\hat{i}-\hat{j}}{2\sqrt{2}}]$$

그러므로 y=d 위치에 있는 전하가 받는 합력은

$$\overrightarrow{F} = \overrightarrow{F_1} + \overrightarrow{F_2}$$
$$= \frac{k_e Q^2}{d^2}[2\hat{j}] + \frac{k_e Q^2}{d^2}[\frac{\hat{i}-\hat{j}}{2\sqrt{2}}]$$
$$= \frac{k_e Q^2}{d^2}[\frac{1}{2\sqrt{2}}\hat{i} + (2 - \frac{1}{2\sqrt{2}})\hat{j}]$$

12. $r_{BC} = \sqrt{4^2+3^2} = 5.00m$

$$\theta = \tan^{-1}\left(\frac{3.00}{4.00}\right) = 36.9°$$

(a) $(F_{AC})_x = 0$

(b) $(F_{AC})_y = |F_{AC}| = k\frac{q_A q_C}{r_{AC}^2}$

$$(F_{AC})_y = (8.99\times10^9 N\cdot m^2/C^2)\frac{(3.00\times10^{-4}C)(1.00\times10^{-4}C)}{(3.00m)^2}$$
$$= 30.0N$$

(c) $|F_{BC}| = k\frac{q_B q_C}{r_{BC}^2}$

$$F_{BC} = (8.99\times10^9 N\cdot m^2/C^2)\frac{(6.00\times10^{-4}C)(1.00\times10^{-4}C)}{(3.00m)^2}$$
$$= 21.6N$$

(d) $(F_{BC})_x = |F_{BC}|\cos\theta = (21.6N)\cos(36.9°) = 17.3N$

(e) $(F_{BC})_y = -|F_{BC}|\sin\theta = -(21.6N)\sin(36.9°) = -13.0N$

(f) $(F_R)_x = (F_{AC})_x + (F_{BC})_x = 0 + 17.3N = 17.3N$

(g) $(F_R)_y = (F_{AC})_y + (F_{BC})_y = 30.0 - 13.0N = 17.0N$

(h) $F_R = \sqrt{(17.3)^2 + (17.0)^2} = 24.3N$

$$\psi = \tan^{-1}\left(\frac{17.0}{17.3}\right) = 44.5°$$

따라서 $\overrightarrow{F_R} = 24.3N$, x축기준 $44.5°$

13. $\overrightarrow{F} = -2\frac{kqQ}{(d/2)^2+x^2}\cos\theta\,\hat{i}$

$$= -2\left[\frac{kqQ}{d^2/4+x^2}\right]\left[\frac{x}{\sqrt{(d^2/4+x^2)}}\right]\hat{i}$$

$$= \left[\frac{-2kqQ}{(d^2/4 + x^2)^{3/2}} \right] \hat{i} = m\vec{a}$$

$x << d/2,\quad \vec{a} = -\left(\frac{2kqQ}{md^3/8} \right)\vec{x} = -\left(\frac{16kqQ}{md^3} \right)\vec{x}$

(a) $\vec{a} = -\omega^2 \vec{x} = -\left(\frac{16kqQ}{md^3} \right)\vec{x}$

$\omega^2 = \frac{16kqQ}{md^3}$ 이므로 단조화 운동

(b) $T = \frac{2\pi}{\omega} = \frac{\pi}{2}\sqrt{\frac{md^3}{kqQ}}$

(c) $v_{\max} = \omega A = 4a\sqrt{\frac{kqQ}{md^3}}$

14. $F_e = F_g$

$\rightarrow\quad k\frac{q^2}{r^2} = G\frac{m^2}{r^2}$

$\therefore\ q = \sqrt{\frac{G}{k}}\ m = \sqrt{\frac{6.673 \times 10^{-11} N \cdot m^2/kg^2}{8.987 \times 10^9 N \cdot m^2/C^2}}\ (1.00 \times 10^{-9} kg) = 8.61 \times 10^{-20} C$

전하량이 극히 작다. 그런 자유 전하는 존재하지 않는다. 그러므로 힘이 평형되어 있지는 않다. 그리고 입자가 전자라고 하면 서로 척력이 일어나 멀어지게 된다. 그러니 이들 상황은 불가능하다.

22.4 분석 모형: 전기장 내의 입자

15. 평형상태에서 전기력과 중력이 같으므로, $\vec{F_e} = -\vec{F_g} \rightarrow q\vec{E} = -mg(-\hat{j})$

따라서 $\vec{E} = \frac{mg}{q}\hat{j}$

(a) 전자에 대하여 구하면

$\vec{E} = \frac{mg}{q}\hat{j} = \frac{(9.11 \times 10^{-31} kg)(9.80 m/s^2)}{-1.60 \times 10^{-19} C}\hat{j}$

$= -(5.58 \times 10^{-11} N/C)\hat{j}$

(b) 양성자는 전자의 1836배의 질량을 가지고 있으므로,

$\vec{E} = \frac{mg}{q}\hat{j} = \frac{(1.67 \times 10^{-27} kg)(9.80 m/s^2)}{-1.60 \times 10^{-19} C}\hat{j}$

$= (1.02 \times 10^{-7} N/C)\hat{j}$

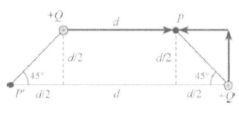

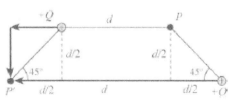

16. $\vec{E} = E_x \hat{i} = \frac{(kQ/n)}{a^2 + x^2}\hat{i}$

따라서 전체 전기장의 크기는

$$\vec{E}_t = nE_x \hat{i} = n\frac{(kQ/n)}{a^2 + x^2}\cos\theta = \frac{kQx\hat{i}}{(a^2 + x^2)^{3/2}}$$

17. (a) 각 전하가 P위치에 만드는 전기장은 오른쪽 그림과 같이 표현할 수 있다. 이때 총 전기장은

$$\vec{E}_p = k_e\frac{Q}{d^2}\hat{i} + k_e\frac{Q}{(d/2)^2 + (d/2)^2}(\frac{-\hat{i}+\hat{j}}{\sqrt{2}})$$

$$= k_e[\frac{Q}{d^2}\hat{i} + \frac{Q}{d^2/2}(\frac{-\hat{i}+\hat{j}}{\sqrt{2}})]$$

$$= k_e\frac{Q}{d^2}[(1-\sqrt{2})\hat{i} + \sqrt{2}\,\hat{j}]$$

(b) 각 전하가 P'위치에 만드는 전기장은 오른쪽 그림과 같이 표현할 수 있다. 이때 총 전기장은

$$\vec{E}_{p'} = k_e\frac{Q}{(d/2)^2 + (d/2)^2}(\frac{-\hat{i}-\hat{j}}{\sqrt{2}}) + k_e\frac{Q}{(2d)^2}(-\hat{i})$$

$$= -k_e[\frac{Q}{d^2/2}(\frac{\hat{i}+\hat{j}}{\sqrt{2}}) + \frac{Q}{4d^2}(-\hat{i})]$$

$$= -k_e\frac{Q}{4d^2}[\frac{8}{\sqrt{2}}(\hat{i}+\hat{j}) + (\hat{i})]$$

$$= -k_e\frac{Q}{4d^2}[(1+4\sqrt{2})\hat{i} + 4\sqrt{2}\,\hat{j}]$$

18. $$\frac{kQ}{a^2}\hat{i} + \frac{kq}{(3a)^2}(-\hat{i}) = \frac{2kQ}{a^2}\hat{i} \quad \rightarrow \quad q = -9Q$$

또한, $$\frac{kQ}{a^2}\hat{i} + \frac{kq}{(3a)^2}(-\hat{i}) = \frac{2kQ}{a^2}(-\hat{i})$$

$$\rightarrow \quad q = +27Q$$

19. 세 점전하에 의한 P에서 전기장의 모식도는 그림과 같이 그릴 수 있다.

$$E_1 = E_2 = \frac{k_e(3.00nC)}{(4.00cm)^2}, \ E_3 = \frac{k_e(2.00nC)}{(4.00cm)^2}$$ 이므로

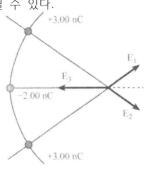

P점에서의 총 전기장의 크기는,

$$E_y = 0$$

$$E_x = 2\frac{k_e(3.00nC)}{(0.0400m)^2}cos30.0° - \frac{k_e(2.00nC)}{(0.0400m)^2}$$

$$= \frac{k_e}{(0.0400m)^2}[2\times(3.00nC)\cos30.0° - (2.00nC)]$$

$$= [\frac{8.99\times10^9 N\cdot m^2/C^2}{(0.0400m)^2}]\times[2(3.00\times10^{-9}C)\cos30.0° - 2.00\times10^{-9}C]$$

$$= 1.80\times10^4 N/C$$

(a) 오른쪽 방향으로 $1.80\times10^4 N/C$

(b) P에 놓인 전하에 미치는 힘의 크기는

$$F = qE = (-5.00 \times 10^{-9}C)E = -8.98 \times 10^{-5}N \text{ (방향은 왼쪽)}$$

20. (a) $d = \sqrt{1^2 + (0.5)^2} = 1.12m$

$$E = \frac{kq}{r^2} = \frac{(8.99 \times 10^9 N \cdot m^2 / C^2)(2.00 \times 10^{-6} C)}{(1.12 m)^2} = 14400 N/C$$

성분, $E_x = 0$, $E_y = 2(14400)\sin 26.6° = 1.29 \times 10^4 N/C$

$\therefore \vec{E} = 1.29 \times 10^4 \hat{j} \, N/C$

(b) $\vec{F} = q\vec{E} = (-3.00 \times 10^{-6}C)(1.29 \times 10^4 \hat{j} \, N/C) = -3.86 \times 10^{-2} \hat{j} N$

21. (a) $\vec{E}_1 = \frac{kq_1}{r_1^2}(-\hat{j}) = \frac{(8.99 \times 10^9 N \cdot m^2 / C^2)(3.00 \times 10^9 C)}{(0.100m)^2}(-\hat{j})$

$\qquad = -(2.70 \times 10^3 N/C)\hat{j}$

$\qquad \vec{E}_2 = \frac{kq_2}{r_2^2}(-\hat{i}) = \frac{(8.99 \times 10^9 N \cdot m^2 / C^2)(6.00 \times 10^9 C)}{(0.300m)^2}(-\hat{i})$

$\qquad = -(5.99 \times 10^2 N/C)\hat{i}$

$\qquad \therefore \vec{E} = \vec{E}_1 + \vec{E}_2 = -(5.99 \times 10^2 N/C)\hat{i} - (2.70 \times 10^3 N/C)\hat{j}$

(b) $\vec{F} = q\vec{E} = (5.00 \times 10^{-9}C)(-599\hat{i} - 2700\hat{j})N/C$

$\qquad = (-3.00 \times 10^{-6}\hat{i} - 13.5 \times 10^{-6}\hat{j})N$

22. $E = \frac{kq}{(x-a)^2} - \frac{kq}{[x-(-a)]^2} = \frac{kq(4ax)}{x^2 - a^2}$

여기서 $x \gg a$이면

$$E = \frac{4akq}{x^3}$$

22.5 전기력선

23. (a) 전기력선

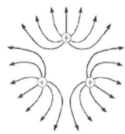

(b) 중심

(c) $\vec{E} = \vec{E}_1 + \vec{E}_2 = k_e \frac{q}{a^2}\left[(\cos 60° \, \hat{i} + \sin 60° \, \hat{j}) + (-\cos 60° \, \hat{i} + \sin 60 \hat{j})\right]$

$$= k_e \frac{q}{a^2} \left[2(\sin 60°)\hat{j} \right] = 1.73 k_e \frac{q}{a^2} \hat{j}$$

26.6 균일한 전기장 내에서 대전 입자의 운동

24. (a) $F = qE = ma$

$$\rightarrow \quad a = \frac{qE}{m} = \frac{(1.602 \times 10^{-19}C)(640 N/C)}{1.67 \times 10^{-27}kg} = 6.14 \times 10^{10} m/s^2$$

(b) $t = \dfrac{v_f - 0}{a} = \dfrac{1.20 \times 10^6 m/s}{6.14 \times 10^{10} m/s^2}$
$= 19.5 \mu s$

(c) $\triangle x = v_i t + \dfrac{1}{2} a t^2$

$$= 0 + \frac{1}{2}(6.14 \times 10^{10} m/s^2)(19.5 \times 10^{-6}s)^2 = 11.7 m$$

(d) $K = \dfrac{1}{2} m v^2$

$$= \frac{1}{2}(1.67 \times 10^{-27}kg)(1.20 \times 10^6 m/s)^2 = 1.20 \times 10^{-15} J$$

25. 전기장이 연직방향이므로 $a_x = 0, \quad x = v_\xi t$

(a) $t = \dfrac{x}{v_{xi}} = \dfrac{0.0500 m}{4.50 \times 10^5 m/s}$
$= 1.11 \times 10^{-7}s$
$= 111 ns$

(b) $a_y = \dfrac{qE}{m}$

$$= \frac{(1.602 \times 10^{-19}C)(9.60 \times 10^3 N/C)}{1.67 \times 10^{-27}kg}$$
$= 9.21 \times 10^{11} m/s^2$

$y_f - y_i = v_{yi}t + \dfrac{1}{2}a_y t^2$

$$\rightarrow \quad y_f = \frac{1}{2}(9.21 \times 10^{11} m/s^2)(1.11 \times 10^{-7}s)^2$$
$$= 5.68 \times 10^{-3} m = 5.67 mm$$

(c) $v_x = 4.50 \times 10^5 m/s$,

$v_{yf} = v_{yi} + a_y t = (9.21 \times 10^{11} m/s^2)(1.11 \times 10^{-7}s)$
$= 1.02 \times 10^5 m/s$
$\vec{v} = (450\hat{i} + 102\hat{j}) km/s$

26.

(a) 등속도 운도
(b) 등가속도 운동

(c) 입자의 포물체 운동을 하며, 중력가속도 g 대신 전기장을 받고 있는 운동.

$$\vec{E} = (-720\,\hat{j})\ N/C$$

(d) $a_y = \dfrac{eE}{m_p} = \dfrac{(1.6\times10^{-19}C)(720N)}{1,67\times10^{-27}kg} = 6.90\times10^{10}\,m/s^2$

이것은 중력가속도보다 크다.

또한, $R = \dfrac{v_i^2\sin2\theta}{a_y} = \dfrac{v_i^2\sin2\theta}{eE/m_p}$

$\qquad = \dfrac{m_p v_i^2 \sin2\theta}{eE}$

(e) $R = \dfrac{m_p v_i^2 \sin2\theta}{eE} = \dfrac{(1.67\times10^{-27}kg)(9.55\times10^3 m/s)^2\sin2\theta}{(1.6\times10^{-19}C)(720N/C)}$

$\qquad = 1.27\times10^{-3}\,m$

$\therefore \sin2\theta = 0.961 \quad\rightarrow\quad \theta = 36.9° \quad 또는\ \theta = 90° - 36.9° = 53.1°$

(f) $\Delta t = \dfrac{R}{v_{ix}} = \dfrac{R}{v_i\cos\theta}$ 에서

$\quad \theta = 36.9° \quad\rightarrow\quad \Delta t = 166\,ns$

$\quad \theta = 53.1° \quad\rightarrow\quad \Delta t = 221\,ns$

27. $qE = ma_x \quad\rightarrow\quad a_x = \dfrac{qE}{m}$

$\quad x_f = x_i + v_{xi}t + \dfrac{1}{2}a_x t^2 = x_i + \dfrac{1}{2}\left(\dfrac{qE}{m}\right)t^2$

또한 $y_f = y_i + v_y t$ 에서 $y_i = 0 \quad \therefore t = \dfrac{y_f}{v_y}$

따라서 $\Delta x = \dfrac{1}{2}\left(\dfrac{qE}{m}\right)\left(\dfrac{y_f}{v_y}\right)^2 = \dfrac{1}{2}\left(\dfrac{qE}{m}\right)\left(\dfrac{-l}{v_y}\right)^2$

$\therefore q = 2\left(\dfrac{m}{E}\right)\left(\dfrac{v_y}{-l}\right)^2 \Delta x = 2\left(\dfrac{1.25\times10^{-11}kg}{6.35\times10^4 N/C}\right)\left(\dfrac{-18.5m/s}{-0.0225m}\right)^2(0.00017m)$

$\qquad = 4.52\times10^{-14}\,C$

28. (a) $-\theta_i < \theta < \theta_i$

$\quad -\tan^{-1}\left(\dfrac{d}{l}\right) < \theta < \tan^{-1}\left(\dfrac{d}{l}\right)$

$\quad \therefore -\tan^{-1}\left(\dfrac{0.030}{0.500}\right) < \theta < \tan^{-1}\left(\dfrac{0.030}{0.500}\right) \quad\rightarrow\quad -3.43° < \theta < 3.43°$

(b) $y_f = (v_i\sin\theta_i)t - \dfrac{1}{2}a_y t^2$

$\qquad = (v_i\sin\theta_i)t - \dfrac{1}{2}\left(\dfrac{qE}{m}\right)t^2 = 0$

$\quad x_f = (v_i\cos\theta_i)t = l$

위의 두 식을 연립하면

$\quad v_i\sin\theta_i = \dfrac{eE}{2m}\left(\dfrac{l}{v_i\cos\theta_i}\right)$

따라서 $E = \dfrac{2m_e v_i^2}{e\,l} \sin\theta_i \cos\theta_i$

$\qquad = \dfrac{2m_e v_i^2}{e\,l} \left(\dfrac{d}{\sqrt{d^2 + l^2}} \right) \left(\dfrac{l}{\sqrt{d^2 + l^2}} \right)$

$\qquad = \dfrac{2m_e v_i^2 d}{e\,(d^2 + l^2)}$

$\therefore E = \dfrac{2(9.11 \times 10^{-31} kg)(5.00 \times 10^6 m/s)^2 (0.0300 m)}{(1.602 \times 10^{-19} C)\left[(0.0300 m)^2 + (0.500 m)^2 \right]} = 34.0 N/C$

추가문제

29. n번째 입자가 만드는 모든 전기장을 합하면

$\vec{E} = \sum \dfrac{k_e q}{r^2} \hat{r}$

$\qquad = \dfrac{-k_e q \hat{i}}{a^2} \left(1 + \dfrac{1}{2^2} + \dfrac{1}{3^2} + \cdots \right)$

$\qquad = -\dfrac{\pi^2 k_e q}{6a^2} \hat{i}$

30. 공이 정지해있기 위해서는 $\sum \vec{F} = 0 = \vec{T} + q\vec{E} + \vec{F_g}$

$E_x = 3.00 \times 10^5 N/C,\ E_y = 5.00 \times 10^5 N/C$ 이므로

$\sum F_x = qE_x - T\sin 37.0° = 0 \cdots (1)$

$\sum F_y = qE_y - T\cos 37.0° - mg = 0 \cdots (2)$

(a) 식(1)을 풀면 $T = \dfrac{qE_x}{\sin 37.0°}$, 이를 이용하여 식(2)를 풀면,

$q = \dfrac{mg}{E_y + \dfrac{E_x}{\tan 37.0°}}$

$\quad = \dfrac{(1.00 \times 10^{-3} kg)(9.80 m/s^2)}{5.00 \times 10^5 N/C + \left(\dfrac{3.00 \times 10^5 N/C}{\tan 37.0°} \right)}$

$\quad = 1.09 \times 10^{-8} C$

(b) 식(1)에 (a)에서 구한 q를 대입하면,

$T = \dfrac{qE_x}{\sin 37.0°}$

$\quad = \dfrac{(1.09 \times 10^{-8} C)(3.00 \times 10^5 N/C)}{\sin 37.0°}$

$\quad = 5.44 \times 10^{-3} N$

23장 연속적인 전하 분포와 가우스 법칙

23.1 연속적인 전하 분포에 의한 전기장

1. 전기력선을 아래에 대략적으로 나타냄.

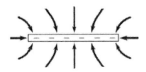

2. $|E| = \dfrac{k_e x Q}{(x^2 + a^2)^{3/2}}$

$\quad = \dfrac{(8.99 \times 10^9 N \cdot m^2/C^2)(75.0 \times 10^{-6} C/m^2)x}{(x^2 + 0.100^2)^{3/2}}$

$\quad = \dfrac{6.74 \times 10^5 x}{(x^2 + 0.0100)^{3/2}}$

(a) $x = 0.0100m$에서
$$\vec{E} = 6.64 \times 10^6 \hat{i} N/C = 6.64\hat{i} MN/C$$

(b) $x = 0.0500m$에서
$$\vec{E} = 2.41 \times 10^7 \hat{i} N/C = 24.1\hat{i} MN/C$$

(c) $x = 0.300m$에서
$$\vec{E} = 6.39 \times 10^6 \hat{i} N/C = 6.39\hat{i} MN/C$$

(d) $x = 1.00m$에서
$$\vec{E} = 6.64 \times 10^5 \hat{i} N/C = 0.664\hat{i} MN/C$$

3. (a) 단위길이의 막대가 P점에 만드는 전기장은 $dE = \dfrac{k_e dq}{x^2 + d^2}$이고, $dq = Qdx/L$이다.

$E_x = \displaystyle\int dE_x = \int dE \sin\theta$, $E_y = \displaystyle\int dE_y = \int dE \cos\theta$이고

$\sin\theta = \dfrac{x}{\sqrt{d^2 + x^2}}$, $\cos\theta = \dfrac{d}{\sqrt{d^2 + x^2}}$이므로

$E_x = -k_e \dfrac{Q}{L} \displaystyle\int_0^L \dfrac{xdx}{(d^2 + x^2)^{3/2}}$

$\quad = -k_e \dfrac{Q}{L} [\dfrac{-1}{(d^2 + x^2)^{1/2}}]_0^L$

$\quad = -k_e \dfrac{Q}{L} [\dfrac{-1}{(d^2 + L^2)^{1/2}} - \dfrac{-1}{(d^2 + 0)^{1/2}}]$

$\quad = -k_e \dfrac{Q}{L} [\dfrac{1}{d} - \dfrac{1}{(d^2 + L^2)^{1/2}}]$

$E_y = k_e \dfrac{Qd}{L} \displaystyle\int_0^L \dfrac{dx}{(d^2 + x^2)^{3/2}}$

$\quad = k_e \dfrac{Qd}{L} [\dfrac{x}{d^2(d^2 + x^2)^{1/2}}]_0^L$

$\quad = k_e \dfrac{Q}{d} [\dfrac{L}{(d^2 + L^2)^{1/2}} - 0] = k_e \dfrac{Q}{d} \dfrac{1}{(d^2 + L^2)^{1/2}}$

(b) d>>L일 때,

$$E_x = -k_e \frac{Q}{L} \left[\frac{1}{d} - \frac{1}{(d^2 + L^2)^{1/2}} \right]$$

$$\rightarrow -k_e \frac{Q}{L} \left[\frac{1}{d} - \frac{1}{(d^2)^{1/2}} \right] \rightarrow E_x \approx 0$$

$$E_y = k_e \frac{Q}{d} \frac{1}{(d^2 + L^2)^{1/2}}$$

$$\rightarrow k_e \frac{Q}{d} \frac{1}{(d^2)^{1/2}} \rightarrow E_y \approx k_e \frac{Q}{d^2}$$

4. (a) $|E| = \int \frac{k_e dq}{x^2}, \quad dq = \lambda_0 \, dx$

$$E = k_e \lambda_0 \int_{x_0}^{\infty} \frac{dx}{x^2} = k_e \lambda_0 \left(-\frac{1}{x} \right) \Big|_{x_0}^{\infty} = \frac{k_e \lambda_0}{x_0}$$

(b) 양전하로 방향은 왼쪽

5. (a) 단위길이의 막대가 P점에 만드는 전기장은 $dE = \dfrac{k_e dq}{x^2 + d^2}$ 이다.

대칭이므로 $E_x = \int dE_x = 0$ 이고, $dq = \lambda dx$ 일 때 $E_y = \int dE_y = \int dE \cos\theta$ 이다.

$\cos\theta = \dfrac{y}{\sqrt{x^2 + d^2}}$ 일 때,

$$E = 2k_e \lambda d \int_0^{l/2} \frac{dx}{(x^2 + d^2)^{3/2}}$$

$$= \frac{2k_e \lambda \sin\theta_0}{d}$$

$$(\text{이때}, \ \sin\theta_0 = \frac{l/2}{\sqrt{(l/2)^2 + d^2}})$$

(b) 무한 막대일 때, $\theta_0 = 90°$ 이므로 $E = \dfrac{2k_e \lambda}{d}$ 이다.

23.2 전기선속

6. $\Phi_E = EA \cos\theta$
$$= (2.00 \times 10^4 N/C)(3.00m)(6.00m)\cos 10.0°$$
$$= 355 kN \cdot m^2/C$$

7. 전기장과 표면의 법선사이의 각을 θ 라 할 때,
$$\Phi_E = \vec{E} \cdot \vec{A} = EA \cos\theta$$

(a) $\Phi_E = (6.20 \times 10^5 N/C)(3.20m^2)\cos 0°$
$$= 1.98 \times 10^6 N \cdot m^2/C$$

(b) $\theta = 90° \rightarrow \cos\theta = 0$ 이므로 $\Phi_E = 0$

8. xy 평면에서 z=0 이므로, $\vec{E} = ay\hat{i} + cx\hat{k}$

$$\Phi_E = \int \vec{E} \cdot d\vec{A}$$
$$= \int (ay\hat{i} + cx\hat{k}) \cdot \hat{k} dA$$
$$= ch \int_{x=0}^{w} x dx$$
$$= ch [\frac{x^2}{2}]_{x=0}^{w} = \frac{chw^2}{2}$$
$$(dA = hdx)$$

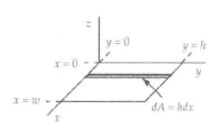

23.3 가우스 법칙

9. $\Phi_{E,hole} = \vec{E} \cdot \vec{A}_{hole}$
$$= (\frac{k_e Q}{R^2})(\pi r^2)$$
$$= (\frac{(8.99 \times 10^9 N \cdot m^2/C^2)(10.0 \times 10^{-6} C)}{(0.100m)^2})[\pi(1.00 \times 10^{-3}m)^2]$$
$$= 28.2 N \cdot m^2/C$$

10. 전기선속
$$\Phi_E = \frac{q_{in}}{\epsilon_0} = \frac{(1.00 \times 10^{-9} C - 3.00 \times 10^{-9} C)}{8.85 \times 10^{-12} C^2/N \cdot m^2}$$
$$= -226 \, N \cdot m^2/C$$

11. 표면을 통과하는 전기선속 $\Phi_E = \frac{q_{In}}{\epsilon_0}$ 이므로,

$$\Phi_{S_1} = \frac{-2Q + Q}{\epsilon_0} = -\frac{Q}{\epsilon_0},$$

$$\Phi_{S_2} = \frac{+Q - Q}{\epsilon_0} = 0,$$

$$\Phi_{S_3} = \frac{-2Q + Q - Q}{\epsilon_0} = -\frac{2Q}{\epsilon_0},$$

$$\Phi_{S_4} = \frac{0}{\epsilon_0} = 0$$

12. 정육면체의 표면을 지나는 전기선속의 총 합은
$$\Phi_E = \frac{q_{In}}{\epsilon_0} = \frac{170 \times 10^{-6} C}{8.85 \times 10^{-12} C^2/N \cdot m^2} = 1.92 \times 10^7 N \cdot m^2/C$$

(a) 한 면을 지나는 전기선속은 전체 전기선속의 $\frac{1}{6}$ 이므로,

$$\frac{1}{6}\Phi_E = 3.20 \times 10^6 N \cdot m^2/C$$

(b) $\Phi_E = 1.92 \times 10^7 N \cdot m^2/C$

(c) (a)의 답은 각 면까지의 거리가 달라지기에 답이 달라진다. (b)의 답은 전체 면을 통과하는 전기선속의 총 합은 일정하기에 답이 달라지지 않는다.

13. (a)내부의 전하량은 +3.00nC이므로,

$$\Phi_E = \frac{q_{In}}{\epsilon_0} = \frac{3.00 \times 10^{-9}C}{8.85 \times 10^{-12}C^2/N \cdot m^2} = 399N \cdot m^2/C$$

(b)가우스 면에서 전기장이 일정하지 않고 대칭성도 없으며 $\vec{E}$나 $d\vec{A}$가 단순하게 표현되지 않으므로 사용할 수 없다.

14. 전체 전하는 $Q - 6|q|$

$$(\Phi_E)_{one\,face} = \frac{Q - 6|q|}{6\epsilon_0}$$

15. (a) 무한 평면이므로 거의 붙어있다고 생각하면

$$\Phi_{E,plane} \approx \frac{1}{2}\Phi_{E,total} = \frac{1}{2}(\frac{q}{\epsilon_0}) = \frac{q}{2\epsilon_0}$$

(b) 아주 큰 정사각형이므로 무한평면과 같다고 볼 수 있다.

$$\Phi_{E,square} \approx \frac{q}{2\epsilon_0}$$

(c) 대전입자에서 보기에는 무한 평면이나 정사각형이나 똑같다.

16. (a) 구면으로 들어오는 전기선속과 나가는 전기선속이 같은 양이므로 0이다.

(b) 원통의 원형 표면의 넓이는 $2\pi R^2$이고 전기장은 각각 E의 크기로 나가는 방향이므로 $2\pi R^2 E$이다.

(c) 그림에서 나오는 전기선속 이므로 원통 내에는 양전하가 있을 것이다. 원형 표면에서 나오는 전기선속이 균일하므로 이 양전하는 원형 표면에 수직한 방향으로 분포해 있을 것이다.

17. (a) $\Phi_{E,face1} = EA\cos\theta$

(b) $\Phi_{E,face2} = EA\cos(90° + \theta) = -EA\sin\theta$

(c) $\Phi_{E,face3} = EA\cos(180° - \theta) = -EA\cos\theta$

(d) $\Phi_{E,face4} = EA\cos(90° - \theta) = EA\sin\theta$

(e) $\Phi_{E,top\,or\,bottom} = EA\cos(90°) = 0$

(f) $\Phi_{E,total} = EA\cos\theta - EA\sin\theta - EA\cos\theta + EA\sin\theta + 0 + 0 = 0$

(g) $\Phi_E = \frac{q_{In}}{\epsilon_0} = 0 \rightarrow q_{In} = 0$

21.5 가솔린 기관과 디젤 기관

18. $E = \dfrac{k_e q}{r^2}$

$\quad = \dfrac{(8.99 \times 10^9 N \cdot m^2/C^2)(82 \times 1.60 \times 10^{-19} C)}{[(208)^{1/3}(1.20 \times 10^{-15}m)]^2}$

$\quad = 2.33 \times 10^{21} N/C$

19. $F = \dfrac{k_e q_1 q_2}{r^2}$

$\quad = (8.99 \times 10^9 N \cdot m^2/C^2)\dfrac{(46)^2(1.60 \times 10^{-19}C)^2}{(2 \times 5.90 \times 10^{-15}m)^2}$

$\quad = 3.50 \times 10^3 N = 3.50 kN$

20. $E = \dfrac{k_e q}{r^2}$

$\quad = \dfrac{(8.99 \times 10^9 N \cdot m^2/C^2)(82 \times 1.60 \times 10^{-19} C)}{[(208)^{1/3}(1.20 \times 10^{-15}m)]^2}$

$\quad = 2.33 \times 10^{21} N/C$

21. (a) $E = \dfrac{\sigma}{2\epsilon_0}$

$\quad = \dfrac{(8.60 \times 10^{-2}C/m^2)}{2(8.85 \times 10^{-12}C^2/N \cdot m^2)} = 4.86 \times 10^9 N/C$

(b) 거리가 아무리 멀어도 부도체 벽의 크기에 비해 작기 때문에, 거리에 따른 변화는 없다.

22. 마분지 원통은 필라멘트에 비해 매우 짧으므로 필라멘트는 무한 도선으로 보아도 무방하다.

(a) $E = \dfrac{2k_e \lambda}{r}$ 이고, $\lambda = \dfrac{2.00 \times 10^{-6}C}{7.00m} = 2.86 \times 10^{-7}C/m$ 이므로

$E = \dfrac{2(8.99 \times 10^9 N \cdot m^2/C)(2.86 \times 10^{-7}C/m)}{0.100m}$

$\quad = 51.4kN/C$

이며 원통을 나가는 방향으로 발생할 것이다.

(b) $\Phi_E = 2\pi r L E = 2\pi r L(\dfrac{2k_e \lambda}{r}) = 4\pi k_e \lambda L$

$\quad = 4\pi(8.99 \times 10^9 N \cdot m^2/C)(2.86 \times 10^{-7}C/m)(0.0200m)$

$\quad = 6.46 \times 10^2 N \cdot m^2/C$

23. (a) $-Q$

(b) 중심에 있어야 한다.

24. 원통의 부피는 $\pi r^2 L$이므로 총 대전된 전하량은 $\rho\pi r^2 L$이다. 가우스 법칙에 의하면,

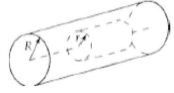

$$\oint \vec{E} \cdot d\vec{A} = E(2\pi r)L = \frac{q}{\epsilon_0} = \frac{\rho\pi r^2 L}{\epsilon_0} \rightarrow \vec{E} = \frac{\rho r}{2\epsilon_0}$$

실린더의 축으로부터 나오는 방향으로 전기장이 발생한다.

25. (a) $(\Phi_E)_{left\,face} = EA\cos\theta = (20.0N/C)(1.00m^2)\cos0° = 20.0N\cdot m^2/C$

$(\Phi_E)_{right\,face} = (35.0.0N/C)(1.00m^2)\cos180° = -35.0N\cdot m^2/C$

$(\Phi_E)_{top\,face} = (25.0.0N/C)(1.00m^2)\cos180° = -25.0N\cdot m^2/C$

$(\Phi_E)_{bottom\,face} = (15.0N/C)(1.00m^2)\cos0° = 15.0N\cdot m^2/C$

$(\Phi_E)_{front\,face} = (20.0N/C)(1.00m^2)\cos0° = 20.0N\cdot m^2/C$

$(\Phi_E)_{back\,face} = (20.0N/C)(1.00m^2)\cos0° = 20.0N\cdot m^2/C$

따라서 전체 전기선속

$$\Phi_E = (20 - 35 - 25 + 15 + 20 + 20) = 15.0N\cdot m^2/C$$

(b) $q_{in} = \epsilon_0\Phi_E = (8.85\times10^{-12}C^2/N\cdot m^2)(15.0N\cdot m^2/C) = 1.33\times10^{-10}C$

(c) 아니다. 면에서 전기장은 균일하지 않을 것이다.

26. (a) 구의 중심에서 전기장

$$E = \frac{k_e Qr}{a^3} = 0$$

(b) $E = \frac{k_e Qr}{a^3} = \frac{(8.99\times10^9 N\cdot m^2/C)(26.0\times10^{-6}C)(0.100m)}{(0.400m)^3} = 365kN/C$

(c) $E = \frac{k_e Q}{r^2} = \frac{(8.99\times10^9 N\cdot m^2/C)(26.0\times10^{-6}C)}{(0.400m)^3} = 1.46MN/C$

(d) $E = \frac{k_e Q}{r^2} = \frac{(8.99\times10^9 N\cdot m^2/C)(26.0\times10^{-6}C)}{(0.600m)^3} = 649kN/C$

27. (a) $E = \frac{2k_e\lambda}{r} = \frac{2k_e(Q/l)}{r}$

$$\rightarrow Q = \frac{Erl}{2k_e} = \frac{(3.60\times10^4 N/C)(0.190m)(2.40m)}{2(8.99\times10^9 N\cdot m^2/C)} = 9.13\times10^{-7}C$$

(b) 전하가 표면에 존재하므로 원통 내부는 전하가 분포하지 않는다. 즉, 전기장은 없다.

$$E = 0$$

28. (a) $\frac{q_{in}}{Q} = \frac{V_{in}}{V} = \frac{\frac{4}{3}\pi r^3}{\frac{4}{3}\pi a^3} = \frac{r^3}{a^3} \rightarrow q_{in} = Q\frac{r^3}{a^3}$

이때 전기력은 척력과 인력에 의해 상호작용한다.

$$F_{척력} = -F_{인력} \rightarrow k_e\frac{q^2}{(2r)^2} = -k_e\frac{q_{in}q}{r^2} = -k_e\frac{q}{r^2}\left(Q\frac{r^3}{a^3}\right)$$

$$r = a\left(\frac{-q}{4Q}\right)^{1/3}$$

(b) $r = a \quad \rightarrow \quad 1 = \left(\frac{-q}{4Q}\right)^{1/3} \qquad \therefore q = -4Q$

$r > a$에서(구의 밖) $E = k_e \dfrac{Q}{r^2}$

$\quad k_e \dfrac{q^2}{(2r)^2} = -(q)\left(k_e \dfrac{Q}{r^2}\right) \qquad$ 즉, $q = -4Q$

예, $r > a$의 어떤 값으로도 가능하다.

추가문제

29. $E = \dfrac{k_e Q x}{(x^2 + a^2)^{3/2}}$ 에서

$$\frac{dE}{dx} = Qk_e\left[\frac{1}{(x^2 + a^2)^{3/2}} - \frac{3x^2}{(x^2 + a^2)^{5/2}}\right] = 0$$

따라서 $x^2 + a^2 - 3x^2 = 0 \quad \rightarrow x = \dfrac{a}{\sqrt{2}}$

$$\therefore E = \frac{k_e Q a}{\sqrt{2}\left(\frac{3}{2}a^2\right)^{3/2}} = \frac{2k_e Q}{3\sqrt{3}\,a^2} = \frac{Q}{6\sqrt{3}\,\pi\epsilon_0 a^2}$$

30. (a) $x > \dfrac{d}{2}$일 때, $dq = \rho dV = \rho A dx = CAx^2 dx$

$$\int \vec{E} \cdot d\vec{A} = EA = \frac{1}{\epsilon_0}\int dq = \frac{CA}{\epsilon_0}\int_0^{d/2} x^2 dx$$

$$= \frac{1}{3}\left(\frac{CA}{\epsilon_0}\right)\left(\frac{d^3}{8}\right)$$

$E = \dfrac{Cd^3}{24\epsilon_0}$ 이므로, $\vec{E} = \dfrac{Cd^3}{24\epsilon_0}\hat{i}$ 이다.

$x < \dfrac{d}{2}$일 때는 방향만 반대이므로

$$\vec{E} = -\frac{Cd^3}{24\epsilon_0}\hat{i}$$

(b) $-\dfrac{d}{2} < x < \dfrac{d}{2}$일 때,

$$\int \vec{E} \cdot d\vec{A} = EA = \frac{1}{\epsilon_0}\int dq = \frac{CA}{\epsilon_0}\int_0^x x^2 dx$$

$$= \frac{CAx^3}{3\epsilon_0}$$

$0 < x$일 때 $\vec{E} = \dfrac{Cx^3}{3\epsilon_0}\hat{i}, \quad x < 0$일 때 $\vec{E} = -\dfrac{Cx^3}{3\epsilon_0}\hat{i}$

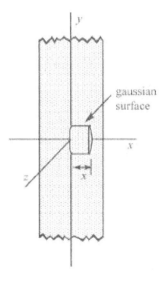

24장 전위

24.1 전위와 전위차

1. $\Delta V = V_f - V_i = -500\,V - 9.00\,V = -14.0\,V$

   $Q = -N_A e = -(6.02 \times 10^{23})(1.60 \times 10^{-19}\,C) = -9.63 \times 10^4\,C$

   $\therefore\ W = Q\Delta V = (-9.63 \times 10^4\,C)(-14.0\,J/C) = 1.35\,MJ$

2. $\dfrac{1}{2} m_e v_i^2 + (-e) V_i = 0 + (-e) V_f$

   $e(V_f - V_i) = -\dfrac{1}{2} m_e v_i^2$

   $\Delta V = -\dfrac{m_e v_i^2}{2e} = -\dfrac{(9.11 \times 10^{-31}\,kg)(2.85 \times 10^7\,m/s)^2}{2(1.60 \times 10^{-19}\,C)}$
   $\qquad = -2.31 \times 10^3\,V = -2.31\,kV$

   (b) (a)로부터 저지 전압은 운동에너지에 비례한다.
   따라서 양성자의 질량이 전자보다 크므로 저지 전위차는 좀 더 커야 한다.

   (c) $\dfrac{\Delta V_p}{\Delta V_e} = \dfrac{m_p v_i^2 / 2e}{-m_e v_i^2 / 2e} = \dfrac{-m_p}{m_e}$

24.2 균일한 전기장에서의 전위차

3. (a) $E = \dfrac{|\Delta V|}{d} = \dfrac{600\,J/C}{5.33 \times 10^{-3}\,m} = 1.13 \times 10^5\,N/C$

   (b) $F = |q|E = (1.60 \times 10^{-19}\,C)(1.13 \times 10^5\,N/C) = 1.80 \times 10^{-14}\,N$

   (c) $W = F \cdot s \cos\theta = (1.80 \times 10^{-14}\,N)\left[(5.33 - 2.00) \times 10^{-3}\,m\right] \cos 0°$
   $\qquad = 4.37 \times 10^{-17}\,J$

4. $\Delta V = -\displaystyle\int_A^B \overrightarrow{E} \cdot \overrightarrow{ds} = 0$ (이유, 전기장의 방향과 등전위면의 방향벡터가 평행하기 때문에

   $\cos 90° = 0$이 된다. 이는 면 위의 변위와 수직임을 알 수 있다.)

5. 처음 있던 위치에서의 전위를 0이라 하면, d만큼 떨어진 곳에서 전위는 $V = -Ed$이고, 길이 L인 막대의 총 전위는

   $$U_e = -\lambda L E d$$

   (a) $K_i + U_i = K_f + U_f \rightarrow 0 + 0 = \dfrac{1}{2} m_{rod} v^2 - qV \rightarrow 0 = \dfrac{1}{2} \mu L v^2 - \lambda L E d$이므로,

   $$v = \sqrt{\dfrac{2\lambda E d}{\mu}} = \sqrt{\dfrac{2(40.0 \times 10^{-6}\,C/m)(100\,N/C)(2.00\,m)}{(0.100\,kg/m)}} = 0.400\,m/s$$

   (b) 막대의 각 부분이 받는 힘은 같으므로 같은 속력이 된다.

24.3 점전하에 의한 전위와 전기적 위치 에너지

6. $r\cos30° = \dfrac{d}{2} \rightarrow r = \dfrac{d}{2\cos30°}$

$$V = k_e\left(\dfrac{Q}{d(2\cos30°)} + \dfrac{Q}{d/(2\cos30°)} + \dfrac{2Q}{d/(2\cos30°)}\right)$$

$$= 4\left(2\cos30°\,k_e\dfrac{Q}{d}\right) = 6.93k_e\dfrac{Q}{d}$$

7. (a) $V = k_e\sum\dfrac{q}{r} = (8.99\times10^9\,N\cdot m^2/C^2)\left(\dfrac{5.00\times10^{-9}C}{0.175m} + \dfrac{-3.00\times10^{-9}C}{0.175m}\right)$

$\qquad = 103\,V$

(b) $U = \dfrac{k_e q_1 q_2}{r_{12}} = (8.99\times10^9\,N\cdot m^2/C^2)\left(\dfrac{(5.00\times10^{-9}C)(-3.00\times10^{-9}C)}{0.350m}\right)$

$\qquad = -3.85\times10^{-7}J$

부호는 두 전하 쌍을 처음 위치로부터 더 멀어지게 떨어트릴 때 양의 값을 가진 일을 해주어야 한다는 의미이다.

8. $V_{total} = V_{sphere} + V_{shell} = k_e\dfrac{Q}{r} + k_e\dfrac{Q_{shell}}{r} = \dfrac{k_e}{r}(Q + Q_{shell})$

$$E_r = -\dfrac{dE}{dr} = \dfrac{k_e}{r^2}(Q + Q_{shell}) = 0$$

$$\therefore Q_{shell} = -Q$$

따라서 $V_{shell} = k_e\dfrac{Q}{R}$

9. (a) 각 전하의 중심으로부터 거리는 $a/\sqrt{2}$ 이므로

$$V = k_e\sum\dfrac{q}{r} = 4k_e\left(\dfrac{Q}{a/\sqrt{2}}\right) = 4\sqrt{2}\,k_e\dfrac{Q}{a}$$

(b) $W = q\Delta V = q\left(4\sqrt{2}\,k_e\dfrac{Q}{a} - 0\right) = 4\sqrt{2}\,k_e\dfrac{qQ}{a}$

10. (a) $V_A = k_e\left(\dfrac{Q}{d} + \dfrac{2Q}{d\sqrt{2}}\right) = k_e\dfrac{Q}{d}(1 + \sqrt{2})$

$\qquad = (8.99\times10^9\,N\cdot m^2/C^2)\left(\dfrac{5.00\times10^{-9}C}{2.00\times10^{-2}m}\right)(1 + \sqrt{2})$

$\qquad = 5.43\,kV$

(b) $V_B = k_e\left(\dfrac{Q}{d\sqrt{2}} + \dfrac{2Q}{d}\right) = k_e\dfrac{Q}{d}\left(\dfrac{1}{\sqrt{2}} + 2\right)$

$\qquad = (8.99\times10^9\,N\cdot m^2/C^2)\left(\dfrac{5.00\times10^{-9}C}{2.00\times10^{-2}m}\right)\left(\dfrac{1}{\sqrt{2}} + 2\right)$

$\qquad = 6.08\,kV$

(c) $V_B - V_A = k_e \dfrac{Q}{d} \left(\dfrac{1}{\sqrt{2}} + 1 - \sqrt{2} \right)$

$\qquad = (8.99 \times 10^9 \, N \cdot m^2 / C^2) \left(\dfrac{5.00 \times 10^{-9} C}{2.00 \times 10^{-2} m} \right) \left(\dfrac{1}{\sqrt{2}} + 1 - \sqrt{2} \right)$

$\qquad = 658 \, V$

11. $U = U_1 + U_2 + U_3 + U_4$

$\qquad = 0 + U_{12} + (U_{13} + U_{23}) + (U_{14} + U_{24} + U_{34})$

$\qquad = 0 + \dfrac{k_e Q^2}{s} + \dfrac{k_e Q^2}{s} \left(\dfrac{1}{\sqrt{2}} + 1 \right) + \dfrac{k_e Q^2}{s} \left(1 + \dfrac{1}{\sqrt{2}} + 1 \right)$

$\qquad = \dfrac{k_e Q^2}{s} \left(4 + \dfrac{2}{\sqrt{2}} \right) = 5.41 \dfrac{k_e Q^2}{s}$

12. (a) 이 총 전위가 0인 지점에는 전하로부터 유한한 거리에 위치한다. 즉, 존재하는 점은 없다.

(b) $V = \dfrac{k_e q}{a} + \dfrac{k_e q}{a} = \dfrac{2k_e q}{a}$

13. (a) 운동량 보존에 의해 $m_1 v_1 = m_2 v_2 \rightarrow v_2 = \dfrac{m_1 v_1}{m_2}$ 이고, 에너지 보존에 의하면

$0 = \dfrac{k_2 (-q_1) q_2}{d} = \dfrac{1}{2} m_1 v_1^2 + \dfrac{1}{2} m_2 v_2^2 + \dfrac{k_e (-q_1) q_2}{r_1 + r_2}$ 가 되고

정리하면 $v_1 = \sqrt{\dfrac{2 m_2 k_e q_1 q_2}{m_1 (m_1 + m_2)} \left(\dfrac{1}{r_1 + r_2} - \dfrac{1}{d} \right)}$ 이다.

$v_1 = \sqrt{\dfrac{2(0.700)(8.99 \times 10^9)(2 \times 10^{-6})(3 \times 10^{-6})}{(0.100)(0.800)} \left(\dfrac{1}{8 \times 10^{-3}} - \dfrac{1}{1.00} \right)}$

$\quad = 10.8 \, m/s$

$v_2 = \dfrac{m_1 v_1}{m_2} = \dfrac{(0.100 kg)(10.8 m/s)}{0.700 kg} = 1.55 \, m/s$

(b) 도체 구일 경우 표면에 전하가 분포하므로 충돌할 때 실질적으로 전하간의 거리가 $r_1 + r_2$ 보다 짧을 것이다. 그러므로, 속력은 (a)에서 계산한 값보다 커질 것이다.

14. 정육면체에서 변의길이인 s의 길이로 인접한 입자들은 변의 개수인 12개만큼 존재한다. 또한 각 면에 대해서 대각선의 길이인 $\sqrt{2} s$의 길이로 인접한 입자들은 면당 2개씩 있으므로 총 12개만큼 존재한다. 마지막으로, 정육면체의 중심을 통과하는 대각선 방향으로 $\sqrt{3} s$의 길이로 인접하는 입자들은 총 4개가 존재한다.

$U = \dfrac{k_e q^2}{s} \left(12 + \dfrac{12}{\sqrt{2}} + \dfrac{4}{\sqrt{3}} \right) = 22.8 \dfrac{k_e q^2}{s}$

15. $K_i + U_i = K_f + U_f$ 으로부터,

$$0 + \frac{4k_e q^2}{L} + \frac{2k_e q^2}{\sqrt{2}\,L} = 4\left(\frac{1}{2}mv^2\right) + \frac{4k_e q^2}{2L} + \frac{2k_e q^2}{2\sqrt{2}\,L}$$

$$\rightarrow \quad \left(2 + \frac{1}{\sqrt{2}}\right)\frac{k_e q^2}{L} = 2mv^2$$

$$\therefore \ v = \sqrt{\left(1 + \frac{1}{\sqrt{8}}\right)\frac{k_e q^2}{mL}}$$

24.4 전위로부터 전기장의 계산

16. $E_y = -\dfrac{\partial V}{\partial y} = -\dfrac{\partial}{\partial y}\left[\dfrac{k_e Q}{l}\ln\left(\dfrac{l + \sqrt{l^2 + y^2}}{y}\right)\right]$

$\qquad = \dfrac{k_e Q}{l\,y}\left[1 - \dfrac{y^2}{l^2 + y^2 + l\sqrt{l^2 + y^2}}\right] = \dfrac{k_e Q}{y\sqrt{l^2 + y^2}}$

17. $E_x = -\dfrac{\Delta V}{\Delta x} = -(기울기)$

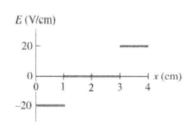

$\qquad x = 0 \sim 1\,cm \qquad E_x = -\dfrac{20\,V - 0}{1\,cm} = -20\,V/m$

$\qquad x = 1 \sim 3\,cm \qquad E_x = -\dfrac{0}{2\,cm} = 0\,V/m$

$\qquad x = 3 \sim 4\,cm \qquad E_x = -\dfrac{0 - 20\,V}{1\,cm} = +20\,V/m$

18. $E = -\dfrac{dV}{dx} = -\dfrac{30\,V - 0\,V}{1cm} = -30\,V/cm$

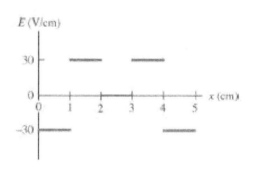

$E = -\dfrac{dV}{dx} = -\dfrac{0\,V - 30\,V}{1cm} = 30\,V/cm$

$E = -\dfrac{dV}{dx} = -\dfrac{0\,V - 0\,V}{1cm} = 0\,V/cm$

$E = -\dfrac{dV}{dx} = -\dfrac{-30\,V - 0\,V}{1cm} = 30\,V/cm$

$E = -\dfrac{dV}{dx} = -\dfrac{0\,V - (-30\,V)}{1cm} = -30\,V/cm$

24.5 연속적인 전하 분포에 의한 전위

19. (a) $\alpha = \dfrac{\lambda}{x}$ 이므로 단위를 표현하면 $\dfrac{C}{m} \cdot \dfrac{1}{m} = \dfrac{C}{m^2}$ 이 된다.

(b) $dq = \lambda dx = \alpha x dx$ 이므로 A에서의 전위는

$$V = \int_0^L dV = \int_0^L k_e \frac{dq}{d+x} = \int_0^L k_e \frac{\alpha x \, dx}{d+x}$$

$u = d + x$로 치환하면 $du = dx$이고 적분범위는 d부터 d+L까지로 바뀐다.

$$V = \int_d^{d+L} \frac{k_e \alpha (u-d)}{u} du$$

$$= k_e \alpha \left(\int_d^{d+L} du - d \int_d^{d+L} \frac{1}{u} du \right)$$

$$= k_e \alpha (d + L - d) - k_e \alpha d [\ln(d+L) - \ln d]$$

$$= k_e \alpha \left[L - d \ln\left(1 + \frac{L}{d}\right) \right]$$

20. $V = \int \frac{k_e \, dq}{r} = k_e \int \frac{\alpha x \, dx}{\sqrt{b^2 + (L/2 - x)^2}}$, $z = \frac{L}{2} - x \rightarrow x = \frac{L}{2} - z, \; dx = -dz$

$$\therefore \; V = k_e \alpha \int \frac{(L/2 - z)(-dz)}{\sqrt{b^2 + z^2}}$$

$$= -\frac{k_e \alpha L}{2} \int \frac{dz}{\sqrt{b^2 + z^2}} + k_e \alpha \int \frac{z \, dz}{\sqrt{b^2 + z^2}}$$

$$= -\frac{k_e \alpha L}{2} \ln\left(z + \sqrt{z^2 + b^2}\right) + k_e \alpha \sqrt{z^2 + b^2}$$

21. $V = k_e \int_{-3R}^{-R} \frac{\lambda \, dx}{-x} + k_e \int_{semicircle} \frac{\lambda \, ds}{R} + k_e \int_R^{3R} \frac{\lambda \, dx}{x}$

$= k_e \lambda \ln 3 + k_e \lambda \pi + k_e \lambda \ln 3$

$= k_e \lambda (\pi + 2\ln 3)$

22. $V_{halfring} = \frac{1}{2} V_{ring} = \frac{k_e Q}{2\sqrt{R^2 + x^2}}$

$$V_{rod} = \frac{1}{2} V_{rod} = 2k_e \frac{Q}{R} \ln\left(\frac{R + \sqrt{x^2 + R^2}}{x}\right)$$

$$\therefore \; V_{total} = V_{halfring} + V_{rod}$$

$$= \frac{k_e Q}{2\sqrt{R^2 + x^2}} + \frac{2k_e Q}{R} \ln\left(\frac{R + \sqrt{x^2 + R^2}}{x}\right)$$

24.6 정전기적 평형 상태의 도체

23. 불규칙한 모양의 도체에서는 전위를 계산할 수 없다. 그 이유는 표면의 한 지점에 있는 전기장과 전위를 연관시킬 명확한 방법이 없다.(균일한 전기장을 갖는 구에서는 반지름을 알면 전기장과 전위를 연관시킬 수 있다는 것은 안다.)

24. 구형구리 표면 외부에서의 전기장은

$$\vec{E} = k_e \frac{q}{r^2} = (8.99 \times 10^9 N \cdot m^2/C^2)[\frac{40.0 \times 10^{-9} C}{(0.15m)^2}]$$
$$= 1.60 \times 10^4 N/C = 16.0 kN/C$$

그래프에서 15cm거리일 때 최고점이 6.5kN/C이므로 이 상황은 불가능하다.

25. 표면의 면적은 $A = 4\pi a^2$ 이다.

구면 외부의 전기장은

$$E = \frac{k_e Q}{a^2} = \frac{Q}{4\pi \epsilon_0 a^2} = \frac{Q}{A \epsilon_0} = \frac{\sigma}{\epsilon_0}$$

26. 아래 그림과 같이 나타낸다. 이때, 구 껍질은 도체이므로 껍질 외부로 나아가는 전기력선은 구 껍질에 수직이 되도록 그려야한다.

27. 전기장은 동일하다. 균일하게 대전된 무한 도체 평면에서 $E = \frac{\sigma}{\epsilon_0}$ 이고,

부도체 평면이라면 $E = \frac{\sigma}{2\epsilon_0}$, 하지만, 도체는 양면으로 전하가 균일하게 퍼지므로 $\sigma = \frac{Q}{2A}$

가 되고, 부도체는 한쪽 면에만 퍼지므로 $\sigma = \frac{Q}{A}$ 이다.

따라서, 전기장은 $E = \frac{Q}{2A\epsilon_0}$ 로 동일하다.

28. (a) $E = 0$

$$V = \frac{k_e q}{R}$$
$$= \frac{(8.99 \times 10^9 N \cdot m^2/C^2)(26.0 \times 10^{-6} C)}{0.140 m} = 1.67 MV$$

(b) $E = \frac{k_e q}{r^2} = \frac{(8.99 \times 10^9 N \cdot m^2/C^2)(26.0 \times 10^{-6} C)}{(0.200 m)^2} = 5.84 MN/C$

$V = \frac{k_e q}{R} = \frac{(8.99 \times 10^9 N \cdot m^2/C^2)(26.0 \times 10^{-6} C)}{0.200 m} = 1.17 MV$

(c) $E = \frac{k_e q}{r^2} = \frac{(8.99 \times 10^9 N \cdot m^2/C^2)(26.0 \times 10^{-6} C)}{(0.140 m)^2} = 11.9 MN/C$

$V = \frac{k_e q}{R} = \frac{(8.99 \times 10^9 N \cdot m^2/C^2)(26.0 \times 10^{-6} C)}{0.140 m} = 1.67 MV$

추가문제

29. x축 위의 전위는 $V = \dfrac{k_e Q}{\sqrt{R^2 + x^2}}$

고리 중심에서의 전위 $V = \dfrac{k_e Q}{\sqrt{R^2 + 0^2}} = \dfrac{k_e Q}{R}$ 이므로

고리 중심에서 입자가 가지는 전기적 위치 에너지 $U = QV = Q\left(\dfrac{k_e Q}{R}\right) = \dfrac{k_e Q^2}{R}$

$$\dfrac{1}{2}mv^2 = \dfrac{k_e Q^2}{R}$$

$$\rightarrow \quad v = \sqrt{\dfrac{2k_e Q^2}{mR}} = \sqrt{\dfrac{2(8.99 \times 10^9 N \cdot m^2/C^2)(50.0 \times 10^{-6}C)^2}{(0.100kg)(0.500m)}} = 30.0 m/s$$

의 속력까지 가속 될 수 있다.

입자가 실험실 벽에 닿을 때 속력이 40.0m/s의 속력이 되는 것은 불가능하다.

30. $V = k_e \displaystyle\int_a^{a+L} \dfrac{\lambda\, dx}{\sqrt{x^2 + b^2}} = k_e \lambda \ln\left[x + \sqrt{x^2 + b^2}\right]_a^{a+L}$

$\qquad = k_e \lambda \ln\left[\dfrac{a + L + \sqrt{(a+L)^2 + b^2}}{a + \sqrt{a^2 + b^2}}\right]$

25장 전기용량과 유전체

25.1 전기용량의 정의

1. (a) 26.1의 정의에 의하면 $C = \dfrac{Q}{\Delta V} \rightarrow \Delta V = \dfrac{Q}{C} = \dfrac{27.0 \mu C}{3.00 \mu F} = 9.00 V$

(b) $\Delta V = \dfrac{Q}{C} = \dfrac{36.0 \mu C}{3.00 \mu F} = 12.0 V$

2. (a) $C = \dfrac{Q}{\Delta V} = \dfrac{10.0 \times 10^{-6} C}{10.0 V} = 1.00 \times 10^{-6} F = 1.00 \mu F$

(b) $\Delta V = \dfrac{Q}{C} = \dfrac{100 \times 10^{-6} C}{1.00 \times 10^{-6} V} = 100 V$

25.2 전기용량의 계산

3. 평행판에 축전된 전하의 밀도는 $\sigma = \dfrac{Q}{A} = \dfrac{\epsilon_0 \Delta V}{d}$ 이다.

$d = \dfrac{\epsilon_0 \Delta V}{Q/A} = \dfrac{(8.85 \times 10^{-12} C^2/N \cdot m^2)(150 V)}{(30.0 \times 10^{-9} C/cm^2)} = 4.43 \mu m$

4. (a) $C = \dfrac{\kappa \epsilon_0 A}{d} = \dfrac{(1.00)(8.85 \times 10^{-12} C^2/N \cdot m^2)(2.30 \times 10^{-4} m^2)}{1.50 \times 10^{-3} m}$

$\qquad = 1.36 \times 10^{-12} = 1.36 pF$

(b) $Q = CV = (1.36 pF)(12.0 V) = 16.3 pC$

(c) $E = \dfrac{V}{d} = \dfrac{12.0 V}{1.50 \times 10^{-3} m} = 8.00 \times 10^3 V/m$

5. $\theta = \pi$, 면적 $= 0$

$\quad \theta = 0$, 면적 $= \dfrac{\pi R^2}{2}$

이때, 유효 면적 $= \dfrac{(\pi - \theta)R^2}{2}$

따라서 $C = (2N-1)\dfrac{\epsilon_0 A_{eff}}{d/2}$

$\qquad = \dfrac{(2N-1)\epsilon_0 (\pi - \theta)R^2/2}{d/2}$

$\qquad = \dfrac{(2N-1)\epsilon_0 (\pi - \theta)R^2}{d}$

6. $T\cos\theta - mg = 0$

$\quad T\sin\theta - qE = 0$

$\qquad \tan\theta = \dfrac{qE}{mg} \quad \rightarrow \quad E = \dfrac{mg}{q}\tan\theta$

$$\Delta V = Ed = \frac{mgd\tan\theta}{q}$$

25.3 축전기의 연결

7. (a) 직렬연결 이므로 $\dfrac{1}{C_{eq}} = \dfrac{1}{C_1} + \dfrac{1}{C_2} = \dfrac{1}{4.20\mu F} + \dfrac{1}{8.50\mu F}$
$$\to C_{eq} = 2.81\mu F$$

(b) 병렬연결 이므로 $C_{eq} = C_1 + C_2 = 4.20\mu F + 8.50\mu F = 12.70\mu F$

8. 두 개의 축전기를 연결하여 얻을 수 있는 전기용량은 $2C$, $\dfrac{1}{2}C$이며 세 개의 축전기를 연결

하여 얻을 수 있는 전기용량은 $3C$, $\dfrac{1}{3}C$, $\dfrac{2}{3}C$, $\dfrac{3}{2}C$ 이다.

$\dfrac{7}{3}C$를 만들기 위해서는 $\dfrac{4}{3}C$가 더 필요하지만 세 개의 축전기로는 이 전기용량을 만들 수 없

다. 그러므로 불가능하다.

9. 병렬연결에서는 $C_p = C_1 + C_2 + \cdots + C_n = nC$이고

직렬연결에서는 $\dfrac{1}{C_s} = \dfrac{1}{C_1} + \dfrac{1}{C_2} + \cdots + \dfrac{1}{C_n} = \dfrac{n}{C}$이므로

$\dfrac{C_p}{C_s} = \dfrac{nC}{C/n} = n^2$이다. $n^2 = 100$이므로 10개의 축전기가 연결되어 있다.

10. (a) 회로의 왼쪽 위 두 개의 축전기의 전기용량을 합하면

$$\frac{1}{(1/15.0\mu F) + (1/3.00\mu F)} = 2.50\mu F \text{이고,}$$

이는 아래쪽의 축전기의 전기용량과 합치면

$2.50\mu F + 6.00\mu F = 8.50\mu F$

마지막으로 왼쪽의 축전기와 직렬 연결된 회로로 보고 전기용량을 합하면

$$\frac{1}{(1/8.50\mu F) + (1/20.0\mu F)} = 5.96\mu F$$

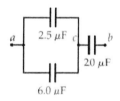

(b) 하나의 축전기라고 생각하고 충전된 전하량을 계산하면

$Q = C\Delta V = (5.96\mu F)(15.0\,V) = 89.5\mu C = Q_{20} = Q_{8.5}$

오른쪽 두 번째 그림처럼 2개의 직렬 연결된 축전기로 생각하면 두 축전기에 충전된 전하량은
같으므로 각각의 전위차는

$$\Delta V_{ac} = \frac{Q}{C} = \frac{89.5\mu C}{8.50\mu F} = 10.5\,V,$$

$$\Delta V_{cb} = \frac{Q}{C} = \frac{89.5\mu C}{20.0\mu F} = 4.47\,V$$

이때 왼쪽의 축전기는 원래 병렬 연결된 두 축전기를 합한 것이므로 다시 나누면

$Q = C\Delta V = (2.50\mu F)(10.5\,V) = 26.3\mu C,$

$Q_6 = C\triangle V = (6.00\mu F)(10.5\,V) = 63.2\mu C$

이때 $2.5\mu F$부분은 원래 두 축전기가 직렬연결 된 회로이다. 직렬 연결된 축전기는 충전된 전하량이 같으므로 $Q_{15} = Q_3 = 26.3\mu F$

11. 중앙의 두 축전기는 직렬연결 되어있으므로

$C_s = (\dfrac{1}{5.00} + \dfrac{1}{7.00})^{-1} = 2.92\mu F$ 이고,

이 축전기들이 병렬연결 되어 있으므로

$C_p = 2.92\mu F + 4.00\mu F + 6.00\mu F = 12.9\mu F$

12. $30.4\mu F < C_{main} < 33.6\mu F$

$\quad 30.4\mu F < C_{main} < 31.4\mu F$

$\quad 32.6\mu F < C_{main} < 33.6\mu F$

그러므로 전기용량의 합

$$\frac{1}{C_{eq}} = \frac{1}{C_{main}} + \frac{1}{C_{extra}} \rightarrow C_{extra} = \frac{1}{1/C_{eq} - 1/C_{main}}$$

$$\therefore C_{extra,\max} = \frac{1}{1/32.0\mu F - 1/32.6\mu F}$$
$$= 1.74\times10^3\mu F = 1.74mF$$

$$C_{extra,\min} = \frac{1}{1/32.0\mu F - 1/33.6\mu F}$$
$$= 0.672\times10^3\mu F = 0.672mF$$

따라서 $0.672mF < C_{extra} < 1.74mF$

13. $C_p = C_1 + C_2$이고 $\dfrac{1}{C_s} = \dfrac{1}{C_1} + \dfrac{1}{C_2}$이다.

두 식의 연립방정식을 풀어 C_1값을 구하면

$C_1^2 - C_1 C_p + C_p C_s = 0$

$\rightarrow C_1 = \dfrac{C_p \pm \sqrt{C_p^2 - 4C_p C_s}}{2} = \dfrac{1}{2}C_p \pm \sqrt{\dfrac{1}{4}C_p^2 - C_p C_s}$

$C_1 = \dfrac{1}{2}(9.00pF) + \sqrt{\dfrac{1}{4}(9.00pF)^2 - (9.00pF)(2.00pF)} = 6.00pF$

$C_2 = C_p - C_1 = 9.00pF - 6.00pF = 3.00pF$

(루트 앞을 음수로 취하면 C_1, C_2값이 반대로 나온다.)

14. $C_p = C_1 + C_2,\quad \dfrac{1}{C_s} = \dfrac{1}{C_1} + \dfrac{1}{C_2}$

$C_2 = C_p - C_1$이므로 $\dfrac{1}{C_s} = \dfrac{1}{C_1} + \dfrac{1}{C_p - C_1} = \dfrac{C_p}{C_1(C_p - C_1)}$

$\therefore C_1^2 - C_1 C_p + C_p C_s = 0 \rightarrow C_1 = \dfrac{C_p \pm \sqrt{C_p^2 - 4C_p C_s}}{2} = \dfrac{1}{2}C_p + \sqrt{\dfrac{1}{4}C_p^2 - C_p C_s}$

$$C_2 = \frac{1}{2}C_p - \sqrt{\frac{1}{4}C_p^2 - C_pC_s}$$

따라서 계산하면

$$C_1 = \frac{1}{2}C_p + \sqrt{\frac{1}{4}C_p^2 - C_pC_s}$$

$$= \frac{1}{2}(9.00pF) + \sqrt{\frac{1}{4}(9.00pF)^2 - (9.00pF)(2.00pF)} = 6.00pF$$

$$C_2 = \frac{1}{2}C_p - \sqrt{\frac{1}{4}C_p^2 - C_pC_s}$$

$$= \frac{1}{2}(9.00pF) - \sqrt{\frac{1}{4}(9.00pF)^2 - (9.00pF)(2.00pF)} = 3.00pF$$

25.4 충전된 축전기에 저장된 에너지

15. (a) $U_E = \frac{1}{2}C(\Delta V)^2 = \frac{1}{2}(3.00\mu F)(12.0\,V)^2 = 216\mu J$

(b) $U_E = \frac{1}{2}C(\Delta V)^2 = \frac{1}{2}(3.00\mu F)(6.00\,V)^2 = 54.0\mu J$

16. (a) 직렬연결 이므로 $\dfrac{1}{C_{eq}} = \dfrac{1}{C_1} + \dfrac{1}{C_2} = \dfrac{1}{18.0\mu F} + \dfrac{1}{36.0\mu F} \rightarrow C_{eq} = 12.0\mu F$

(b) 총 저장된 에너지는 $U_E = \frac{1}{2}C_{eq}(\Delta V)^2 = \frac{1}{2}(12.0 \times 10^{-6}F)(12.0\,V)^2 = 8.64 \times 10^{-4}J$

(c) 각 축전기에 충전된 전하량은 같으므로

$Q_1 = Q_2 = Q_{total} = C_{eq}\Delta V$ 이다.

$\quad = (12.0\mu F)(12.0\,V) = 144\mu C = 1.44 \times 10^{-4}C$

$$U_{E1} = \frac{Q^2}{2C_1} = \frac{(1.44 \times 10^{-4}C)^2}{2(18.0 \times 10^{-6}F)} = 5.76 \times 10^{-4}J,$$

$$U_{E2} = \frac{Q^2}{2C_2} = \frac{(1.44 \times 10^{-4}C)^2}{2(36.0 \times 10^{-6}F)} = 2.88 \times 10^{-4}J$$

(d) $U_E = 8.64 \times 10^{-4}J = 5.76 \times 10^{-4}J + 2.88 \times 10^{-4}J$

$\quad\quad = U_{E1} + U_{E2}$

(e) 등가 전기용량에 저장된 총 에너지는 항상 각각의 축전기에 저장된 에너지의 합과 같다.

(f) 병렬연결 이므로 등가 전기용량은 $C_{eq} = C_1 + C_2 = 18.0\mu F + 36.0\mu F = 54.0\mu F$ 이다.

$$U_E = \frac{1}{2}C_{eq}(\Delta V)^2$$

$$\rightarrow \Delta V = \sqrt{\frac{2U_E}{C_{eq}}} = \sqrt{\frac{2(8.64 \times 10^{-4}J)}{54.0 \times 10^{-6}F}} = 5.66\,V$$

(g) 병렬 연결된 두 축전기에는 같은 전압이 걸리므로 전기용량이 더 큰 C_2가 더 많은 에너지를 가지게 된다.

17. (a) $U_E = \dfrac{1}{2}C(\Delta V)^2 + \dfrac{1}{2}C(\Delta V)^2 = C(\Delta V)^2$

$\qquad = (10.0 \times 10^{-6}\,\mu F)(50.0\,V)^2 = 2.50 \times 10^{-2}\,J$

(b) $d \to 2d$ 이므로 $C' = \dfrac{1}{2}C,\ Q_{initial} = Q_{final}$

$\qquad C(\Delta V) + C(\Delta V) = C(\Delta V') + \dfrac{1}{2}C(\Delta V')$

$\qquad 2C(\Delta V) = \dfrac{3}{2}C(\Delta V')$

$\qquad \therefore\ \Delta V' = \dfrac{4}{3}\Delta V = \dfrac{4}{3}(50.0\,V) = 66.7\,V$

(c) $U_E' = \dfrac{1}{2}C(\Delta V')^2 + \dfrac{1}{2}\left(\dfrac{1}{2}C\right)(\Delta V')^2$

$\qquad = \dfrac{3}{4}C(\Delta V')^2 = \dfrac{3}{4}C\left(\dfrac{3}{4}\Delta V\right)^2$

$\qquad \therefore\ U_E' = \dfrac{4}{3}C(\Delta V)^2 = \dfrac{4}{3}U_E$

$\qquad\quad = \dfrac{4}{3}(2.50 \times 10^{-2}\,J) = 3.30 \times 10^{-2}\,J$

(d) 판을 두 배로 만드는데 필요한 양의 일을 한다. 이 부분이 에너지 값의 차이를 의미한다.

18. 두 판을 떨어트리는데 필요한 일의 양은 충전된 에너지의 크기와 같으므로,

$U_E = \dfrac{1}{2}\dfrac{Q^2}{C} = \int F\,dx$

$\qquad \therefore\ F = \dfrac{dU_E}{dx} = \dfrac{d}{dx}\left(\dfrac{Q^2}{2C}\right)$

$\qquad\quad = \dfrac{1}{2}\dfrac{d}{dx}\left(\dfrac{Q^2}{A\epsilon_0/x}\right) = \dfrac{Q^2}{2\epsilon_0 A}$

19. (a) 전하 Q를 유지할 때, $C = \dfrac{R}{k_e}$

$\qquad U_E = \dfrac{1}{2}C(\Delta V)^2 = \dfrac{1}{2}\left(\dfrac{R}{k_e}\right)\left(\dfrac{k_e Q}{R}\right)^2 = \dfrac{k_e Q^2}{2R}$

(b) 전체 에너지는

$\qquad U_E = U_{E1} + U_{E2} = \dfrac{1}{2}\dfrac{q_1^2}{C_1} + \dfrac{1}{2}\dfrac{q_2^2}{C_2}$

$\qquad\quad = \dfrac{k_e q_1^2}{2R_1} + \dfrac{k_e(Q - q_1)^2}{2R_2}$

(c) $\dfrac{dU_E}{dq_1} = 0$ 이므로

$\qquad \dfrac{2k_e q_1}{2R_1} - \dfrac{2k_e(Q - q_1)}{2R_2} = 0$

$\qquad R_2 q_1 = R_1 Q - R_1 q_1 \qquad \therefore\ q_1 = \dfrac{R_1 Q}{R_1 + R_2}$

(d) $q_2 = Q - q_1 = \dfrac{R_2 Q}{R_1 + R_2}$

(e) $V_1 = \dfrac{k_e q_1}{R_1} = \dfrac{k_e R_1 Q}{R_1(R_1 + R_2)} = \dfrac{k_e Q}{R_1 + R_2}$

$\quad\quad V_2 = \dfrac{k_e q_2}{R_2} = \dfrac{k_e R_2 Q}{R_2(R_1 + R_2)} = \dfrac{k_e Q}{R_1 + R_2}$

(f) $V_1 - V_2 = 0$

25.5 유전체가 있는 축전기

20. (a) 알루미늄 호일 두 장을 각각 $40\,cm \times 40\,cm$로, 플라스틱 한 장을 그 사이에 둔다고 한다.

(b) $C = \dfrac{\kappa \epsilon_0 A}{d} = \dfrac{3(8.85 \times 10^{-12}\,C^2/N{\cdot}m^2)(0.400 m^2)}{2.54 \times 10^{-5}\,m}$

$\quad\quad \sim 10^{-6}\,F$

(c) $\Delta V_{max} = E_{max} d = (10^7\,V/m)(2.54 \times 10^{-5}\,m) \sim 10^2\,V$

21. (a) $C = \dfrac{\kappa \epsilon_0 A}{d}$

$\quad\quad = \dfrac{2.10(8.85 \times 10^{-12}\,C^2/N{\cdot}m^2)(1.75 \times 10^{-4}\,m^2)}{4.00 \times 10^{-5}\,m}$

$\quad\quad = 8.13 \times 10^{-11}\,F = 81.3 pF$

(b) $\Delta V_{max} = E_{max} d$

$\quad\quad\quad\quad = (60.0 \times 10^6\,V/m)(4.00 \times 10^{-5}\,m)$

$\quad\quad\quad\quad = 2.40\,kV$

22. (a) $\dfrac{C_f}{C_i} = \dfrac{\kappa \epsilon_0 A/d}{\epsilon_0 A/d} = \kappa$

$\quad\quad \therefore \dfrac{C_f}{C_i} = \dfrac{Q_0/(\Delta V)_f}{Q_0/(\Delta V)_i}$

$\quad\quad\quad\quad = \dfrac{(\Delta V)_i}{(\Delta V)_f}$

$\quad\quad\quad\quad = \dfrac{85.0\,V}{25.0\,V}$

$\quad\quad\quad\quad = 3.40$

(b) 나일론

(c) 전압은 25V에서 85V 사이에 있을 것이다.

23. 오른쪽 그림과 같이 말아서 만든 축전기의 접촉면적은 띠의 너비와 길이를 곱한 값이 될 것이므로

$A = lw, \quad C = \kappa \epsilon_0 A/d = \kappa \epsilon_0 lw/d$

$$l = \frac{Cd}{\kappa \epsilon_0 w}$$

$$= \frac{(9.50 \times 10^{-8} F)(2.50 \times 10^{-5} m)}{3.70(8.85 \times 10^{-12} C/N \cdot m^2)(0.0700 m)}$$

$$= 1.04 m$$

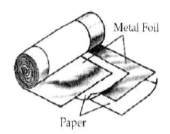

Metal Foil

Paper

24.

A B C D

40 μF   10 μF   40 μF

$$Q = (40.0 \mu F) \Delta V_{AB} = (10.0 \mu F) \Delta V_{BC} = (40.0 \mu F) \Delta V_{CD}$$

즉, $\Delta V_{BC} = 4 \Delta V_{AB} = 4 \Delta V_{CD}$

각 축전기의 항복 전압 $\Delta V_{BC} = 15.0 V$

$$\Delta V_{AB} = \Delta V_{CD} = \frac{1}{4} \Delta V_{BC} = \frac{1}{4} \times 15.0 = 3.75 V$$

$$\therefore \Delta V_{AD} = V_{AB} + V_{BC} + V_{CD} = 3.75 V + 15.0 V + 3.75 V = 22.5 V$$

25. (a) $C_i = \kappa C_f$ 이므로 $U_{E,i} = \frac{Q^2}{2 C_i}$, $U_{E,f} = \frac{Q^2}{2 C_f} = \kappa U_{E,i}$

또한, $Q = C(\Delta V)$ 이므로

$$W = U_{E,f} - U_{E,i} = (\kappa - 1) U_{E,i} = \frac{1}{2} C_i (\Delta V_i)^2 (\kappa - 1)$$

$$= \frac{1}{2} (2.00 \times 10^{-9} F)(100 \, V)^2 (5.00 - 1.00) = 4.00 \times 10^{-5} J = 40.0 \mu J$$

(b) $C_i = \kappa C_f$, $Q = C(\Delta V)$를 이용하면, $\Delta V_f = \kappa \Delta V_i = 5.00(100 \, V) = 500 \, V$

25.6 전기장 내에서의 전기 쌍극자

26. y축에 대한 전기장의 식은 $\vec{E} = E(r)\hat{i} = 2k_e \frac{\lambda}{r} \hat{i}$

각 쌍극자까지의 거리는 $r_- = x - a\cos\theta$,

$r_+ = x + a\cos\theta$ 이므로, 각 전하에 작용하는 힘은

$$\vec{F_+} = qE(r_+)\hat{i} = q(2k_e \frac{\lambda}{r_+} \hat{i}) = 2k_e \frac{q\lambda}{x + a\cos\theta} \hat{i} \, ,$$

$$\vec{F_-} = -qE(r_-)\hat{i} = -q(2k_e \frac{\lambda}{r_-} \hat{i}) = -2k_e \frac{q\lambda}{x - a\cos\theta} \hat{i}$$

쌍극자 전체에 작용하는 힘은

$$\vec{F} = \vec{F_+} + \vec{F_-} = (2k_e \frac{q\lambda}{x + a\cos\theta} - 2k_e \frac{q\lambda}{x - a\cos\theta})\hat{i}$$

$$= 2k_e q\lambda (\frac{1}{x + a\cos\theta} - \frac{1}{x - a\cos\theta})\hat{i}$$

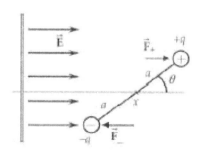

$$=-[\frac{4k_e aq\lambda\cos\theta}{x^2+(a\cos\theta)^2}]\hat{i}$$

$$=-\frac{4(8.99\times10^9)(0.0100)(10.0\times10^{-6})(2.00\times10^{-6})\cos35.0°}{(0.250)^2+[(0.0100)(\cos35.0°)]}$$

$$=-9.42\times10^{-2}\hat{i}\,N$$

27. 음전하의 위치를 기준으로 하면,

$$\overrightarrow{F_-}=-qE(x)\hat{i},$$

$$\overrightarrow{F_+}=qE(x+2a\cos\theta)\hat{i}\approx q[E(x)+(\frac{dE}{dx})(2a\cos\theta)]\hat{i}$$

$$\overrightarrow{F}=\overrightarrow{F_-}+\overrightarrow{F_+}=q\frac{dE}{dx}(2a\cos\theta)\hat{i}=p\frac{dE}{dx}\cos\theta\hat{i}$$

25.7 유전체의 원자적 기술

28. (a) 가우스 법칙을 이용하면 $EA'+EA'=\frac{Q}{\epsilon A}A'$가 되어 $E=\frac{Q}{2\epsilon A}$

(b) 판 하나가 만드는 전기장의 크기는 $E=\frac{Q}{2\epsilon A}$ 이고,

  반대 부호로 대전된 판 사이이므로 $E=\frac{Q}{\epsilon A}$

(c) $\triangle V=-\int_{-plate}^{+plate}\overrightarrow{E}\cdot\overrightarrow{ds}$

$$=-\int_{-plate}^{+plate}\frac{Q}{\epsilon A}\hat{i}\cdot(-\hat{i}\,dx)$$

$$=+\frac{Qd}{\epsilon A}$$

음판의 전위가 0이라면 양판의 전위는 $\triangle V$가 된다.

(d) $C=\frac{Q}{\triangle V}=\frac{Q}{Qd/\epsilon A}=\frac{\epsilon A}{d}=\frac{\kappa\epsilon_0 A}{d}$

추가문제

29. (a) $C=4\pi\epsilon_0 a=4\pi(8.85\times10^{-12}C^2/N\cdot m^2)(1.00m)=1.11\times10^{-10}F$

  $\therefore C\sim1\times10^{-10}F=100pF$

30. (a) P_1,P_3가 P_2와 마주하고 있으므로 오른쪽그림과 같이 나타낼 수 있다.

$$C = \frac{\kappa \epsilon_0 A}{d}$$

$$= \frac{1(8.85 \times 10^{-12} C^2/N \cdot m^2)(7.50 \times 10^{-4} m^2)}{1.19 \times 10^{-3} m}$$

$$= 5.58 pF$$

전기용량이 둘 다 같게 계산될 것 이므로 총 전기용량은

$$5.58 pF + 5.58 pF = 11.2 pF$$

(b) $Q = C \triangle V = (11.2 \times 10^{-12} F)(12\,V) = 134\,pC$ (c)

P_3도 P_2처럼 양쪽 표면에 충전되고, 3개의 축전기가 병렬 연

결 된 회로가 되므로

$$C = 3(5.58 pF) = 16.7 pF$$ (d)

$$Q = C \triangle V$$
$$= (5.58 \times 10^{-12} F)(12\,V) = 66.9\,pC$$

26장 전류와 저항

26.1 전류

1. $v_d = \dfrac{I}{nqa} = \dfrac{I}{n|e|(\pi d^2/4)}$ 이므로

$$\triangle t = \dfrac{L}{v_d} = \dfrac{Ln|e|(\pi d^2)}{4I}$$

$$= \dfrac{(200 \times 10^3 m)(8.50 \times 10^{28} m^{-3})(1.60 \times 10^{-19} C)\pi (0.02m)^2}{4(1000A)}$$

$$= 8.55 \times 10^8 s = 27.1 yr$$

2. 평균전류 $I = \dfrac{q}{T}$, T는 주기

$$T = \dfrac{2\pi}{\omega} \text{이므로} \quad \therefore \ I = \dfrac{q}{2\pi/\omega} = \dfrac{q\omega}{2\pi}$$

3. 전자가 원 궤도를 도는 주기는 $T = 2\pi r/v$ 이다.

$$I = \dfrac{\triangle Q}{\triangle t} = \dfrac{|e|}{T} = \dfrac{v|e|}{2\pi r}$$

$$= \dfrac{(2.19 \times 10^6 m/s)(1.60 \times 10^{-19} C)}{2\pi (5.29 \times 10^{-11} m)}$$

$$= 1.05 \times 10^{-3} C/s = 1.05 mA$$

4. (a) 예제 26.1을 참고하면 구리 도선 내 전자의 밀도는 $n = 8.46 \times 10^{28} electrons/m^3$ 이다.

$$v_d = \dfrac{I}{n|q|A} = \dfrac{I}{ne(\pi r^2)}$$

$$= \dfrac{3.70 C/s}{(8.46 \times 10^{28} m^{-3})(1.60 \times 10^{-19} C)\pi (1.25 \times 10^{-3} m)^2}$$

$$= 5.57 \times 10^{-5} m/s$$

(b) n이 커지는 것이므로 유동 속력은 작아질 것이다.

5. $dQ = Idt$

$$Q = \int dQ = \int Idt = \int_0^\tau I_0 e^{-t/\tau} dt$$

$$= \int_0^T (-I_0\tau) e^{-t/\tau} \left(-\dfrac{dt}{\tau}\right)$$

따라서, $Q = -I_0\tau (e^{-T/\tau} - e^0) = I_0\tau (1 - e^{-T/\tau})$

6. (a) $J = \dfrac{I}{A}$

$$= \dfrac{5.00A}{\pi (4.00 \times 10^{-3} m)^2} = 99.5 kA/m^2$$

(b) 전류의 크기는 같다.

(c) 통과하는 단면적이 넓어지므로 전류밀도는 작아진다.

(d) $A_2 = 4A_1 \rightarrow \pi r_2^2 = 4\pi r_1^2 \rightarrow r_2 = 2r_1 = 0.800 cm$

(e) 전류크기는 같으므로 $I = 5.00 A$

(f) $J_2 = \dfrac{1}{4} J_1$

$= \dfrac{1}{4}(9.95 \times 10^4 A/m^2) = 2.49 \times 10^4 A/m^2$

7. (a) $I = \dfrac{dq}{dt} = 12t^2 + 5 \big|_{t=1s} = 17.0\, A$

(b) $A = (2.00\, cm^2)\left(\dfrac{1.00\, m}{100\, cm}\right)^2 = 2.00 \times 10^{-4}\, m^2$

$J = \dfrac{I}{A} = \dfrac{17.0 A}{2.00 \times 10^{-4} m^2} = 85.0\, kA/m^2$

8. $q = \displaystyle\int dq = \int I dt$

$= \displaystyle\int_0^{1/240} (100\, A) \sin\left(\dfrac{120\pi t}{s}\right) dt$

$= \dfrac{-100\, C}{120\pi}\left[\cos\left(\dfrac{\pi}{2}\right) - \cos 0\right] = \dfrac{100\, C}{120\pi} = 0.265\, C$

26.2 저항

9. $R = \rho l / A = \rho l / (\pi d^2 / 4)$

$\rightarrow \rho = (\dfrac{\pi d^2}{4l}) R = (\dfrac{\pi d^2}{4l})(\dfrac{\Delta V}{I}) = [\dfrac{\pi (2.00 \times 10^{-3} m)^2}{4(50.0 m)}](\dfrac{9.11\, V}{36.0\, A})$

$= 1.59 \times 10^{-8}\, \Omega \cdot m$

표 26.2와 비교해보면 이 금속은 은이다.

10. $R = \dfrac{\Delta V}{I} = \dfrac{120\, V}{13.5\, A} = 8.89\, \Omega$

11. $R = \rho_r \dfrac{L}{A} = \rho_r \dfrac{L}{\pi r^2}$ (ρ_r: 비저항)

또한 밀도 $\rho_d = \dfrac{m}{V} = \dfrac{m}{\pi r^2 L}$

따라서 $R = \rho_r \dfrac{L}{m/\rho_d L} = \rho_r \rho_d \dfrac{L^2}{m}$

위 수식에 값을 대입하면

$R = (2.44 \times 10^{-8}\, \Omega \cdot m)(19.3 \times 10^3\, kg/m^3)\dfrac{(2.40 \times 10^3\, m)^2}{1.00 \times 10^{-3}\, kg}$

$= 2.71 \times 10^6\, \Omega = 2.71\, M\Omega$

12. (a) $m = \rho_m V = \rho_m A l \rightarrow A = \dfrac{m}{\rho_m l}$ 이므로(ρ_m은 밀도),

$$R = \frac{\rho l}{A} = \frac{\rho l}{m/\rho_m l} = \frac{\rho \rho_m l^2}{m}$$ 이다.(ρ은 비저항)

$$l = \sqrt{\frac{mR}{\rho \rho_m}}$$

$$= \sqrt{\frac{(1.00 \times 10^{-3} kg)(0.500\Omega)}{(1.70 \times 10^{-8}\Omega \cdot m)(8.92 \times 10^3 kg/m^3)}} = 1.82 m$$

(b) $V = Al = \pi r^2 l = \dfrac{m}{\rho_m}$ 이므로

$$r = \sqrt{\frac{m}{\pi \rho_m l}}$$

$$= \sqrt{\frac{1.00 \times 10^{-3} kg}{\pi (8.92 \times 10^3 kg/m^3)(1.82 m)}} = 1.40 \times 10^{-4} m$$

지름은 2배이므로 $280 \mu m$이다.

13. (a) $m = \rho_m V = \rho_m A l \rightarrow A = \dfrac{m}{\rho_m l}$ (ρ_m : 밀도)

$$\therefore R = \frac{\rho l}{A} = \frac{\rho l}{m/\rho_m l} = \frac{\rho \rho_m l^2}{m}$$

$$\therefore l = \sqrt{\frac{mR}{\rho \rho_m}}$$

(b) $V = \dfrac{m}{\rho_m}$ 이므로

$$\frac{1}{4}\pi d^2 l = \frac{m}{\rho_m}$$

따라서 $d = \sqrt{\dfrac{4}{\pi}}\left(\dfrac{m}{\rho_m l}\right)^{1/2} = \sqrt{\dfrac{4}{\pi}}\left(\dfrac{m}{\rho_m}\sqrt{\dfrac{\rho \rho_m}{mR}}\right)^{1/2}$

$$= \sqrt{\frac{4}{\pi}}\left(\frac{\rho m}{\rho_m R}\right)^{1/4}$$

26.3 전기 전도 모형

14. $\sigma = \dfrac{J}{E} = \dfrac{6.00 \times 10^{-13} A/m^2}{100 V/m}$
$\quad = 6.00 \times 10^{-15} (\Omega \cdot m)^{-1}$

15. (a) $M_{Fe} = 55.85 \, g/mol = (55.85 \, g/mol)(1 kg/10^3 g)$
$\quad\quad = 5.58 \times 10^{-2} \, kg/mol$

(b) $(몰밀도)_{Fe} = \dfrac{\rho_{Fe}}{M_{Fe}}$

$$= \dfrac{7.86 \times 10^3 \, kg/m^3}{5.58 \times 10^{-2} \, kg/mol} = 1.41 \times 10^5 \, mol/m^3$$

(c) 전도 전자의 수 밀도를 구하면

$(수밀도) = N_A (몰밀도)$

$$= \left(6.02 \times 10^{23} \dfrac{atoms}{mol}\right)\left(1.41 \times 10^5 \dfrac{mol}{m^3}\right)$$

$$= 8.49 \times 10^{28} \dfrac{atoms}{m^3}$$

(d) $n = \left(2\dfrac{electrons}{atom}\right)\left(8.49 \times 10^{28} \dfrac{atoms}{m^3}\right)$

$$= 1.70 \times 10^{29} \, electrons/m^3$$

(e) $v_d = \dfrac{I}{nqA}$

$$= \dfrac{30.0 \, C/s}{(1.70 \times 10^{29} \, m^{-3})(1.60 \times 10^{-19} \, C)(5.00 \times 10^{-6} \, m^3)}$$

$$= 2.21 \times 10^{-4} \, m/s$$

26.4 저항과 온도

16. $f = \dfrac{R - R_0}{R_0}$ 에서

여기서 $R - R_0 = R_0 \alpha \Delta T$

$\therefore f = \dfrac{R - R_0}{R_0} = \alpha \Delta T$

$$= (5.00 \times 10^{-3} ℃^{-1})(50.0℃ - 25.0℃) = 0.12$$

17. $R = R_0(1 + \alpha \Delta T) \rightarrow \Delta T = T - 20.0°C = \left(\dfrac{R}{R_0} - 1\right)\dfrac{1}{\alpha}$

$$T = 20.0°C + \dfrac{1}{4.50 \times 10^{-3}°C^{-1}}\left(\dfrac{140\Omega}{19.0\Omega} - 1\right) = 1.44 \times 10^3 °C$$

18. (a) $\rho = \rho_0(1 + \alpha \Delta T)$

$$= (2.82 \times 10^{-8}\Omega \cdot m)[1 + (3.90 \times 10^{-3}°C^{-1})(30.0°C)]$$

$$= 3.15 \times 10^{-8}\Omega \cdot m$$

(b) $J = \sigma E = \dfrac{E}{\rho}$

$$= \dfrac{0.200 \, V/m}{3.15 \times 10^{-8}\Omega \cdot m}\left(\dfrac{1\Omega \cdot A}{V}\right) = 6.35 \times 10^6 \, A/m^2$$

(c) $J = \dfrac{I}{A} \rightarrow I = J(\pi r^2) = (6.35 \times 10^6 \, A/m^2)[\pi(5.00 \times 10^{-5}m)^2] = 49.9 \, mA$

(d) $n = (2.70 \times 10^3 kg/m^3)\left(\dfrac{1mol}{26.98g}\right)\left(\dfrac{1000g}{kg}\right)\left(\dfrac{6.02 \times 10^{23} electrons}{1mol}\right)$

$$= 6.02 \times 10^{28} electrons/m^3$$

$$v_d = \frac{J}{nq} = \frac{6.35 \times 10^6 A/m^2}{(6.02 \times 10^{28} electrons/m^3)(-1.60 \times 10^{-19} C/electron)}$$
$$= -6.59 \times 10^{-4} m/s$$

(e) $\Delta V = El = (0.200 V/m)(2.00m) = 0.400 V$

19. $\rho_{Al} = (\rho_0)_{Al}(1 + \alpha_{Al}\Delta T) = 3(\rho_0)_{Cu}$

$$T = 20.0°C + \frac{1}{\alpha_{Al}}\left[\frac{3(\rho_0)_{Cu}}{(\rho_0)_{Al}} - 1\right]$$

$$= 20.0°C + \frac{1}{3.9 \times 10^{-3}°C^{-1}}\left[\frac{3(1.7 \times 10^{-8}\Omega \cdot m)}{2.82 \times 10^{-8}\Omega \cdot m} - 1\right]$$

$$= 227°C$$

20. $\Delta V = IR \rightarrow \Delta V = I\left(\rho\frac{L}{A}\right) = \frac{\rho L I}{\pi r^2}$

따라서 $\Delta V = \frac{\rho_0[1 + \alpha(T - T_0)]LI}{\pi r^2}$

$$\therefore \Delta V = \frac{(5.6 \times 10^{-8}\Omega \cdot m)[1 + (4.5 \times 10^{-3}℃^{-1})(-40.0℃ - 20.0℃)](0.250m)(0.500A)}{\pi(1.00 \times 10^{-3}m)^2}$$
$$= 1.63 \times 10^{-3} V$$

또한 가장 높은 온도에 대해

$$\therefore \Delta V = \frac{(5.6 \times 10^{-8}\Omega \cdot m)[1 + (4.5 \times 10^{-3}℃^{-1})(150℃ - 20.0℃)](0.250m)(0.500A)}{\pi(1.00 \times 10^{-3}m)^2}$$
$$= 3.53 \times 10^{-3} V$$

따라서 전압의 범위는

$$1.63 mV < \Delta V < 3.53 mV$$

21. (a) $P = (\Delta V)I = (300 \times 10^3 J/C)(1.00 \times 10^3 C/s)$
$$= 3.00 \times 10^8 W$$

(b) $I = \frac{P}{A} = \frac{P}{\pi r^2} \rightarrow P = I(\pi r^2)$

$$\therefore P = (1370 W/m^2)[\pi(6.37 \times 10^6 m)^2]$$
$$= 1.75 \times 10^{17} W$$

22. $R = \frac{(\Delta V_i)^2}{P} = \frac{(120 V)^2}{100 W} = 144\Omega$

$$I_f = \frac{\Delta V_f}{R} = \frac{140 V}{144\Omega} = 0.972 A$$

$$\therefore P = \frac{(\Delta V_f)^2}{R} = \frac{(140 V)^2}{144\Omega} = 136 V$$

따라서 $\frac{136 W - 100 W}{100 W} = 0.361 = 36.1\%$

23. $P = I\Delta V = (0.200 \times 10^{-3}A)(75.0 \times 10^{-3}V)$
$= 15.0 \times 10^{-6}W = 15.0\mu W$

24. $U = (\Delta V)I(\Delta t)$
$= (110\,V)(1.70\,A)(1\,day)\left(\dfrac{24h}{1\,day}\right)\left(\dfrac{3600\,s}{h}\right)\left(\dfrac{1\,C}{A\cdot s}\right) = 16.2\,MJ$

$\quad U = (\Delta V)I(\Delta t)$
$\quad = (110\,V)(1.70\,A)(1\,day)\left(\dfrac{24h}{1\,day}\right)\left(\dfrac{1\,J}{V\cdot C}\right)\left(\dfrac{1\,C}{A\cdot s}\right)\left(\dfrac{W\cdot s}{J}\right) = 4.49\,kWh$

따라서 $(4.49\,kWh)(100원/kWh) = 449원/day$

25. $P\Delta t = 11\,J/s\,(100h)\left(\dfrac{3600s}{1h}\right) = 3.96 \times 10^6\,J$

비용 $= 3.96 \times 10^6\left(\dfrac{100원}{kWh}\right)\left(\dfrac{k}{1000}\right)\left(\dfrac{W\cdot s}{J}\right)\left(\dfrac{h}{3600\,s}\right) = 110원$

그리고, $P\Delta t = 40\,W(100h)\left(\dfrac{3600s}{1h}\right) = 1.44 \times 10^7\,J$

비용 $= 1.44 \times 10^7\,J\left(\dfrac{100원}{3.6 \times 10^6\,J}\right) = 400원$

따라서 $400원 - 110원 = 290원$

26. $R = \dfrac{(\Delta V)^2}{P} = \dfrac{(110\,V)^2}{500\,W} = 24.2\,\Omega$

(a) $l = \dfrac{RA}{\rho} = \dfrac{(24.2\,\Omega)\pi(2.50 \times 10^{-4}m)^2}{1.50 \times 10^{-6}\,\Omega \cdot m} = 3.17m$

(b) $R = R_0(1 + \alpha\Delta T)$
$= (24.2\,\Omega)[1 + (0.400 \times 10^{-3}\,°C^{-1})(1200\,°C - 20\,°C)] = 35.6\,\Omega$

$P = \dfrac{(\Delta V)^2}{R} = \dfrac{(110\,V)^2}{35.6\,\Omega} = 340\,W$

27. $T_{ET} = P_{total}\Delta t = NP_{one\,clock}\Delta t$
$= (270 \times 10^6\,clocks)(2.50\,W/clock)(365\,d/yr)(24\,h/d)(1\,kW/1000\,W)$
$= 5.91 \times 10^9\,kWh$

비용 $= \dfrac{\$100 \times 10^6}{5.91 \times 10^9\,kWh} = \$0.017/kWh$

이것은 미국의 평균 전기 비용보다 훨씬 낮다. 상황이 실제로 불가능한 것은 아니지만, 이 정치가는 미국에서 실제 평균 전기 비용을 사용함으로써 더 나은 논쟁을 벌이게 될 것이고, 이것은 시계를 작동시키는 총 비용에 대한 그의 추정치를 매년 약 6억 5천만 달러로 끌어올릴 것이다.

28. $P\Delta t = (400\,J/s)(600\,s/d)(365\,d)$
$\approx 9 \times 10^7\,J\left(\dfrac{1\,kWh}{3.6 \times 10^6\,J}\right) \approx 20\,kWh$

비용 $= (20\,kWh)(\$0.10/kWh) = \$2 \sim \$1$

추가문제

29. 처음에 저장된 에너지는 $U_{E,i} = \frac{1}{2}Q\triangle V_i = \frac{1}{2}\frac{Q^2}{C}$ 이다.

(a) 스위치가 닫혀있을 때. 저장되어있던 Q의 전하가 나뉘어져 충전되며 총 전기용량은 4C로 볼 수 있다.

그러므로, $\triangle V_f = \dfrac{Q}{4C}$

(b) 전기용량이 C인 축전기의 전하는 $C\triangle V_f = \dfrac{Q}{4C}C = \dfrac{Q}{4}$,

전기용량이 3C인 축전기의 전하는 $C\triangle V_f = \dfrac{Q}{4C}3C = \dfrac{3Q}{4}$

(c) 전기용량이 C인 축전기의 저장되는 에너지는

$$\frac{1}{2}C(\triangle V_f)^2 = \frac{1}{2}C(\frac{Q}{4C})^2 = \frac{Q^2}{32C},$$

전기용량이 3C인 축전기의 저장되는 에너지는

$$\frac{1}{2}C(\triangle V_f)^2 = \frac{1}{2}3C(\frac{Q}{4C})^2 = \frac{3Q^2}{32C}$$

(d) 총 저장되는 에너지는

$$\frac{Q^2}{32C} + \frac{3Q^2}{32C} = \frac{Q^2}{8C}\text{이므로,}$$

$$\frac{Q^2}{2C} = \frac{Q^2}{8C} + \triangle E_f \rightarrow \triangle E_f = \frac{3Q^2}{8C}$$

30. (a) 두 축전기가 평행하게 나열되어 있다고 가정한다. 왼쪽의 축전기는 $\kappa_1 = 1$,

$A_1 = (\frac{l}{2}+x)l$가 된다. 총 전기용량을 계산하면,

$$\frac{\kappa_1\epsilon_0 A_1}{d} + \frac{\kappa_2\epsilon_0 A_2}{d}$$
$$= \frac{\epsilon_0 l}{d}(\frac{l}{2}+x) + \frac{\kappa\epsilon_0 l}{d}(\frac{l}{2}-x)$$
$$= \frac{\epsilon_0 l}{2d}(l + 2x + \kappa l - 2\kappa x)$$

(b) $Q = C\triangle V = \dfrac{\epsilon_0 l\triangle V}{2d}(l + 2x + \kappa l - 2\kappa x)$

$$I = \frac{dQ}{dt} = \frac{dQ}{dx}\frac{dx}{dt} = \frac{\epsilon_0 l\triangle V}{2d}(0 + 2 + 0 - 2\kappa)v$$
$$= -\frac{\epsilon_0 l\triangle V}{d}(\kappa - 1)v$$

시계방향으로 $\dfrac{\epsilon_0 l\triangle V}{d}(\kappa - 1)v$의 크기로 전류가 흐른다.

27장 직류 회로

27.1 기전력

1. (a) 전체 저항 $R = \dfrac{V}{I} = \dfrac{3.00\,V}{0.600\,A} = 5.00\,\Omega$

   전구의 저항 $R_{전구} = R - r_{전지} = 5.00\Omega - 0.408\Omega = 4.59\Omega$

(b) $\dfrac{P_{전지}}{P_{전체}} = \dfrac{(0.408\Omega)\,I^2}{(5.00\Omega)\,I^2} = 0.0816 = 8.16\%$

2. (a) 최대 전력이 전달되려면 $r = R$, 이때 효율은 50%
(b) 내부 저항 $r = 0$
(c) 높은 효율
(d) 높은 전력 전달

27.2 저항기의 직렬 및 병렬 연결

3. 교류 회로

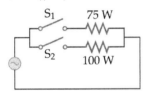

(a) 75 W 필라멘트에 만 연결된다. 곧 전체 전력은 75 W
(b) 100 W 필라멘트에 만 연결된다. 곧 전체 전력은 100 W
(c) 두 전구가 병렬연결이므로 100W+75W=175W
(d) 스위치 S_2를 연결하거나 두 스위치 S_1, S_2을 연결할 때 빛이 나오고, 공급 전력은 100W 이다.

4. (a) 120V 전위차는 연결코드와 전구에 있는 두 도체의 직렬연결에 걸쳐 적용된다. 전구 사이의 전위차는 120V 미만, 전력은 75W 미만이다.
(b) 회로도

$$0.800\ \Omega$$
$$120\ V \qquad 192\ \Omega$$
$$0.800\ \Omega$$

(c) $P = \dfrac{(\Delta V)^2}{R} \rightarrow R = \dfrac{(\Delta V)^2}{P} = \dfrac{(120\,V)^2}{75.0\,W} = 192\Omega$

   회로 전체 저항 $R_t = 193.6\Omega$

   $I = \dfrac{120\,V}{193.6\Omega} = 0.620\,A$

   $\therefore\ P = I^2 \Delta R = (0.620A)^2(192\Omega) = 73.8\,W$

5. (a) 내부저항은 무시하므로

$$I_A = \frac{\varepsilon}{R}, \ I_B = I_C = \frac{\varepsilon}{2R}$$

(b) B와 C에 흐르는 전류가 같으며, 저항이 같으니 걸리는 전압도 같으므로 밝기는 같다.
(c) A에 흐르는 전류가 2배 더 크고 A는 전압을 전지의 기전력 그대로 얻는 반면, B와 C는 $\varepsilon/2$로 나눠 가지게 되므로 A의 밝기가 4배 더 밝다.

6. $30.4\Omega < R_{main} < 31.4\Omega$

그러므로 $R_{eq} = R_{main} + R_{extra}$ 에서

$$R_{extra} = R_{eq} - R_{main}$$

따라서 $R_{extra, \min} = 32.0\Omega - 31.4\Omega = 0.6\Omega$

$$R_{extra, \max} = 32.0\Omega - 30.4\Omega = 1.6\Omega$$

$$\therefore \ 0.6\Omega < R_{extra} < 1.6\Omega$$

또한, $32.6\Omega < R_{main} < 33.6\Omega$

$$\frac{1}{R_{eq}} = \frac{1}{R_{main}} + \frac{1}{R_{extra}} \rightarrow R_{extra} = \frac{1}{\frac{1}{R_{eq}} - \frac{1}{R_{main}}}$$

따라서 $R_{extra, \max} = \dfrac{1}{\dfrac{1}{32.0\Omega} - \dfrac{1}{32.6\Omega}} = 1.74 \times 10^3 \Omega = 1.74\,k\Omega$

$$R_{extra, \min} = \dfrac{1}{\dfrac{1}{32.0\Omega} - \dfrac{1}{33.6\Omega}} = 672\Omega = 0.672\,k\Omega$$

$$\therefore \ 0.672 k\Omega < R_{extra} < 1.74 k\Omega$$

7. $R = R_C + R_N$

$$R_C \alpha_C \Delta T + R_N \alpha_N \Delta T = 0 \rightarrow R_C = -\frac{\alpha_N}{\alpha_C} R_N$$

$$R = -\frac{\alpha_N}{\alpha_C} R_N + R_N = R_N \left(1 - \frac{\alpha_N}{\alpha_C}\right)$$

$$= \rho_N \frac{L_N}{A} \left(1 - \frac{\alpha_N}{\alpha_C}\right) = \rho_N \frac{L_N}{\pi r^2} \left(1 - \frac{\alpha_N}{\alpha_C}\right)$$

따라서 $L_N = \dfrac{\pi r^2 R}{\rho_N \left(1 - \dfrac{\alpha_N}{\alpha_C}\right)} = \dfrac{\pi (1.50 \times 10^{-3} m)^2 (0.100\Omega)}{(1.00 \times 10^{-6}\,\Omega \cdot m)\left(1 - \dfrac{0.4 \times 10^{-3}\,℃^{-1}}{-0.5 \times 10^{-3}\,℃^{-1}}\right)} = 0.393\,m$

또한, $L_C = \dfrac{\pi r^2 R}{\rho_C \left(1 - \dfrac{\alpha_N}{\alpha_C}\right)} = \dfrac{\pi (1.50 \times 10^{-3} m)^2 (0.100\Omega)}{(3.5 \times 10^{-5}\,\Omega \cdot m)\left(1 - \dfrac{-0.5 \times 10^{-3}\,℃^{-1}}{0.4 \times 10^{-3}\,℃^{-1}}\right)} = 8.98 \times 10^{-3}\,m$

8. 스위치가 열려있으면 직렬연결이므로

$$R_1 + R_2 + R_3 = \frac{6V}{10^{-3}A} = 6k\Omega$$

스위치가 a방향으로 닫히면 R_2가 병렬연결이 되므로,

$$R_1 + \frac{1}{2}R_2 + R_3 = \frac{6V}{1.2 \times 10^{-3}A} = 5k\Omega$$

스위치가 b방향으로 닫히면 R_3가 없어지는 회로가 되므로

$$R_1 + R_2 = \frac{6\,V}{2 \times 10^{-3}\,A} = 3k\Omega$$

연립하여 풀면 (a) $R_1 = 1.00k\Omega$ (b) $R_2 = 2.00k\Omega$ (c) $R_3 = 3.00k\Omega$

9. 스위치 S : $R_1 + R_2 + R_3 = \dfrac{\varepsilon}{I_0}$

스위치 a로 연결 : $R_1 + \dfrac{1}{2}R_2 + R_3 = \dfrac{\varepsilon}{I_a}$

스위치 b로 연결 : $R_1 + R_2 = \dfrac{\varepsilon}{I_b}$

$$(R_1 + R_2 + R_3) - (R_1 + R_2) = \frac{\varepsilon}{I_0} - \frac{\varepsilon}{I_b} \quad \rightarrow \quad R_3 = \varepsilon\left(\frac{1}{I_0} - \frac{1}{I_b}\right)$$

또, $(R_1 + R_2 + R_3) - (R_1 + \dfrac{1}{2}R_2 + R_3) = \dfrac{\varepsilon}{I_0} - \dfrac{\varepsilon}{I_a} \quad \rightarrow \quad R_2 = 2\varepsilon\left(\dfrac{1}{I_0} - \dfrac{1}{I_a}\right)$

따라서, $R_1 + R_2 = \dfrac{\varepsilon}{I_b} \quad \rightarrow \quad R_1 = \dfrac{\varepsilon}{I_b} - R_2$

$$R_1 = \frac{\varepsilon}{I_b} - 2\varepsilon\left(\frac{1}{I_0} - \frac{1}{I_a}\right) = \varepsilon\left(-\frac{2}{I_0} + \frac{2}{I_a} + \frac{1}{I_b}\right)$$

정리하면 다음과 같다.

$$R_1 = \varepsilon\left(-\frac{2}{I_0} + \frac{2}{I_a} + \frac{1}{I_b}\right), \quad R_2 = 2\varepsilon\left(\frac{1}{I_0} - \frac{1}{I_a}\right), \quad R_3 = \varepsilon\left(\frac{1}{I_0} - \frac{1}{I_b}\right)$$

10. (a) 핫도그 하나와 병렬인 두 개가 모두 먼저 요리될 것이다.

(b) $P = \dfrac{T_{ET}}{\Delta t} = \dfrac{(\Delta V)^2}{R} \quad \rightarrow \quad \Delta t = \dfrac{R\,T_{ET}}{(\Delta V)^2}$

따라서, 핫도그 하나, 두 개 병렬인 경우

$$\Delta t = \frac{(11.0\Omega)(75.0 \times 10^3\,J)}{(120\,V)^2} = 57.3\,s$$

두 개의 핫도그를 직렬인 경우

$$\Delta t = \frac{(11.0\Omega)(75.0 \times 10^3\,J)}{(60\,V)^2} = 229\,s$$

11. 추가 저항기 조합의 저항은 $\dfrac{7}{3}R - R = \dfrac{4}{3}R$이어야 한다. 가능한 조합은 1개의 저항기 : R; 2개의 저항기 : $2R$, $\dfrac{1}{2}R$; 3개의 저항기 : $3R$, $\dfrac{1}{3}R$, $\dfrac{2}{3}R$, $\dfrac{3}{2}R$이다. 이들 중 어느 것도 $\dfrac{4}{3}R$이 아니므로 원하는 저항에 도달할 수 없다. 따라서 이 상황은 불가능하다.

12. 병렬연결 된 두 저항의 등가저항은

$$\frac{1}{(1/1.00\Omega) + (1/3.00\Omega)} = 0.750\Omega$$

오른쪽 그림처럼 간략화 한 회로에 흐르는 전류는 $I = 18.0\,V/6.75\,\Omega = 2.67\,A$ 이다.

각 저항에 공급되는 전력은 우선

$$P_2 = I^2 R = (2.67\,A)^2 (2.00\,\Omega) = 14.2\,W$$

$$P_4 = I^2 R = (2.67\,A)^2 (4.00\,\Omega) = 28.4\,W$$

병렬회로에 걸리는 전압은 $\triangle V = IR = (2.67\,A)(0.750\,\Omega) = 2.00\,V$ 이므로,

병렬회로의 각 저항에 공급되는 전력은

$$P_3 = \frac{(\triangle V)^2}{R} = \frac{(2.00\,V)^2}{(3.00\,\Omega)} = 1.33\,W,$$

$$P_1 = \frac{(\triangle V)^2}{R} = \frac{(2.00\,V)^2}{(1.00\,\Omega)} = 4.00\,W$$

13. 신발과 측정기가 연결되었을 때 등가저항은 $1.00\,M\Omega + R_{shoes}$ 이므로,

두 저항에 흐르는 전류는 $\dfrac{50.0\,V}{1.00\,M\Omega + R_{shoes}}$ 이다.

$\triangle V = I(1.00\,M\Omega) = (\dfrac{50.0\,V}{1.00\,M\Omega + R_{shoes}})(1.00\,M\Omega)$ 로부터

(a) $50.0\,V(1.00\,M\Omega) = \triangle V(1.00\,M\Omega) + \triangle V(R_{shoes})$

$$R_{shoes} = \frac{(1.00\,M\Omega)(50.0 - \triangle V)}{\triangle V}$$

$$\rightarrow R_{shoes} = \frac{(50.0 - \triangle V)}{\triangle V}$$

(b) $R_{shoes} \rightarrow 0$ 이므로, 인체에는 최대 $\dfrac{50.0\,V}{1.00\,M\Omega} = 50.0\,\mu A$ 의 전류가 흐르게 된다.

14. (a) 병렬연결된 R_2, R_3, R_4 저항의 등가저항은 2R이 된다. 총 등가저항은 3R이 되고, R_1 에는 $\dfrac{1}{3}$V의 전압이 가해진다. R_4에는 $\dfrac{2}{3}$V의 전압이 가해지고, R_2, R_3 두 저항에 $\dfrac{2}{3}$V전압이 가해지므로 R_2에는 $\dfrac{2}{9}$V의 전압이, R_3에는 $\dfrac{4}{9}$V의 전압이 가해지므로 각 저항의 전위차는

$$\triangle V_1 = \frac{\varepsilon}{3}, \ \triangle V_2 = \frac{2\varepsilon}{9}, \ \triangle V_3 = \frac{4\varepsilon}{9}, \ \triangle V_4 = \frac{2\varepsilon}{3}$$

(b) 저항과 전위차를 이용해 전류의 크기를 계산하면,

$$I_1 = I, \ I_2 = I_3 = \frac{I}{3}, \ I_4 = \frac{2I}{3}$$

(c) R_3가 ∞로 발산한다면, R_2, R_3방향으로 전류가 흐르지 않을 것이다.

총 등가저항은 4 R이 될 것이므로 $I_1 = \dfrac{3}{4}I, \ I_2 = I_3 = 0, \ I_4 = \dfrac{3I}{4}$ 이다.

27.3 충전된 축전기에 저장된 에너지

15. 아래 그림과 같이 전압계와 전류계를 설치하면 된다.

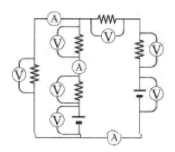

16. (a) 회로도

$\xrightarrow{\ \ I_1\ }$ ⫿ $\xrightarrow{\ \ I_2\ }$

220 Ω   5.8 V   370 Ω

(b) $-220I_1 + 5.80 - 370I_1 - 370I_3 = 0$

$\qquad +370I_1 + 370I_3 + 150I_3 - 3.10 = 0$

$\qquad I_3 = \dfrac{5.80 - 590I_1}{370}$

$370I_1 + \dfrac{520}{370}(5.80 - 590I_1) - 3.1 = 0$

$370I_1 + 8.15 - 829I_1 - 3.10 = 0$

$I_1 = \dfrac{5.05\,V}{459\,\Omega} = +11\,mA$ (220Ω 저항기의 11mA 및 5.8V 배터리의 (+)극에서 나옴)

$I_3 = \dfrac{5.80 - 590(0.0110)}{370} = -1.87\,mA$ (150Ω 저항기의 1.87mA 및 3.10V 배터리의 (−)에서 나옴)

$I_2 = 11.0 - 1.87 = 9.13\,mA$ (370Ω 저항기)

17. 병렬연결로 나누어지는 부분을 하나의 저항으로 생각하면 회로를 오른쪽 위의 그림과 같이 그릴 수 있다. 여기서 키르히호프의 법칙을 이용하면,

$2.71RI_1 + 1.71RI_2 = 250\,V$, $1.71RI_1 + 3.71RI_2 = 500\,V$

이고, $R = 1000\,\Omega$일 때, $I_1 = 10.0\,mA$, $I_2 = 130\,mA$

$V_c - V_a = (I_1 + I_2)(1.71R) = 240\,V$이 되므로 회로를 다시 오른쪽 아래의 그림과 같이 나누어지는 회로로 보았을 때

전류의 크기는 $I_4 = \dfrac{V_c - V_a}{4R} = \dfrac{240\,V}{4000\,\Omega} = 60.0\,mA$

키르히호프 법칙을 이용하면

$I = I_4 - I_1 = 60.0\,mA - 10.0\,mA = 50.0\,mA$이며

a에서 e방향으로 흐른다.

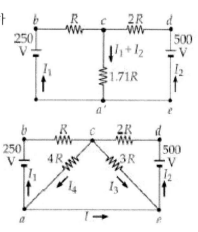

18. (a) $V_b - V_a = 24.0\,V - (6.00\,\Omega)(3.00\,A) = 6.00\,V$

      $6.00\,V = -(3.00\,\Omega)I_2 \quad \rightarrow \quad I_2 = -2.00\,A$

(b) $I_3 = I_1 + I_2 = 3.00\,A + (-2.00\,A) = 1.00\,A$

(c) 아니다. I_2와 I_3을 찾는데 사용된 방정식 중 어느 것도 ε와 R을 포함하지 않는다. 키르히호프의 규칙에서 도출할 수 있는 세 번째 방정식은 두 가지 미지의 것을 모두 포함하고 있다. 두 개의 방정식을 알 수 없다.

19. (a) 아니다. 회로를 더 이상 단순화할 수 없으며, 키르히호프의 규칙을 사용하여 회로를 분석해야 한다.

(b) $I_1 = I_2 + I_3$

      $240\,V - (2.00 + 4.0)I_1 - (3.00)I_3 = 0$

      $I_3 = 8.00\,A - 2.00\,I_1$

      $12.0\,V + (3.00)I_3 - (1.00 + 5.00)I_2 = 0$

$$I_2 = \frac{12.0\,V + 3.00(8.00\,A - 2.00\,I_1)}{6.00}$$

      $\therefore\ I_2 = 6.00\,A - 1.00\,I_1$

(b) $I_1 = 3.50\,A$

(c) $I_2 = 2.50\,A$

(d) $I_3 = 1.00\,A$

20. (a) 위쪽 고리에 대해 반시계 방향으로 키르히호프 법칙을 적용하면,

  $-11.0I_2 + 12.0 - 7.00I_2 - 5.00I_1 + 18.0 - 8.00I_1 = 0 \rightarrow 13.0I_1 + 18.0I_2 = 30.0$

(b) 아래쪽 고리에 대해 반시계 방향으로 키르히호프 법칙을 적용하면,

  $-5.00I_3 + 36.0 - 7.00I_2 - 12.0 - 11.0I_2 = 0 \rightarrow 18.0I_2 - 5.00I_3 = -24$

(c) 왼쪽 분기점에서 키르히호프 법칙을 적용하면 $I_1 - I_2 - I_3 = 0$

(d) $I_3 = I_1 - I_2$

(e) $18.0I_2 - 5.00(I_1 - I_2) = -24 \rightarrow 5.00I_1 - 23.0I_2 = 24.0$

(f) $I_1 = \dfrac{(24.0 + 23.0I_2)}{5.00}$ 이고 a의 정답에 대입하면,

$13.0\dfrac{(24.0 + 23.0I_2)}{5.00} + 18.0I_2 = 30.0 \rightarrow I_2 = 0.416\,A$, $I_1 = \dfrac{30 - 18I_2}{13} = 2.88\,A$

(g) $I_3 = I_1 - I_2 = 2.88\,A - (-0.416\,A) = 3.30\,A$

(h) I_2전류의 방향이 그림에서 설정한 것과 반대방향이라는 의미이다. 왼쪽 방향으로 전류가 흐른다는 의미.

27.4 RC 회로

21. (a) 회로의 시간 상수는

$$\tau = RC = (100\,\Omega)(20.0 \times 10^{-6}\,F)$$
$$= 2.00 \times 10^{-3}\,s = 2.00\,ms$$

(b) $Q_{\max} = C\varepsilon = (20.0 \times 10^{-6}\,F)(9.00\,V) = 1.80 \times 10^{-4}\,C$

(c) $q(t) = Q_{\max}\left(1 - e^{-t/RC}\right),\ \ t = RC$

$$\therefore\ q(t) = Q_{\max}\left(1 - e^{-1}\right)$$
$$= (1.80 \times 10^{-4}\,C)(1 - e^{-1}) = 1.14 \times 10^{-4}\,C$$

22. $[\tau] = [RC]$
$$= \left[\left(\frac{\Delta V}{I}\right)\left(\frac{Q}{\Delta V}\right)\right] = \left[\frac{Q}{I}\right]$$
$$= \left[\frac{Q}{Q/\Delta t}\right] = [\Delta t] = [T]$$

23. (a) 스위치를 닫기 전에는 직렬회로이므로
$$\tau = (R_1 + R_2)C = (1.50 \times 10^5\,\Omega)(10.0 \times 10^{-6}\,F) = 1.50\,s$$

(b) 스위치를 닫은 후에는 축전기에서 R_2저항으로 방전될 것이다.
$$\tau = R_2 C = (1.00 \times 10^5\,\Omega)(10.0 \times 10^{-6}\,F) = 1.00\,s$$

(c) 왼쪽 고리에 대해 시계방향으로 키르히호프 법칙을 사용하면
$$\varepsilon - I_1 R_1 = 0 \rightarrow I_1 = \frac{\varepsilon}{R_1} = \frac{10.0\,V}{50.0 \times 10^3\,\Omega} = 200\,\mu A\ \text{이고,}$$

오른쪽 고리에 대해 반시계방향으로 키르히호프 법칙을 사용하면
$$\frac{q}{C} - I_2 R_2 = 0$$
$$\rightarrow I_2 = \frac{q}{R_2 C} = \frac{\varepsilon}{R_2}e^{-t/(R_2 C)} = \left(\frac{10.0\,V}{100 \times 10^3\,\Omega}\right)e^{-t/1.00\,s}$$

스위치의 아랫방향으로 지나는 전류는
$$I_1 + I_2 = 200\,\mu A + (100\,\mu A)e^{-t/1.00\,s}$$

24. (a) $\tau = (R_1 + R_2)C$

(b) $\tau = R_2 C$

(c) $\varepsilon - I_1 R_1 = 0 \rightarrow I_2 = \dfrac{\varepsilon}{R_1}$ (배터리에서 전류)

$$\frac{q}{C} - I_2 R_2 = 0 \quad \rightarrow \quad I_2 = \frac{q}{RC} = \frac{\varepsilon}{R}e^{-t/R_2 C}$$

$$I_1 + I_2 = \frac{\varepsilon}{R_1} + \frac{\varepsilon}{R_2}e^{-t/R_2 C} = \varepsilon\left(\frac{1}{R_1} + \frac{1}{R_2}e^{-t/R_2 C}\right)$$

25. $\Delta V(t) = \Delta V_{\max}\left(1 - e^{-t/RC}\right)$

$$\rightarrow 4.00\,V = (10.0\,V)[1 - e^{-(3.00s)/[R(10.0 \times 10^{-6}\,s/\Omega)]}]$$

$$\rightarrow 0.400 = 1.00 - e^{-(3.00 \times 10^5\,\Omega)/R} \rightarrow e^{-(3.00 \times 10^5\,\Omega)/R} = 0.600$$

$$\rightarrow \frac{-(3.00 \times 10^5\,\Omega)}{R} = \ln(0.600)$$

$$\rightarrow R = -\frac{3.00 \times 10^5 \Omega}{\ln(0.600)} = 5.87 \times 10^5 \Omega = 587 k\Omega$$

26. $$\int_0^\infty e^{-2t/RC} dt = -\frac{RC}{2} \int_0^\infty e^{-2t/RC} \left(-\frac{2dt}{RC}\right)$$

$$= -\frac{RC}{2} e^{-2t/RC} \Big|_0^\infty$$

$$= -\frac{RC}{2} [e^{-\infty} - e^0] = \frac{RC}{2}$$

27.5 가정용 배선 및 전기 안전

27. $I = \dfrac{P}{\Delta V}$ 에서

$$\therefore I = \frac{990\,W + 900\,W + 650\,W}{120\,V} = 21.2\,A$$

이는 회로차단기의 적정 전압보다 크므로 차단기가 차단된다.
따라서 회로차단기 계속 유지할 수 없다.

28. (a) 전기 히터 $I = \dfrac{P}{\Delta V} = \dfrac{1500\,W}{120\,V} = 12.5A$

토스터기 $I = \dfrac{P}{\Delta V} = \dfrac{750\,W}{120\,V} = 6.25A$

전기 그릴 $I = \dfrac{P}{\Delta V} = \dfrac{1000\,W}{120\,V} = 8.33A$

(b) 전체 전류는 $12.5A + 6.25A + 8.33A = 27.1A$
이므로 정격 전류 $25.0A$에 회로차단기가 보호되므로 이회로에 흐르는 전류가 $27.1A$로 크므
로 유지되지 못하고 차단될 것이다.

추가문제

29. a와 b 사이의 등가 저항을 구하기 위해 회로를 단순하기 그러서 보면 다음과 같다.

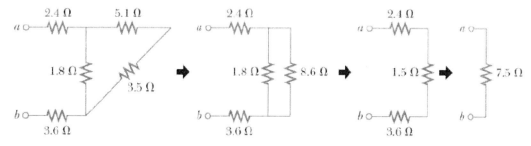

따라서 실제 등가 저항 $R_{eq} = 7.49\Omega$이므로 최종 저항을 하나로 연결하면 7.5Ω이 된다.

30. $\dfrac{dE}{dt} = P = \varepsilon I = \varepsilon \left(\dfrac{\varepsilon}{R} e^{-t/RC} \right)$

$\displaystyle \int dE = \dfrac{\varepsilon^2}{R}(-RC) \int_0^\infty \exp\left(-\dfrac{t}{RC}\right)\left(-\dfrac{dt}{RC}\right)$

$\qquad = -\varepsilon^2 C \exp\left(-\dfrac{t}{RC}\right)\Big|_0^\infty = \varepsilon^2 C$

또한, $\dfrac{dE}{dt} = P = \Delta V_R I = I^2 R = R\dfrac{\varepsilon^2}{R^2}\exp\left(-\dfrac{2t}{RC}\right)$

28장 자기장

28.1 분석 모형: 자기장 내의 입자

1. $F_g = mg = (9.11 \times 10^{-31} kg)(9.80 m/s^2) = 8.93 \times 10^{-39} N$

   $F_e = qE = (1.60 \times 10^{-19} C)(100 N/C) = 1.60 \times 10^{-17} N$

   $\overrightarrow{F_B} = q\vec{v} \times \vec{B} = (-1.60 \times 10^{-19} C)(6.00 \times 10^6 m/s \hat{E})(50.0 \times 10^{-6} N \cdot s/C \cdot m \hat{N})$

   $\qquad = -4.80 \times 10^{-17} N$ 위쪽방향 이므로 아래쪽방향

2. 적도에서 지구 자기장의 방향은 북쪽이므로
   (a) 서쪽으로 휜다.
   (b) 같은 방향을 가지므로 휘지 않음.
   (c) 위쪽으로 휜다.
   (d) 아래로 휜다.

3. 오른손 법칙을 역으로 사용하는데 이때 엄지를 힘의 방향, 나머지 손가락을 속도의 방향으로 만들면 자기장의 방향은 손가락이 굽혀지는 방향이다. (a) 종이 안쪽으로 들어가는 방향 (b) 오른쪽 방향 (c) 아래쪽 방향

4. $\theta = \sin^{-1}\left[\dfrac{F_B}{qvB}\right]$

   $\quad = \sin^{-1}\left[\dfrac{8.20 \times 10^{-13} N}{(1.60 \times 10^{-19} C)(4.00 \times 10^6 m/s)(1.70\, T)}\right]$

   $\quad = 48.9^\circ \text{ or } 131^\circ$

5. (a) $F = qvB \sin\theta$

   $\qquad = (1.60 \times 10^{-19} C)(5.02 \times 10^6 m/s)(0.180\, T)\sin 60.0^\circ$

   $\qquad = 1.25 \times 10^{-13} N$

   (b) $F = ma$ 에서

   $\qquad a = \dfrac{F}{m} = \dfrac{1.25 \times 10^{-13} N}{1.67 \times 10^{-27} kg} = 7.50 \times 10^{13} m/s^2$

6. (a) $F = qvB \sin 90^\circ$

   $\qquad = (1.60 \times 10^{-19} C)(6.00 \times 10^6 m/s)(1.50\, T)(1)$

   $\qquad = 1.44 \times 10^{-12} N$

   (b) $a_{\max} = \dfrac{F_{\max}}{m_p} = \dfrac{1.44 \times 10^{-12} N}{1.67 \times 10^{-27} kg} = 8.62 \times 10^{14} m/s^2$

   (c) 전자가 받는 힘은 양성자와 같은 크기를 갖지만 전자는 음전하이기 때문에 양성자와 반대 방향으로 작용한다.
   (d) 전자의 질량이 양성자보다 작기 때문에 가속도의 크기도 좀 크다.

7. $F = ma = (1.67 \times 10^{-27} kg)(2.00 \times 10^{13} m/s^2)$

$\quad = 3.34 \times 10^{-14} N = qvB\sin 90°$

$\quad B = \dfrac{F}{qv} = \dfrac{3.34 \times 10^{-14} N}{(1.60 \times 10^{-19} C)(1.00 \times 10^7 m/s)}$

$\quad = 2.09 \times 10^{-2} T = 20.9 mT$

$\quad\quad\quad \vec{B} = -20.9\hat{j} \, mT$

28.2 균일한 자기장 내에서 대전 입자의 운동

8. $(K + U)_i = (K + U)_f \rightarrow q\triangle V = \dfrac{1}{2}mv^2$

$qvB\sin 90° = \dfrac{mv^2}{r}$,

$\rightarrow r = \dfrac{mv}{qB} = \dfrac{m}{qB}\sqrt{\dfrac{2q\triangle V}{m}} = \dfrac{1}{B}\sqrt{\dfrac{2m\triangle V}{q}}$

$r_p = \dfrac{1}{B}\sqrt{\dfrac{2m_p\triangle V}{e}}$

(a) $r_d = \dfrac{1}{B}\sqrt{\dfrac{2(2m_p)\triangle V}{e}} = \sqrt{2}\,r_p$

(b) $r_\alpha = \dfrac{1}{B}\sqrt{\dfrac{2(4m_p)\triangle V}{2e}} = \sqrt{2}\,r_p$

9. $evB\sin 90° = \dfrac{mv^2}{r} \rightarrow v = \dfrac{eBr}{m}$

$K = \dfrac{1}{2}m_e v_{1i}^2 + 0 = \dfrac{1}{2}m_e v_{1f}^2 + \dfrac{1}{2}m_e v_{2f}^2$

$\therefore K = \dfrac{1}{2}m_e\left(\dfrac{e^2 B^2 R_1^2}{m_e^2}\right) + \dfrac{1}{2}\left(\dfrac{e^2 B^2 R_2^2}{m_e^2}\right) = \dfrac{e^2 B^2}{2m_e}\left(R_1^2 + R_2^2\right)$

$\quad = \dfrac{(1.60 \times 10^{-19} C)(0.0440\ T)^2}{2(9.11 \times 10^{-31} kg)}\left[(0.0100\,m)^2 + (0.0240\,m)^2\right]$

10. $evB\sin 90° = \dfrac{mv^2}{r} \rightarrow v = \dfrac{eBr}{m}$

$K = \dfrac{1}{2}m_e v_{1i}^2 + 0 = \dfrac{1}{2}m_e v_{1f}^2 + \dfrac{1}{2}m_e v_{2f}^2$

$\therefore K = \dfrac{1}{2}m_e\left(\dfrac{e^2 B^2 r_1^2}{m_e^2}\right) + \dfrac{1}{2}\left(\dfrac{e^2 B^2 r_2^2}{m_e^2}\right) = \dfrac{e^2 B^2}{2m_e}\left(r_1^2 + r_2^2\right)$

11. (a) $qvB = \dfrac{mv^2}{R} \rightarrow qRB = mv$

$\quad\quad L = mvR = qR^2 B$

그러므로 $R = \sqrt{\dfrac{L}{qB}} = \sqrt{\dfrac{4.00 \times 10^{-25}\,J \cdot s}{(1.60 \times 10^{-19}\,C)(1.00 \times 10^{-3}\,T)}} = 0.0500\,m$

28.3 자기장 내에서 대전 입자 운동의 응용

12. (a) $w = \dfrac{qB}{m} = \dfrac{(1.60 \times 10^{-19}\,C)(0.450\,T)}{1.67 \times 10^{-27}\,kg}$
$\qquad = 4.31 \times 10^{7}\,rad/s$

(b) $R = \dfrac{mv}{Bq}$
$\qquad \rightarrow v = \dfrac{BqR}{m} = \dfrac{(0.450\,T)(1.60 \times 10^{-19}\,C)(1.20\,m)}{1.67 \times 10^{-27}\,kg} = 5.17 \times 10^{7}\,m/s$

13. $\Delta K = W$ 에서

$\qquad \Delta K = 2NW_1 \rightarrow N = \dfrac{\Delta K}{2W_1} = \dfrac{\Delta K}{2e\Delta V}$

$\qquad \therefore N = \dfrac{250\,MeV}{2(1.602 \times 10^{-19}\,C)(800\,V)}\left(\dfrac{1.602 \times 10^{-13}\,J}{1\,MeV}\right)$
$\qquad\qquad = 1.56 \times 10^{5}$

14. (a) $|q|vB\sin 90^\circ = \dfrac{mv^2}{r}$

$\qquad\qquad \rightarrow |q|B = m\dfrac{v}{r} = mw$

$\qquad w = \dfrac{|q|B}{m} = \dfrac{(1.60 \times 10^{-19}\,C)(0.800\,N \cdot s/C \cdot m)}{1.67 \times 10^{-27}\,kg}$
$\qquad\quad = 7.66 \times 10^{7}\,rad/s$

(b) $v = wr = (7.66 \times 10^{7}\,rad/s)(0.350m) = 2.68 \times 10^{7}\,m/s$

(c) $K = \dfrac{1}{2}mv^2 = \dfrac{1}{2}(1.67 \times 10^{-27}\,kg)(2.68 \times 10^{7}\,m/s)^2\left(\dfrac{1eV}{1.60 \times 10^{-19}\,J}\right) = 3.76 \times 10^{6}\,eV$

(d) 양성자의 운동에너지 변화가 회전 당 2(600eV)만큼 증가하므로

$\qquad \dfrac{3.76 \times 10^{6}\,eV}{2(600eV)} = 3.13 \times 10^{3}$회전했음을 알 수 있다.

(e) $\triangle t = \dfrac{\theta}{w}$

$\qquad = \dfrac{3.13 \times 10^{3}\,rev}{7.66 \times 10^{7}\,rad/s}\left(\dfrac{2\pi rad}{1rev}\right) = 2.57 \times 10^{-4}\,s$

15. (a) $E = K = \dfrac{1}{2}mv^2 \rightarrow v = \left(\dfrac{2E}{m}\right)^{1/2}$

정리하면 $r = \dfrac{mv}{qB} = \dfrac{m}{qB}\left(\dfrac{2E}{m}\right)^{1/2}$

$\qquad\qquad = \dfrac{m}{qB}\left(\dfrac{2}{m}\right)^{1/2} E^{1/2}$

$\qquad\qquad = \dfrac{m^{1/2}2^{1/2}}{qB} E^{1/2}$

$\dfrac{dr}{dt} = \dfrac{m^{1/2}2^{1/2}}{qB}\dfrac{d(E^{1/2})}{dt} = \dfrac{m^{1/2}2^{1/2}}{qB}\left[\dfrac{1}{2}(E^{-1/2})\dfrac{dE}{dt}\right]$

$\qquad = \dfrac{m^{1/2}2^{1/2}}{qB}\dfrac{1}{2}\left[\left(\dfrac{1}{2}mv^2\right)^{-1/2}\right]\dfrac{dE}{dt}$

$\qquad = \dfrac{m^{1/2}2^{1/2}}{qB}\dfrac{1}{2}\left[\dfrac{2^{1/2}}{m^{1/2}v}\right]\dfrac{dE}{dt}$

$\qquad = \dfrac{1}{qBv}\dfrac{dE}{dt} = \dfrac{1}{qB}\dfrac{m}{qBr}\dfrac{dE}{dt}$

$\qquad = \dfrac{m}{q^2B^2r}\dfrac{dE}{dt} = \dfrac{m}{q^2B^2r}\left(\dfrac{q^2B\Delta V}{\pi m}\right)$

$\qquad = \dfrac{1}{r}\dfrac{\Delta V}{\pi B}$

(b) 그림 28.16a에서 파선으로 된 붉은 선은 안쪽은 비교적 멀리 떨어져 있고 바깥쪽은 함께 더 가깝게 변하면서 여러 번 나선형으로 변한다. 이것은 a의 결과에 의해 주장한 반지름 변화율의 1/r 비례한다.

(c) $\dfrac{dr}{dt} = \dfrac{1}{r}\dfrac{\Delta V}{\pi B} = \dfrac{1}{0.350\,m}\dfrac{600\,V}{\pi(0.800\,T)} = 682\,m/s$

(d) $\Delta r \simeq \dfrac{dr}{dt}\Delta t = \dfrac{dr}{dt}T = \left(\dfrac{1}{r}\dfrac{\Delta V}{\pi B}\right)\left(\dfrac{2\pi m}{qB}\right) = \dfrac{2\Delta Vm}{rqB^2}$

$\qquad = \dfrac{2(600\,V)(1.67\times10^{-27}\,kg)}{(0.350\,m)(1.60\times10^{-19}\,C)(0.800\,T)^2}$

$\qquad = 5.59\times10^{-5}\,m = 55.9\mu m$

28.4 전류가 흐르는 도체에 작용하는 자기력

16. (a) $F = ILB\sin\theta$

$\qquad = (3.00A)(0.140m)(0.280T)\sin90°$

$\qquad = 0.118\,N$

(b) 자기장의 방향도, 전류의 방향도 주어지지 않는다. 자력의 방향을 결정하려면 둘 다 알아야 한다.

17. $\vec{F}_B = I\vec{l}\times\vec{B}$

$\qquad = (2.40A)(0.750m)\vec{i}\times(1.60T)\vec{k} = (-2.88\vec{j})\,N$

18. $mg = ILB \rightarrow B = \dfrac{mg}{IL}$

$\qquad B = \dfrac{(\rho_{cu}V)g}{(\sqrt{P/R})L} = \dfrac{\rho_{cu}Vg}{L}\sqrt{\dfrac{R}{P}} = \rho_{cu}g\sqrt{\dfrac{\rho LA}{P}}$

$$= \rho_{cu} g \sqrt{\frac{\rho(2\pi R_E)(\pi r^2)}{P}} = \pi \rho_{cu} g\, r \sqrt{\frac{2\rho R_E}{P}}$$

$$= \pi(8.92 \times 10^3\, kg/m^3)(9.80\, m/s^2)(1.00 \times 10^{-3}\, m)\sqrt{\frac{2(1.7 \times 10^{-8}\, \Omega \cdot m)(6.37 \times 10^6\, m)}{100 \times 10^6\, W}}$$

$$= 1.28 \times 10^{-2}\, T$$

19. $\vec{F_B} = I(\vec{L} \times \vec{B}) = Id(\hat{k}) \times B(-\hat{j}) = IdB(\hat{i})$이고 에너지 보존에 의하면,

$$F_B L \cos\theta = \frac{1}{2}mv^2 + \frac{1}{2}Iw^2$$

$$IdBL\cos0° = \frac{1}{2}mv^2 + \frac{1}{2}(\frac{1}{2}mR^2)(\frac{v}{R})^2 = \frac{3}{4}mv^2$$이므로

$$v = \sqrt{\frac{4IdBL}{3m}}$$

$$= \sqrt{\frac{4(48.0A)(0.120m)(0.240\,T)(0.450m)}{3(0.720kg)}} = 1.07 m/s$$

20. (a) 오른손 법칙을 사용하면 자기장이 동쪽 방향이어야 위쪽으로의 힘이 발생한다.
(b) $F_B = ILB\sin\theta = F_g = mg$

$$\rightarrow B = \frac{mg}{LI\sin\theta}$$

$$= (\frac{(0.500 \times 10^{-3}kg)(9.80m/s^2)}{(1.00 \times 10^{-2}m)(2.00A)\sin90.0°}) = 0.245\,T$$

21. (a) 자기력과 중력이 작용한다.
(b) 자기력이 위쪽 방향, 중력이 아래쪽 방향으로 작용하며 서로 상쇄시켜 도선이 받는 힘이 0이 되어야 등속운동을 할 수 있다.
(c) $F_B = ILB_{\min}\sin90° = mg$

$$\rightarrow B_{\min} = \frac{mg}{IL} = \frac{(0.0150kg)(9.80m/s^2)}{(5.00A)(0.150m)} = 0.196\,T$$

이며, 종이를 뚫고 나오는 방향이어야 위쪽 방향으로 자기력이 발생한다.
(d) 자기력의 크기가 중력보다 커져 도선이 위쪽 방향으로 가속도를 받을 것이다.

22. 오른쪽 그림과 같이 고리의 미소 선분인 $\vec{ds}$에 대해
자기력을 구하면 $d\vec{F} = I\vec{ds} \times \vec{B}$이다.
원형 성분은 서로 상쇄 될 것이므로 위쪽 방향으로의 수
직 성분인

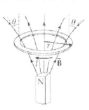

$|I\vec{ds} \times \vec{B}| = IdsB$만 남고 이를 모두 더하면
(a) $I(2\pi r)B\sin\theta$의 크기가 구해지며,
(b) 위쪽 방향의 자기장이 계산된다.

23. (a) $\vec{F_B} = I(\vec{l} \times \vec{B})$
$= (5.00A)(-0.400\hat{j}m) \times (0.0200\hat{j}\,T) = 0$

(b) $\vec{F_B} = I(\vec{l} \times \vec{B}) = (5.00A)(0.400\hat{k}m) \times (0.0200\hat{j}\,T) = -40.0\hat{i}\,mN$

(c) $\vec{F_B} = I(\vec{l} \times \vec{B}) = (5.00A)(-0.400\hat{i} + 0.400\hat{j}m) \times (0.0200\hat{j}\,T) = -40.0\hat{k}\,mN$

(d) $\vec{F_B} = I(\vec{l} \times \vec{B}) = (5.00A)(0.400\hat{i} - 0.400\hat{k}m) \times (0.0200\hat{j}\,T) = (40.0\hat{i} + 40.0\hat{k})mN$

(e) 모든 성분을 더하면 0이 되어야 하므로, 다른 세 도선에 작용하는 자기력을 모두 더한 것의 부호를 반대로 바꾸면 도선 da에 작용하는 자기력을 계산할 수 있다.

28.5 균일한 자기장 내에서 전류 고리가 받는 돌림힘

24. (a) $U_{\min} = -\mu B \cos 0°$
$$= -(9.70 \times 10^{-3}A \cdot m^2)(55.0 \times 10^{-6}\,T) = -5.34 \times 10^{-7}\,J$$

(b) $U_{\min} = -\mu B \cos 180°$
$$= +(9.70 \times 10^{-3}A \cdot m^2)(55.0 \times 10^{-6}\,T) = +5.34 \times 10^{-7}\,J$$

(c) $U_{\min} + W = U_{\max}$ 에서
$$\therefore\ W = U_{\max} - U_{\min}$$
$$= +5.34 \times 10^{-7}J - (-5.34 \times 10^{-7}J) = 1.07\,\mu J$$

25. $\tau_{\max} = (0.500\,T)(25.0 \times 10^{-3}A)\left[\pi(5.00 \times 10^{-2}m)^2\right](50.0)\sin 90.0°$
$$= 4.91 \times 10^{-3}\,N \cdot m$$

26. 마찰력에 의해 정지하기 위해선 $f_s - Mg\sin\theta = 0$ 이여야 하며, 토크에 의한 회전이 없기 위해서는 $f_s R - \mu B \sin\theta = 0$ 이다. 두 식을 연립하여 정리하면 $\mu B = MgR$ 이다.

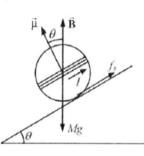

(a) $\mu = NI\pi R^2$ 을 대입하면,
$$I = \frac{Mg}{\pi NBR} = \frac{(0.0800kg)(9.80m/s^2)}{\pi(5)(0.350\,T)(0.200m)} = 0.713A \text{ 이며}$$
위에서 봤을 때 시계 반대방향으로 흐른다.

(b) $I = \dfrac{Mg}{\pi NBR}$ 이므로 경사각에 관계없이 같은 크기를 갖게 된다.

27. (a) $\tau = |\vec{\mu} \times \vec{B}| = \mu B \sin\theta = NIAB\sin\theta$
따라서 $\tau_{\max} = NIAB\sin 90.0°$
$$= 1(5.00A)\left[\pi(0.0500m)^2\right](3.00 \times 10^{-3}\,T) = 118\,\mu N \cdot m$$

(b) $-\mu B \leq U \leq \mu B$
여기서 $\mu B = NIAB = 1(5.00A)\left[\pi(0.0500m)^2\right](3.00 \times 10^{-3}\,T) = 118\,\mu J$
$$\therefore\ -118\,\mu J \leq U \leq +118\,\mu J$$

28.6 홀 효과

28. (a) 주어진 조건으로부터

$$\triangle V_H = \frac{IB}{nqt} \rightarrow \frac{nqt}{I} = \frac{B}{\triangle V_H} = \frac{0.0800\,T}{0.700 \times 10^{-6}\,V} = 1.14 \times 10^5\,T/V$$

이를 이용하여 자기장을 계산하면

$$B = (\frac{nqt}{I}) \triangle V_H = (1.14 \times 10^5\,T/V)(0.330 \times 10^{-6}\,V) = 0.0377\,T = 37.7m\,T\text{이다.}$$

(b) $n = (1.14 \times 10^5\,T/V)\frac{I}{qt} = (1.14 \times 10^5\,T/V)[\frac{0.120A}{(1.60 \times 10^{-19}\,C)(2.00 \times 10^{-3}\,m)}]$

$\quad = 4.29 \times 10^{25}\,m^{-3}$

추가문제

29. $qvB\sin 90.0° = \frac{mv^2}{r}$

$\quad \rightarrow w = \frac{v}{r} = \frac{qB}{m} = 2\pi f$

$\triangle w = w_{12} - w_{14}$

$\quad = qB(\frac{1}{m_{12}} - \frac{1}{m_{14}}) = \frac{(1.60 \times 10^{-19}\,C)(2.40\,T)}{1.66 \times 10^{-27}\,kg/u}(\frac{1}{12.0u} - \frac{1}{14.0u})$

$\quad = 2.75 \times 10^6\,s^{-1} = 2.75\,Mrad/s$

30. (a) $r = \frac{mv}{qB} = \frac{(1.67 \times 10^{-27}\,kg)(3 \times 10^7\,m/s\,Cm)}{(1.6 \times 10^{-19}\,C)(25 \times 10^{-6}\,Ns)} = 12.5\,km$

(b) 원통 중심에 도달하지 않고 돌아서 원래 방향으로 평행하게 된다.

29장 자기장의 원천

29.1 비오-사바르 법칙

1. $B = \dfrac{\mu_0 I}{2\pi r} = \dfrac{(4\pi \times 10^{-7} \, T \cdot m/A)(2.00A)}{2\pi(0.250 \, m)} = 1.60 \times 10^{-6} \, T$

2. (a) $B = \dfrac{\mu_0 I}{2\pi a} = \dfrac{(4\pi \times 10^{-7} \, T \cdot m/A)(135A)}{2\pi(6.65 \, m)} = 4.06 \times 10^{-6} \, T$

(b) 오류는 전력선 아래에서 나침반을 사용하게 되고 실제 전력선에 전류 135A가 흐르기 때문에 나침반의 결함이 발생한다.

3. $I = \dfrac{\Delta q}{\Delta t} = \dfrac{ev}{2\pi R}$

$\quad B = \dfrac{\mu_0 I}{2R} = \dfrac{\mu_0}{2R}\left(\dfrac{ev}{2\pi R}\right) = \dfrac{\mu_0 ev}{4\pi R^2}$

$\quad\quad = \left(\dfrac{4\pi \times 10^{-7} \, T \cdot m/A}{4\pi}\right)\dfrac{(1.60 \times 10^{-19}C)(2.19 \times 10^6 \, m/s)}{(5.29 \times 10^{-11} \, m)^2} = 12.5 \, T$

4. 수직한 부분의 도선이 P점에 만드는 자기장은 $B = \dfrac{1}{2}\left(\dfrac{\mu_0 I}{2\pi x}\right)$

수평한 부분의 도선은 $\vec{ds} \times \hat{r} = 0$이므로 P점에 만드는 자기장은 0이 된다.

P점에서 총 자기장의 크기는 $B = \dfrac{\mu_0 I}{4\pi x}$이며 방향은 오른손 규칙에 의해 종이 안쪽으로 들어가는 방향이다.

5. 수평과 수직으로 뻗어있는 직선 도선이 만드는 자기장은 $B = \dfrac{1}{2}\left(\dfrac{\mu_0 I}{2\pi r}\right)$이다.

원형으로 굽은 부분의 도선이 만드는 자기장은 원형 도선이 만드는 자기장의 크기의 1/4이므로 $B = \dfrac{1}{4}\left(\dfrac{\mu_0 I}{2r}\right)$이다.

총 자기장은

$\vec{B_P} = \left(\dfrac{1}{2}\dfrac{\mu_0 I}{2\pi r} + \dfrac{1}{4}\dfrac{\mu_0 I}{2r} + \dfrac{1}{2}\dfrac{\mu_0 I}{2\pi r}\right)$

$\quad = \dfrac{\mu_0 I}{2r}\left(\dfrac{1}{\pi} + \dfrac{1}{4}\right)$

$\quad = \dfrac{0.28415\mu_0 I}{r}$

이고, 방향은 오른손 규칙에 의해 종이 안쪽으로 들어가는 방향이다.

6. $B_0 = \dfrac{\mu_0 I}{2R}$, $B = \dfrac{\mu_0 I R^2}{2(x^2 + R^2)^{3/2}}$ 에서

$\quad \dfrac{B}{B_0} = \left[\dfrac{1}{(x/R)^2 + 1}\right]^{3/2}$

7. (a) 점 A에서

$$B_1 = B_2 = \frac{\mu_0 I}{2\pi(a\sqrt{2})}, \quad B_3 = \frac{\mu_0 I}{2\pi(3a)}$$

따 라 서

$$B_A = B_1\cos45.0° + B_2\cos45.0° + B_3 = \frac{\mu_0 I}{2\pi a}\left[\frac{2}{\sqrt{2}}\cos45.0° + \frac{1}{3}\right]$$

$$= \frac{(4\pi\times10^{-7}\,T\cdot m/A)(2.00A)}{2\pi(1.00\times10^{-2}m)}\left(\frac{2}{\sqrt{2}}\cos45.0° + \frac{1}{3}\right) = 53.3\mu\,T \text{ (종이 하단 방향)}$$

(b) $B_B = B_3 = \frac{\mu_0 I}{2\pi(2a)} = \frac{(4\pi\times10^{-7}\,T\cdot m/A)(2.00A)}{2\pi(2)(1.00\times10^{-2}m)} = 20.0\mu\,T$(종이 하단 방향)

(c) (a) 점 C에서

$$B_1 = B_2 = \frac{\mu_0 I}{2\pi(a\sqrt{2})}, \quad B_3 = \frac{\mu_0 I}{2\pi a}$$

따라서 $B_c = 2\left[\frac{\mu_0 I}{2\pi(a\sqrt{2})}\cos45.0°\right] - \frac{\mu_0 I}{2\pi a}$

$$= \frac{\mu_0 I}{2\pi a}\left[\frac{2}{\sqrt{2}}\cos45° - 1\right] = 0$$

8. (a) $0 = \frac{\mu_0}{2\pi}\left[\frac{50.0A}{(|y|+0.280m)}(-\vec{k}) + \frac{30.0A}{|y|}(\vec{k})\right]$

$50.0|y| = 30.0(|y|+0.280m)$

$-20.0y = 30.0(0.280m) \rightarrow y = -0.420\,m$

(b) $y = 0.100m$ 에서 자기장은

$$\vec{B} = \left(\frac{4\pi\times10^{-7}\,T\cdot m/A}{2\pi}\right)\left(\frac{50.0A}{(0.280-0.100)m}\right)(-\vec{k}) + \frac{30.0A}{0.100m}(-\vec{k})$$

$$= 1.16\times10^{-4}\,T(-\vec{k})$$

따라서 $\vec{F} = q\vec{v}\times\vec{B}$

$$= (-2\times10^{-6}C)(150\times10^{6}m/s)(\vec{i})\times(1.16\times10^{-4}\,N\cdot s/C\cdot m)(-\vec{k})$$

$$= 3.47\times10^{-2}\,N(-\vec{j})$$

(c) $\vec{F_e} = 3.47\times10^{-2}\,N(+\vec{k}) = q\vec{E} = (-2\times10^{-6}C)\vec{E}$

$$\therefore \vec{E} = -1.73\times10^{4}\,\vec{j}\,N/C$$

9. $B_o = |B_{VL}| - |B_H| + |B_{VR}|$

$$= \frac{\mu_0 I}{4\pi a}\left(1 - \frac{d}{\sqrt{d^2+a^2}}\right) - \frac{\mu_0 I}{4\pi d}\left[\frac{a}{\sqrt{d^2+a^2}} - \left(-\frac{a}{\sqrt{d^2+a^2}}\right)\right] + \frac{\mu_0 I}{4\pi a}\left(1 - \frac{d}{\sqrt{d^2+a^2}}\right)$$

$$= \frac{\mu_0 I}{4\pi a}\left(2 - \frac{2d}{\sqrt{d^2+a^2}}\right) - \frac{\mu_0 I}{4\pi d}\left(\frac{2a}{\sqrt{d^2+a^2}}\right)$$

$$= \frac{\mu_0 I}{2\pi a d}\left(d - \frac{d^2}{\sqrt{d^2 + a^2}} - \frac{a^2}{\sqrt{d^2 + a^2}}\right)$$

$$= \frac{\mu_0 I}{2\pi a d}\left(d - \sqrt{a^2 + d^2}\right)$$

$$= -\frac{\mu_0 I}{2\pi a d}\left(\sqrt{a^2 + d^2} - d\right) \text{ (종이 안쪽 방향)}$$

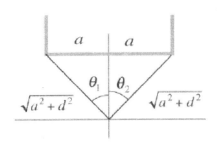

10. (a) $\tan 30° = \frac{a}{L/2}$, $a = 0.2887L$

$$B = \frac{\mu_0 I}{4\pi a}(\cos\theta_1 - \cos\theta_2) = \frac{\mu_0 I}{4\pi(0.2887L)}(\cos 30° - \cos 150°)$$

$$= \frac{\mu_0 I(1.732)}{4\pi(0.2887L)} = \frac{1.50\mu_0 I}{\pi L}$$

따라서 $3\left(\frac{1.50\mu_0 I}{\pi L}\right) = \frac{4.50\mu_0 I}{\pi L}$

(b) $\frac{\mu_0 I(1.732)}{4\pi(a/2)} = \frac{2\mu_0 I(1.732)}{4\pi a}$

$$\therefore 2\left(\frac{2\mu_0 I(1.732)}{4\pi a}\right) = \frac{4\mu_0 I(1.732)}{4\pi(0.2887L)} = \frac{6\mu_0 I}{\pi L}$$

따라서 중심에서보다 더 강하다.

29.2 두 평행 도체 사이의 자기력

11. (a) $\frac{F}{l} = \frac{\mu_0 I_1 I_2}{2\pi d}$

$$\rightarrow I_2 = \frac{2\pi d F}{\mu_0 I_1 l} = \frac{2\pi(4.00\times 10^{-2}m)}{(4\pi\times 10^{-7}T\cdot m/A)(5.00A)}(2.00\times 10^{-4}N/m) = 8.00A$$

(b) 도선 사이에 작용하는 힘이 척력이므로 반대방향의 전류가 흐른다.

(c) 두 도선에 같은 방향의 전류로 바뀌니 힘은 인력으로 바뀔 것이고, 전류의 크기가 2배가 되므로 힘의 크기도 2배가 될 것이다.

12. (a) $\frac{F}{l} = \frac{(4\pi\times 10^{-7}T\cdot m/A)(3.00A)^2}{2\pi(6.00\times 10^{-2}m)}$

$$= 3.00\times 10^{-5}N/m$$

(b) 같은 방향으로 전류가 흐르므로 인력이다.

13. (a) 알짜힘이 0인 되기 위해서는 1, 2번 도선의 왼쪽에 놓여야 하고, 한 가지 방법뿐이다. 위치는 아래 그림과 같다.

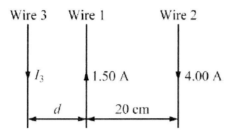

(b) $F_{1\,on\,3} = F_{2\,on\,3}$: $\dfrac{\mu_0(1.50A)I_3}{2\pi d} = \dfrac{\mu_0(4.00A)I_3}{2\pi(20.0cm+d)}$

$\therefore 1.50(20.0\,cm+d) = 4.00\,d$

$d = \dfrac{30.0\,cm}{2.50} = 12.0\,cm(1번\ 도선\ 왼쪽)$

(c) $\dfrac{\mu_0(1.50A)I_3}{2\pi(12.0\,cm)} = \dfrac{\mu_0(4.00A)(1.50A)}{2\pi(20.0cm)}$

$I_3 = \dfrac{12}{20}(4.00A) = 2.40A(아래)$

14. $F_B - F_s = 0$

$\dfrac{\mu_0 I^2 L}{2\pi(l+d)} - 2kd = 0$

$\therefore\ k = \dfrac{\mu_0 I^2 L}{4\pi d(d+l)}$

15. $\dfrac{F}{l} = \dfrac{\mu_0 I_1 I_2}{2\pi a}$

$\rightarrow a = \dfrac{\mu_0 I_1 I_2 l}{2\pi F}$

$= \dfrac{(4\pi\times10^{-7}T\cdot m/A)(10.0A)(10.0A)(0.500m)}{2\pi(1.00N)}$

$= 1.00\times10^{-5}m$

$= 10.0\mu m$

인데 두 도선의 반지름은 $r = 250\mu m$이므로 두 도선을 붙였을 때 도선사이의 거리는 최소 $500\mu m$이다. 이는 위에서 구한 두 도선사이의 거리 $10.0\mu m$보다 훨씬 크므로 두 도선 사이에 작용하는 자기력의 크기가 1.00N일 수는 없다.

29.3 앙페르의 법칙

16. $\oint \vec{B}\cdot d\vec{l} = \mu_0 I$ 에 의해

$I = \dfrac{2\pi rB}{\mu_0} = \dfrac{2\pi(1.00\times10^{-3}m)(0.100\,T)}{4\pi\times10^{-7}\,T\cdot m/A} = 500A$

17. (a) $B_{inner} = \dfrac{\mu_0 NI}{2\pi r} = \dfrac{(4\pi \times 10^{-7}\, T\cdot m/A)(900)(14.0\times 10^3 A)}{2\pi(0.700 m)} = 3.60\, T$

(b) $B_{outer} = \dfrac{\mu_0 NI}{2\pi r} = \dfrac{(4\pi \times 10^{-7}\, T\cdot m/A)(900)(14.0\times 10^3 A)}{2\pi(1.30 m)} = 1.94\, T$

18. 도선이 묶인 원통형 영역에 대해 앙페르 법칙을 사용하면,

$$\oint \vec{B} \cdot \vec{ds} = \mu_o I$$

$$\rightarrow B \cdot 2\pi r = \mu_0 \left[99I\left(\frac{\pi r^2}{\pi R^2}\right)\right]$$

$$\rightarrow B = \frac{\mu_0(99I)}{2\pi R}\left(\frac{r}{R}\right)$$

전선의 단위 길이 당 받는 자기력의 크기는

$$\frac{F}{l} = IB\sin\theta = I\left[\frac{99\mu_0 Ir}{2\pi R^2}\right]\sin 90^\circ$$

(a) 0.200cm위치에서 단위 길이 당 받는 자기력은

$$\frac{F}{l} = \frac{99(4\pi\times 10^{-7}\, T\cdot m/A)(2.00A)^2(0.200\times 10^{-2}m)}{2\pi(0.500\times 10^{-2}m)^2}$$
$$= 6.34\times 10^{-3} N/m$$

(b) 자기장은 전류의 방향에 따라 묶음으로부터 시계방향이나 반시계 방향으로 생성된다. 어떠한 경우든 전류의 방향과 자기장의 방향을 외적하면 묶음의 중심을 향하는 방향이다.

(c) $B \propto r$이므로 가장자리 일수록 자기장이 더 커진다. 즉, 가장자리에서 자기력의 크기도 더 커진다.

19. (a) $40.0\, cm$ 일 때 자기장이 $1.00\mu T$이므로

$B \propto \dfrac{1}{r}$ 에서 자기장이 $\dfrac{1}{10}$ 배로 감소되면 거리는 10배가 된다.

따라서 거리는 400cm.

(b) $\vec{B} = \dfrac{\mu_0 I}{2\pi r_1}\vec{k} + \dfrac{\mu_0 I}{2\pi r_2}(-\vec{k})$에서

$$B = \frac{(4\pi\times 10^{-7}\, T\cdot m/A)(2.00A)}{2\pi}\left(\frac{1}{0.3985m} - \frac{1}{0.4015m}\right)$$
$$= 7.50\, nT$$

(c) $B = \dfrac{\mu_0 I}{2\pi}\left(\dfrac{1}{r-d} - \dfrac{1}{r+d}\right) = \dfrac{\mu_0 I}{2\pi}\dfrac{2d}{r^2-d^2}$ 이므로

$$7.50\times 10^{-10} T = (2.00\times 10^{-7}\, T\cdot m/A)(2.00A)\frac{3.00\times 10^{-3}m}{r^2 - (2.25\times 10^{-6}m)^2}$$

$$\therefore r = 1.26\, m$$

(d) 앙페르의 법칙에 의해 전체 전류가 0이기 때문에 외부에서 자기장은 생기지를 않는다. 즉 0이다.

20. $I = \displaystyle\int JdA$를 이용하여 앙페르의 법칙을 사용하면,

$$\oint B ds = \mu_0 \int J dA$$

(a) $2\pi r_1 B = \mu_0 \int_0^{r_1} br(2\pi r dr) = \mu_0 2\pi b \left[\frac{r_1^3}{3} - 0 \right]$

$\qquad \rightarrow B = \frac{1}{3}(\mu_0 b r_1^2)$

(b) $2\pi r_2 B = \mu_0 \int_0^R br(2\pi r dr)$

$\qquad \rightarrow B = \frac{\mu_0 b R^3}{3 r_2}$

29.4 솔레노이드의 자기장

21. 솔레노이드의 중심에서 자기장은 $B = \frac{\mu_0 N I}{l}$ 이므로

$$I = \frac{B}{\mu_0 n} = \frac{(1.00 \times 10^{-4}\,T)(0.400m)}{(4\pi \times 10^{-7}\,T \cdot m/A)(1000)} = 31.8\,mA$$

22. $B = \mu_0 n I = \mu_0 \left(\frac{N}{L} \right) I$

$\qquad \rightarrow N = \frac{BL}{\mu_0 I} = \frac{(9.00\,T)(0.500m)}{(4\pi \times 10^{-7}\,T \cdot m/A)(75.0A)} = 4.77 \times 10^4$

23. $N = \frac{L}{2\pi r_s}$ 에서

$$B = \frac{\mu_0 N I}{l} = \frac{\mu_0 L I}{2\pi r_s l} = \mu_0 \frac{L}{2\pi r_s l} \frac{\Delta V}{R}$$

$$= \mu_0 \frac{L}{2\pi r_s l} \frac{\Delta V A}{\rho_{cu} L} = \mu_0 \frac{L}{2\pi r_s l} \frac{\Delta V (\pi r_w^2)}{\rho_{cu}} = \mu_0 \frac{r_w^2 \Delta V}{2 r_s l \rho_{cu}}$$

$$= (4\pi \times 10^{-7}\,T \cdot m/A) \frac{\left(\frac{0.127 \times 10^{-3}}{2} \right)^2 (1000\,V)}{2(0.0100m)(0.250m)(1.7 \times 10^{-8}\,\Omega \cdot m)}$$

$$= 5.96 \times 10^{-2}\,T$$

24. (a) $B = \frac{\mu_0 N I}{l}$ 에서

반지름이 20 cm로 만든다면 필요한 것은 횟수에 비례하므로 구리선을 많이 감는 것이 좋다.
(b) 가능한 작은 반지름을 필요하다. 그런 다음 둘레가 더 작으면 더 많이 구리선을 감아서
솔레노이드를 만들 수 있다.

29.5 자기에서의 가우스 법칙

25. (a) $(\Phi_B)_{S1} = \vec{B} \cdot \vec{A} = B\pi R^2 \cos(180 - \theta) = -B\pi R^2 \cos\theta$

(b) $(\Phi_B)_{S1} + (\Phi_B)_{S2} = 0$, $(\Phi_B)_{S2} = B\pi R^2 \cos\theta$

26. $\vec{B} = (ay^2 + B_0)\hat{j}$

이 때 $\oint \vec{B} \cdot d\vec{A} = 0$ 에서

$$\oint \vec{B} \cdot d\vec{A} = \int Bh dA - \int B0 dA$$
$$= (ah^2 + B_0)A = ah^2 A$$

여기서 h 는 원통형 용기의 높이.

적분을 계산해 보면 어떤 요소도 0이 아니므로 적분값은 0이 아니다. 이것은 자기에 대한 가우스 법칙을 만족하지 못하므로 요구하는 자기장은 불가능하다.

27. (a) $\Phi_B = BA = \left(\dfrac{\mu_0 NI}{l}\right)(\pi r^2)$

$$= \frac{(4\pi \times 10^{-7}\, T{\cdot}m/A)(300)(12.0A)}{0.300\, m}\left[\pi(0.0125\, m)^2\right]$$

$$= 7.40 \times 10^{-7}\, Wb = 7.40\mu\, Wb$$

(b) $\Phi_B = BA = \left(\dfrac{\mu_0 NI}{l}\right)\left[\pi(r_2^2 - r_1^2)\right]$

$$= \frac{(4\pi \times 10^{-7}\, T{\cdot}m/A)(300)(12.0A)}{0.300\, m}\pi\left[(8.00)^2 - (4.00)^2\right](10^{-3}m)^2$$

$$= 2.27\mu\, Wb$$

29.6 물질 내의 자성

28. (a) $\mu_B = (9.27 \times 10^{-24} J/T)(N \cdot m/J)(T \cdot C \cdot m/N \cdot s)(A \cdot s/C)$
$$= 9.27 \times 10^{-24} A \cdot m^2$$

$$N = \frac{8.00 \times 10^{22} A \cdot m^2}{9.27 \times 10^{-24} A \cdot m^2} = 8.63 \times 10^{45} e^-$$

(b) 원자 하나당 전자가 2개이므로 철원자의 개수는 $\dfrac{N}{2} = 4.31 \times 10^{45}$ 개다.

$$M_{Fe} = \frac{(4.31 \times 10^{45})(7900 kg/m^3)}{8.50 \times 10^{28}/m^3} = 4.01 \times 10^{20} kg$$

추가문제

29. 자기장의 크기는 $B = \dfrac{\mu_0 IR^2}{2(x^2 + R^2)^{3/2}}$

여기서 $I = \dfrac{q}{2\pi/\omega}$ 이므로

$$B = \frac{\mu_0 \omega R^2 q}{4\pi (x^2 + R^2)^{3/2}}$$

$$= \frac{\mu_0 (20.0\,rad/s)(0.100m)^2 (10.0 \times 10^{-6}\,C)}{4\pi \left[(0.0500m)^2 + (0.100m)^2\right]^{3/2}}$$

$$= 1.43 \times 10^{-10}\,T = 143\,pT$$

30. (a) $B = \dfrac{\mu_0 I}{2\pi r}$

$$= \frac{(4\pi \times 10^{-7}\,T \cdot m/A)(24.0A)}{2\pi (0.0175m)} = 2.74 \times 10^{-4}\,T$$

(b) 막대의 중간 지점, 점 C에서 AB 레일 자기장은

$$B_{AB} = \frac{1}{2}(2.74 \times 10^{-4}\,T)(-\hat{j})$$

DE 레일 자기장은

$$B_{DE} = \frac{1}{2}(2.74 \times 10^{-4}\,T)(-\hat{j})$$

(c) 레일이 무한히 길다는 가정하에서 막대의 왼쪽에 있는 레일의 길이는 막대의 위치에 따라 달라지지 않는다.

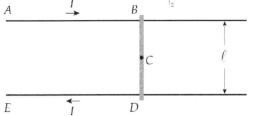

$$\vec{F} = I\vec{l} \times \vec{B} = (24.0A)(0.0350m\,\hat{k}) \times \left[5(2.74 \times 10^{-4}\,T)(-\hat{j})\right]$$
$$= 1.15 \times 10^{-3}\,\hat{i}\,N$$

(d) $1.15 \times 10^{-3}\,N$

(e) $+x$ 방향

(f) 모형화하는 것은 적절하다. 막대의 길이, 전류, 자기장은 일정하기 때문에 힘은 일정하다.

(g) 가속도 $\vec{a} = \dfrac{\vec{F}}{m} = \dfrac{(1.15 \times 10^{-3}\,N)\,\hat{i}}{3.00 \times 10^{-3}\,kg} = (0.384\,m/s^2)\,\hat{i}$

따라서 $v_f^2 = v_i^2 + 2ax = 0 + 2(0.384m/s^2)(1.30m)$

$$\therefore \vec{v_f} = (0.999\,m/s)\,\hat{i}$$

30장 패러데이의 법칙

30.1 패러데이의 유도 법칙

1. $|\varepsilon| = |\frac{\Delta \Phi_B}{\Delta t}| = \frac{\vec{B}(\Delta \vec{A})}{\Delta t}$

$= \frac{(0.150\,T)[\pi(0.120m)^2 - 0]}{0.200s}$

$= 3.39 \times 10^{-2}\,V = 33.9m\,V$

2. (a) 포사체가 날아올 때에는 반시계 방향, 포사체가 통과하고 멀어질 때에는 시계방향으로 전류가 발생할 것이다.

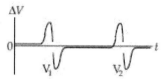

(b) $v = \frac{d}{t}$

$= \frac{1.50m}{2.40 \times 10^{-3}s} = 625m/s$

3. $\varepsilon = -\frac{d\Phi_B}{dt} = -N\frac{d}{dt}(B_{\max}\sin\omega t)A$

$= -\omega NAB_{\max}\cos\omega t$

여기서 $\varepsilon = \varepsilon_{\max}\cos\omega t$이므로 $\varepsilon_{\max} = \omega NAB_{\max}$

$\therefore \varepsilon_{\max} = \omega NAB_{\max}$

$= [2\pi(60.0Hz)](1)\left[\frac{\pi(8.00 \times 10^{-6}\,m)^2}{4}\right](1.00 \times 10^{-3}\,T)$

$= 1.89 \times 10^{-11}\,V$

따라서 $\varepsilon = -N\frac{\Delta(BA\cos\theta)}{\Delta t} = -NB\pi r^2\left(\frac{\cos\theta_f - \cos\theta_i}{\Delta t}\right)$

$= -25.0(50.0 \times 10^{-6}\,T)[\pi(0.500m)^2]\left(\frac{\cos180° - \cos0°}{0.200\,s}\right)$

$= 9.82\,m\,V$

4. $B = \mu_0 n I = (4\pi \times 10^{-7}\,N/A^2)(400\,turns/m)(30.0A)(1 - e^{-1.60t})$

$= (1.51 \times 10^{-2}\,N/m\cdot A)(1 - e^{-1.60t})$

$\Phi_B = B\int dA = B(\pi R^2)$

$= (1.51 \times 10^{-2}\,N/m\cdot A)(1 - e^{-1.60t})[\pi(0.0600m)^2]$

$= (1.71 \times 10^{-1}\,N/m\cdot A)(1 - e^{-1.60t})$

따라서

$\varepsilon = -(250)\left(1.71 \times 10^{-4}\frac{N\cdot m}{A}\right)\frac{d(1 - e^{-1.60t})}{dt}$

$= -\left(0.0426\frac{N\cdot m}{A}\right)(1.60s^{-1})e^{-1.60t}$

$= 68.2e^{-1.60t}$

5. (a) $\varepsilon = -\dfrac{d}{dt}(BA\cos\theta) = -\dfrac{d}{dt}(0.500\mu_0 nIA\cos0°) = -0.500\mu_0 nA\dfrac{dI}{dt}$

$= -0.500(4\pi\times10^{-7}\,T\cdot m/A)(1000turn/m)[\pi(0.0300m)^2](270A/s)$

$= -4.80\times10^{-4}\,V$

$$I = \frac{|\varepsilon|}{R} = \frac{0.000480\,V}{0.000300\,\Omega} = 1.60A$$

(b) $B = \dfrac{\mu_0 I}{2r_1} = \dfrac{(4\pi\times10^{-7}\,T\cdot m/A)(1.60A)}{2(0.0500m)}$

$= 2.01\times10^{-5}\,T = 20.1\,\mu T$

(c) 솔레노이드에는 오른쪽 방향으로의 자기장이 증가하므로, 이에 저항하기 위해 고리에는 왼쪽 방향으로 자기장이 생긴다.

6. (a) $|\varepsilon| = \dfrac{d(BA)}{dt} = \dfrac{1}{2}\dfrac{d}{dt}(\mu_0 nI)A = \dfrac{1}{2}\mu_0 n\pi r_2^2\dfrac{dI}{dt}$

$I_{ring} = \dfrac{\varepsilon}{R} = \dfrac{\mu_0 n\pi r_2^2}{2R}\dfrac{\Delta I}{\Delta t}$

(b) $B = \dfrac{\mu_0 I}{2r_1} = \dfrac{\mu_0^2 n\pi r_2^2}{4r_1 R}\dfrac{\Delta I}{\Delta t}$

(c) 왼쪽

7. $\varepsilon = -N\dfrac{d\Phi_B}{dt} = -N\dfrac{d(BA\cos\theta)}{dt} = -NA\cos\theta\left(\dfrac{dB}{dt}\right)$

$\rightarrow |\varepsilon| = NA\cos\theta\left(\dfrac{\Delta B}{\Delta t}\right)$

$A = \dfrac{|\varepsilon|}{N\cos\theta\left(\dfrac{\Delta B}{\Delta t}\right)}$

$= \dfrac{80.0\times10^{-3}\,V}{50(\cos30.0°)\left(\dfrac{600\times10^{-6}\,T - 200\times10^{-6}\,T}{0.400s}\right)} = 1.85m^2$

$L = N(4d) = 4N\sqrt{A} = (4)(50)\sqrt{1.85m^2} = 272m$

8. (a) $\oint \vec{B}\cdot d\vec{s} = \mu_0 I \rightarrow B = \dfrac{\mu_0 I_{max}\sin\omega t}{2\pi R}$

따라서 $\varepsilon = -N\dfrac{d}{dt}\vec{B}\cdot\vec{A}$

$= -2\pi Rn\dfrac{\mu_0 I_{max}A}{2\pi R}\dfrac{d}{dt}\sin\omega t$

$= -\mu_0 I_{max}nA\omega\cos\omega t$

(b) 코일에 유도된 기전력은 토로이드의 원형 축을 중심으로 자기장의 선적분에 비례한다. 앙페르의 법칙에 따르면 이 선적분은 코일이 감싸는 전류의 양에 의존한다.

9. 토로이드에서

$$B = \frac{\mu_0 NI}{2\pi r}$$

$$\rightarrow \Phi_B = \int B dA = \frac{\mu_0 NI_{\max}}{2\pi} \sin wt \int \frac{a dr}{r}$$

$$= \frac{\mu_0 NI_{\max}}{2\pi} a \sin wt \ln(\frac{b+R}{R})$$

$$\varepsilon = N' \frac{d\Phi_B}{dt} = N'(\frac{\mu_0 NI_{\max}}{2\pi}) wa \ln(\frac{b+R}{R})$$

$$= 20 \frac{(4\pi \times 10^{-7})(500)(50.0)}{2\pi} [2\pi(60.0)](0.0200) \ln(\frac{0.0300+0.0400}{0.0400}) \cos wt$$

$$= 0.422 \cos wt$$

30.2 운동 기전력

10. (a) $\varepsilon = Blv$
$$= (1.20 \times 10^{-6} T)(14.0m)(70.0m/s)$$
$$= 1.18 \times 10^{-3} V = 11.8 mV$$

(b) 조종사의 왼쪽에 있는 날개 끝은 양이다.

(c) 달라지지 않는다.

(d) 전등을 켤 수 없다.

만약 당신이 회로가 전구를 포함하는 날개를 연결하려고 하면 당신은 측면을 따라 여분의 절연 전선을 실행해야 한다. 균일한 장에서는 한 코일에서 생성된 총 기전력은 0이다.

11. $w = (2.00 rev/s)(2\pi rad/rev) = 4.00\pi rad/s$

$$\varepsilon = \frac{1}{2} Bwl^2$$
$$= \frac{1}{2}(50.0 \times 10^{-6} T)(4.00\pi rad/s)(3.00m)^2 = 2.83 mV$$

12. (a) $\varepsilon = Blv = [(50.0 \times 10^{-6} T)\sin 53.0°](2.00m)(0.500m/s)$
$$= 3.99 \times 10^{-5} V = 39.9\mu V$$

(b) 서쪽 끝이 양이다.

13. $I = \frac{\varepsilon}{R} = \frac{Blv}{R}$

$$\rightarrow v = \frac{IR}{Bl} = \frac{(0.500A)(6.00\Omega)}{(2.50T)(1.20m)} = 1.00 m/s$$

14. $\varepsilon_{\max} = Blv\cos\theta$

$$v = \frac{\varepsilon_{\max}}{Bl\cos\theta}$$

$$= \frac{4.50 \times 10^3 V}{(50.0 \times 10^{-6} T)(1.20m)\cos 65.0°} = 177 m/s$$

이것은 자동차가 $640 km/h$로 달리는 것을 의미한다. 따라서 현실적으로 이런 속도로 달리는 것은 어렵기 때문에 이 상황은 불가능하다.

15. (a) $\varepsilon = Blv = IR$ 에서

$$v = \frac{\varepsilon}{Bl} = \frac{IR}{Bl} = \frac{(8.50 \times 10^{-3} A)(9.00\Omega)}{(0.300\,T)(0.350m)} = 0.729\,m/s$$

(b) 시계방향

(c) $P = I^2 R$
$$= (8.50 \times 10^{-3} A)^2 (9.00\Omega)$$
$$= 6.50 \times 10^{-4}\,W = 0.650\,mW$$

(d) 저항기에서 내부 에너지로 변환되는 외부 힘에 의해 일이다.

16. (a) $B = \dfrac{\varepsilon}{lv} = \dfrac{1.17\,V}{(25.0m)(7.80 \times 10^3\,m/s)}$
$$= 6.00 \times 10^{-6}\,T = 6.00\mu T$$

(b) 유도 기전력은 변화한다.

지구 자기장의 크기와 방향은 위치에 따라 다르기 때문에 도선의 유도 기전력은 변한다. 더욱이 줄의 연결이나 속도가 지구 자기장에 비례하여 방향을 바꾸면 유도 기전력도 변할 것이다.

(c) 줄 또는 속도 벡터가 자기장과 평행하게 될 때이다.

17. $\varepsilon = \dfrac{1}{2}B\omega r^2 \;\rightarrow\; \omega = \dfrac{2\varepsilon}{Br^2}$

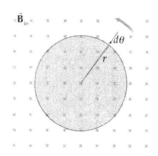

따라서 $\omega = \dfrac{2\varepsilon}{Br^2}$

$$= \frac{2(25.0\,V)}{(0.900\,T)(0.400m)^2}$$
$$= 347\,rad/s \left(\frac{1\,rev}{2\pi\,rad}\right)\left(\frac{60s}{1\min}\right) = 3.32 \times 10^3\,rev/\min$$

18. $\Phi_B = \displaystyle\int \vec{B}\cdot d\vec{A} = \int Bx\,dr$

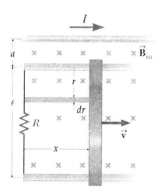

$$= \int \left[\frac{\mu_0 I}{2\pi(a+r)}\right] x\,dr = \frac{\mu_0 Ix}{2\pi}\int_0^l \frac{dr}{a+r}$$

$$= \frac{\mu_0 Ix}{2\pi}\ln\left(1+\frac{l}{a}\right)$$

그러므로

$$|\varepsilon| = \frac{d\Phi_B}{dt} = \frac{\mu_0 I}{2\pi}\ln\left(1+\frac{l}{a}\right)\frac{dx}{dt} = \frac{\mu_0 Iv}{2\pi}\ln\left(1+\frac{l}{a}\right)$$

$$\therefore\; I_{\text{막대}} = \frac{|\varepsilon|}{R} = \frac{\mu_0 Iv}{2\pi R}\ln\left(1+\frac{l}{a}\right)$$

이 때, $dF_{app} - dF_B = 0$

여기서 $dF_B = I_{\text{막대}}B\,dr = \left[\frac{\mu_0 Iv}{2\pi R}\ln\left(1+\frac{l}{a}\right)\right]\left[\frac{\mu_0 I}{2\pi(a+r)}\right]dr$

$$= \frac{\mu_0^2 I^2 v}{4\pi^2 R} \ln\left(1 + \frac{l}{a}\right) \frac{dr}{a+r}$$

$$\therefore F_B = \frac{\mu_0^2 I^2 v}{4\pi^2 R} \ln\left(1 + \frac{l}{a}\right) \int_0^l \frac{dr}{a+r}$$

$$= \frac{\mu_0^2 I^2 v}{4\pi^2 R} \left[\ln\left(1 + \frac{l}{a}\right)\right]^2$$

19. $\sum F = mg\sin\theta - F_B\cos\theta$

$$F_B = IlB \quad \rightarrow \quad I = \frac{Blv}{R}\cos\theta$$

$$\sum F = 0 = mg\sin\theta - \frac{B^2 l^2 v}{R}\cos^2\theta$$

$$\therefore B = \sqrt{\frac{mgR\sin\theta}{vl^2\cos^2\theta}}$$

$$= \sqrt{\frac{(1.00kg)(9.80m/s^2)(1.00\Omega)\sin21.0°}{(1.00m/s)(2.00m)^2\cos^2 21.0°}} = 1.00\,T$$

20. $\sum F = mg\sin\theta - F_B\cos\theta$

$$F_B = IlB \quad \rightarrow \quad I = \frac{Blv}{R}\cos\theta$$

$$\sum F = 0 = mg\sin\theta - \frac{B^2 l^2 v}{R}\cos^2\theta$$

$$\therefore B = \sqrt{\frac{mgR\sin\theta}{v_{max} l^2\cos^2\theta}}$$

30.4 패러데이 법칙의 일반형

21. $\frac{dB}{dt} = 6.00t^2 - 8.00t$가 되며,

2.00s일 때 $8.00\,T/s$의 값이 나온다. 자기장이 종이를 뚫고 들어가는 방향으로 증가하고 있으므로, 이에 저항하기 위해 전기장은 반시계 방향으로 생성된다.

(a) $|E| = \frac{r}{2}\frac{dB}{dt} = \frac{0.0500}{2}8.00 = 0.200 N/C$,

$F = qE = (1.60 \times 10^{-19} C)(0.200 N/C) = 3.20 \times 10^{-20} N$

(b) 전자는 음전하를 지니고 있기에 힘의 방향은 전기장의 방향과 반대가 된다. 그러므로 전기력은 P_1을 통과하는 전기장에 접하고 시계방향이다.

(c) $t = 0\,or\,1.33$초 일 때, $\frac{dB}{dt} = 0$이 되므로 힘 또한 0이 된다.

22. (a) $\oint \vec{E} \cdot \vec{dl} = |\frac{d\Phi_B}{dt}| = |\frac{d(BA)}{dt}| = |\frac{d[\mu_0 n I(\pi r^2)]}{dt}|$

$\rightarrow 2\pi r E = \mu_0 n (\pi r^2)\frac{dI}{dt} = \mu_0 n (\pi r^2)(5.00)(100\pi)\cos 100\pi t$

$\rightarrow E = \frac{\mu_0 n (\pi r^2)(5.00)(100\pi)(\cos 100\pi t)}{2\pi r} = 250\mu_0 n \pi r \cos 100\pi t$

$\qquad = 250(4\pi \times 10^{-7})(1.00 \times 10^3)\pi(0.0100)\cos 100\pi t = (9.87 \times 10^{-3})\cos 100\pi t$

　　　단위는 V/m, 시간의 단위는 s이다.

(b) 전류가 시계 반대 방향으로 증가하면, 전기장은 이에 저항하기 위해 유도되므로 시계방향으로 유도된다.

30.5 발전기와 전동기

23. $\frac{\varepsilon_2}{\varepsilon_1} = \frac{\omega_2}{\omega_1}$

$\rightarrow \varepsilon_2 = \frac{\omega_2}{\omega_1}\varepsilon_1 = (\frac{500 rev/\min}{900 rev/\min})24.0\,V = 13.3\,V$

24. (a) 진폭은 두 배, 주기는 그대로이다.
아래 그래프 (a)에 나타냄.

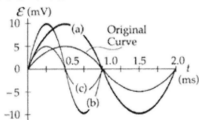

(b) 진폭은 두 배, 주기는 반으로 준다. 위의 그래프 (b)에 나타냄.
(c) 진폭은 그대로, 주기는 반으로 준다. 위의 그래프 (c)에 나타냄.

25. (a) $\Phi_B = BA\cos\theta = BA\cos\omega t$
$\qquad = (0.800\,T)(0.0100\,m^2)\cos 2\pi(60.0)t$
$\qquad = (8.00\,m\,T{\cdot}m^2)\cos(377t)$

(b) $\varepsilon = -\frac{d\Phi_B}{dt} = (3.02\,V)\sin(377t)$

(c) $I = \frac{\varepsilon}{R} = (3.02\,A)\sin(377t)$

(d) $P = I^2 R = (9.10\,W)\sin^2(377t)$

(e) $P = Fv = \tau\omega \quad \rightarrow \quad \tau = \frac{P}{\omega} = (24.1\,mN{\cdot}m)\sin^2(377t)$

26. 반원형 도선이므로 $A = \frac{1}{2}\pi R^2$이다. 반주기에서 자기선속은

$\Phi_B = AB\cos wt = \frac{1}{2}\pi R^2 B\cos wt$이며,

$\varepsilon = -\frac{d\Phi_B}{dt} = -\frac{1}{2}\pi R^2 B\frac{d}{dt}\cos wt = \frac{1}{2}\pi R^2 w\sin wt = \varepsilon_{\max}\sin wt$이다.

(a) $\varepsilon_{\max} = \frac{1}{2}\omega\pi R^2 B$

$= \frac{1}{2}[(\frac{120 rev}{\min})(\frac{2\pi rad}{rev})(\frac{1\min}{60s})]\pi(0.250m)^2(1.30\,T) = 1.60\,V$

(b) 코일이 자기장이 있는 영역을 통과하는 동안 반주기 동안은 $\varepsilon_{\max}\sin wt$로 변화하고, 나머지 반주기 동안은 $-\varepsilon_{\max}\sin wt$로 변화한다. 그러므로 평균은 0이다.

(c) 이 경우에도 자기선속은 $\Phi_B = \frac{1}{2}\pi R^2 B\cos wt$로 똑같이 나오며 (a), (b)에서 구한 답은 똑같이 나타나게 된다.

(d)

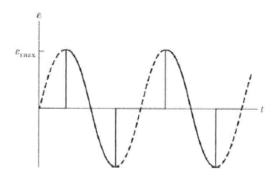

(e) 위 (d)의 그림과 똑같이 나타난다.

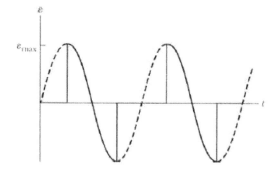

30.6 맴돌이 전류

27. 전자석이 만드는 자기장의 방향은 위쪽을 향한다. 간단하게 N극이 위고 S극이 아래인 자

석이라 보면 된다.

브레이크의 앞쪽은 위쪽방향의 자기장이 세지는 것이므로 이에 저항하기 위해 시계방향의 전류가 유도된다.

브레이크의 뒤쪽은 위쪽방향의 자기장이 약해지는 것이므로 이에 저항하기위해 반시계방향의 전류가 생기게 된다.

그러므로 그림의 맴돌이 전류의 방향은 모두 옳다.

추가문제

28. $\bar{\varepsilon} = -N\dfrac{\Delta\Phi_B}{\Delta t} = -N\dfrac{\Delta(BA\cos\theta)}{\Delta t}$

$= -NB(\pi r^2)\left(\dfrac{\cos180° - \cos0°}{\Delta t}\right)$

$= -(20)(10^{-3}T)\pi(0.0150m)^2\left(\dfrac{-2}{10^{-1}s}\right) \sim 10^{-4}\,V$

29. $\varepsilon = -\dfrac{d\Phi_B}{dt} = -A\dfrac{dB}{dt}$

$= -0.160\dfrac{d}{dt}(0.350e^{-t/2.00})$

$= \dfrac{(0.160)(0.350)}{2.00}e^{-t/2.00}$

따라서 $t = 4.00s$ 일 때,

$\varepsilon = \dfrac{(0.160m^2)(0.350\,T)}{2.00s}e^{-4.00/2.00} = 3.79\,mV$

30. $\varepsilon = -\dfrac{d}{dt}(NBA) = -1\dfrac{dB}{dt}\pi a^2 = \pi a^2 K$

(a) $Q = C\varepsilon = C\pi a^2 K$

(b) 자기장이 종이를 뚫고 들어가는 방향인데 감소하므로 이에 저항하는 방향으로 유도전류가 발생할 것이다.

이는 시계방향이므로 위쪽 판에 양전하가 충전된다. 그러므로 위쪽 판의 전위가 더 높다.

(c) 고리 내의 자기장의 변화가 시계방향의 전기장을 발생시키고, 이 힘이 전기력이 되어 전하들을 분리시킨다.

31장 유도 계수

31.1 자체 유도와 자체 유도 계수

1. $\varepsilon_L = -L\dfrac{di}{dt}$

   $= (-2.00H)\left(\dfrac{0 - 0.500A}{1.00 \times 10^{-2}s}\right) = 100\,V$

2. $L = \dfrac{\mu_0 N^2 A}{l} = \dfrac{(4\pi \times 10^{-7}\,T{\cdot}m/A)(70.0)^2 \pi (6.50 \times 10^{-3}m)^2}{0.600m}$

   $= 1.36\,\mu H$

3. $L = \dfrac{\varepsilon}{(\triangle i / \triangle t)}$

   $= \dfrac{24.0 \times 10^{-3}\,V}{10.0A/s} = 2.40 \times 10^{-3}\,H$

   $L = \dfrac{N\Phi_B}{i}$

   $\rightarrow \Phi_B = \dfrac{Li}{N} = \dfrac{(2.40 \times 10^{-3}H)(4.00A)}{500} = 19.2\,\mu T \cdot m^2$

4. (a) $B = \mu_0 n i = (4\pi \times 10^{-7}\,T{\cdot}m/A)\left(\dfrac{450}{0.120m}\right)(0.0400A)$

   $= 188\,\mu T$

   (b) $\Phi_B = BA = B\pi \left(\dfrac{15.0 \times 10^{-3}m}{2}\right)^2 = 3.33 \times 10^{-8}\,T{\cdot}m^2$

   (c) $L = \dfrac{N\Phi_B}{i} = \dfrac{450\Phi_B}{0.0400A} = 0.375\,mH$

   (d) B와 Φ_B는 전류에 비례하고, L은 전류에 무관하다.

5. $\varepsilon = \varepsilon_0 e^{-kt} = -L\dfrac{di}{dt} \quad \rightarrow \quad di = -\dfrac{\varepsilon_0}{L}e^{-kt}\,dt$

   $i \rightarrow 0,\ t \rightarrow \infty$ 일 때, $i = \dfrac{\varepsilon_0}{Ik}e^{-kt} = \dfrac{dq}{dt}$

   $Q = \int i\,dt = \int_0^\infty \dfrac{\varepsilon_0}{Ik}e^{-kt} = -\dfrac{\varepsilon_0}{Ik^2} \quad \rightarrow \quad |Q| = \dfrac{\varepsilon_0}{Ik^2}$

6. 반지름 R로 굽어진 토러스의 길이는 $l \approx 2\pi R$이므로,

   $L = \dfrac{\mu_0 N^2 A}{l} \approx \dfrac{\mu_0 N^2 \pi r^2}{2\pi R}$

   $= \dfrac{1}{2}\mu_0 N^2 \dfrac{r^2}{R}$

7. $\varepsilon = -L\dfrac{di}{dt}$ 에서

$$\varepsilon = -L\frac{d}{dt}(I_i \sin\omega t) = -L\omega(I_i \cos\omega t)$$
$$= -(10.0 \times 10^{-3})[2\pi(60.0)](5.00)\cos\omega t$$
$$= -18.8\cos 120\pi t$$

8. (a) $L = \dfrac{\mu_0 N^2 A}{l} = \dfrac{\mu_0 N^2}{l}\pi\left(\dfrac{d}{2}\right)^2$
$$= \frac{(4\pi \times 10^{-7}\ T{\cdot}m/A)(580)^2}{0.360\,m}\pi\left(\frac{0.0800m}{2}\right)^2$$
$$= 5.90 \times 10^{-3}\,H$$
$$= 5.90mH$$

(b) $|\varepsilon| = L\dfrac{di}{dt}$
$$= (5.90mH)(4.00A/s)$$
$$= 0.0236\,V = 23.6m\,V$$

31.2 RL 회로

9. (a) $L = \dfrac{\mu_0 N^2 A}{l} = \dfrac{\mu_0 N^2 \pi r^2}{l}$
$$= \frac{\mu_0(510^2)\pi(8.00 \times 10^{-3}m)^2}{0.140m}$$
$$= 4.69 \times 10^{-4}H = 0.469mH$$

(b) $\tau = \dfrac{L}{R}$
$$= \frac{4.69 \times 10^{-4}H}{2.50\Omega}$$
$$= 1.88 \times 10^{-4}s = 1.88ms$$

10. (a) $\tau = RC = \dfrac{L}{R}$
$$R = \sqrt{\frac{L}{C}}$$
$$= \sqrt{\frac{3.00H}{3.00 \times 10^{-6}F}}$$
$$= 1.00 \times 10^3\Omega = 1.00k\Omega$$

(b) $\tau = RC = (1.00 \times 10^3\Omega)(3.00 \times 10^{-6}\,F)$
$$= 3.00 \times 10^{-3}s = 3.00ms$$

11. 해 $i = I_i e^{-t/\tau}$: $\dfrac{di}{dt} = I_i e^{-t/\tau}\left(-\dfrac{1}{\tau}\right)$

$iR + L\dfrac{di}{dt} = 0 \rightarrow I_i Re^{-t/\tau} + L\left(I_i e^{-t/\tau}\right)\left(-\dfrac{1}{\tau}\right) = 0$

$\tau = \dfrac{L}{R}$ 이기 때문에 잘 일치한다.

12. $0.800\dfrac{\varepsilon}{R} = \dfrac{\varepsilon}{R}\left(1 - e^{-L\Delta t/R}\right)$

   $e^{-L\Delta t/L} = 0.200 \rightarrow e^{+L\Delta t/R} = 5.00$

   $\dfrac{L\Delta t}{R} = \ln 5.00$

따라서 $\Delta t = \dfrac{R\ln 5.00}{L}$

(a) $t = \Delta t = \dfrac{R\ln 5.00}{L}$

   $\dfrac{i}{I_i} = e^{-L\Delta t/R} = 0.200 = 20.0\%$

(b) $t = 2\Delta t$

   $\dfrac{i}{I_i} = e^{-L2\Delta t/R} = \left(e^{-L\Delta t/R}\right)^2 = (0.200)^2 = 0.0400 = 4.00\%$

13. 오른쪽 그림과 같이 전류가 흐른다고 가정할 때 키르히호프 법칙을 적용하면,

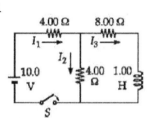

$i_1 = i_2 + i_3$ $\cdots$ [1]

$10.0\,V - 4.00\,i_1 - 4.00\,i_2 = 0$ $\cdots$ [2]

$10.0\,V - 4.00\,i_1 - 8.00\,i_2 - (1.00)\dfrac{di_3}{dt} = 0$ $\cdots$ [3]

[1], [2]를 연립하면 $i_1 = 0.500\,i_3 + 1.25\,A$ 이고

[3]에 대입하면 $5.00\,V - (10.0\,\Omega)i_3 - (1.00\,H)\left(\dfrac{di_3}{dt}\right) = 0$ 의

식으로 정리된다.

(a) $i_3 = \dfrac{\varepsilon}{R}\left(1 - e^{-Rt/L}\right)$

   $= \left(\dfrac{5.00\,V}{10.0\,\Omega}\right)\left[1 - e^{-(10.0\,\Omega)t/1.00\,H}\right]$

   $= (0.500\,A)\left[1 - e^{-10t\,(/s)}\right]$

(b) $i_1 = 1.25 + 0.500\,i_3$

   $= 1.50\,A - (0.250\,A)e^{-10t\,(/s)}$

   단, (/s)는 단위임.

14. $i = \dfrac{\varepsilon}{R}\left(1 - e^{-Rt/L}\right)$

(a) $i_3 = \left(\dfrac{\varepsilon/2}{2.5R}\right)\left[1 - e^{-2.5Rt/L}\right] = \dfrac{\varepsilon}{5R}\left(1 - e^{-5Rt/2L}\right)$

(b) $i_1 = \dfrac{1}{2}i_3 + \dfrac{\varepsilon}{2R} = \dfrac{1}{2}\left[\dfrac{\varepsilon}{5R}\left(1 - e^{-5Rt/2L}\right)\right] + \dfrac{\varepsilon}{2R}$

   $i_1 = \dfrac{\varepsilon}{10R}\left(1 - e^{-5Rt/2L}\right) + \dfrac{5\varepsilon}{10R} = \dfrac{\varepsilon}{10R}\left(6 - e^{-5Rt/2L}\right)$

15.

(a) $t = 0$에서

$$\frac{di}{dt} = \frac{R}{L} I_i e^0 = \frac{\varepsilon}{L} = \frac{100\,V}{15.0\,H} = 6.67\,A/s$$

(b) $t = 1.50\,s$에서

$$\frac{di}{dt} = \frac{\varepsilon}{L} e^{-t/\tau} = (6.67\,A/s)e^{-1.50/0.500}$$

$$= (6.67\,A/s)e^{-3.00} = 0.332\,A/s$$

31.3 자기장 내의 에너지

16. $L = N\frac{\Phi_B}{i}$,

$$= 200\frac{3.70 \times 10^{-4}\,Wb}{1.75\,A} = 0.0423\,H$$

$$\therefore\ U_B = \frac{1}{2}Li^2$$

$$= \frac{1}{2}(0.0423\,H)(1.75\,A)^2 = 0.0648\,J = 64.8\,mJ$$

17. 솔레노이드의 길이 l, 인덕턴스 $L = \frac{\mu_0 N^2 A}{l}$

$$U_B = \frac{1}{2}Li^2 = \frac{\mu_0 N^2 A\,i^2}{2l}$$

$$= \frac{(4\pi \times 10^{-7}\,N/A^2)(68)^2\pi(6.00 \times 10^{-3}\,m)^2(0.770\,A)^2}{2(0.0800)m}$$

$$= 2.44 \times 10^{-6}\,J$$

18. $$\int_0^\infty e^{-2Rt/L}dt = -\frac{L}{2R}\int_0^\infty e^{-2Rt/L}\left(\frac{-2Rdt}{L}\right)$$

$$= -\frac{L}{2R}(e^{-\infty} - e^0) = -\frac{L}{2R}(0 - 1) = \frac{L}{2R}$$

19. $i = I_i(1 - e^{-t/\tau}) = \frac{\varepsilon}{R}(1 - e^{-t/\tau})$

(a) $t \to \infty$ 일 때,

$$I_i = \frac{\varepsilon}{R} = \frac{24.0\,V}{8.00\,\Omega} = 3.00\,A,$$

$$U_B = \frac{1}{2}LI_i^2 = \frac{1}{2}(4.00\,H)(3.00\,A)^2 = 18.0\,J$$

(b) $i = I_i(1 - e^{-1}) = (3.00\,A)(1 - 0.368) = 1.90\,A,$

$$U_B = \frac{1}{2}Li^2 = \frac{1}{2}(4.00\,H)(1.90\,A)^2 = 7.19\,J$$

31.4 상호 유도 계수

20. (a) $B_1 = \mu_0 N_1 i / l$ 이므로 S_2의 한 고리를 통과하는 자기선속은 $\mu_0 \pi R_2^2 N_1 i / l$이다.

S_2의 내부 기전력은 $-(\mu_0 \pi R_2^2 N_1 N_2 / l)(\dfrac{di}{dt})$이다.

　　상호유도계수 $M_{12} = \mu_0 \pi R_2^2 N_1 N_2 / l$

(b) $B_2 = \mu_0 N_2 i / l$이며 (a)와 같은 방법으로 S_2의 내부 기전력을 구하면

$$\varepsilon = -(\mu_0 \pi R_2^2 N_1 N_2 / l)(\frac{di}{dt})$$

　　상호유도계수 $M_{21} = \mu_0 \pi R_2^2 N_1 N_2 / l$

(c) 같다.

21. (a) $\Phi_B = BA\cos 0° = \left(\dfrac{\mu_0 i}{2R}\right) A = \dfrac{\mu_0 \pi r^2 i}{2R}$

$$M = \frac{\Phi_B}{i} = \frac{\mu_0 \pi r^2}{2R}$$

(b) $M = \dfrac{\mu_0 \pi r^2}{2R} = \dfrac{(4\pi \times 10^{-7}\, T \cdot m / A)\pi (0.0200m)^2}{2(0.200m)}$

$\quad = 3.95 \times 10^{-9}\, H = 3.95\, nH$

31.5 LC 회로의 진동

22. 오랜 시간이 지난 후에 전류는 $I = \dfrac{\varepsilon}{R}$ 이다.

스위치를 열어서 형성된 LC회로에서

$\dfrac{1}{2} C(\Delta V)^2 = \dfrac{1}{2} L I^2$

$\rightarrow L = \dfrac{C(\Delta V)^2}{I^2} = \dfrac{C(\Delta V)^2 R^2}{\varepsilon^2}$

$\quad = \dfrac{(0.500 \times 10^{-6}F)(150\,V)^2(250\,\Omega)^2}{(50.0\,V)^2}$

$\quad = 0.281H = 281mH$

23. $U = \dfrac{Q_{\max}^2}{2C}$

$\quad = \dfrac{(200 \times 10^{-6}C)^2}{2(50.0 \times 10^{-6}F)} = 4.00 \times 10^{-4}\, J$

$\quad = 400\,\mu J$

24. $Q = Q_{max}\cos(\omega t + \Phi) = Q_{max}\cos(\dfrac{t}{\sqrt{LC}})$

$= (105 \times 10^{-6}C)\cos(\dfrac{2.00 \times 10^{-3}s}{\sqrt{(3.30H)(840 \times 10^{-12}F)}})$

$= 1.01 \times 10^{-4}C$

(a) $U_C = \dfrac{Q^2}{2C} = \dfrac{(1.01 \times 10^{-4}C)^2}{2(840 \times 10^{-12}F)} = 6.03J$

(b) $U = \dfrac{Q_{max}^2}{2C} = \dfrac{(1.05 \times 10^{-4}C)^2}{2(840 \times 10^{-12}F)} = 6.56J$

(c) $U_L = 6.56J - 6.03J = 0.529J$

25. (a) $\omega_d = \sqrt{\dfrac{1}{LC} - (\dfrac{R}{2L})^2}$

$= \sqrt{\dfrac{1}{(2.20 \times 10^{-3}H)(1.80 \times 10^{-6}F)} - (\dfrac{7.60}{2(2.20 \times 10^{-3}H)})^2}$

$= 1.58 \times 10^4 rad/s$

(b) $\omega_d = 0$일 때 임계감쇠 이므로,

$R_C = \sqrt{\dfrac{4L}{C}} = \sqrt{\dfrac{4(2.20 \times 10^{-3}H)}{1.80 \times 10^{-6}F}} = 69.9\Omega$

26. 시계 방향으로 전류가 흐르면 $i = \dfrac{dq}{dt}$

$+\dfrac{q}{C} - iR - L\dfrac{di}{dt} = 0$

또는 $+\dfrac{q}{C} + \dfrac{dq}{dt}R + L\dfrac{d}{dt}\dfrac{dq}{dt} = 0$

따라서 키르히호프의 고리 법칙을 만족한다.

27. (a) $q = Q_{max}e^{-Rt/2L}\cos\omega_d t \rightarrow I_i \propto e^{-Rt/2L}$

$0.500 = e^{-Rt/2L} \rightarrow \dfrac{Rt}{2L} = -\ln(0.500)$

$\therefore t = -\dfrac{2L}{R}\ln(0.500) = 0.693\left(\dfrac{2L}{R}\right)$

(b) $U_0 \propto Q_{max}^2$

$U = 0.5U_0$ 일 때, $q = \sqrt{0.5}Q_{max} = 0.707Q_{max}$

따라서 $t = -\dfrac{2L}{R}\ln(0.707) = 0.347\left(\dfrac{2L}{R}\right)$

추가문제

28. (a) $\vec{E} = \dfrac{Q}{2\epsilon_0 A}$, 전기력 $\vec{F} = \dfrac{Q^2}{2\epsilon_0 A}$

에너지 밀도 $u_E = \dfrac{1}{2}\epsilon_0 E^2 = \dfrac{1}{2}\epsilon_0 \dfrac{Q^2}{\epsilon_0^2 A^2} = \dfrac{Q^2}{2\epsilon_0 A^2}$

따라서 $F = PA = \dfrac{Q^2}{2\epsilon_0 A}$ (잘 일치한다.)

(b) $\vec{F} I \vec{l} \times \vec{B} = J_s w\left[l\hat{i} \times \left(-\dfrac{\mu_0 J_s}{2}\hat{k} \right) \right] = \dfrac{\mu_0 w l J_s^2}{2}\hat{j}$

   단위 면적당 힘 $P = \dfrac{F}{lw} = \dfrac{\mu_0 J_s^2}{2}$

(c) 전체 자기장은 $\dfrac{\mu_0 J_s}{2}(-\hat{k}) + \dfrac{\mu_0 J_s}{2}(-\hat{k}) = \mu_0 J_s \vec{k}$

자기장의 크기 $B = \mu_0 J_s$

따라서 안과 밖에서 반대 방향으로 작용하므로 자기장은 0이다.

(d) 판 사이의 자기장의 에너지 밀도

     $u_B = \dfrac{1}{2\mu_0}B^2 = \dfrac{\mu_0^2 J_s^2}{2\mu_0} = \dfrac{\mu_0 J_s^2}{2}$

(e) 에너지 밀도는 (b)sk (d)에서의 값이 잘 일치한다는 것을 알 수 있다.

29. (a) 회로가 연결된 직후, 저항기의 전위차는 0이고 코일이 전위차는 24V이다.

(b) 몇 초 후 저항기의 전위차는 24V이고 코일의 전위차는 0이다.

(c) $V = iR = \dfrac{R\varepsilon}{R}\left(1 - e^{-Rt/L} \right) = \varepsilon\left(1 - e^{-Rt/L} \right)$

   $12V = 24V\left(1 - e^{-6t/0.005} \right) \;\;\rightarrow\;\; 0.5 = e^{-1200t}$

   $\therefore\ t = 0.578\,ms$

따라서 두 전압은 회로가 연결된 후 0.578ms에서 단 한번만 12V로 서로 같은 값을 갖는다.

(d) 전류가 감소함에 따라 저항기의 전위차는 항상 코일을 지나는 기전력과 동일하다.

30. (a) $i_1 = i_2 + i$

(b) $\varepsilon - i_1 R_1 - i_2 R_2 = 0$

(c) $\varepsilon - i_1 R_1 - L\dfrac{di}{dt} = 0$

(d) $\varepsilon - (i_2 + i)R_1 - i_2 R_2 = 0 \rightarrow i_2 = \dfrac{\varepsilon - iR_1}{R_1 + R_2}$

$\varepsilon - (i_2 + i)R_1 - L\dfrac{di}{dt} = 0 \rightarrow i_2 = \dfrac{\varepsilon - L\dfrac{di}{dt}}{R_1} - i$

    $\dfrac{\varepsilon - iR_1}{R_1 + R_2} = \dfrac{\varepsilon - L\dfrac{di}{dt}}{R_1} - i$

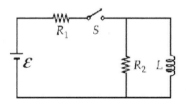

$$\varepsilon - L\frac{di}{dt} = \left(\frac{\varepsilon - iR_1}{R_1 + R_2} + i\right)R_1 = \left[\frac{\varepsilon - iR_1 + i(R_1 + R_2)}{R_1 + R_2}\right]R_1 = \left(\frac{\varepsilon + iR_2}{R_1 + R_2}\right)R_1$$

$$L\frac{di}{dt} = \varepsilon - \left(\frac{\varepsilon + iR_2}{R_1 + R_2}\right)R_1 = \frac{\varepsilon(R_1 + R_2) - (\varepsilon + iR_2)R_1}{R_1 + R_2} = \frac{\varepsilon R_2 - iR_2R_1}{R_1 + R_2}$$

$$\varepsilon\frac{R_2}{R_1 + R_2} - i\frac{R_1R_2}{R_1 + R_2} - L\frac{di}{dt} = 0$$

$$\varepsilon' = \varepsilon\frac{R_2}{R_1 + R_2}, \quad R' = \frac{R_1R_2}{R_1 + R_2}$$

$$\therefore \varepsilon' - iR' - L\frac{di}{dt} = 0$$

(e) $i = \dfrac{\varepsilon'}{R'}\left(1 - e^{-R't/L}\right)$

$$\frac{\varepsilon'}{R'} = \frac{\varepsilon R_2/(R_1 + R_2)}{R_1R_2/(R_1 + R_2)} = \frac{\varepsilon}{R_1}$$

따라서 $i = \dfrac{\varepsilon}{R_1}\left(1 - e^{-R't/L}\right)$, 여기서 $R' = \dfrac{R_1R_2}{R_1 + R_2}$

32장 교류 회로

32.2 교류 회로에서의 저항기

1. (a) $\Delta V_{\mathrm{rms}} = \dfrac{170\,V}{\sqrt{2}} = 120\,V$

   $P = \dfrac{(\Delta V_{rms})^2}{R}$ 에서 $R = \dfrac{(\Delta V_{rms})^2}{P} = \dfrac{(120\,V)^2}{75.0\,W} = 193\,\Omega$

   (b) $R = \dfrac{(120\,V)^2}{100\,W} = 144\,\Omega$

2. (a) $\Delta V_{R,\max} = \sqrt{2}\,(\Delta V_{R,\mathrm{rms}})$
   $= \sqrt{2}\,(120\,V) = 170\,V$

   (b) $P_{avg} = I_{\mathrm{rms}}^2\,R = \dfrac{\Delta V_{\mathrm{rms}}^2}{R}$

   $\therefore R = \dfrac{\Delta V_{\mathrm{rms}}^2}{P_{avg}} = \dfrac{(120\,V)^2}{60.0\,W} = 2.40 \times 10^2\,\Omega$

   (c) $P_{avg} = \dfrac{(\Delta V_{\mathrm{rms}})^2}{R}$ 에서 $R = \dfrac{(\Delta V_{rms})^2}{P_{avg}}$ 이기 때문에

   100-W 전구는 60-W 전구보다 저항이 더 작다.

3. $i = \dfrac{\Delta V}{R} = (\dfrac{\Delta V_{\max}}{R})\sin\omega t$

   $\rightarrow 0.600\dfrac{\Delta V_{\max}}{R} = \dfrac{\Delta V_{\max}}{R}\sin(\omega t)$

   $\rightarrow \omega t = \sin^{-1}0.600$

   $\rightarrow (0.00700s)\omega = \sin^{-1}(0.600) = 0.644\,rad$
   $\rightarrow \omega = 91.9\,rad/s = 2\pi f$
   $\quad \therefore f = 14.6\,Hz$

4. $R = \dfrac{\Delta V_{rms}}{I_{rms}}$, $I_{rms} = \dfrac{P_{avg}}{\Delta V_{rms}}$ 이므로

   (a) 150-W 전구

   $I_{rms} = \dfrac{150\,W}{120\,V} = 1.25\,A$

   100-W 전구

   $I_{rms} = \dfrac{100\,W}{120\,V} = 0.833\,A$

   (b) 전구 1, 2의 저항은

   $R_1 = R_2 = \dfrac{120\,V}{1.25A} = 96.0\,\Omega$

   전구 3의 저항은

$$R_3 = \frac{120\,V}{0.833\,A} = 144\Omega$$

(c) 세 저항은 병렬연결이므로

$$\frac{1}{R_{eq}} = \frac{1}{R_1} + \frac{1}{R_2} + \frac{1}{R_3} = \frac{1}{96} + \frac{1}{96} + \frac{1}{144}$$

따라서 $R_{eq} = 36.0\Omega$

5. (a) $\triangle V_R = \triangle V_{\max}\sin\omega t = 0.250(\triangle V_{\max})$
   $\rightarrow \sin\omega t = 0.250 \rightarrow \omega t = \sin^{-1}(0.250) = 0.235rad$

   $$\therefore\ \omega = \frac{0.253\,rad}{0.0100\,s} = 25.3\,rad/s$$

(b) $\sin(\pi - \theta) = \sin\theta$이므로, $\omega t = \pi - 0.253rad = 2.89rad$가 된다.

$$t = \frac{2.89\,rad}{25.3\,rad/s} = 0.114s$$

32.3 교류 회로에서의 인덕터

6. (a) $X_L = \omega L = \frac{\triangle V_{\max}}{I_{\max}}$

   $$\rightarrow L = \frac{\triangle V_{\max}}{\omega I_{\max}} = \frac{100\,V}{2\pi(50.0Hz)(7.50A)} = 0.0424H$$

(b) $I_{\max} = \frac{\triangle V_{\max}}{X_L} = \frac{\triangle V_{\max}}{\omega L}$ 이므로

   $$\omega' = \omega\frac{I_{\max}}{I'_{\max}} = [2\pi(50.0Hz)]\frac{7.50A}{2.50A} = 942\,rad/s$$

7. $I_{\max} = \frac{\triangle V_{\max}}{X_L}$ 에서

유도리액턴스 $X_L = \omega L = (65.0\pi s^{-1})(70.0\times10^{-3}\,V\cdot s/A) = 14.3\Omega$

   $$I_{\max} = \frac{80.0\,V}{14.3\Omega} = 5.60A$$

   따라서 $i = -I_{\max}\cos\omega t = -(5.60A)\cos[(65.0\pi s^{-1})(0.0155s)]$
   $= -(5.60A)\cos(3.17\,rad) = +5.60A$

8. 인덕터에서 t=0, $i_L = I_{\max}\sin(\omega t)$ 일 때, $U_B = \frac{1}{2}L i_L^2$

   $$I_{rms} = \frac{\triangle V_{rms}}{X_L} = \frac{\triangle V_{rms}}{\omega L}$$

   $$= \frac{120\,V}{[2\pi(60.0)s^{-1}](0.0200H)} = 15.9A$$

   $$I_{\max} = \sqrt{2}\,I_{rms} = \sqrt{2}(15.9A) = 22.5A$$

$$i_L = I_{\max}\sin(\omega t) = (22.5A)\sin\left[2\pi(60.0)s^{-1} \cdot (\frac{1}{180}s)\right]$$
$$= (22.5A)\sin 120° = 19.5A$$
$$\therefore U_B = \frac{1}{2}Li_L^2 = \frac{1}{2}(0.0200H)(19.5A)^2 = 3.80J$$

9. (a) $X_L = 2\pi fL = 2\pi(80.0Hz)(25.0\times10^{-3}H) = 12.6\Omega$

(b) $I_{rms} = \dfrac{\Delta V_{L,rms}}{X_L} = \dfrac{78.0\,V}{X_L} = 6.21A$

(c) $I_{\max} = \sqrt{2}\,I_{rms} = \sqrt{2}(6.21A) = 8.78A$

10. $N\Phi_{B,\max} = LI_{\max}$

$$= \frac{X_L}{\omega}\frac{(\Delta V_{L,\max})}{X_L} = \frac{(\Delta V_{L,\max})}{\omega}$$
$$= \frac{\sqrt{2}(\Delta V_{L,rms})}{2\pi f} = \frac{120\,V}{\sqrt{2}\,\pi(60.0s^{-1})}$$
$$= 0.450\,Wb$$

32.4 교류 회로에서의 축전기

11. $\Delta V_C = \Delta V_{\max}\sin\omega t$일 때, $q = C(\Delta V_{\max})\sin\omega t$이며

저장된 에너지는 $U_c = \dfrac{q^2}{2C}$

전류는 $i_C = I_{\max}\sin(\omega t + 90°) = \dfrac{\Delta V_{\max}}{X_C}\sin(\omega t + 90°)$이며

용량 리액턴스는 $X_C = \dfrac{1}{\omega C} = \dfrac{1}{2\pi(60.0/s)(1.00\times10^{-3}C/V)} = 2.65\Omega$이므로

$t = \dfrac{1}{180}s$일 때,

$$i_C = \frac{\Delta V_{\max}}{X_C}sin(\omega t + \phi)$$
$$= \frac{\sqrt{2}(120\,V)}{2.65\Omega}sin\left[2\pi(60.0s^{-1})(\frac{1}{180}s) + \frac{\pi}{2}\right] = -32.0A$$

이므로 전류의 크기는 32.0A

12. (a) $X_C = \dfrac{1}{2\pi fC} = \dfrac{1}{2\pi(60.0Hz)(12.0\times10^{-6}F)} = 221\Omega$

(b) $I_{rms} = \dfrac{\Delta V_{C,rms}}{X_C} = \dfrac{36.0\,V}{221\Omega} = 0.163A$

(c) $I_{\max} = \sqrt{2}\,I_{rms} = 0.230A$

(d) 전류는 전압, 즉 전하를 90° 만큼 뒤따라간다. 즉, 전류가 최대값이 되기 1/4 주기 앞에

서 전압이 최대가 되고 전하량도 최대가 된다.

13. (a) $X_C = \dfrac{1}{2\pi f C} = \dfrac{1}{2\pi f (22.0 \times 10^{-6} F)} < 175\Omega$
$\rightarrow 41.3 Hz < f$

(b) $X_C(C) \propto \dfrac{1}{C}$ 이므로 $X_C(C = 44.0\mu F) = \dfrac{1}{2} X_C(C = 22.0\mu F)$

그러므로, $X_C(C = 44.0\mu F) < 87.5\Omega$

14. $Q_{max} = C(\Delta V_{max})$
$= C[\sqrt{2}(\Delta V_s)] = \sqrt{2}\, C(\Delta V_s)$

32.5 RLC 직렬 회로

15. $X_C = \dfrac{1}{\omega C} = \dfrac{1}{2\pi(50.0)(65.0 \times 10^{-6} F)} = 49.0\Omega$,

$X_L = \omega L = 2\pi(50.0)(185 \times 10^{-3} H) = 58.1\Omega$이므로

$Z = \sqrt{R^2 + (X_L - X_C)^2} = \sqrt{(40.0\Omega)^2 + (58.1\Omega - 49.0\Omega)^2} = 41.0\Omega$이다.

$I_{max} = \dfrac{\Delta V_{max}}{Z} = \dfrac{150V}{41.0\Omega} = 3.66A$

(a) $\Delta V_R = I_{max}R = (3.66A)(40.0\Omega) = 146V$
(b) $\Delta V_L = I_{max}X_L = (3.66A)(58.1\Omega) = 212.5V = 212V$
(c) $\Delta V_C = I_{max}X_C = (3.66A)(49.0\Omega) = 179.1V = 179V$
(d) $\Delta V_L - \Delta V_C = 212.5V - 179.1V = 33.4V$

16. (a) $\cos\phi = \dfrac{R}{\sqrt{R^2 + (X_L - X_C)^2}}$ 에서

$\therefore \cos\phi = \dfrac{R}{\sqrt{R^2 + X_L^2}}$

$= \dfrac{R}{\sqrt{R^2 + (\omega L)^2}} = \dfrac{R}{\sqrt{R^2 + (2\pi f L)^2}}$

$= \dfrac{20.0\Omega}{\sqrt{(20.0\Omega)^2 + [2\pi(60.0Hz)(25.0 \times 10^{-3}H)]^2}}$

$= 0.905$

(b) $\omega L = \dfrac{1}{\omega C} \rightarrow C = \dfrac{1}{\omega^2 L} = \dfrac{1}{(2\pi f)^2 L}$

따라서 $C = \dfrac{1}{(2\pi f)^2 L} = \dfrac{1}{[2\pi(60.0Hz)]^2(25.0 \times 10^{-3}H)}$

$= 2.81 \times 10^{-4} F = 281\mu F$

(c) $\dfrac{P_{new}}{P_{old}} = \dfrac{I_{rms,new}\Delta V_{rms}\cos\phi_{new}}{I_{rms,old}\Delta V_{rms}\cos\phi_{old}}$

$$= \frac{I_{rms,new} \cos\phi_{new}}{I_{rms,old} \cos\phi_{old}}$$

$$= \frac{\left(\dfrac{\Delta V_{rms}}{Z_{new}}\right) \cos\phi_{new}}{\left(\dfrac{\Delta V_{rms}}{Z_{old}}\right) \cos\phi_{old}} = \frac{Z_{old} \cos\phi_{new}}{Z_{new} \cos\phi_{old}}$$

$$= \frac{Z_{old}\left(\dfrac{R}{Z_{new}}\right)}{Z_{new}\left(\dfrac{R}{Z_{old}}\right)} = \left(\frac{Z_{old}}{Z_{new}}\right)^2$$

$$= \frac{R^2 + (2\pi f L)^2}{R^2} = 1 + \left(\frac{2\pi f L}{R}\right)^2$$

$$= 1 + \left(\frac{2\pi(60.0 Hz)(25.0 \times 10^{-3} H)}{20.0\Omega}\right)^2 = 1.22$$

따라서 22% 증가

17. 아래 그림과 같이 나타낸다.
(a) $25.0\sin(90.0°)$
(b) $30.0\sin(60.0°)$
(c) $18.0\sin(300°)$

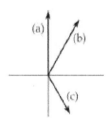

18. (a) $X_L = \omega L = 2\pi(60.0 s^{-1})(460 \times 10^{-3} H) = 173\Omega$,

$$X_C = \frac{1}{\omega C} = [2\pi(60.0 s^{-1})(21.0 \times 10^{-6} F)]^{-1} = 126\Omega$$

$$\therefore \phi = \tan^{-1}\left[\frac{X_L - X_C}{R}\right] = \tan^{-1}\left(\frac{173\Omega - 126\Omega}{150\Omega}\right) = 17.4°$$

(b) $\phi > 0$이므로 전압이 먼저 최댓값에 도달한다.

19. (a) $X_C = \dfrac{1}{2\pi f C} = \dfrac{1}{2\pi(60.0 Hz)(30.0 \times 10^{-6} F)} = 88.4\Omega$

(b) $Z = \sqrt{R^2 + (0 - X_C)^2} = \sqrt{R^2 + X_C^2} = \sqrt{(60.0\Omega)^2 + (88.4\Omega)^2} = 107\Omega$

(c) $I_{max} = \dfrac{\Delta V_{max}}{Z} = \dfrac{1.20 \times 10^2 V}{107\Omega} = 1.12 A$

(d) $\phi = \tan^{-1}\left[\dfrac{X_L - X_C}{R}\right] = \tan^{-1}\left(\dfrac{0 - 88.4\Omega}{60.0\Omega}\right) = -55.8°$ 이므로 전압이 전류보다 $55.8°$ 뒤따

라간다.

(e) 인덕터를 추가하면 임피던스가 바뀌게 되고, 전류가 바뀌게 된다. 전류가 커지는지 작아지는지는 추가되는 인덕턴스에 따라 달라지는데, 유도 리액턴스가 용량 리액턴스와 같을 때 임피던스가 최소가 되어 최대의 전류가 된다. 이때 임피던스는 60.0Ω와 같은 수치를 가지므로

$$I_{\max} = \frac{\triangle V_{\max}}{Z} = \frac{\triangle V_{\max}}{R} = \frac{1.20 \times 10^2 V}{60.0\Omega} = 2.00 A$$

32.5 교류 회로에서의 전력

20. $Z = \sqrt{R^2 - (X_L - X_C)^2}$
$\rightarrow (X_L - X_C) = \sqrt{Z^2 - R^2} = \sqrt{(75.0\Omega)^2 - (45.0\Omega)^2} = 60.0\Omega$

$\phi = \tan^{-1}[\frac{X_L - X_C}{R}] = \tan^{-1}(\frac{60.0\Omega}{45.0\Omega}) = 53.1°$,

$I_{rms} = \frac{\triangle V_{rms}}{Z} = \frac{210 V}{75.0\Omega} = 2.80 A$

$P = (\triangle V_s)I_s \cos\phi$
$= (210 V)(2.80 A)\cos(53.1°) = 353 W$

21. 전력 인자 $\cos\phi = \frac{R}{Z} = \frac{R}{\sqrt{R^2 + (X_L - X_C)^2}}$

$\cos\phi = \frac{R}{\sqrt{R^2 + X_L^2}}$

이때, $X_L = 0$이어야 전력인자가 1.00 되는데, 이는 상황은 불가능하다.

22. $I_{rms} = \frac{\triangle V_{rms}}{Z} = \frac{160 V}{80.0\Omega} = 2.00 A$,

$P_{avg} = I_s^2 R$
$= (2.00 A)^2(22.0\Omega) = 88.0 W$

23. $V = \triangle V_{\max}\sin(\omega t) = (90.0 V)\sin(350t)$
$\rightarrow \triangle V_{\max} = 90.0 V, \omega = 350 rad/s$

$$X_L - X_C = 2\pi fL - \frac{1}{2\pi fC} = \omega L - \frac{1}{\omega C}$$

(a) $X_L - X_C = (350 rad/s)(0.200 H) - \frac{1}{(350 rad/s)(25.0 \times 10^{-6}F)} = -44.3\Omega$

$Z = \sqrt{R^2 + (X_L - X_C)^2} = \sqrt{(50.0\Omega)^2 + (-44.3\Omega)^2} = 66.8\Omega$

(b) $I_{rms} = \frac{\triangle V_{rms}}{Z} = \frac{\triangle V_{\max}/\sqrt{2}}{Z} = \frac{90.0 V}{\sqrt{2}(66.8\Omega)} = 0.953 A$

(c) $\phi = \tan^{-1}[\frac{X_L - X_C}{R}] = \tan^{-1}(\frac{-44.3\Omega}{50.0\Omega}) = -41.5°$

$$P_{avg} = I_s \Delta V_s \cos\phi = I_s \left(\frac{\Delta V_{max}}{\sqrt{2}}\right)\cos\phi$$

$$= (0.953 A)\left(\frac{90.0 V}{\sqrt{2}}\right)\cos(-41.5°) = 45.4 W$$

32.7 직렬 RLC 회로에서의 공명

24. (a) $f_0 = 1/2\pi\sqrt{LC}$

$$\rightarrow L = \frac{1}{4\pi^2 f_0^2 C} = \frac{1}{4\pi^2 (9.00\times10^9 Hz)^2 (2.00\times10^{-12}F)} = 1.56\times10^{-10}H = 156 pH$$

(b) $X_L = X_C = \dfrac{1}{2\pi f_0 C} = \dfrac{1}{2\pi(9.00\times10^9 Hz)(2.00\times10^{-12}F)} = 8.84\Omega$

25. $\omega_0 = \dfrac{1}{\sqrt{LC}} = \dfrac{1}{\sqrt{L(2C)}}$

$$= \frac{1}{\sqrt{2(5.00\times10^{-3}H)(5.00\times10^{-9}F)}} = 1.41\times10^5 rad/s$$

26. 공명진동수는 $\omega_0 = \dfrac{1}{\sqrt{LC}}$ 이다.

$\omega = 2\omega_0$일 때, $X_L = \omega L = \left(\dfrac{2}{\sqrt{LC}}\right)L = 2\sqrt{\dfrac{L}{C}}$,

$X_C = \dfrac{1}{\omega C} = \dfrac{\sqrt{LC}}{2C} = \dfrac{1}{2}\sqrt{\dfrac{L}{C}}$ 이고

$Z = \sqrt{R^2 + (X_L - X_C)^2} = \sqrt{R^2 + 2.25\left(\dfrac{L}{C}\right)}$

$I_{rms} = \dfrac{\Delta V_{rms}}{Z} = \dfrac{\Delta V_{rms}}{\sqrt{R^2 + 2.25(L/C)}}$,

$P = (I_{rms})^2 R = \dfrac{(\Delta V_{rms})^2}{Z^2}R = \dfrac{(\Delta V_{rms})^2 R}{R^2 + 2.25(L/C)}$

이므로 한 주기 동안 전달되는 전력은

$E = P\Delta t = \dfrac{(\Delta V_s)^2 R}{R^2 + 2.25(L/C)}\left(\dfrac{2\pi}{\omega}\right)$

$= \dfrac{(\Delta V_s)^2 RC}{R^2 C + 2.25 L}(\pi\sqrt{LC}) = \dfrac{4\pi(\Delta V_s)^2 RC\sqrt{LC}}{4R^2 C + 9L}$

$= \dfrac{4\pi(50.0 V)^2 (10.0\Omega)(100\times10^{-6}F)[(10.0\times10^{-3}H)(100\times10^{-6}F)]^{1/2}}{4(10.0\Omega)^2(100\times10^{-6}F) + 9(10.0\times10^{-3}H)}$

$= 242 mJ$

32.8 변압기와 전력 수송

27. $\triangle V_{1,rms} = \dfrac{170\,V}{\sqrt{2}} = 120\,V$

$\triangle V_{2,rms} = (\dfrac{N_2}{N_1})\triangle V_{1,rms} = (\dfrac{2000}{350})(120\,V) = 687\,V$

28. $X_C = \dfrac{1}{2\pi f C} = \dfrac{1}{2\pi(60.0\,Hz)(20.0\times10^{-12}F)} = 1.33\times10^8\,\Omega$

$Z = \sqrt{(50.0\times10^3\,\Omega)^2 + (1.33\times10^8\,\Omega)^2} = 1.33\times10^8\,\Omega$

따라서 $I_{rms} = \dfrac{\triangle V_{rms}}{Z} = \dfrac{5000\,V}{1.33\times10^8\,\Omega} = 3.77\times10^{-5}\,A$

사람의 몸에 걸리는 rms 전압

$(\triangle V_{rms})_{body} = I_{rms}R_{body} = (3.77\times10^{-5}A)(50.0\times10^3\,\Omega) = 1.88\,V$

추가문제

29. $I_{rms} = \dfrac{P}{\triangle V_{rms}}$ 에서 1.00%의 전력이 손실된다고 하므로

$P_{손실} = I_s^2 R_{|} = \dfrac{P}{100}$

$\rightarrow P_{손실} = (\dfrac{P}{\triangle V_s})^2(2R) = \dfrac{P}{100}$

$\rightarrow R = \dfrac{(\triangle V_s)^2}{200P} = \dfrac{\rho_{Cu}l}{A}$

$\rightarrow A = \dfrac{\pi d^2}{4} = \dfrac{200\rho_{Cu}Pl}{(\triangle V_s)^2}$

$\rightarrow d = \sqrt{\dfrac{800\rho_{Cu}Pl}{\pi(\triangle V_s)^2}}$

$= \sqrt{\dfrac{800(1.7\times10^{-8}\,\Omega\cdot m)(20000\,W)(18000m)}{\pi(1.50\times10^3\,V)^2}}$

$= 0.026m = 2.6cm$

30. 첫 주기 동안 전압의 식은

$\triangle V(t) = \dfrac{2(\triangle V_{\max})t}{T} - \triangle V_{\max} = \triangle V_{\max}[\dfrac{2t}{T}-1]$

$[(\triangle V)^2]_{avg} = \dfrac{1}{T}\int_0^T[\triangle V(t)]^2 dt$

$= \dfrac{(\triangle V_{\max})^2}{T}\int_0^T[\dfrac{2}{T}t-1]^2 dt = \dfrac{(\triangle V_{\max})^2}{6}[(+1)^3-(-1)^3]$

$$= \frac{(\triangle V_{\max})^2}{3}$$

$$\triangle V_{\text{s}} = \sqrt{[(\triangle V)^2]_{avg}} = \sqrt{\frac{(\triangle V_{\max})^2}{3}}$$

$$= \frac{\triangle V_{\max}}{\sqrt{3}}$$

33장 전자기파

33.1 변위 전류와 앙페르 법칙의 일반형

1. $\dfrac{d\Phi_E}{dt} = \dfrac{d}{dt}(EA) = \dfrac{dQ/dt}{\epsilon_0} = \dfrac{I}{\epsilon_0}$

(a) $\dfrac{dE}{dt} = \dfrac{I}{\epsilon_0 A} = \dfrac{0.200A}{(8.85 \times 10^{-12} C^2/N \cdot m^2)[\pi(10.0 \times 10^{-2}m)]}$
$= 7.19 \times 10^{11} V/m \cdot s$

(b) $\displaystyle\oint \vec{B} \cdot d\vec{s} = \epsilon_0 \mu_0 \dfrac{d\Phi_E}{dt}$

$\rightarrow 2\pi r B = \epsilon_0 \mu_0 \dfrac{d}{dt}\left[\dfrac{Q}{\epsilon_0 A} \cdot \pi r^2\right]$

$B = \dfrac{\mu_0 Ir}{2A} = \dfrac{\mu_0(0.200A)(5.00 \times 10^{-2}m)}{2[\pi(10.0 \times 10^{-2}m)^2]} = 2.00 \times 10^{-7} T$

33.2 맥스웰 방정식과 헤르츠의 발견

2. (a) $\displaystyle\oint \vec{E} \cdot d\vec{A} = \dfrac{q_{inside}}{\epsilon_0} \rightarrow E(2\pi rl)\cos 0° = \dfrac{\lambda l}{\epsilon_0}$

$\rightarrow \vec{E} = \dfrac{\lambda}{2\pi\epsilon_0 r} = \dfrac{35.0 \times 10^{-9} C/m}{2\pi(8.85 \times 10^{-12} C^2/N \cdot m^2)(0.200m)}\hat{j}$
$= 3.15 \times 10^3 \hat{j} N/C$

(b) 움직이는 전하로부터 생기는 전류는
$(35.0 \times 10^{-9} C/m) \times (15.0 \times 10^6 m/s) = 0.525A$라고 볼 수 있다.

$\vec{B} = \dfrac{\mu_0 I}{2\pi r} = \dfrac{(4\pi \times 10^{-7} T \cdot m/A)(0.525A)}{2\pi(0.200m)}\hat{k} = 5.25\hat{k} \times 10^{-7} T$

(c) $\vec{F} = q\vec{E} + q\vec{v} \times \vec{B}$
$= (-1.60 \times 10^{-19}C)(3.15 \times 10^3 \hat{j} N/C)$
$\qquad + (-1.60 \times 10^{-19}C)(240 \times 10^6 \hat{i} m/s) \times (5.25 \times 10^{-7}\hat{k} T)$
$= 5.04 \times 10^{-16}(-\hat{j})N + 2.02 \times 10^{-17}(+\hat{j})N = 4.83(-\hat{j}) \times 10^{-16} N$

3. $\vec{v} \times \vec{B} = -200(0.400)\hat{j} + 200(0.300)\hat{k}$이므로
$\vec{a} = \dfrac{e}{m}[\vec{E} + \vec{v} \times \vec{B}]$

$= (\dfrac{1.60 \times 10^{-19}}{1.67 \times 10^{-27}})[50.0\hat{j} - 80.0\hat{j} + 60.0\hat{k}]m/s^2$

$= (-2.87 \times 10^9 \hat{j} + 5.75 \times 10^9 \hat{k})m/s^2$

33.3 평면 전자기파

4. $\lambda = \dfrac{c}{f} = \dfrac{3.00 \times 10^8 \, m/s}{27.33 \times 10^6 \, Hz} = 11.0 \, m$

5. (a) $t = \dfrac{d}{c} = \dfrac{6.44 \times 10^{18} m}{2.998 \times 10^8 m/s} = 2.15 \times 10^{10} s = 671 \, \text{years}$

(b) 지구와 태양 사이의 거리는 $d = 1.496 \times 10^{11} m$이다.

$\quad t = \dfrac{d}{c} = \dfrac{1.496 \times 10^{11} m}{2.998 \times 10^8 m/s} \left(\dfrac{1 \min}{60 s} \right) = 8.32 \min$

(c) 지구와 달 사이의 거리는 $d = 3.84 \times 10^8 m$이다.

$\quad t = \dfrac{2d}{c} = \dfrac{2(3.84 \times 10^8 m)}{2.998 \times 10^8 m/s} = 2.56 s$

6. 레이더 파동이 물체와 송수신기 사이를 이동하는데 걸리는 시간은 총 시간의 절반인 $2.00 \times 10^{-4} s$이다.

$\quad d = vt = (3.00 \times 10^8 m/s)(2.00 \times 10^{-4} s)$
$\quad\quad = 6.00 \times 10^4 m = 60.0 km$

7. $v = \dfrac{1}{\sqrt{\kappa \mu_0 \epsilon_0}} = \dfrac{1}{\sqrt{1.78}} c$
$\quad\ = 0.750c = 2.25 \times 10^8 m/s$

8. $d_{burn} = 6cm \pm 5\% = \dfrac{\lambda}{2} \rightarrow \lambda = 12cm \pm 5\%$,

$\quad v = \lambda f = (0.12m \pm 5\%)(2.45 \times 10^9 s^{-1})$
$\quad\ = 2.9 \times 10^8 m/s \pm 5\%$

9. $E = E_{\max} \cos(kx - \omega t)$

$\quad \dfrac{\partial E}{\partial x} = -E_{\max} \sin(kx - \omega t)(k)$

$\quad\quad\quad \rightarrow \dfrac{\partial^2 E}{\partial x^2} = -E_{\max} \cos(kx - \omega t)(k^2)$

$\quad \dfrac{\partial E}{\partial t} = -E_{\max} \sin(kx - \omega t)(-\omega)$

$\quad\quad\quad \rightarrow \dfrac{\partial^2 E}{\partial t^2} = -E_{\max} \cos(kx - \omega t)(-\omega^2)$

$\quad \dfrac{\partial^2 E}{\partial x^2} = \mu_0 \epsilon_0 \dfrac{\partial^2 E}{\partial t^2}$

$\quad -(k^2) E_{\max} \cos(kx - \omega t) = -\mu_0 \epsilon_0 (-\omega)^2 E_{\max} \cos(kx - \omega t)$

$\quad \therefore \dfrac{k^2}{\omega^2} = \left(\dfrac{1}{f\lambda} \right)^2 = \dfrac{1}{c^2} = \mu_0 \epsilon_0$

또한 자기장 파동에 의해 증명하면 위의 내용과 똑 같음을 알 수 있다.

10. $\dfrac{E_{\max}}{B_{\max}} = c$

$$\therefore \frac{\omega}{k} = \frac{3.00 \times 10^{15}\, s^{-1}}{9.00 \times 10^{6}\, m^{-1}} = 3.33 \times 10^{8}\, m/s$$

33.4 전자기파가 운반하는 에너지

11. $\dfrac{I_1}{I_2} = \left(\dfrac{r_2}{r_1}\right)^2$

$$\therefore r_2 = r_1 \sqrt{\frac{I_1}{I_2}} = (1.496 \times 10^{11}\, m)\sqrt{\frac{1}{3}}$$
$$= 8.64 \times 10^{10}\, m$$

12. $\triangle t$동안 햇빛의 이동거리는 $\triangle x = c\triangle t$이다.
이때 햇빛이 통과하는 부피는 $\triangle V = A \triangle x$가 된다.
$S = I = \dfrac{U}{A \triangle t} = \dfrac{U}{A \triangle x/c} = \dfrac{Uc}{V} = uc$이므로

$$u = \frac{I}{c} = \frac{1000\, W/m^2}{3.00 \times 10^{8}\, m/s} = 3.33 \mu J/m^3$$

13. (a) $B_{\max} = \dfrac{E_{\max}}{c} = \dfrac{7.00 \times 10^{5}\, N/C}{3.00 \times 10^{8}\, m/s} = 2.33\, mT$

(b) $I = \dfrac{E_{\max}^2}{2\mu_0 c} = \dfrac{(7.00 \times 10^{5}\, V/m)^2}{2(4\pi \times 10^{-7}\, T \cdot m/A)(3.00 \times 10^{8}\, m/s)}$
    $= 6.50 \times 10^{8}\, W/m^2 = 650\, MW/m^2$

(c) $P = IA = (6.50 \times 10^{8}\, W/m^2)[\dfrac{\pi}{4}(1.00 \times 10^{-3}\, m)^2] = 511\, W$

14. $\Delta E = e l A \Delta t = mc\Delta T = \rho V c\Delta T$

$$\Delta T = \frac{e I l^2 \Delta t}{\rho l^3 c} = \frac{e I \Delta t}{\rho l c}$$

작은 용기

$$\Delta T = \frac{0.700(25.0 \times 10^3\, W/m^2)(480 s)}{(10^3\, kg/m^3)(0.0600\, m)(4186\, J/kg \cdot \text{℃})} = 33.4\text{℃}$$

큰 용기

$$\Delta T = \frac{0.910(25.0 \times 10^3\, W/m^2)(480 s)}{(10^3\, kg/m^3)(0.120\, m)(4186\, J/kg \cdot \text{℃})} = 21.7\text{℃}$$

15. $I = \dfrac{P_{avg}}{A}$

$$\to A = \frac{P_{avg}}{I} = \frac{\left(\dfrac{P_{community}}{e}\right)}{I} = \frac{P_{community}}{Ie}$$

$$= \frac{P_{community}}{\left(\frac{1}{3}I\right)e} = \frac{3P_{community}}{Ie}$$

$$= \frac{3(1.00 \times 10^6 \, W)}{(1000 \, W/m^2)(0.300)} = 1.00 \times 10^4 \, m^2$$

16. (a) $I = \frac{B_{\max}^2 c}{2\mu_0} = \frac{P}{4\pi r^2}$

$$\therefore B_{\max} = \sqrt{\left(\frac{P}{4\pi r^2}\right)\left(\frac{2\mu_0}{c}\right)} = \sqrt{\left(\frac{P}{2\pi r^2}\right)\left(\frac{\mu_0}{c}\right)}$$

$$= \sqrt{\frac{(10.0 \times 10^3 \, W)(4\pi \times 10^{-7} \, T \cdot m/A)}{2\pi(5.00 \times 10^3 \, m)^2(3.00 \times 10^8 \, m/s)}} = 5.16 \times 10^{-10} \, T$$

(b) 지구의 자기장이 약 $5 \times 10^{-5} \, T$이기 때문에 지구의 자기장은 약 100000 배 더 강하다.

17. $P = SA = \frac{E_{\max}^2}{2\mu_0 c}(4\pi r^2)$

$$\rightarrow r = \sqrt{\frac{P\mu_0 c}{2\pi E_{\max}^2}}$$

$$= \sqrt{\frac{(100 \, W)(4\pi \times 10^{-7} \, T \cdot m/A)(3.00 \times 10^8 \, m/s)}{2\pi(15.0 \, V/m)^2}} = 5.16 \, m$$

18. (a) $E_s = cB_s$

$$= (3.00 \times 10^8 \, m/s)(1.80 \times 10^{-6} \, T) = 540 \, V/m$$

(b) $u_{avg} = \frac{(B_{\max})^2}{2\mu_0} = \frac{(B_s)^2}{\mu_0}$

$$= \frac{(1.80 \times 10^{-6} \, T)^2}{4\pi \times 10^{-7} \, T \cdot m/A} = 2.58 \, \mu J/m^3$$

(c) $S_{avg} = cu_{avg}$

$$= (3.00 \times 10^8 \, m/s)(2.58 \times 10^{-6} \, J/m^3) = 773 \, W/m^2$$

33.5 운동량과 복사압

19. 레이저 빔의 세기는 $I = \frac{P}{\pi r^2}$ 이므로, 거울에 가해지는 복사압은

$$P = \frac{2S}{c} = \frac{2I}{c} = \frac{2P}{\pi r^2 c}$$

$$= \frac{2(25.0 \times 10^{-3} \, W)}{\pi(1.00 \times 10^{-3} \, m)^2(3.00 \times 10^8 \, m/s)} = 5.31 \times 10^{-5} \, N/m^2$$

20. (a) $P = \dfrac{I}{c}$

$$\rightarrow F = PA = \dfrac{I}{c}(\pi R^2) = \dfrac{(1370\,W/m^2)\pi(6.37\times10^6 m)^2}{3.00\times10^8 m/s} = 5.82\times10^8 N$$

(b) $F_g = \dfrac{GM_S M_E}{r_E^2} = \dfrac{(6.67\times10^{-11}N\cdot m^2/kg^2)(1.991\times10^{30}kg)(5.98\times10^{24}kg)}{(1.496\times10^{11}m)^2}$

$$= 3.55\times10^{22}N$$

따라서 태양이 지구에 작용하는 중력이 (a)의 답보다 6.10×10^{13}배 더 크다.

21. (a) $I = \dfrac{P}{\pi r^2} = \dfrac{E_{\max}^2}{2\mu_0 c}$ 이므로,

$$E_{\max} = \sqrt{\dfrac{2\mu_0 cP}{\pi r^2}}$$

$$= \sqrt{\dfrac{2(4\pi\times10^{-7}T\cdot m/A)(3.00\times10^8 m/s)(15.0\times10^{-3}W)}{\pi(1.00\times10^{-3}m)^2}}$$

$$= 1.90\times10^8 J = 1.90\,kN/C$$

(b) 레이저 빔이 길이 l을 지나는 시간은 $\triangle t = l/c$이다.

$$P = \dfrac{\triangle E}{\triangle t} = \dfrac{\triangle E}{l/c}$$

$$\rightarrow \triangle E = \dfrac{Pl}{c} = \dfrac{15.0\times10^{-3}W}{3.00\times10^8 m/s}(1.00m) = 50.0\,pJ$$

(c) $p = \dfrac{T_{ER}}{c} = \dfrac{\triangle E}{c} = \dfrac{50.0\times10^{-12}J}{3.00\times10^8 m/s} = 1.67\times10^{-19}kg\cdot m/s$

22. (a) $I = \dfrac{P}{\pi r^2} = \dfrac{E_{\max}^2}{2\mu_0 c} \rightarrow E_{\max} = \sqrt{\dfrac{2\mu_0 cP}{\pi r^2}}$

(b) $P = \dfrac{\triangle E}{\triangle t} = \dfrac{\triangle E}{l/c} \rightarrow \triangle E = \dfrac{Pl}{c}$

(c) $P = \dfrac{T_{ER}}{c} = \dfrac{\triangle E}{c} = \dfrac{Pl}{c^2}$

23. (a) $\triangle p = \dfrac{2T_{ER}}{c} = \dfrac{2SA\triangle t}{c}$

전달하는 운동량 $\triangle\vec{P} = \dfrac{2\vec{S}A\triangle t}{c} = \dfrac{2(6.00\,\hat{i}\,W/m^2)(40.0\times10^{-4}m^2)(1.00s)}{3.00\times10^8 m/s}$

$$= 1.60\times10^{-10}\,\hat{i}\,kg\cdot m/s$$

(b) 거울에 가하는 힘

$$\vec{F} = PA\,\hat{i} = \dfrac{2SA}{c}\hat{i}$$

$$= \dfrac{2(6.00\,W/m^2)(40.0\times10^{-4}m^2)(1.00s)}{3.00\times10^8 m/s} = 1.60\times10^{-10}\,\hat{i}\,N$$

(c) (a)와 (b)의 답이 같다. 힘은 단위 시간당 전달 운동량이다.

33.6 안테나에서 발생하는 전자기파

24. (a) $\lambda = \dfrac{c}{f} = \dfrac{3.00 \times 10^8 \, m/s}{75.0 \, Hz} = 4.00 \times 10^6 \, m$

$\qquad L = 1.00 \times 10^6 \, m = 1.00 \times 10^3 \, km$

(b) 이론적으로는 가능할지 모르지만, 그다지 실용적이지는 않다.

25. 뉴턴 2법칙에 의해

$$\sum F = ma \rightarrow qvB \sin 90.0° = \dfrac{mv^2}{R}$$

$$T = \dfrac{2\pi R}{v} = \dfrac{2\pi m}{qB} = \dfrac{2\pi (1.67 \times 10^{-27} kg)}{(1.60 \times 10^{-19} C)(0.350 \, T)} = 1.87 \times 10^{-7} s$$

$$\rightarrow f = 5.34 \times 10^6 \, Hz$$

$$\lambda = \dfrac{c}{f} = \dfrac{3.00 \times 10^8 \, m/s}{5.34 \times 10^6 \, Hz} = 56.2 \, m$$

26. $qvB \sin 90.0° = \dfrac{mv^2}{R} \rightarrow v = \dfrac{qBR}{m}$

$$T = \dfrac{2\pi R}{v} = \dfrac{2\pi m}{qB} = \dfrac{1}{f}$$

$$\therefore \lambda = \dfrac{c}{f} = cT = \dfrac{2\pi m c}{qB}$$

33.7 전자기파의 스펙트럼

27. (a) $f = \dfrac{c}{\lambda} = \dfrac{3 \times 10^8 \, m/s}{1.7m} \sim 10^8 \, Hz$ (라디오파)

(b) $f = \dfrac{3.00 \times 10^8 \, m/s}{6 \times 10^{-5} \, m} \sim 10^{13} \, Hz$ (적외선)

28. $\triangle t_{radio} = \dfrac{100 \times 10^3 m}{3.00 \times 10^8 m/s} = 3.33 \times 10^{-4} s$,

$\qquad \triangle t_{sound} = \dfrac{3.00m}{343 m/s} = 8.75 \times 10^{-3} s$ 이므로

100km 떨어진 곳에 있는 라디오 바로 옆에 앉아 있는 사람들이 먼저 듣게 된다.

추가문제

29. (a) $P = SA = (1370 \, W/m^2)[4\pi(1.496 \times 10^{11} m)^2] = 3.85 \times 10^{26} \, W$

(b) $S_{avg} = \dfrac{E_{\max}^2}{2\mu_0 c}$

$\quad \rightarrow E_{\max} = \sqrt{2\mu_0 c S_{avg}}$

$\qquad = \sqrt{2(4\pi \times 10^{-7}\,T \cdot m/A)(3.00 \times 10^8\,m/s)(1370\,W/m^2)}$

$\qquad = 1.02\,kV/m$

(c) $S_{avg} = \dfrac{c B_{\max}^2}{2\mu_0}$

$\quad \rightarrow B_{\max} = \sqrt{\dfrac{2\mu_0 S_{avg}}{c}} = \sqrt{\dfrac{2(4\pi \times 10^{-7}\,T \cdot m/A)(1370\,W/m^2)}{3.00 \times 10^8\,m/s}}$

$\qquad = 3.39\,\mu T$

30. (a) 정상상태에서 $P_{in} = P_{out}$ 이고 $P_{out} = e\sigma A T^4$ 이다.

$T = \left[\dfrac{P_{out}}{e\sigma A}\right]^{1/4}$

$\quad = \left[\dfrac{900\,W/m^2}{0.700(5.67 \times 10^{-8}\,W/m^2 \cdot K^4)}\right]^{1/4} = 388K = 115\,^\circ C$

(b) 태양의 고도가 50° 이므로 A영역의 장치에 수직으로 입사하는 영역은 $A\sin 50.0°$ 이다.

$0.900(1000\,W/m^2)A\sin 50.0° = 0.700(5.67 \times 10^{-8}\,W/m^2 \cdot K^4)A T^4$

$\qquad T = \left[\dfrac{(900\,W/m^2)\sin 50.0°}{0.700(5.67 \times 10^{-8}\,W/m^2 \cdot K^4)}\right]^{1/4}$

$\qquad\quad = 363K = 90.0\,^\circ C$

34장 빛의 본질과 광선 광학의 원리

34.1 빛의 본질

1. $\theta = \omega \triangle t = \omega(\dfrac{2l}{c}) \rightarrow \omega = \dfrac{c\theta}{2l} = \dfrac{(2.998 \times 10^8 m/s)[2\pi/(720)]}{2(11.45 \times 10^3 m)} = 114 \, rad/s$

2. (a) 달의 반경은 $1.74 \times 10^6 m$, 지구의 반경은 $6.37 \times 10^6 m$이므로 빛이 이동하는 총 거리는
$d = 2(3.84 \times 10^8 m - 1.74 \times 10^6 m - 6.37 \times 10^6 m) = 7.52 \times 10^8 m$이다.

$v = \dfrac{d}{t} = \dfrac{7.52 \times 10^8 m}{2.51 s} = 3.00 \times 10^8 m/s$

(b) 계산에 고려해야할 만한 크기이다. 고려하지 않을 경우 2% 더 큰 답이 나온다.

3. $c = \dfrac{\Delta x}{\Delta t} = \dfrac{2(1.50 \times 10^8 \, km)(1000 \, m/km)}{(22.0 \min)(60.0 \, s/\min)}$
    $= 2.27 \times 10^8 \, m/s$

34.3 분석 모형: 반사파

4. (a) 면에 수직인 법선도 같이 회전되므로 각도 ϕ만큼 회전하면 그림과 같이 법선도 각도 ϕ를 이루게 된다.

(b) 입사각이 ϕ이므로 반사법칙으로부터 반사각도 ϕ이다. 따라서 아래 그림과 같이 연직과 각도는 2ϕ가 된다.

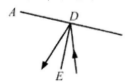

(c) $\tan 2\phi = \dfrac{1.40 \, cm}{720 \, cm} = 0.00194$

$\therefore \phi = 0.0557\,^{\circ}$

5. $\phi = 180\,^{\circ} - \delta$
    $\beta = 360\,^{\circ} - 2(180\,^{\circ} - \delta) = 2\delta$
따라서 $\beta = 2\delta$

6.

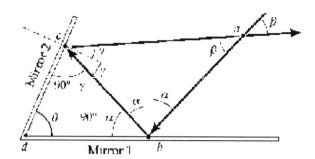

삼각형 $abca$에서

$$2\alpha + 2\gamma + \beta = 180\,° \rightarrow \beta = 180\,° - 2(\alpha + \gamma)$$

또한, 삼각형 $bcdb$에 대해

$$(90.0\,° - \alpha) + (90.0\,° - \gamma) + \theta = 180\,° \quad \rightarrow \quad \theta = \alpha + \gamma$$

$$\therefore \; \beta = 180\,° - 2\theta$$

7. (a) 아래 그림과 같은 형태로 반사되므로,

$$d = \frac{1.25m}{\sin 40.0\,°} = 1.94m$$

(b) 입사각과 반사각은 같으므로 수평면에 $50.0\,°$의 각도인 방향으로 진행한다.

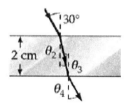

8. (a) $v = \dfrac{c}{n} = \dfrac{3.00 \times 10^8 m/s}{1.66} = 1.81 \times 10^8 m/s$

(b) $v = \dfrac{c}{n} = \dfrac{3.00 \times 10^8 m/s}{1.333} = 2.25 \times 10^8 m/s$

(c) $v = \dfrac{c}{n} = \dfrac{3.00 \times 10^8 m/s}{2.20} = 1.36 \times 10^8 m/s$

9. 오른쪽 그림과 같이 작도하였을 때,

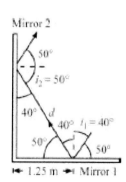

$$\theta_2 = \sin^{-1}(\frac{n_1}{n_2}sin\theta_1) = \sin^{-1}(\frac{1.00}{1.50}sin30.0\,°) = 19.5\,° \text{ 이다.}$$

중간에 경계면이 없으므로 $\theta_3 = \theta_2 = 19.5\,°$ 이며,

$$\theta_4 = \sin^{-1}(\frac{n_2}{n_1}sin\theta_3) = \sin^{-1}(\frac{1.50}{1.00}sin19.5\,°) = 30.0\,° \text{ 이다.}$$

10. a) $\theta_2 = \sin^{-1}(\frac{n_1}{n_2}sin\theta_1) = \sin^{-1}(\frac{1.00}{1.458}sin45.0\,°) = 29.0\,°$

(b) $\theta_2 = \sin^{-1}(\frac{n_1}{n_2}sin\theta_1) = \sin^{-1}(\frac{1.00}{1.628}sin45.0\,°) = 25.7\,°$

(c) $\theta_2 = \sin^{-1}(\frac{n_1}{n_2}sin\theta_1) = \sin^{-1}(\frac{1.00}{1.333}sin45.0^\circ) = 32.0^\circ$

11. (a) $n_1\sin\theta_1 = n_2\sin\theta_2$이므로

$$\frac{c}{v_1}\sin\theta_1 = \frac{c}{v_2}\sin\theta_2 \rightarrow \frac{\sin\theta_1}{v_1} = \frac{\sin\theta_2}{v_2}$$

따라서 $\frac{\sin13.0^\circ}{343\,m/s} = \frac{\sin\theta_2}{1493\,m/s} \rightarrow \theta_2 = 78.3^\circ$

(b) $f = \frac{v_1}{\lambda_1} = \frac{v_2}{\lambda_2}$

$\rightarrow \lambda_2 = \frac{v_2\lambda_1}{v_1} = \frac{1493m/s\,(0.589m)}{343m/s} = 2.56m$

(c) 스넬의 법칙으로부터

$n_1\sin\theta_1 = n_2\sin\theta_2$

$1.000293\sin13.0^\circ = 1.333\sin\theta_2$

$\therefore \theta_2 = 9.72^\circ$

(d) $\lambda_2 = \frac{v_2\lambda_1}{v_1} = \frac{n_1\lambda_1}{n_2} = \frac{1.000293(589nm)}{1.333} = 442\,nm$

(e) 빛은 공기에서 물로 진행할 때 느려지지만 음파는 속력이 빨라진다. 빛은 법선 쪽으로 휘어지고 파장은 짧아지지만 음파는 법선에서 멀어지는 쪽으로 휘고 파장은 커진다.

12. (a) $n = n_1\frac{\sin\theta_1}{\sin\theta_2} = 1.00\frac{\sin30.0^\circ}{\sin19.24^\circ} = 1.52$

(c) 공기 중과 용액 속에서의 진동수는 같으므로, $f = \frac{c}{\lambda} = \frac{3.00\times10^8m/s}{6.328\times10^{-7}m} = 4.74\times10^{14}Hz$

(d) $v = \frac{c}{n} = \frac{3.00\times10^8m/s}{1.52} = 1.98\times10^8m/s = 198Mm/s$

(b) $\lambda = \frac{v}{f} = \frac{1.98\times10^8m/s}{4.74\times10^{14}s^{-1}} = 417nm$

13. (a) 프리즘을 통과하는 경로를 오른쪽 경로와 같이 그리면, 입사각은 조건에 따라 $\theta_{1i} = 30.0^\circ$이고

$\theta_{1r} = \sin^{-1}(\frac{n_{air}}{n_{glass}}sin\theta_{1i}) = \sin^{-1}(\frac{1.0}{1.5}sin30^\circ) = 19^\circ$

또한, $\alpha = 90^\circ - \theta_{1r} = 71^\circ$, $\beta = 180^\circ - 60^\circ - \alpha = 49^\circ$

$\theta_{2i} = 90^\circ - \beta = 41^\circ$이다.

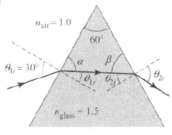

$\theta_{2r} = \sin^{-1}(\frac{n_{glass}}{n_{air}}sin\theta_{2i}) = \sin^{-1}(\frac{1.5}{1.0}sin41^\circ) = 77^\circ$

(b) 반사각은 입사각과 같으므로 $(\theta_1)_{reflection} = \theta_{1i} = 30^\circ$, $(\theta_2)_{reflection} = \theta_{2i} = 41^\circ$

14. 유리의 굴절률은 1.50, 두께는 3.00mm라고 가정하자.

$$v_{glass} = \frac{c}{n} = \frac{3.00 \times 10^8 m/s}{1.50} = 2.00 \times 10^8 m/s,$$

$$\triangle t = \frac{d_{glass}}{v} - \frac{d_{air}}{c}$$

$$= \frac{3.00 \times 10^{-3} m}{2.00 \times 10^8 m/s} - \frac{3.00 \times 10^{-3} m}{3.00 \times 10^8 m/s} \sim 10^{-11} s$$

공기중의 빛의 파장이 600nm라 할 때, 유리 안에서는 $\lambda_{glass} = \frac{600nm}{1.50} = 400nm$이다.

$$\frac{3 \times 10^{-3} m}{4 \times 10^{-7} m} - \frac{3 \times 10^{-3} m}{6 \times 10^{-7} m} \sim 10^3 파장이 \ 지연된다.$$

15. 스넬의 법칙에 의하면 $(1.00)\sin\theta_1 = (1.66)\sin\theta_2$이다.

(a) $v_1\cos\theta_1 = v_2\cos\theta_2 \rightarrow (c)\cos\theta_1 = (\frac{c}{1.66})\cos\theta_2$ 와 위의 식을 연립하면,

$\sin\theta_1\cos\theta_1 = \sin\theta_2\cos\theta_2 \rightarrow \sin2\theta_1 = \sin2\theta_2$ 이다.

$\theta_1 = 0$을 고려하지 않으면 $2\theta_1 = 180° - 2\theta_2 \rightarrow \theta_2 = 90.0° - \theta_1$ 이므로

위의 스넬의 법칙은 $\sin\theta_1 = 1.66\cos\theta_1 \rightarrow \tan\theta_1 = 1.66 \rightarrow \theta_1 = 58.9°$

입사각이 58.9°라면 일정할 수 있다.

(b) 일정할 수 없다. 굴절하면서 법선방향으로 휘므로 경계면에 평행인 속도 성분은 줄어들게 된다. 이 성분이 0이 아니고서는 일정하게 유지되는 것은 불가능하다.

16. $\tan\theta_c = \frac{\frac{1}{2}r}{t} = \frac{r}{2t}$

$\quad \sin\theta_c = \frac{n_2}{n_1} = \frac{1}{n}$

고로, $n = \frac{1}{\sin\theta_c} = \frac{1}{\sin\left[\tan^{-1}\left(\frac{r}{2t}\right)\right]}$

$\qquad \frac{1}{\frac{r}{\sqrt{r^2 + 4t^2}}} = \sqrt{1 + \left(\frac{2t}{r}\right)^2}$

따라서 $n = \sqrt{1 + \left[\frac{2(6.35mm)}{10.7mm}\right]^2} = 1.55$

17. 꼭지각을 Φ라 하면

$\Phi + (90.0° - \theta_2) + (90.0° - \theta_3) = 180° \rightarrow \theta_3 = \Phi - \theta_2$이며,

$\alpha = \theta_1 - \theta_2, \ \beta = \theta_4 - \theta_3$이다.

편향각은 $\delta = \alpha + \beta = \theta_1 + \theta_4 - \theta_2 - \theta_3 = \theta_1 + \theta_4 - \Phi$가 된다.

(a) $\theta_2 = \sin^{-1}(\frac{n_1}{n_2}sin\theta_1) = \sin^{-1}(\frac{1.00}{1.50}sin48.6°) = 30.0°$

$\theta_3 = 60.0° - 30.0° = 30.0°$,

$\theta_4 = \sin^{-1}(\frac{n_2}{n_1}sin\theta_3) = \sin^{-1}(\frac{1.50}{1.00}sin30.0°) = 48.6°$ 이며

$\theta_1 = 48.6°$ 와 꼭짓점을 중심으로 대칭적이다.

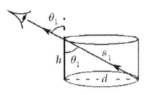

(b) $\delta = 48.6° + 48.6° - 60.0° = 37.2°$

(c) $\theta_2 = \sin^{-1}(\frac{n_1}{n_2}sin\theta_1) = \sin^{-1}(\frac{1.00}{1.50}sin45.6°) = 28.4°$

, $\theta_3 = 60.0° - 28.4° = 31.6°$

$\theta_4 = \sin^{-1}(\frac{n_2}{n_1}sin\theta_3) = \sin^{-1}(\frac{1.50}{1.00}sin31.6°) = 51.7°$ 이 되므로

$\delta = 45.6° + 51.7° - 60.0° = 37.3°$ 이다.

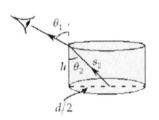

(d) $\theta_2 = \sin^{-1}(\frac{n_1}{n_2}sin\theta_1) = \sin^{-1}(\frac{1.00}{1.50}sin51.6°) = 31.5°$

, $\theta_3 = 60.0° - 31.5° = 28.5°$

$\theta_4 = \sin^{-1}(\frac{n_2}{n_1}sin\theta_3) = \sin^{-1}(\frac{1.50}{1.00}sin28.5°) = 45.7°$ 이 되므로

$\delta = 51.6° + 45.7° - 60.0° = 37.3°$ 이다.

18. (a) 물이 없을 때에는 $\sin\theta_1 = \frac{d}{s_1} = \frac{d}{\sqrt{h^2+d^2}} = \frac{1}{\sqrt{(h/d)^2+1}}$

을 구할 수 있고,

물이 차있을 때에는

$\sin\theta_2 = \frac{d/2}{s_2} = \frac{d/2}{\sqrt{h^2+(d/2)^2}} = \frac{1}{\sqrt{4(h/d)^2+1}}$

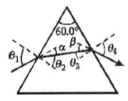

스넬의 법칙을 이용하면

$1.00\sin\theta_1 = n\sin\theta_2$

$\rightarrow \frac{1.00}{\sqrt{(h/d)^2+1}} = \frac{n}{\sqrt{4(h/d)^2+1}}$

$\rightarrow 4(h/d)^2+1 = n^2(h/d)^2 + n^2 \rightarrow (h/d)^2(4-n^2) = n^2-1$

$\rightarrow \frac{h}{d} = \sqrt{\frac{n^2-1}{4-n^2}}$

(b) $h = d\sqrt{\frac{n^2-1}{4-n^2}} = (8.00cm)\sqrt{\frac{(1.333)^2-1}{4-(1.333)^2}} = 4.73cm$

(c) $n=1$일 때 $h=0$이고, $n=2$일 때 $h=\infty$이다. $n>2$라면 h는 허수로 나오므로 $h \geqq 2$에서 용기 가운데의 동전을 볼 수 없다.

19. 고도가 높아질수록 대기의 밀도가 낮아지므로 굴절률도 감소하게 된다.

같은 광선 도표가 그려지며, 사람이 봤을 때에는 빛이 굴절이 되지 않았다고 생각하여 일몰 후에도 위쪽 위치에 떠있다고 착각되게 보인다.

20. (a) 광선 추적도

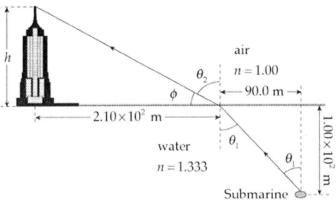

(b) $\tan\theta_1 = \dfrac{90.0m}{100m} \rightarrow \theta_1 = 42.0\,°$

(c) $\theta_2 = \sin^{-1}\!\left(\dfrac{n_{water}\sin\theta_1}{n_{air}}\right) = \sin^{-1}\!\left(\dfrac{(1.333)\sin42.0\,°}{1.00}\right) = 63.1\,°$

(d) $\phi = 90.0\,° - \theta_2 = 26.9\,°$

(e) $h = (210m)\tan\phi = (210m)\tan26.9\,° = 107m$

21. 굴절각을 θ_2라 할 때 $\theta_1 + 90.0\,° + \theta_2 = 180\,° \rightarrow \theta_2 = 90.0\,° - \theta_1$
스넬의 법칙에 따르면

$$\sin\theta_1 = \dfrac{n_g\sin\theta_2}{n_{air}} = n_g\sin(90\,° - \theta_1) = n_g\cos\theta_1$$
$$\rightarrow \theta_1 = \tan^{-1}(n_g)$$

34.6 분산

22. $\theta_{red} = \sin^{-1}(\dfrac{n_{air}}{n_{red}}sin\theta_i) = \sin^{-1}(\dfrac{1.000}{1.455}sin50.00\,°)$,

$\theta_{violet} = \sin^{-1}(\dfrac{n_{air}}{n_{violet}}sin\theta_i) = \sin^{-1}(\dfrac{1.000}{1.468}sin50.00\,°)$이므로,

분산은 $\theta_{red} - \theta_{violet} = 0.314\,°$ 이다.

23. $\sin\theta_2 = \dfrac{\sin\theta_1}{n}$

$\rightarrow \theta_{2,violet} = \sin^{-1}(\dfrac{\sin50.0\,°}{1.66}) = 27.48\,°$

$$\rightarrow \theta_{2,red} = \sin^{-1}(\frac{\sin 50.0\,°}{1.62}) = 28.22\,°$$

$$(90.0\,° - \theta_2) + (90.0\,° - \theta_3) + 60.0\,° = 180.0\,° \rightarrow \theta_3 = 60.0\,° - \theta_2$$

$$\sin \theta_4 = n \sin \theta_3$$

$$\rightarrow \theta_{4,violet} = \sin^{-1}[1.66\sin 32.52\,°] = 63.17\,°$$

$$\rightarrow \theta_{4,red} = \sin^{-1}[1.62\sin 31.78\,°] = 58.56\,°$$

$$\triangle \theta_4 = \theta_{4,violet} - \theta_{4,red} = 63.17\,° - 58.56\,° = 4.61\,°$$

24. (a), (c)

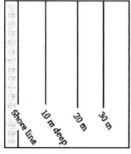

(a) Contour lines   (c) Contour lines

(b) 물결파의 속도는 해변으로 올수록 느려지므로 법선인 해안선 방향으로 꺾이게 되고 점차 해안선에 수직하게 들어오게 된다.

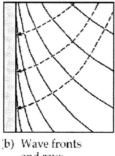

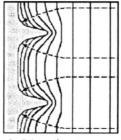

(b) Wave fronts and rays   (d) Wave fronts and rays

(d) 물결파는 (b)에서의 원리와 같이 해안선에 점점 들어오게 된다. 단위길이당 물결파는 곳에 더 집중되므로 곳에 집중되고 만에서 더 낮은 세기가 된다.

수직하게 에너지는

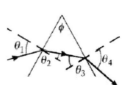

34.7 내부 전반사

25. (a) $\theta_c = \sin^{-1}(\frac{n_2}{n_1}) = \sin^{-1}(\frac{1.000293}{2.20}) = 27.0\,°$

(b) $\theta_c = \sin^{-1}(\frac{n_2}{n_1}) = \sin^{-1}(\frac{1.000293}{1.66}) = 37.1\,°$

(c) $\theta_c = \sin^{-1}(\frac{n_2}{n_1}) = \sin^{-1}(\frac{1.000293}{1.309}) = 49.8°$

26. (a) $\frac{\sin\theta_2}{\sin\theta_1} = \frac{v_2}{v_1}$ 이고 임계각에서 $\theta_2 = 90.0°$ 이므로,

$\frac{\sin 90.0°}{\sin\theta_c} = \frac{1850 m/s}{343 m/s} \rightarrow \theta_c = \sin^{-1}(0.185) = 10.7°$

(b) 매질을 통과할 때 느려져야 내부 전반사가 일어날 수 있으므로 공기 매질에서 먼저 진행해야 한다.

(c) 대부분의 방향에서 벽에 부딪히는 소리는 100%반사된다. 그러므로 맞는 말이다.

27. (a) 입사각을 θ라 할 때 $\sin\theta = \frac{R-d}{R}$ 이고,

$n\sin\theta > 1\sin 90° \rightarrow \frac{n(R-d)}{R} > 1 \rightarrow R > \frac{nd}{n-1}$ 이다.

$R_{\min} = \frac{nd}{n-1}$

(b) $d \rightarrow 0$ 일 때 $R_{\min} \rightarrow 0$ 이 된다.

(c) n이 증가하면 $R_{\min}$은 감소하게 된다.

(d) n이 1로 접근하면 $R_{\min} \rightarrow \infty$ 가 된다.

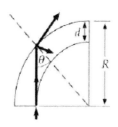

(e) $R_{\min} = \frac{1.40(100 \times 10^{-6} m)}{0.40} = 350 \times 10^{-6} m = 350 \mu m$

추가문제

28. 레이저 빔이 내부 전반사를 하면서 반대쪽으로 나올 때 내부 전반사는 몇 번하는지를 구하면

$N = \frac{L}{(t/\tan\theta_2)} = \frac{L\tan\theta_2}{t} = \frac{L}{t}\tan\left[\sin^{-1}\left(\frac{n_1\sin\theta_1}{n_2}\right)\right]$

$= \frac{0.420 m}{0.00310 m}\tan\left[\sin^{-1}\left(\frac{(1)\sin 50.0°}{1.48}\right)\right] = 81.96$

따라서 빔이 빠져나오는데, 81번의 내부 전반사를 하게 된다. 문제의 상황은 85번의 내부 전반사가 일어난다는 것은 불가능하다.

29. $n(x) = 1.00 + \left(\frac{n-1.00}{h}\right)x$

$\Delta t = \int_0^h \frac{dx}{v} = \int_0^h \frac{n(x)}{c}dx$

$= \frac{1}{c}\int_0^h \left[1.00 + \left(\frac{n-1.00}{h}\right)x\right]dx$

$$= \frac{h}{c} + \frac{n-1.00}{ch}\left(\frac{h^2}{2}\right) = \frac{h}{c}\left(\frac{n+1.00}{2}\right)$$

(b) 대기가 없을 때 걸리는 시간은 $\frac{h}{c}$ 이므로 대기가 있는 경우는 $\frac{n+1.00}{2}$ 배 만큼 더 크다.

30. 외부로부터 전자기파 방사선의 90%가 내부로 전달되고 내부로부터 낮은 비율의 전자기파만이 외부로 전달되도록 상상한 일방향 거울이 하나의 면을 형성하는 절연 상자를 생각하자. 상자의 내부와 외부가 처음부터 동일한 온도를 유지한다고 가정하자. 내부 물체와 전자기파를 복사와 흡수를 할 수 없다. 상자에 창문이 열려 있으면 모두 일정한 온도를 유지할 것이다. 유리가 밖으로 나가는 것보다 더 많은 에너지를 방출하면서 상자 내부는 온도가 상승할 것이다. 그러나 클라우지우스의 열역학 제2법칙에 따르면 이것은 불가능하다. 이러한 모순으로의 감소는 일방향 거울이 존재할 수 없다는 것을 증명한다.

35장 상의 형성

35.1 평면 거울에 의한 상

1. (a) 빛이 거울에 반사되어 눈에 들어오기까지 미세하지만 시간이 걸리기 때문에 나이가 적어 보인다.

(b) 거울 앞 40cm에 서있다면 $\triangle t = \dfrac{2d}{c} = \dfrac{0.8m}{3 \times 10^8 m/s} \sim 10^{-9}s$ 만큼 나이차가 난다.

2. n=6인 경우 오른쪽 그림과 같은 I_1, I_2와 정삼각형의 꼭지점인 O, (O, I_3, I_4), (O, I_1, I_5)에 5개의 상이 나타난다.

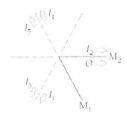

3. 평면거울에서 $q = -p$ 이다.

(a) 위쪽 거울의 배율은 $M_1 = -\dfrac{q_1}{p_1} = 1$ 이고, 아래쪽 거울은 $p_2 = p_1 + h$, $q_2 = -p_2 = -(p_1 + h)$

이므로 $M_2 = -\dfrac{q_2}{p_2} = 1$ 이 되어 $M_{total} = M_1 M_2 = 1$ 의 배율을 가진다.

그러므로 최종적인 이미지는 아래 거울에 $p_2 = p_1 + h$ 뒤쪽에 생기게 된다.
(b) 허상이다.
(c) 정립이다.
(d) 배율은 1배이다.
(e) 위쪽 거울에서 좌우반전 되었던 상이 다시 좌우반전 되므로 좌우반전 되지 않은 상이다.

4. (a) 가장 가까운 거울 뒤에 1 m의 이미지를 본다.
(b) 손바닥
(c) 가장 가까운 거울 뒤에 5 m의 이미지를 본다.
(d) 손등
(e) 가장 가까운 거울 뒤에 7 m의 이미지를 본다.
(f) 손바닥
(g) 모든 가상 이미지

35.2 구면 거울에 의한 상

5. (a) $\dfrac{1}{p} + \dfrac{1}{q} = \dfrac{1}{f}$ 에서

$$\dfrac{1}{50.0\,cm} + \dfrac{1}{q} = \dfrac{1}{20.0\,cm} \rightarrow q = +33.3\,cm \,(거울앞)$$

(b) $M = -\dfrac{q}{p} = -\dfrac{33.3}{50.0} = -0.666$

(c) 상의 거리는 양이므로 상은 실상
(d) 배율이 음이므로 도립

6. (a) 광선 추적도

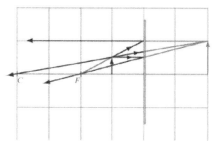

(b) $q = -40.0cm$이므로 거울 뒤에 상이 생긴다.
(c) $M = +2.00$이므로 정립이다.
(d) $\dfrac{1}{q} = \dfrac{1}{f} - \dfrac{1}{p} = \dfrac{1}{40.0cm} - \dfrac{1}{20.0cm} \rightarrow q = -40.0cm$,

$\quad M = \dfrac{q}{p} = -\dfrac{(-40.0cm)}{20.0cm} = 2.00$

7. (a) $\dfrac{1}{q} = \dfrac{1}{f} - \dfrac{1}{p} = \dfrac{1}{-10.0cm} - \dfrac{1}{30.0cm} \rightarrow q = -7.50cm$

(b) $M = \dfrac{-q}{p} = -\dfrac{(-7.50cm)}{30.0cm} = 0.250$이므로 정립이다.

(c) $M = \dfrac{h'}{h} \rightarrow h' = Mh = 0.250(2.00cm) = 0.500cm$

8. 볼록거울은 광선을 그 위에 분산시키므로 이 문제에 있는 거울은 태양 광선을 한 점에 모을 수는 없다.

9. (a) $f = \dfrac{R}{2} = +12.0cm$

$\quad M = -\dfrac{q}{p} = +3 \rightarrow q = 3p$

$\dfrac{1}{p} - \dfrac{1}{3p} = \dfrac{2}{3p} = 12 \rightarrow p = 8.00cm$

(b) 광선 추적도

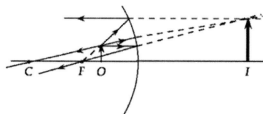

(c) 실상

10. $M = -\dfrac{q}{p} = \quad \rightarrow q = -Mp$

$$\frac{1}{p}+\frac{1}{q}=\frac{2}{R} \quad \rightarrow \quad R=\frac{2pq}{p+q}=\frac{2p(-pM)}{p+(-pM)}=\frac{2pM}{1-M}$$

$$\therefore R=\frac{2pM}{1-M}=-\frac{2(30.0cm)(0.0130)}{1-0.0130}=-0.790\,cm$$

11. (a) $\frac{1}{p}+\frac{1}{q}=\frac{1}{f}=\frac{2}{R}$

$$\frac{1}{3.00m}+\frac{1}{q}=\frac{1}{0.500m} \qquad \therefore \; q=0.600\,m$$

공이 떨어질 때, p는 감소하고 q는 증가한다.

$q_1=p_1$일 때,

$$\frac{1}{p_1}+\frac{1}{p_1}=\frac{1}{0.500}=\frac{2}{p_1} \quad \rightarrow \quad p_1=1.00\,m$$

공이 초점을 통과할 때, 이미지는 무한한 거울 위로부터 거울 아래쪽으로 전환된다.
공이 위에서 거울에 다가갈 때 가상 이미지는 아래에서 거울에 접근하여 $p=q=0$일 때 함께
도달한다.

(b) $\Delta y = 3.00m - 1.00m = 2.00m = \frac{1}{2}gt^2$

$$t=\sqrt{\frac{2(2.00m)}{9.80m/s^2}}=0.639\,s$$

또한, $\Delta y = 3.00m - 0m = 3.00m = \frac{1}{2}gt^2$

$$t=\sqrt{\frac{2(3.00m)}{9.80m/s^2}}=0.782\,s$$

12. (a) $q=-p=-24.0cm$이므로 눈에 보이는 상의 거리는 $1.55m+24.0m=25.6m$이다.

(b) $\theta=\frac{h}{d}=\frac{1.50m}{25.6m}=0.0587rad$

(c) $\frac{1}{p}+\frac{1}{q}=\frac{1}{f}=\frac{2}{R}$

$$\rightarrow \frac{1}{24m}+\frac{1}{q}=\frac{2}{-2m} \rightarrow q=-0.960m$$

이므로 $1.55m+0.960m=2.51m$

(d) $M=\frac{h'}{h}=-\frac{q}{p}$

$$\rightarrow h'=-h\frac{q}{p}=-1.50m\left(\frac{-0.960m}{24m}\right)=0.060m$$

$\theta'=\frac{h'}{d}=\frac{0.0600m}{2.51m}=0.0239rad$

(e) $d'=\frac{h}{\theta'}=\frac{1.50m}{0.0239}=62.8m$

13. (a) 볼록거울이므로 $f=-|f|=-8.00cm$, $q=-|q|$, $|q|=p/3$이고,

$$\frac{1}{p}+\frac{1}{q}=\frac{1}{p}-\frac{3}{p}=\frac{1}{f}\rightarrow-\frac{2}{p}=\frac{1}{-8.00cm}\rightarrow p=16.0cm$$

(b) $M=-q/p=|q|/p=1/3=0.333$

(c) M>0이므로 정립이다.

35.3 굴절에 의한 상

14. $\dfrac{n_1}{p}+\dfrac{n_2}{q}=\dfrac{n_2-n_1}{R}\rightarrow\dfrac{1.00}{p}+\dfrac{1.50}{q}=\dfrac{1.50-1.00}{6.00cm}=\dfrac{1}{12.0cm}$

(a) $\dfrac{1.00}{20.0cm}+\dfrac{1.50}{q}=\dfrac{1}{12.0cm}\rightarrow q=45.0cm$

(b) $\dfrac{1.00}{10.0cm}+\dfrac{1.50}{q}=\dfrac{1}{12.0cm}\rightarrow q=-90.0cm$

(c) $\dfrac{1.00}{3.00cm}+\dfrac{1.50}{q}=\dfrac{1}{12.0cm}\rightarrow q=-6.00cm$

15. $\dfrac{n_1}{p}+\dfrac{n_2}{q}=\dfrac{n_2-n_1}{R}$ 이므로

$$\frac{1.00}{q}=\frac{1.00-1.50}{-4.00}-\frac{1.50}{4.00}\rightarrow q=-4.00m$$

따라서 $M=\dfrac{h'}{h}=-\left(\dfrac{n_1}{n_2}\right)\dfrac{q}{p}$

$$\rightarrow\quad h'=-\left(\frac{n_1}{n_2}\right)\frac{q}{p}h=-\frac{1.50(-4.00)}{1.00(4.00)}(2.50)=3.75\,mm$$

16. $\tan\theta_1=\dfrac{h}{p}$ 이고, $\tan\theta_2=-\dfrac{h'}{q}$ 이다. 이때, $\tan\theta_2$를 구할 때 상의 높이가 음수형태이지만 각도는 그렇지 않으므로 음수부호를 붙인다.

$n_1\tan\theta_1=n_2\tan\theta_2\rightarrow\dfrac{n_1h}{p}=-\dfrac{n_2h'}{q}$ 를 얻을 수 있고, $M=\dfrac{h'}{h}=\dfrac{-n_1q}{n_2p}$ 이다.

17. $\dfrac{n_1}{p_a}+\dfrac{n_2}{q_a}=\dfrac{n_2-n_1}{R}$

$$\rightarrow\quad q_a=\frac{n_2Rp_a}{(n_2-n_1)p_a-n_1R}$$

여기서 n_1R을 무시하면

$$q_a\rightarrow\frac{n_2Rp_a}{(n_2-n_1)p_a}=\frac{n_2R}{n_2-n_1}$$

또한,

$$q_b\rightarrow\frac{-n_1Rp_a}{(n_1-n_2)p_a+n_2R}=\frac{n_1Rp_a}{(n_2-n_1)p_b-n_2R}$$

정리하면 $p_b = -q_a + 2R$

$$= -\frac{n_2 R}{n_1 - n_2} + 2R = -\frac{n_2 R}{n_2} + 2R\frac{n_2 - n_1}{n_2 - n_1}$$

$$= \frac{n_2 - 2n_1}{n_2 - n_1}R$$

따라서 $n_1 = 1$, $n_2 = n$ 일 때,

$$q_b = \frac{2-n}{2(n-1)}R$$

35.4 얇은 렌즈에 의한 상

18. (a) $p = 5f$

$$\frac{1}{5.00f} + \frac{1}{q} = \frac{1}{f} \rightarrow \frac{1}{q} = \frac{1}{f} - \frac{1}{5.00f} = \frac{4.00}{5.00f}$$

$$\therefore q = \frac{5.00}{4.00}f = +1.25f$$

(b) $M = -\frac{q}{p} = -\frac{1.25f}{5.00f} = -0.250$

(c) 실상

19. $\dfrac{1}{f} = (n-1)\left(\dfrac{1}{R_1} - \dfrac{1}{R_2}\right)$

$$= (1.50 - 1)\left(\frac{1}{2.00} - \frac{1}{2.50}\right) = 0.050\,cm^{-1}$$

$$\therefore f = 20.0\,cm$$

20. (i) 물체의 거리가 20 cm 일 때,
(a) 광선 추적도　　　렌즈의 뒤 20cm

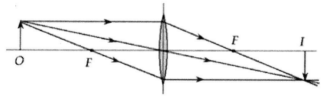

(b) 실상
(c) 도립
(d) $M = -1.00$

(e) $\dfrac{1}{20.0} + \dfrac{1}{q} = \dfrac{1}{10.0}$

$$q = +20.0\,cm$$

(ii) 물체의 거리가 5 cm 일 때,
(a) 광선 추적도

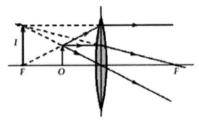

렌즈의 앞 10cm

(b) 실상

(c) 정립

(d) $M = +2.00$

(e) $\dfrac{1}{5.00} + \dfrac{1}{q} = \dfrac{1}{10.0}$

$\quad \therefore q = -10.0\,cm$

(f) 생략

21. (a) $q = +20.0\,cm$

$\quad \dfrac{1}{p} + \dfrac{1}{20.0} = \dfrac{1}{10.0}$

$\quad \therefore p = +20.0\,cm$ (실상)

(b) $q = +50.0\,cm$

$\quad \dfrac{1}{p} + \dfrac{1}{50.0} = \dfrac{1}{10.0}$

$\quad \therefore p = +12.5\,cm$ (실상)

(c) $q = -20.0\,cm$

$\quad \dfrac{1}{p} + \dfrac{1}{-20.0} = \dfrac{1}{10.0}$

$\quad \therefore p = +6.67\,cm$ (실상)

(d) $q = -50.0\,cm$

$\quad \dfrac{1}{p} + \dfrac{1}{-50.0} = \dfrac{1}{10.0}$

$\quad \therefore p = +8.33\,cm$ (실상)

22. 얇은 렌즈 방정식으로부터

$\quad \dfrac{1}{p} + \dfrac{1}{q} = \dfrac{1}{f}$ 에서

$\quad p^{-1} + q^{-1} = constant$

따라서 $-1\,p^{-2} - 1\,q^{-2}\dfrac{dq}{dp} = 0$

$\quad \dfrac{dq}{dp} = -\dfrac{q^2}{p^2} \rightarrow dq = -\dfrac{q^2}{p^2}dp$

35.5 렌즈의 수차

23. h_1으로 입사하는 빛에 대해서 볼록한 표면에 닿을 때의 각도는

$$\theta_1 = \sin^{-1}(\frac{h_1}{R})$$

$$= \sin^{-1}(\frac{0.500cm}{20.0cm}) = 1.43°$$

$$1.00\sin\theta_2 = 1.60\sin\theta_1 = (1.60)(\frac{0.500}{20.0cm})$$

$$\rightarrow \theta_2 = 2.29°$$

$\theta_2 - \theta_1 = 0.860°$ 이므로 초점거리는 $f_1 = \dfrac{h_1}{\tan(\theta_2 - \theta_1)} = \dfrac{0.500cm}{\tan(0.860°)} = 33.3cm$ 이다.

$R(1 - \cos\theta_1) = 20cm[1 - \cos(1.43°)] = 0.00625cm$ 이므로

주축과 만나는 지점은

$x_1 = f_1 - R(1 - \cos\theta_1) = 33.3cm - 0.00625cm = 33.3cm$ 이다.

h_2에 대해 같은 방법으로 하면

$$\theta_1 = \sin^{-1}(\frac{12.0cm}{20.0cm}) = 36.9°,$$

$$1.00\sin\theta_2 = 1.60\sin\theta_1 = (1.60)(\frac{12.0}{20.0}) \rightarrow \theta_2 = 73.7°,$$

$$f_2 = \frac{h_2}{\tan(\theta_2 - \theta_1)} = \frac{12.0cm}{\tan(36.8°)} = 16.0cm,$$

$$x_2 = f_2 - R(1 - \cos\theta_2) = 16.0cm - 20.0cm[1 - \cos(36.9°)] = 12.0cm$$

$$\triangle x = x_1 - x_2 = 33.3cm - 12.0cm = 21.3cm$$

35.6 광학 기기

24. (a) $P = \dfrac{1}{f} = \dfrac{1}{p} + \dfrac{1}{q} = \dfrac{1}{\infty} - \dfrac{1}{0.250m} = -4.00$

(b) 음수이므로 발산 렌즈의 형태이다.

25. $\dfrac{1}{p_2} + \dfrac{1}{q_2} = \dfrac{1}{f}$ 에서

$$\frac{1}{2000mm} + \frac{1}{q_2} = \frac{1}{65.0mm} \quad \rightarrow \quad q_2 = (65.0mm)\left(\frac{2000}{2000 - 65.0}\right)$$

렌즈는 필름에서 멀리 떨어져 있어야 한다.

$$\therefore D = q_2 - q_1 = (65.0mm)\left(\frac{2000}{2000 - 65.0}\right) - 65.0mm$$

$$= 2.18mm$$

26. (a) $m = -\dfrac{f_0}{f_e} = -\dfrac{20.0m}{0.0250m} = -800$

(b) m<0이므로 거꾸로 보인다.

27. $M \approx -(\dfrac{L}{f_0})(\dfrac{25.0cm}{f_e})$

$\quad = -(\dfrac{23.0cm}{0.400cm})(\dfrac{25.0cm}{2.50cm}) = -575$

28. $\dfrac{n_1}{p} + \dfrac{n_2}{q} = \dfrac{n_2 - n_1}{R} \rightarrow \dfrac{1.00}{\infty} + \dfrac{1.40}{21.0mm} = \dfrac{1.40 - 1.00}{6.00mm}$

$\qquad 0.0667 = 0.0667$

이것은 잘 일치한다. 상은 축소 도립실상이다.

추가문제

29. $q < 0$이고

$\quad d = p - |q| = p + q, \quad M = -\dfrac{q}{p}$

$\quad \therefore q = -Mp \rightarrow d = p - Mp$

$\quad \therefore p = \dfrac{d}{1-M}$

따라서 $\dfrac{1}{p} + \dfrac{1}{q} = \dfrac{1}{p} - \dfrac{1}{Mp} = \dfrac{(1-M)^2}{-Md} = \dfrac{1}{f}$

$\quad f = \dfrac{-Md}{(1-M)^2} = \dfrac{-(0.5)(20.0)}{(1-0.5)^2} = -40.0\,cm$

30. $q_1 = \dfrac{f_1 p_1}{p_1 - f_1} = \dfrac{(-6.00)(12.0)}{12.0 - (-6.00)} = -4.00\,cm$

$\quad p_2 = d - (-4.00cm) = d + 4.00cm\,(q_2 \rightarrow \infty)$

$\quad p_2 = f_2 = 12.0\,cm$

따라서 $\therefore d + 4.00cm = f_2 = 12.0\,cm \rightarrow d = 8.00\,cm$

36장 파동 광학

36.2 분석 모형: 간섭하는 파동

1. $m = \dfrac{d\sin\theta}{\lambda} = \dfrac{(3.20\times10^{-4}m)\sin30.0°}{500\times10^{-9}m} = 320$ 이므로

오른쪽으로 320, 왼쪽으로 320 그리고 m=0일 때 $\theta = 0$을 포함하여 641개이다.

2. $\sin\theta = \dfrac{m\lambda}{d} = \dfrac{(1)(1.00\times10^{-2}m)}{8.00\times10^{-3}m} = 1.25$ 인데 sin값이 1보다 큰 값은 불가능하다. m=1일

때 밝은 무늬의 위치를 측정할 수 없다. 사실 이때엔 간섭이 없고 이중 슬릿 뒤편에 밝은 영
역만 나타난다.

3. m=1일 때
$$\lambda = d\sin\theta = (0.200\times10^{-3}m)\sin0.181°$$
$$= 6.32\times10^{-7}m = 632nm$$

4. (a) 밝은 무늬이므로 $\delta = m\lambda = 3(589\times10^{-9}m) = 1.77\times10^{-6}m = 1.77\mu m$

(b) 어두운 무늬이므로 $\delta = (m+\frac{1}{2})\lambda = (2+\frac{1}{2})(589nm) = 1.47\times10^{3}nm = 147\mu m$

5. $d = \dfrac{m\lambda}{\sin\theta} = \dfrac{(1)(620\times10^{-9}m)}{\sin15.0°}$
$$= 2.40\times10^{-6}m = 240\mu m$$

6. m=0, y=0.200mm일 때
$$L \approx \dfrac{2dy}{\lambda} = \dfrac{2(0.400\times10^{-3}m)(0.200\times10^{-3}m)}{442\times10^{-9}m} = 0.362m = 36.2cm$$

7. 50번째 극대의 각은 $\theta = \sin^{-1}(\dfrac{50\lambda}{d})$이다.

$\tan\theta = \dfrac{y}{x} \to y = x\tan\theta \to \dfrac{dy}{dt} = \dfrac{dx}{dt}\tan\theta = -v\tan\theta$이므로

$v_{50} = |\dfrac{dy}{dt}| = v\tan\theta$
$$= v\tan[\sin^{-1}(\dfrac{m\lambda}{d})] = (3.00m/s)\tan[\sin^{-1}(\dfrac{50(632.8\times10^{-9}m)}{0.300\times10^{-3}m})]$$
$$= 0.318m/s$$

8. $d\sin\theta = m\lambda \to \theta = \sin^{-1}\left(\dfrac{m\lambda}{d}\right)$

여기서 $\tan\theta = \dfrac{y}{x} \to y = x\tan\theta$

$$\frac{dy}{dt} = \frac{dx}{dt}\tan\theta = -v\tan\theta$$

따라서 m차 극대가 움직이는 속력은

$$v_{mth-order} = \left|\frac{dy}{dt}\right| = v\tan\theta = v\tan\left[\sin^{-1}\left(\frac{m\lambda}{d}\right)\right]$$

9. 두 광선의 경로 차는 $\delta = d_1 - d_2 = d\sin\theta_1 - d\sin\theta_2$이다.
보강간섭에서 경로 차는 파장의 수를 합친 것과 같으므로
$$d\sin\theta_1 - d\sin\theta_2 = m\lambda$$
$$\rightarrow \sin\theta_1 - \sin\theta_2 = \frac{m\lambda}{d} \rightarrow \theta_2 = \sin^{-1}(\sin\theta_1 - \frac{m\lambda}{d})$$

10. 위상차는 $\phi = \frac{2\pi}{\lambda}\delta = \frac{2\pi}{\lambda}d\sin\theta \approx \frac{2\pi}{\lambda}d(\frac{y}{L})$이다.

(a) $\phi = \frac{2\pi}{500\times10^{-9}m}(0.120\times10^{-3}m)\sin 0.500° = 13.2rad$

(b) $\phi \approx \frac{2\pi}{500\times10^{-9}m}(0.120\times10^{-3}m)(\frac{5.00\times10^{-3}m}{1.20m}) = 6.28rad$

(c) $\theta = \sin^{-1}(\frac{\lambda\phi}{2\pi d}) = \sin^{-1}[\frac{(500\times10^{-9}m)(0.333rad)}{2\pi(0.120\times10^{-3}m)}] = 1.27\times10^{-2}°$

(d) $d\sin\theta = \frac{\lambda}{4} \rightarrow \theta = \sin^{-1}(\frac{\lambda}{4d}) = \sin^{-1}[\frac{500\times10^{-9}m}{4(0.120\times10^{-3}m)}] = 5.97\times10^{-2}°$

11. $3\lambda_{주황색} = \left(m + \frac{1}{2}\right)\lambda_{offending}$

$$\lambda_{offending} = \frac{3\lambda_{주황색}}{m + 1/2}$$

따라서 $m = 3$일 때 다른 색과 잘 섞이지 않는 빛이 유일하게 가능하다. 이 때 파장은 506nm 이다.

12. 아래의 그림으로부터

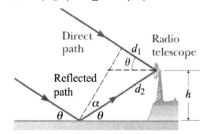

$$\delta_{phys} = d_2 - d_1, \quad d_1 = d_2\sin\alpha$$
각도 $\alpha + \theta + \theta = 90° \rightarrow \alpha = 90° - 2\theta$
$$\therefore \delta_{phys} = d_2 - d_1\sin\alpha$$
$$= d_2[1 - \sin(90° - 2\theta)] = d_2(1 - \cos 2\theta)$$

$$h = d_2 \sin\theta \rightarrow d_2 = \frac{h}{\sin\theta}$$

따라서 $\delta_{phys} = \left(\frac{h}{\sin\theta}\right)(1-\cos2\theta) \rightarrow h = \frac{\delta_{phys}\sin\theta}{1-\cos2\theta}$

$$\therefore \delta_{opt} = \delta_{phys} + \frac{1}{2}\lambda = \left(m+\frac{1}{2}\right)\lambda$$

그러므로 $\delta_{phys} + \frac{1}{2}\lambda = (m+\frac{1}{2})\lambda$

$$\delta_{phys} = m\lambda$$

이때, $h = \frac{m\lambda\sin\theta}{1-\cos2\theta}$

그러므로 달의 위치에 대한 조수의 높이 변화는

$$\Delta h = \left|\lambda\left(\frac{\sin\theta_{max}}{1-\cos2\theta} - \frac{\sin\theta_{min}}{1-\cos2\theta_{min}}\right)\right|$$

$$= \left|(125m)\left[\frac{\sin25.7°}{1-\cos2(25.7°)} - \frac{\sin24.5°}{1-\cos2(24.5°)}\right]\right| = 6.59\,m$$

13. (a) $\delta = d\sin\theta \approx \frac{yd}{L} = \frac{(1.80\times10^{-2}m)(1.50\times10^{-4}m)}{1.40m} = 1.93\times10^{-6}m = 1.93\mu m$

(b) $\frac{\delta}{\lambda} = \frac{1.93\times10^{-6}m}{6.43\times10^{-7}m} = 3.00 \rightarrow \delta = 3.00\lambda$

(c) 경로차가 파장의 정수배이므로 P에서 극대이다.

14. (a) $y = 50y_{bright} = 50(4.52\times10^{-3}m) = 0.226\,m = 22.6\,cm$

(b) $\tan\theta_1 = \frac{(y_{bright})_{m=1}}{L} = \frac{4.52\times10^{-3}}{1.80m} = 2.51\times10^{-3}$

(c) (b)로부터 $\theta_1 = \tan^{-1}\left(\frac{4.52\times10^{-3}m}{1.80m}\right) = 0.144°$

$$\sin\theta_1 = 2.51\times10^{-3}$$

따라서 $d\sin\theta_{bright} = m\lambda$로부터 $m=1$에 대해

$$\lambda = \frac{d\sin\theta_1}{1}$$

$$= \frac{(2.40\times10^{-4}m)\sin(0.144°)}{1} = 6.03\times10^{-7}m$$

(d) $\delta = d\sin\theta = m\lambda$

$$\theta_{50} = \sin^{-1}\left(\frac{50\lambda}{d}\right)$$
$$= \sin^{-1}(50\sin\theta_1)$$
$$= \sin^{-1}[50\sin(0.144°)] = 7.21°$$

(e) $y_5 = L\tan\theta_5$
$$= (1.80m)\tan(7.21°) = 2.26\times10^{-2}m = 2.28\,cm$$

(f) 두 답은 정확히 일치하지는 않다. 무늬는 (a)번에서 가정된 것처럼 스크린에 선형적으로

나타나지 않으며, 이 비선형적인 것은 7.21˚와 같이 비교적 큰 각도에서 나타난다.

36.3 이중 슬릿에 의한 간섭 무늬의 세기 분포

15. $E_1 + E_2 = 6.00\sin(100\pi t) + 8.00\sin(100\pi t + \pi/2)$
$= 6.00\sin(100\pi t) + [8.00\sin(100\pi t)\cos(\pi/2) + 8.00\cos(100\pi t)\sin(\pi/2)]$
$= 6.00\sin(100\pi t) + 8.00\cos(100\pi t)$

$E_R\sin(100\pi t + \phi) = E_R\sin(100\pi t)\cos\phi + E_R\cos(100\pi t)\sin\phi$를 이용하여

$E_1 + E_2 = E_R\sin(100\pi t + \phi)$라 하면 $6.00 = E_R\cos\phi,\ 8.00 = E_R\sin\phi$,

$E_R^2 = (6.00)^2 + (8.00)^2 \to E_R = 10.0$,

$\tan\phi = \sin\phi/\cos\phi = 8.00/6.00 = 1.33 \to \phi = 53.1˚$

16. $\dfrac{\delta}{\lambda} = \dfrac{\phi}{2\pi} \quad \to \quad \phi = \dfrac{2\pi}{\lambda}\delta = \dfrac{2\pi}{\lambda}d\sin\theta$

$E_p = E_1 + E_2 = E_0\sin\omega t + E_0\sin(\omega t + \phi)$
$= E_0[\sin\omega t + \sin(\omega t + \phi)]$

$= 2E_0\sin\left[\dfrac{(\omega t + \phi) + \omega t}{2}\right]\cos\left[\dfrac{(\omega t + \phi) - \omega t}{2}\right]$

$= 2E_0\cos\left(\dfrac{\phi}{2}\right)\sin\left(\omega t + \dfrac{\phi}{2}\right)$

여기서 빛의 세기는

$I(t) \propto E_p^2 = 4E_0^2 a^2\cos^2\left(\dfrac{\phi}{2}\right)\sin^2\left(\omega t + \dfrac{\phi}{2}\right)$, a는 비례상수

따라서 $I = \dfrac{1}{T}\displaystyle\int_0^T 4E_0^2 a^2\cos^2\left(\dfrac{\phi}{2}\right)\sin^2\left(\omega t + \dfrac{\phi}{2}\right)dt$

$= \dfrac{1}{T}4E_0^2 a^2\cos^2\left(\dfrac{\phi}{2}\right)\displaystyle\int_0^T\sin^2\left(\omega t + \dfrac{\phi}{2}\right)dt$

$= \dfrac{1}{T}4E_0^2 a^2\cos^2\left(\dfrac{\phi}{2}\right)\left(\dfrac{1}{2}\right)$

$= I_{\max}\cos^2\left(\dfrac{\phi}{2}\right)$

결과적으로 $I = I_{\max}\cos^2\left[\dfrac{\left(\dfrac{2\pi}{\lambda}d\sin\theta\right)}{2}\right] = I_{\max}\cos^2\left(\dfrac{\pi d\sin\theta}{\lambda}\right)$

17. $I_{avg} = I_{\max}\cos^2(\dfrac{\pi d\sin\theta}{\lambda})$이고 $-0.3˚$에서 $0.3˚$ 사이에서 $\sin\theta = \theta$로 가정한다면

$I = I_{\max}\cos^2\left[\dfrac{\pi(250\mu m)\theta}{0.546\mu m}\right]$

이는 아래 표의 결과를 가지고 그래프는 아래와 같다.

θ degrees	-0.30	-0.25	-0.20	-0.15	-0.10	-0.05	0.0
I/I_{max}	0.101	1.00	0.092	0.659	0.652	0.096	1.00
θ degrees	0.05	0.10	0.15	0.20	0.25	0.30	
I/I_{max}	0.096	0.652	0.659	0.092	1.00	0.101	

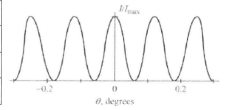

18. (a) 합쳐진 파동의 진폭은 $E_r = E_0\sin\omega t + E_0\sin(\omega t + \phi) + E_0\sin(\omega t + 2\phi)$ 이고

$\phi = \dfrac{2\pi}{\lambda}d\sin\theta$ 이다.

$$E_r = E_0(\sin\omega t + \sin\omega t\cos\phi + \cos\omega t\sin\phi + \sin\omega t\cos 2\phi + \cos\omega t\sin 2\phi)$$
$$= E_0(\sin\omega t)(1 + \cos\phi + 2\cos^2\phi - 1) + E_0(\cos\omega t)(\sin\phi + 2\sin\phi\cos\phi)$$
$$= E_0(1 + 2\cos\phi)(\sin\omega t\cos\phi + \cos\omega t\sin\phi) = E_0(1 + 2\cos\phi)\sin(\omega t + \phi)$$

$\sin^2(\omega t + \phi)$ 의 시간평균은 $\dfrac{1}{2}$ 이므로 $I \propto E_r^2 = E_0^2(1 + 2\cos\phi)^2(\dfrac{1}{2})$ 이고,

$\phi = 0$ 일 때 최대 세기이므로 $I_{max} \propto \dfrac{9}{2}E_0^2$ 가 된다.

$$\frac{I}{I_{max}} = \frac{E_0^2(1 + 2\cos\phi)^2(\frac{1}{2})}{\frac{9}{2}E_0^2} = \frac{(1 + 2\cos\phi)^2}{9}$$

$$\rightarrow I = \frac{I_{max}}{9}[1 + 2\cos(\frac{2\pi d\sin\theta}{\lambda})]^2$$

(b) 그림 37.7의 N=3일 때의 그래프를 보면 $\cos\phi = -\dfrac{1}{2}$ 일 때 얻어지는 극대 사이에서는 두 점에서 세기는 0이 나온다.

2차 극대의 중심은 $I = \dfrac{I_{max}}{9}(1 - 2)^2 = \dfrac{I_{max}}{9}$ 인 $\cos\phi = -1.00$ 에서 발생한다.

(c) $\cos\phi = 1.00$ 에서 나오는 1차 극대는 $I = \dfrac{I_{max}}{9}(1 + 2)^2 = I_{max}$ 이므로 9:1이다.

36.5 박막에서의 간섭

19. $2nt = (m + \dfrac{1}{2})\lambda \rightarrow t = (m + \dfrac{1}{2})\dfrac{\lambda}{2n} = (0 + \dfrac{1}{2})\dfrac{(500nm)}{2(1.30)} = 96.2nm$

20. (a) $2t = (m + \dfrac{1}{2})\lambda_n = (m + \dfrac{1}{2})\dfrac{\lambda}{n} \rightarrow 2nt = (m + \dfrac{1}{2})\lambda$

$$\rightarrow \lambda = \frac{2nt}{(m + \frac{1}{2})} = \frac{2(1.33)(120nm)}{0 + 1/2} = 638nm$$

(b) 더 두꺼운 비눗방울은 더 높은 반사율을 필요하고 더 큰 m값을 사용한다.

(c) $t = (m + \frac{1}{2})\frac{\lambda}{2n} = (1 + \frac{1}{2})\frac{638nm}{2(1.33)} = 360nm$,

$\quad t = (m + \frac{1}{2})\frac{\lambda}{2n} = (2 + \frac{1}{2})\frac{638nm}{2(1.33)} = 600nm$

21. (a) 각 경계면에서 모두 위상이 바뀌므로 보강간섭이 일어나려면

$2t = m\frac{\lambda}{n} \rightarrow \lambda = \frac{2nt}{m} = \frac{2(1.38)(100nm)}{m} = \frac{276nm}{m}$ 이어야 하며,

m=1, 2, 3일 때 파장을 구하면 λ=276nm, 138nm, 92.0nm

(b) $m \geq 1$에서 나오는 파장이 모두 자외선영역 밖이라 가시광선 영역은 없다.

22. (a) 위쪽 경계면에서는 위상이 바뀌고, 아래쪽에서는 안 바뀌므로 보강간섭이 일어나려면

$2t = (m + \frac{1}{2})\frac{\lambda}{n} \rightarrow \lambda_m = \frac{2nt}{m + 1/2} = \frac{2(1.45)(280nm)}{m + 1/2} = \frac{812nm}{m + 1/2}$ 이다.

m=0일 때는 $\lambda_0 = 1620nm$로 적외선이며, m=1일 때는 $\lambda_1 = 541nm$로 녹색,

m=2일 때는 $\lambda_2 = 325nm$로 자외선 이므로 가장 강하게 반사되는 가시광선은 녹색이다.

(b) 가장 강하게 투과되는 빛은 반사광과 상쇄간섭을 일으키므로

$2t = m\frac{\lambda}{n} \rightarrow \lambda_m = \frac{2nt}{m} = \frac{2(1.45)(280nm)}{m} = \frac{812nm}{m}$ 이다.

m=1일 때는 $\lambda_1 = 812nm$로 적외선 근처이며, m=2일 때는 $\lambda_2 = 406nm$로 보라색,

m=3일 때는 $\lambda_2 = 271nm$로 자외선 이므로 가장 강하게 투과되는 가시광선은 보라색이다.

23. $2t = (m + \frac{1}{2})\frac{\lambda}{n}$, 오른쪽 그림으로부터

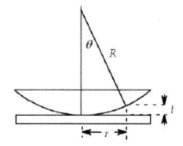

$\quad t = R(1 - \cos\theta) \approx R(1 - 1 + \frac{\theta^2}{2}) = \frac{R}{2}(\frac{r}{R})^2 = \frac{r^2}{2R}$

$\frac{r^2}{R} = (m + \frac{1}{2})\frac{\lambda}{n}$ 가 되며 m과 λ는 고정된 값이므로

$nr^2 = constant$라 볼 수 있다.

$n_{liquid}r_f^2 = n_{air}r^2$

$\quad \rightarrow n_{liquid} = (1.00)\frac{(1.50cm)^2}{(1.31cm)^2} = 1.31$

24. $2nt = m\lambda \quad \rightarrow \quad t = \frac{m\lambda}{2n}$

기름의 부피 $V = At = (\pi r^2)(\frac{m\lambda}{2n}) = \frac{\pi m\lambda r^2}{2n}$

$m = 1$일 때

$\quad V = \frac{\pi(1)(500nm)(4.25 \times 10^3 m)}{2(1.25)}(\frac{10^{-9}m}{1nm}) = 11.3\,m^3$

25. (a) $2t = \frac{\lambda}{n} \quad \rightarrow \quad t = \frac{\lambda}{2n} = \frac{656.3nm}{2(1.378)} = 238nm$

(b) 필터는 열팽창을 거친다. t가 증가하기 때문에 $2nt = \lambda$에서 λ도 증가한다.

(c) $\lambda = nt = 1.378(238\,nm) = 328nm$(거의 자외선)

26. (a) 코팅의 굴절률이 공기보다 크고, 유리의 굴절률이 코팅보다 크므로 빛은 모두 위상이 바뀌어져서 반사된다. 이 때, 상쇄간섭이 일어나려면 $2t = (m + \frac{1}{2})\frac{\lambda}{n}$이어야 하고, 최소 t는 m=0이면 되므로 $t = (0 + \frac{1}{2})\frac{540nm}{2(1.38)} = 97.8nm$이면 된다.

(b) 상쇄간섭이 일어나는 지점은 모두 반사된 빛이 최소이므로 $2t = (m + \frac{1}{2})\frac{\lambda}{n}$에서 m이 정수인 모든 t에서 가능하다. 예를 들어, m=1일 때는 293nm, m=2일 때는 489nm의 값이 나온다.

36.6 마이컬슨 간섭계

27. m이 무늬가 바뀌는 횟수라 할 때,
$$2\triangle L = \frac{m\lambda}{2} \rightarrow \triangle L = \frac{(250)(6.328 \times 10^{-7}m)}{4} = 39.6\mu m$$

추가문제

28. 파장이 $\lambda = \frac{c}{f} = \frac{3.00 \times 10^8 m/s}{60.0 \times 10^6 s^{-1}} = 5.00m$ 이므로 두 송신기 사이의 거리가 파장의 정수배가 되며 서로 반대 위상을 가지고 있으니 상쇄간섭이 일어난다.

첫 번째 배인 지점이 위상이 같은 때이므로 $\frac{\lambda}{4} = \frac{5.00m}{4} = 1.25m$

29. $d\sin\theta = m\lambda_n \quad \rightarrow \quad d sin\theta = m\frac{\lambda}{n}$

또한 $\sin\theta \approx \tan\theta = \frac{y}{L}$

정리하면 $d\left(\frac{y}{L}\right) = \frac{\lambda}{n}$

따라서 $y = \frac{\lambda L}{nd} = \frac{(560 \times 10^{-9}m)(1.20m)}{(1.38)(30.0 \times 10^{-6}m)}$
$$= 1.62 \times 10^{-2}m = 1.62\,cm$$

30. $\delta = 2nt + \frac{\lambda}{2}$

$\quad 2(1.00)t + \frac{\lambda}{2} = m\lambda$

따라서 $t_m = \left(m - \dfrac{1}{2} \right) \dfrac{\lambda}{2} = m \left(\dfrac{\lambda}{2} \right) - \dfrac{\lambda}{4}$, $t_{m-1} = (m-1)\left(\dfrac{\lambda}{2} \right) - \dfrac{\lambda}{4}$ 이므로

$$\Delta t = t_m - t_{m-1} = \dfrac{\lambda}{2}$$

여기서 $200\left(\dfrac{\lambda}{2} \right) = 100\lambda$

따라서 $\Delta L = 100\lambda = 100(5.00 \times 10^{-7}\,m) = 5.00 \times 10^{-5}\,m$

$\Delta L = L_i \alpha \Delta T$ 에서

$$\therefore \alpha = \dfrac{\Delta L}{L_i \Delta T} = \dfrac{5.00 \times 10^{-5}\,m}{(0.100m)(25.0\,℃)} = 20.0 \times 10^{-6}\,℃^{-1}$$

37장 회절 무늬와 편광

37.2 좁은 슬릿에 의한 회절 무늬

1. $\sin\theta = m\dfrac{\lambda}{a} = 1\dfrac{6.328\times10^{-7}m}{3.00\times10^{-4}m} = 2.11\times10^{-3}$

$\dfrac{y}{1.00m} = \tan\theta \approx \sin\theta$

$\qquad \rightarrow y = 2.11mm \rightarrow 2y = 4.22mm$

2. $I = I_{\max}\left[\dfrac{\sin(\pi a\sin\theta/\lambda)}{\pi a\sin\theta/\lambda}\right]^2$

이때 $\sin(\pi a\sin\theta_{dark}/\lambda) = 0$이므로

$\qquad \pi a\sin\theta_{dark}/\lambda = \pm m\pi$

$\qquad\quad \sin\theta_{dark} = m\dfrac{\lambda}{a} \qquad$ 단, $m = \pm1,\ \pm2,\ \pm3,\ \cdots$

3. $y_m = L\tan\theta_m \approx L\sin\theta_m = m\lambda\left(\dfrac{L}{a}\right)$

(a) 중앙 극대의 너비는

$w = y_1 - y_{-1} = (1)\left(\dfrac{\lambda L}{a}\right) - (-1)\left(\dfrac{\lambda L}{a}\right) = \dfrac{2\lambda L}{a}$ 이므로,

$L = \dfrac{aw}{2\lambda} = \dfrac{(0.200\times10^{-3}m)(8.10\times10^{-3}m)}{2(5.40\times10^{-7}m)} = 1.50m$

(b) 첫 번째 밝은 무늬의 너비는

$\qquad w = y_2 - y_1 = (2)\left(\dfrac{\lambda L}{a}\right) - (1)\left(\dfrac{\lambda L}{a}\right) = \dfrac{\lambda L}{a}$

$\qquad\quad = \dfrac{(5.40\times10^{-7}m)(1.50m)}{0.200\times10^{-3}m} = 4.05\times10^{-3}m = 4.05mm$

4. $d\sin\theta_{bright} = m_{int}\lambda, \quad m_{int} = 0,\ \pm1,\ \pm2,\ \pm3,\ \cdots$

$\qquad a\sin\theta_{dark} = m_{diff}\lambda, \quad m_{diff} = \pm1,\ \pm2,\ \pm3,\ \cdots$

$\qquad \therefore \dfrac{d\sin\theta_{bright}}{a\sin\theta_{dark}} = \dfrac{m_{int}}{m_{diff}}$

$\qquad \dfrac{d\sin\theta_{bright}}{a\sin\theta_{bright}} = \dfrac{m_{int}}{1} \quad \rightarrow \quad m_{int} = \dfrac{d}{a}$

$\qquad\qquad \therefore m_{int} = \dfrac{18\mu m}{3.0\mu m} = 6$

여기서 간섭 극대가 $m_{int} = 0,\ \pm1,\ \pm2,\ \pm3,\ \pm3,\ \pm4,\ \pm5$

따라서 간섭 극대가 11개

5. 회절무늬는

$a\sin\theta = 1\lambda, 2\lambda\ldots \rightarrow (\pi a\sin\theta)/\lambda = \pi, -\pi, 2\pi, -2\pi\ldots$이고 $d = 9\mu m = 3a$이므로

회절에 의한 간섭무늬는

$d\sin\theta = m\lambda \rightarrow (\pi a\sin\theta)/\lambda = 0, \pi/3, -\pi/3, 2\pi/3, -2\pi/3\ldots$가 되어

아래 그림과 같은 그래프를 그릴 수 있다.

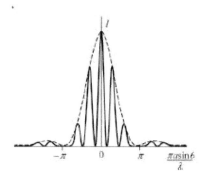

6. $\sin\theta = m\dfrac{\lambda}{a}$ 에서

오른쪽 그림에서 m=1일 때 광선 1과 3의 경로를 비교해보면

$\dfrac{\lambda}{2}$ 만큼 차이 나고 상쇄간섭을 일으킨다. 슬릿에 입사하는

각도가 β일 때, 경로차는 $\dfrac{a}{2}sin\beta$가 된다.

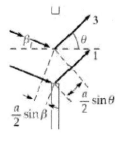

상쇄간섭은 $\dfrac{a}{2}sin\beta + \dfrac{a}{2}sin\theta = \dfrac{\lambda}{2} \rightarrow \sin\theta = \dfrac{\lambda}{a} - \sin\beta$ 에서 일어난다.

슬릿을 4부분으로 나누면 $\dfrac{a}{4}sin\beta + \dfrac{a}{4}sin\theta = \dfrac{\lambda}{2} \rightarrow \sin\theta = \dfrac{2\lambda}{a} - \sin\beta$

이며, 6부분으로 나누면 $\dfrac{a}{6}sin\beta + \dfrac{a}{6}sin\theta = \dfrac{\lambda}{2} \rightarrow \sin\theta = \dfrac{3\lambda}{a} - \sin\beta$ 이

다. 그러므로 $\sin\theta = \dfrac{m\lambda}{a} - \sin\beta,\ m = \pm1, \pm2, \pm3...$

7. $\sin\theta \approx \tan\theta = \dfrac{y}{L} = \dfrac{4.10\times10^{-3}m}{1.20\,m} = 3.417\times10^{-3}$

$\dfrac{\pi a \sin\theta}{\lambda}$

$= \dfrac{\pi(4.00\times10^{-4}m)(3.417\times10^{-3})}{546.1\times10^{-9}m} = 7.862\,rad$

$\therefore \dfrac{I}{I_{\max}} = \left[\dfrac{\sin(\pi a sin\theta/\lambda)}{\pi a sin\theta/\lambda}\right]^2 = \left[\dfrac{\sin(7.862\,rad)}{7.862\,rad}\right]^2$

$= 1.62\times10^{-2}$

8. $\theta_{\min} = 1.22\dfrac{\lambda}{D} = \dfrac{y}{L}$

$\rightarrow y = \dfrac{1.22\lambda L}{D} = \dfrac{1.22(500\times10^{-9}m)(270\times10^3m)}{(58.0\times10^{-2}m)} = 0.284m$

9. (a) $\theta_{\min} = 1.22\dfrac{\lambda}{D} = 1.22(\dfrac{589\times10^{-9}m}{9.00\times10^{-3}m}) = 7.98\times10^{-5}rad = 79.8\mu rad$

(b) 가시광선 중 파장이 가장 작은 400nm의 보라색 파장을 이용하면,

$$\theta_{\min} = 1.22\frac{\lambda}{D} = 1.22\left(\frac{400 \times 10^{-9}m}{9.00 \times 10^{-3}m}\right)$$
$$= 5.42 \times 10^{-5}rad = 54.2\mu rad$$

(c) 물에서는 굴절률에 의해 파장이 진공 중보다 더 짧아진다. 분해능은 향상될 것이고, 분해 한계각은

$$\theta_{\min} = 1.22\frac{\lambda}{D} = 1.22\left(\frac{589 \times 10^{-9}m/1.33}{9.00 \times 10^{-3}m}\right)$$
$$= 6.00 \times 10^{-5}rad = 60.0\mu rad$$

10. $\theta_{\min} = 1.22\dfrac{\lambda}{D} = \dfrac{y}{L}$

$\rightarrow y = \dfrac{1.22\lambda L}{D} = \dfrac{1.22(5.00 \times 10^{-7}m)(250 \times 10^3 m)}{(5.00 \times 10^{-3}m)} = 30.5m$

11. $\theta_{\min} = 1.22\dfrac{\lambda}{D} = 1.22\left(\dfrac{632.8 \times 10^{-9}m}{0.00500m}\right) = 1.54 \times 10^{-4}rad$이므로,

$r = \theta_{\min}(1.00 \times 10^4 m) = 1.544m \rightarrow d = 2r = 3.09m$

12. $\theta_{\min}|_{air} = 1.22\dfrac{\lambda}{D} = 0.60\,\mu\,rad$

이때, $\theta_{\min}|_{oil} = 1.22\dfrac{\lambda_{oil}}{D} = 1.22\dfrac{(\lambda/n_{oil})}{D} = \dfrac{1}{n_{oil}}\left(1.22\dfrac{\lambda}{D}\right)$

$= \dfrac{\theta_{\min}|_{air}}{n_{oil}} = \dfrac{0.60\mu\,rad}{1.5} = 0.40\mu\,rad$

13. $\theta = \dfrac{d_{Jupiter}}{r} = \dfrac{1.4 \times 10^8\,m}{4.28\,light-year}\left(\dfrac{1\,light-year}{9.46 \times 10^{15}\,m}\right) = 3.5 \times 10^{-9}\,rad$

따라서

허블 : $\theta_{\min} = 1.22\dfrac{100 \times 10^{-9}m}{2.4m} = 5.1 \times 10^{-8}rad$

헤일 : $\theta_{\min} = 1.22\dfrac{400 \times 10^{-9}m}{5.08m} = 9.6 \times 10^{-8}rad$

케크 : $\theta_{\min} = 1.22\dfrac{400 \times 10^{-9}m}{10.0m} = 4.6 \times 10^{-8}rad$

아레시보 : $\theta_{\min} = 1.22\dfrac{75 \times 10^{-2}\,m}{305m} = 3.0 \times 10^{-3}\,rad$

따라서 이들 망원경으로는 사용할 수가 없다.

14. $\theta_{\min} = 1.22\dfrac{\lambda}{D} = \dfrac{d}{L}$

$\rightarrow L = \dfrac{dD}{1.22\lambda} = \dfrac{(2.00 \times 10^{-3}m)(5.00 \times 10^{-3}m)}{1.22(500 \times 10^{-9}m)} = 16.4m$

15. (a) $\theta_{\min} = \dfrac{d}{L} = 1.22\dfrac{\lambda}{D}$ 에서

   $\theta_{\min}$가 가능한 작아야 하기 때문에 파란색이어야 한다.

(b) $L = \dfrac{Dd}{1.22\lambda} = \dfrac{(5.20 \times 10^{-3}m)(2.80 \times 10^{-2}m)}{1.22\lambda} = \dfrac{1.193 \times 10^{-4}m^2}{\lambda}$

따라서 $\lambda = 640nm$, $L = 186\,m$ / $\lambda = 440\,nm$, $L = 271\,m$

범위는 $186m \sim 271m$ 이고 파란색일 때 분해할 수 있지만, 빨간색인 경우는 분해 할 수가 없다.

37.4 회절 격자

16. $\lambda = \dfrac{v}{f} = \dfrac{343m/s}{37.2 \times 10^3/s} = 9.22 \times 10^{-3}m$이며,

$\theta_m = \sin^{-1}(\dfrac{m\lambda}{d})$로부터 θ를 구하면, $\theta_0 = 0$,

$\theta_1 = \sin^{-1}(\dfrac{1\lambda}{d}) = \sin^{-1}(\dfrac{9.22 \times 10^{-3}m}{1.30 \times 10^{-2}m}) = \sin^{-1}0.709 = 45.2\,^\circ$,

$\theta_2 = \sin^{-1}(\dfrac{2\lambda}{d}) = \sin^{-1}[2(0.709)] = \sin^{-1}(1.42)$로 θ_2부터는 존재할 수 없다.

(a) 3개   (b) $0\,^\circ, +45.2\,^\circ, -45.2\,^\circ$

17. (a) $d = \dfrac{10^{-2}m}{3660} = 2.732 \times 10^{-6}m = 2732nm$, $\lambda_m = \dfrac{d\sin\theta_m}{m}$이므로

$\lambda_1 = \dfrac{(2.732 \times 10^{-6}m)\sin10.1\,^\circ}{1} = 479nm$,

$\lambda_2 = \dfrac{(2.732 \times 10^{-6}m)\sin13.7\,^\circ}{2} = 647nm$,

$\lambda_3 = \dfrac{(2.732 \times 10^{-6}m)\sin14.8\,^\circ}{3} = 698nm$

(b) $d = \dfrac{\lambda}{\sin\theta_1}$, $2\lambda = d\sin\theta_2 \rightarrow \sin\theta_2 = \dfrac{2\lambda}{d} = \dfrac{2\lambda}{\lambda/\sin\theta_1} = 2\sin\theta_1$

$\theta_2 = \sin^{-1}[2(\sin\theta_1)] = \sin^{-1}[2(\sin10.1\,^\circ)] = 20.5\,^\circ$,

$\theta_2 = \sin^{-1}[2(\sin\theta_1)] = \sin^{-1}[2(\sin13.7\,^\circ)] = 28.3\,^\circ$,

$\theta_2 = \sin^{-1}[2(\sin\theta_1)] = \sin^{-1}[2(\sin14.8\,^\circ)] = 30.7\,^\circ$

18. $d = \dfrac{1.00 \times 10^{-3}m}{250} = 4.00 \times 10^{-6}m = 4000nm$

(a) $m = \dfrac{d\sin\theta}{\lambda} = \dfrac{(4000nm)\sin90.0\,^\circ}{700nm} = 5.71$이므로 5개의 회절 차수가 나온다.

(b) $m = \dfrac{d\sin\theta}{\lambda} = \dfrac{(4000nm)\sin 90.0°}{400nm} = 10.0$ 이므로 10개의 회절 차수가 나온다.

19. $\sin\theta_m = \dfrac{m\lambda}{d}$ 이므로 3차 무늬의 보라색 끝단은 $\sin\theta_{3v} = \dfrac{3\lambda_v}{d} = \dfrac{1200nm}{d}$ 이고,

2차 무늬의 빨간색 끝단은 $\sin\theta_{2r} = \dfrac{2\lambda_r}{d} = \dfrac{1500nm}{d}$ 이므로

$\theta_{2r} > \theta_{3v}$ 가 되어 d에 상관없이 겹치게 된다.

20. $\tan\theta = \dfrac{0.488m}{1.72m} = 0.284 \rightarrow \theta = 15.8° \rightarrow \sin\theta = 0.273$,

$d = \dfrac{1}{5310cm^{-1}} = 1.88 \times 10^{-4}cm = 1.88 \times 10^3 nm$ 이므로

$\lambda = d\sin\theta = (1.88 \times 10^3 nm)(0.273) = 514nm$

21. (a) $d\sin\theta = (1)\lambda \rightarrow \sin\theta = \dfrac{\lambda}{d} = \dfrac{632.8 \times 10^{-9}m}{1.2 \times 10^{-3}m}$

$\qquad \theta = \sin^{-1}(0.000527) = 0.000527\,rad$

$\qquad y = L\tan\theta = (1.40m)(0.000527) = 0.738\,mm$

(b) $d\sin\theta = (1)\lambda \quad \rightarrow \quad \sin\theta = \dfrac{\lambda}{d} = \dfrac{632.8 \times 10^{-9}m}{0.738 \times 10^{-3}m} = 0.000857$

$\qquad y = L\tan\theta = (1.40m)(0.000857) = 1.20\,mm$

37.5 결정에 의한 X선의 회절

22. $\theta = \sin^{-1}(\dfrac{m\lambda}{2d}) = \sin^{-1}(\dfrac{2(0.166nm)}{2(0.314nm)})$
$\qquad = \sin^{-1}(0.529) = 31.9°$

23. (a) $\lambda = \dfrac{2d\sin\theta}{m} = \dfrac{2(0.250nm)\sin 12.6°}{1} = 0.109nm$

(b) $\dfrac{m\lambda}{2d} = \sin\theta \leq 1 \rightarrow m \leq \dfrac{2d}{\lambda} = \dfrac{2(0.250nm)}{0.109nm} = 4.59$ 이므로
$\quad$ m의 최대값은 4이므로 4차 회절무늬까지 보인다.

24. $2d\sin\theta = m\lambda$

(a) $2\left(\dfrac{a}{2}\right)\sin\theta = m\lambda \quad \rightarrow \quad \theta = \sin^{-1}\left(m\dfrac{\lambda}{a}\right)$

$\qquad \theta = \sin^{-1}\left[\dfrac{m(0.136\,nm)}{0.5627\,nm}\right] = \sin^{-1}\left(\dfrac{m}{4.14}\right)$, $m = 1,\ 2,\ 3,\ 4$

따라서 최대 회절이 검출될 것으로 예상되는 각도는 4개이다.

(b) $d = \dfrac{\sqrt{3}\left(\dfrac{a}{2}\right)}{3} = \dfrac{a}{2\sqrt{3}}$

$2\left(\dfrac{a}{2\sqrt{3}}\right)\sin\theta = m\lambda \quad\rightarrow\quad \theta = \sin^{-1}\left(m\dfrac{\lambda\sqrt{3}}{a}\right)$

$\theta = \sin^{-1}\left[\dfrac{m(0.136\,nm)\sqrt{3}}{0.5627\,nm}\right] = \sin^{-1}\left(\dfrac{m}{2.39}\right),\ m = 1,\ 2$

따라서 예상되는 각도는 2개이다.

37.6 빛의 편강

25. $P = \dfrac{(\Delta V)^2}{R} \rightarrow P \propto (\Delta V)^2$

$\Delta V = (-)E_y \cdot \Delta y = E_y \cdot l\cos\theta \quad\rightarrow\quad \Delta V \propto \cos\theta$

$\therefore\ P \propto \cos^2\theta$

(a) $\theta = 15.0\,°$

$P = P_{\max}\cos^2(15.0\,°) = 0.933 P_{\max} = 93.3\%$

(b) $\theta = 45.0\,°$

$P = P_{\max}\cos^2(45.0\,°) = 0.500 P_{\max} = 50.0\%$

(b) $\theta = 90.0\,°$

$P = P_{\max}\cos^2(90.0\,°) = 0.00\%$

26. $\tan\theta_p = n_2/n_1$ 이고, 고체 물질의 굴절률 n_2는 공기의 굴절률($n_1 = 1.00$)보다 크므로, 항상 $\tan\theta_p > 1$이다. $\theta_p > 45\,°$ 여야 하므로 불가능하다.

27. 편광각에 대하여

$\dfrac{n_{sapphire}}{n_{air}} = \tan\theta_p \rightarrow \theta_p = \tan^{-1}\left(\dfrac{n_{sapphire}}{1.00}\right)$

$n_{sapphire}\sin\theta_c = n_{air}\sin90\,° = 1 \quad\rightarrow\quad n_{sapphire} = \dfrac{1}{\sin\theta_c}$

그러므로 $\theta_p = \tan^{-1}\left(\dfrac{1}{\sin\theta_c}\right) = \tan^{-1}\left(\dfrac{1}{\sin34.4\,°}\right) = 60.5\,°$

28. $\tan\theta_p = \dfrac{1}{\sin\theta_c}$

$\therefore\ \theta_p = \tan^{-1}\left(\dfrac{1}{\sin\theta_c}\right)$ 또는 $\theta_p = \tan^{-1}(\csc\theta_c)$ 또는 $\theta_p = \cot^{-1}(\sin\theta_c)$

추가문제

29. (a) $a\sin\theta = 1.5\lambda$

$$\frac{I}{I_{\max}} = \left[\frac{\sin(\pi a sin\theta/\lambda)}{\pi a \sin\theta/\lambda}\right]^2$$

$$= \left[\frac{\sin(1.5\pi)}{1.5\pi}\right]^2 = \frac{1}{2.25\pi^2} = 0.0450$$

$$\therefore 4.5\%$$

(b) $a\sin\theta = 2.5\lambda$

$$\frac{I}{I_{\max}} = \left[\frac{\sin(\pi a sin\theta/\lambda)}{\pi a \sin\theta/\lambda}\right]^2$$

$$= \left[\frac{\sin(2.5\pi)}{2.5\pi}\right]^2 = \frac{1}{6.25\pi^2} = 0.0162$$

$$\therefore 1.62\%$$

30. $d = \dfrac{10^{-3}\,m}{400} = 2.50\times10^{-6}\,m$

(a) $\theta_a = \sin^{-1}\left[\dfrac{2(541\times10^{-9}\,m)}{2.50\times10^{-6}\,m}\right] = 25.6\,^\circ$

(b) 물 안에서 $\lambda = \dfrac{541\times10^{-9}\,m}{1.333} = 4.06\times10^{-7}\,m$

$$\theta_b = \sin^{-1}\left[\frac{2(4.06\times10^{-7}\,m)}{2.50\times10^{-6}\,m}\right] = 18.9\,^\circ$$

38장 상대성 이론

38.1 갈릴레이의 상대성 원리

1. 첫 번째 관측자 1이 보기에 힘이 가해지는 물체는 가속운동을 한다. 물체의 순간 속도는 $\vec{v_1} = \vec{v_{O1}}$이며, 가속도는 $\dfrac{d\vec{v_1}}{dt} = \vec{a_1}$ 이다.

두 번째 관측자에게 처음의 순간 속도는 $\vec{v_{21}}$로 보일 것이다. 두 번째 관측자의 틀에서 속도는 $\vec{v_2} = \vec{v_{O2}} = \vec{v_{O1}} + \vec{v_{12}} = \vec{v_1} - \vec{v_{21}}$이다.

(a) 두 번째 관측자가 보는 상대적인 순간속도 $\vec{v_{21}}$은 상수이므로 두 번째 관측자가 측정하는 가속도는 $\vec{a_2} = \dfrac{d\vec{v_2}}{dt} = \dfrac{d\vec{v_1}}{dt} = \vec{a_1}$이므로 똑같이 측정된다.

(b) 두 번째 관측자의 관성틀이 가속운동 한다면, 상대적인 순간속도 $\vec{v_{21}}$은 상수가 아니므로 두 번째 관측자가 측정하는 가속도는

$$\vec{a_2} = \frac{d\vec{v_2}}{dt} = \frac{d(\vec{v_1} - \vec{v_{21}})}{dt} = \vec{a_1} - \frac{d(\vec{v_{21}})}{dt} = \vec{a_1} - \vec{a'}$$ 이 된다.

뉴턴의 제 2법칙이 성립한다면, $\vec{F_2} = m\vec{a_2} = \vec{F_1}$가 되어야 하나 두 번째 관측자가 측정한 계는 $\vec{F_2} = m\vec{a_2} - m\vec{a'}$이므로 뉴턴의 제 2법칙이 성립하지 않는다.

2. 정지 계에서

$p_i = m_1 v_{1i} + m_2 v_{2i} = (2000kg)(20.0m/s) + (1500kg)(0m/s)$,
$= 4.00 \times 10^4 kg \cdot m/s$

$p_f = (m_1 + m_2)v_f = (2000kg + 1500kg)v_f$이다.

$$p_i = p_f \rightarrow v_f = \frac{p_i}{m_1 + m_2} = \frac{4.00 \times 10^4 kg \cdot m/s}{2000kg + 1500kg} = 11.429m/s$$

이동하는 기준틀에서 속력은 10.0m/s씩 감소하므로

$v_{1i}' = v_{1i} - v' = 20.0m/s - 10.0m/s = 10.0m/s$,
$v_{2i}' = v_{2i} - v' = 0m/s - 10.0m/s = -10.0m/s$,
$v_f' = v_f - v' = 11.429m/s - 10.0m/s = 1.429m/s$이다.
$p_i' = m_1 v_{1i}' + m_2 v_{2i}' = (2000kg)(10.0m/s) + (1500kg)(-10.0m/s) = 5000kg \cdot m/s$
$p_f' = (2000kg + 1500kg)v_f' = (3500kg)(1.429m/s) = 5000kg \cdot m/s$이므로
운동량이 보존됨을 확인 할 수 있다.

38.4 특수 상대성 이론의 결과

3. (a) 막대자의 길이는 1.00m이므로
$$L = L_p/\gamma = L_p \sqrt{1 - (v/c)^2} = (1.00m)\sqrt{1 - (0.900)^2} = 0.436m$$

(b) 다가오는 막대자를 향해 달리므로 막대자의 상대 속도 v가 커진다. 그러므로 막대자의 길이는 0.436m보다 작아지게 된다.

4. $\dfrac{v}{c} = 0.990 \rightarrow \gamma = 7.09$ 이다.

(a) $\Delta t = \dfrac{L_p}{v} = \dfrac{4.60 km}{0.990 c} = \left[\dfrac{4.60 \times 10^3 m}{0.990 (3.00 \times 10^8 m/s)}\right] = 1.55 \times 10^{-5} s = 15.5 \mu s$,

$\Delta t_p = \dfrac{\Delta t}{\gamma} = \dfrac{15.5 \mu s}{7.09} = 2.18 \mu s$

(b) $d = v \Delta t_p = v \dfrac{\Delta t}{\gamma} = v \dfrac{L_p}{\gamma v} = \dfrac{L_p}{\gamma} = (4.60 \times 10^3 m)\sqrt{1-(0.990)^2} = 649 m$

5. $\Delta t = \gamma \Delta t_p = \dfrac{\Delta t_p}{\sqrt{1-(v/c)^2}} = \dfrac{3.00 s}{\sqrt{1-(0.800)^2}} = 5.00 s$

6. (a) 맥박의 간격은 $\Delta t_p = \dfrac{1 \min}{75.0 beats}$.

$\Delta t = \gamma \Delta t_p = \dfrac{1}{\sqrt{1-(0.500)^2}}\left(\dfrac{1 \min}{75.0 beats}\right) = 1.54 \times 10^{-2} \min/beat$이므로

맥박은 $\dfrac{1}{\Delta t} = 65.0 beats/\min$이다.

(b) $\dfrac{1}{\Delta t} = \dfrac{1}{\gamma \Delta t_p} = \sqrt{1-(0.990)^2}\left(\dfrac{75.0 beats}{1 \min}\right) = 10.5 beats/\min$

7. $\gamma = \dfrac{1}{\sqrt{1-(v^2/c^2)}} = 1.0100$,

$v = c\sqrt{1-(\dfrac{1}{\gamma})^2} = c\sqrt{1-(\dfrac{1}{1.0100})^2} = 0.140 c$

8. $f' = \dfrac{\sqrt{1+v/c}}{\sqrt{1-v/c}} f \rightarrow v = \dfrac{(f')^2 - f^2}{(f')^2 + f^2} c$

$v = \dfrac{\left(\dfrac{c}{\lambda'}\right)^2 - \left(\dfrac{c}{\lambda}\right)^2}{\left(\dfrac{c}{\lambda'}\right)^2 + \left(\dfrac{c}{\lambda}\right)^2} c = \dfrac{\lambda^2 - (\lambda')^2}{\lambda^2 + (\lambda')^2} c$

$= \dfrac{(650 nm)^2 - (520 nm)^2}{(650 nm)^2 + (520 nm)^2} c = 0.220 c$

따라서 운전자의 증언에 따르면 그가 노골적으로 지구 기반 속도 제한을 위반했다. 다른 방어를 찾아야 한다.

9. $L = L_p \sqrt{1-\dfrac{v^2}{c^2}} \rightarrow L^2 = L_p^2 (1-\dfrac{v^2}{c^2})$,

$L = v\triangle t \to L^2 = v^2(\triangle t)^2 = \dfrac{v^2}{c^2}(c\triangle t)^2$ 의 두 식을 연립하면

$$\dfrac{v^2}{c^2}(c\triangle t)^2 = L_p^2 - L_p^2\dfrac{v^2}{c^2} \to [L_p^2 + (c\triangle t)^2]\dfrac{v^2}{c^2} = L_p^2$$

$$\to (1.41 \times 10^5 m^2)\dfrac{v^2}{c^2} = 9.00 \times 10^4 m^2 \to v = 0.800c$$

10. $L = L_p\sqrt{1 - \dfrac{v^2}{c^2}} = v\triangle t \to v^2\triangle t^2 = L_p^2(1 - \dfrac{v^2}{c^2})$

$$\to v^2(\triangle t^2 + \dfrac{L_p^2}{c^2}) = L_p^2 \to v = \dfrac{cL_p}{\sqrt{c^2\triangle t^2 + L_p^2}}$$

11. (a) $f' = (\dfrac{c+v}{c-v})^{1/2}f = (\dfrac{c+v_s}{c-v_s})^{1/2}f$에서 c에 비하여 느린 속력이라고 하였으므로

$(\dfrac{c+v_s}{c-v_s})^{1/2} = [1 - (\dfrac{v_s}{c})]^{1/2}[1 + (\dfrac{v_s}{c})]^{-1/2}$

$$\approx (1 - \dfrac{v_s}{2c})(1 - \dfrac{v_s}{2c}) \approx (1 - \dfrac{v_s}{c}) \to f' = f(1 - \dfrac{v_s}{c})$$

$\lambda' = \dfrac{\lambda f}{f'} \approx \dfrac{\lambda f}{f(1 - \dfrac{v_s}{c})} = \dfrac{\lambda}{(1 - \dfrac{v_s}{c})}$ 로 근사되며 $1 - \dfrac{v_s}{c} \approx 1$이므로

$$\dfrac{\triangle\lambda}{\lambda} \approx \dfrac{v_s}{c}$$

(b) $v_s = c(\dfrac{\triangle\lambda}{\lambda}) = c(\dfrac{20.0nm}{397nm}) = 0.0504c$

12. $\dfrac{GMm}{r^2} = \dfrac{mv^2}{r} \to v = [\dfrac{GM}{(R+h)}]^{1/2} = [\dfrac{(6.67 \times 10^{-11}N \cdot m^2/kg^2)(5.98 \times 10^{24}kg)}{(6.37 \times 10^6 m + 0.160 \times 10^6 m)}]^{1/2}$

$$= 7.82 \times 10^3 m/s = 7.82 km/s$$

$T = \dfrac{2\pi(R+h)}{v} = \dfrac{2\pi(6.53 \times 10^6 m)}{7.82 \times 10^3 m/s} = 5.25 \times 10^3 s$

(a) 22바퀴동안 시간 차이는

$\triangle t - \triangle t_p = (\gamma - 1)\triangle t_p = [(1 - \dfrac{v^2}{c^2})^{-1/2} - 1](22T)$

$$\approx (1 + \dfrac{1}{2}\dfrac{v^2}{c^2} - 1)(22T)$$

$$= \dfrac{1}{2}(\dfrac{7.82 \times 10^3 m/s}{3.00 \times 10^8 m/s})^2 \times 22(5.25 \times 10^3 s) = 39.2\mu s$$

(b) 쿠퍼는 한주기 동안 $\triangle t - \triangle t_p = \dfrac{39.2\mu s}{22} = 1.78\mu s$만큼 나이가 덜 들게 된다. 그러므로 기자가 쓴 기사는 정확하다.

13. $f_m = f\sqrt{\dfrac{c+v}{c-v}}$

반사파의 진동수 $f' = f_m\sqrt{\dfrac{c+v}{c-v}}$

따라서 f_m 을 대입하면

$$f' = \frac{c+v}{c-v}f$$

38.5 로렌츠 변환식

14. (a) 샤논이 관찰하는 두 등의 위치를 $x_1 = x_2 = 0$, 깜빡이는 시간을 $t_1 = 0$, $t_2 = 3.00\mu s$ 라 하고 킴미가 관찰하는 깜빡이는 시간은 $t_1' = 0$, $t_2' = 9.00\mu s$ 이며 두 등의 위치는 $x_1' = 0$, x_2 라 할 때, $t_2' = \gamma(t_2 - \dfrac{v}{c^2}x_2)$

$$\rightarrow 9.00\mu s = \frac{1}{\sqrt{1 - v^2/c^2}}(3.00\mu s - 0)$$

$$\rightarrow \sqrt{1 - \frac{v^2}{c^2}} = \frac{1}{3} \rightarrow v = 0.943c$$

(b) $\triangle x' = x_2' - x_1' = \gamma[(x_2 - x_1) - v(t_2 - t_1)]$

$\qquad = 3[0 - (0.949c)(3.00\times 10^{-6}s)](\dfrac{3.00\times 10^8 m/s}{c})$

$\qquad = -2.55\times 10^3 m$ 이므로 $2.55\times 10^3 m$

만큼 떨어진 것으로 보인다.

15. y축 길이는 고유틀과 움직이는 틀에서 모두 같으므로 $l_y = l\sin\theta = l_{py}$ 이다.

$\gamma = \dfrac{1}{\sqrt{1 - v^2/c^2}} = \dfrac{1}{\sqrt{1 - 0.995^2}} \approx 10.0$,

$l_x = l\cos\theta = (2.00m)\cos 30.0° = 1.73m$,

$l_y = l\sin\theta = (2.00m)\sin 30.0° = 1.00m$을 이용하여 고유 틀에서의 길이를 계산하면

$l_{px} = \gamma l_x = 10.0(1.73m) = 17.3m$, $l_{py} = l_y = 1.00m$

(a) $l_p = \sqrt{(l_{px})^2 + (l_{py})^2} = \sqrt{(17.3m)^2 + (1.00m)^2} = 17.4m$

(b) $\theta_p = \tan^{-1}(\dfrac{l_{py}}{l_{px}}) = \tan^{-1}(\dfrac{l_y}{\gamma l_x}) = \tan^{-1}(\dfrac{\tan 30.0°}{\gamma}) = 3.30°$

16. (a) $\triangle x' = \gamma(\triangle x - v\triangle t)$

$\qquad \rightarrow 0 = \gamma[2.00m - v(8.00\times 10^{-9}s)]$

$\qquad \rightarrow v = \dfrac{2.00m}{8.00\times 10^{-9}s} = 2.50\times 10^8 m/s$

$\qquad \rightarrow \gamma = \dfrac{1}{\sqrt{1 - (2.50\times 10^8 m/s)^2/(3.00\times 10^8 m/s)^2}} = 1.81$

(b) $x' = \gamma(x - vt) = 1.81[3.00m - (2.50\times 10^8 m/s)(1.00\times 10^{-9}s)] = 4.98m$

(c) $t' = \gamma(t - \dfrac{v}{c^2}x)$

$$= 1.81[1.00 \times 10^{-9}s - \frac{(2.50 \times 10^8 m/s)}{(3.00 \times 10^8 m/s)^2}(3.00m)] = -1.33 \times 10^{-8}s$$

38.6 로렌츠 속도 변환식

17. $u_x = \dfrac{u_x' + v}{1 + \dfrac{u_x'v}{c^2}}$

$$= \frac{0.300c + 0.600c}{1 + \dfrac{(0.300c)(0.600c)}{c^2}} = 0.763c$$

따라서 운전자는 지구와 비교해서 제한속도를 초과하여 여행하고 있었다.

18. 분출물의 틀에서 다른 분출물들의 속력을 u_x', 은하 중심의 속력을 $v = -0.750c$라 하고 은하 중심 틀에서 분출물들의 속력을 $u_x = 0.750c$라 하면,

$$u_x' = \frac{u_x - v}{1 - u_x v/c^2} = \frac{0.750c - (-0.750c)}{1 - (0.750c)(-0.750c)/c^2} = \frac{1.50c}{1 + 0.750^2} = 0.960c$$

19. $u_x = (0.600c)\cos 50.0° = 0.386c$, $u_y = (0.600c)\sin 50.0° = 0.460c$로 분해 가능하며,

$$u_x' = \frac{u_x - v}{1 - u_x v/c^2} = \frac{0.386c - (-0.700c)}{1 - (0.386c)(-0.700c)/c^2} = \frac{1.086c}{1.27} = 0.855c$$

$$u_y' = \frac{u_y}{\gamma - u_x v/c^2} = \frac{0.460c\sqrt{1 - (0.700)^2}}{1 - (0.386)(-0.700)} = \frac{0.460c(0.714)}{1.27} = 0.258c \text{이다.}$$

속도의 크기는 $u' = \sqrt{(0.855c)^2 + (0.258c)^2} = 0.893c$, 방향은 x'축으로부터

$\tan^{-1}(\dfrac{0.258c}{0.855c}) = 16.8°$ 이다.

38.7 상대론적 선운동량

20. (a) $\gamma = \dfrac{1}{\sqrt{1 - (u/c)^2}} = \dfrac{1}{\sqrt{1 - (0.0100)^2}} = 1.00005 \approx 1.00$,

$p = \gamma mu = 1.00(9.11 \times 10^{-31})(0.0100)(3.00 \times 10^8 m/s) = 2.73 \times 10^{-24} kg \cdot m/s$

(b) $\gamma = \dfrac{1}{\sqrt{1 - (u/c)^2}} = \dfrac{1}{\sqrt{1 - (0.500)^2}} = 1.15$,

$p = \gamma mu = 1.15(9.11 \times 10^{-31})(0.500)(3.00 \times 10^8 m/s) = 1.58 \times 10^{-22} kg \cdot m/s$

(c) $\gamma = \dfrac{1}{\sqrt{1-(u/c)^2}} = \dfrac{1}{\sqrt{1-(0.900)^2}} = 2.29$,

$p = \gamma mu = 2.29(9.11 \times 10^{-31})(0.900)(3.00 \times 10^8 m/s) = 5.64 \times 10^{-22} kg \cdot m/s$

21. $p = \dfrac{\mu}{\sqrt{1-(u/c)^2}}$

$\to 1 - \dfrac{u^2}{c^2} = \dfrac{m^2 u^2}{p^2}$

$\to 1 = u^2 \left(\dfrac{m^2}{p^2} + \dfrac{1}{c^2} \right) \to c^2 = u^2 \left(\dfrac{m^2 c^2}{p^2} + 1 \right)$

$\to u = \dfrac{c}{\sqrt{(m^2 c^2/p^2) + 1}}$

22. (a) $p = mv = m(0.990c) = (1.67 \times 10^{-27} kg)(0.990)(3.00 \times 10^8 m/s)$
$= 4.96 \times 10^{-19} kg \cdot m/s$

(b) $p = \dfrac{\mu}{\sqrt{1-(u/c)^2}} = \dfrac{m(0.990c)}{\sqrt{1-(0.990)^2}} = \dfrac{(1.67 \times 10^{-27} kg)(0.990)(3 \times 10^8 m/s)}{\sqrt{1-(0.990)^2}}$
$= 3.52 \times 10^{-18} kg \cdot m/s$

(c) 아니오.

23. 벌금을 F라 할 때 $\dfrac{F}{\$80.0} = \dfrac{(p_u - p_{90})}{(p_{190} - p_{90})}$ 의 비례식으로 나타낼 수 있다.

$p_u = \dfrac{mu}{\sqrt{1-(u/c)^2}}$ 이므로

$\dfrac{F}{\$80.0} = \dfrac{\left[\dfrac{\mu}{\sqrt{1-(u/c)^2}} - \dfrac{m(90.0km/h)}{\sqrt{1-(90.0km/h/c)^2}} \right]}{\left[\dfrac{m(190km/h)}{\sqrt{1-(190km/h/c)^2}} - \dfrac{m(90.0km/h)}{\sqrt{1-(90.0km/h/c)^2}} \right]}$

$\approx \dfrac{\dfrac{u}{\sqrt{1-(u/c)^2}} - (90.0km/h)}{100.0km/h}$

(a) $\dfrac{F}{\$80.0} \approx \dfrac{\dfrac{(1090km/h)}{\sqrt{1-(1090km/h/1.08 \times 10^9 km/h)^2}} - (90.0km/h)}{100km/h}$

$\approx \dfrac{(1090km/h) - (90.0km/h)}{100km/h} = 10 \to F = \$800$

(b) $\dfrac{F}{\$80.0} \approx \left(\dfrac{1}{100km/h} \right) \left[\dfrac{(1000000090km/h)}{\sqrt{1-(1000000090km/h/1.08 \times 10^9 km/h)^2}} - (90.0km/h) \right]$

$\approx \dfrac{(2.648)(1000000090km/h) - (90.0km/h)}{100km/h} \to F = \$2.12 \times 10^9$

38.8 상대론적 에너지

24. (a) $K = \dfrac{1}{2} m u^2$

$\qquad = \dfrac{1}{2}(78.0 kg)(1.06 \times 10^5 m/s)^2 = 4.38 \times 10^{11} J$

(b) $K = \left(\dfrac{1}{\sqrt{1-(u/c)^2}} - 1 \right) mc^2 = \left[\dfrac{1}{\sqrt{1 - \left(\dfrac{1.06 \times 10^5}{2.998 \times 10^8} \right)^2}} - 1 \right] (78.0 kg)(3.00 \times 10^8 m/s)^2$

$\qquad = 4.38 \times 10^{11} J$

(c) $\dfrac{u}{c} \ll 1$, 이항정리로부터

$\qquad \left[1 - \left(\dfrac{u}{c} \right)^2 \right]^{-1/2} \approx 1 + \dfrac{1}{2} \left(\dfrac{u}{c} \right)^2$

$\therefore K \approx \dfrac{1}{2} \left(\dfrac{u}{c} \right)^2 mc^2 = \dfrac{1}{2} m u^2$

25. (a) $\triangle E = (\gamma_1 - \gamma_2)mc^2 = \left(\sqrt{\dfrac{1}{(1-0.810)}} - \sqrt{\dfrac{1}{(1-0.250)}} \right) mc^2 = 0.582 MeV$

(b) $\triangle E = (\gamma_1 - \gamma_2)mc^2 = \left(\sqrt{\dfrac{1}{(1-0.990)}} - \sqrt{\dfrac{1}{(1-0.810)}} \right) mc^2 = 2.45 MeV$

26. (a) $E = 2.86 \times 10^5 J$의 에너지가 계로부터 방출되므로 최종 질량은 더 작다.

(b) $m = \dfrac{E}{c^2} = \dfrac{2.86 \times 10^5 J}{(3.00 \times 10^8 m/s)^2} = 3.18 \times 10^{-12} kg$

(c) 이 질량은 9.00g에 비해 측정할 수 없을 정도로 매우 작다.

27. $E = \gamma mc^2, \ p = \gamma \mu$

$\quad$ 따라서 $E^2 - p^2 c^2 = (\gamma mc^2)^2 - (\gamma \mu)^2 c^2$

$\qquad\qquad\qquad\quad = \gamma^2 \left[(mc^2)(mc^2) - (mc^2)(\mu^2) \right]$

$\qquad\qquad\qquad\quad = \gamma^2 (mc^2)^2 \left(1 - \dfrac{u^2}{c^2} \right)$

$\qquad\qquad\qquad\quad = \left(1 - \dfrac{u^2}{c^2} \right)(mc^2) \left(1 - \dfrac{u^2}{c^2} \right)$

$\qquad\qquad\qquad\quad = (mc^2)^2$

따라서 $E^2 = p^2 c^2 + (mc^2)^2$

38.9 일반 상대성 이론

28. (a) $\dfrac{GM_E m}{r^2} = \dfrac{mv^2}{r} = \dfrac{m}{r} \left(\dfrac{2\pi r}{T} \right)^2 \rightarrow GM_E T^2 = 4\pi^2 r^3$

$$\rightarrow r = (\frac{GM_E T^2}{4\pi^2})^{1/3} = [\frac{(6.67 \times 10^{-11} N \cdot m^2/kg^2)(5.98 \times 10^{24} kg)(43080s)^2}{4\pi^2}]^{1/3} = 2.66 \times 10^7 m$$

(b) $v = \dfrac{2\pi r}{T} = \dfrac{2\pi(2.66 \times 10^7 m)}{43080s} = 3.87 \times 10^3 m/s$

(c) $f = \dfrac{1}{T} \rightarrow df = -\dfrac{dT}{T^2} = -f(\dfrac{dT}{T}) \rightarrow \dfrac{df}{f} = -\dfrac{dT}{T} = -\dfrac{\gamma \triangle t_p - \triangle t_p}{\triangle t_p} = -(\gamma - 1)$

$$\frac{df}{f} = -(\frac{1}{\sqrt{1-(v/c)^2}} - 1) \approx 1 - [1 + \frac{1}{2}(\frac{v}{c})^2] = -\frac{1}{2}(\frac{v}{c})^2 = -\frac{1}{2}(\frac{3.87 \times 10^3 m/s}{3.00 \times 10^8 m/s})^2 = -8.34 \times 10^{-11}$$

(d) $U_g = -\dfrac{GM_E m}{r}$

$$= -(6.67 \times 10^{-11} \frac{N \cdot m^2}{kg^2})(5.98 \times 10^{24} kg)m[\frac{1}{2.66 \times 10^7 m} - \frac{1}{6.37 \times 10^6 m}]$$

$$= (4.76 \times 10^7 J/kg)m$$

$$\frac{\triangle f}{f} = \frac{\triangle U_g}{mc^2} = \frac{(4.76 \times 10^7 J/kg)m}{m(3.00 \times 10^8 m/s)^2} = 5.29 \times 10^{-10}$$

(e) $-8.34 \times 10^{-11} + 5.29 \times 10^{-10} = 4.46 \times 10^{-10}$

추가문제

29. 지수를 기준으로 속수가 행성을 갔다가 지구로 돌아오는데 걸린 시간,

$$\triangle t = \frac{d}{u} = \frac{2(50 ly)}{0.85c}(\frac{c \cdot yr}{ly}) = 118 yr$$

따라서 속수가 지구로 돌아왔을 때, 118년이 지났고 속수는 158살이 되어야 한다.
게다가 지수는 102살이 될 것이다. 아마도 미래의 의학적인 발전은 기대 수명을 158세 이상
으로 연장할 수도 있지만, 현재로서는 불가능하다.

30. (a) $p = \gamma m u = \dfrac{m u}{\sqrt{1-(u/c)^2}}$

$F = qE = \dfrac{dp}{dt}$ 에서

$$qE = \frac{d}{dt}[m u(1 - \frac{u^2}{c^2})^{-1/2}]$$

$$= m(1 - \frac{u^2}{c^2})^{-1/2}\frac{du}{dt} + \frac{1}{2}m u(1 - \frac{u^2}{c^2})^{-3/2}(\frac{2u}{c^2})\frac{du}{dt}$$

$$\frac{qE}{m} = \frac{du}{dt}[\frac{1 - u^2/c^2 + u^2/c^2}{(1 - u^2/c^2)^{3/2}}]$$

$$a = \frac{du}{dt} = \frac{qE}{m}(1 - \frac{u^2}{c^2})^{3/2}$$

(b) c에 비해 u가 작다면 상대론적 표현은 고전적인 $a = \dfrac{qE}{m}$으로 감소한다. u가 c에 접근하

면 가속도가 0에 가까워져서 물체가 결코 빛의 속도에 도달할 수 없게 된다.

(a) $a = \dfrac{du}{dt} = \dfrac{qE}{m}\left(1 - \dfrac{u^2}{c^2}\right)^{3/2}$

$\rightarrow \displaystyle\int_0^u \dfrac{du}{(1 - u^2/c^2)^{3/2}} = \int_0^t \dfrac{qE}{m}\,dt$

$\dfrac{u}{(1 - u^2/c^2)^{1/2}} = \dfrac{qEt}{m}$

$u^2 = \left(\dfrac{qEt}{m}\right)^2\left(1 - \dfrac{u^2}{c^2}\right)$

$\therefore u = \dfrac{qEct}{\sqrt{m^2c^2 + q^2E^2t^2}}$

또한, $\dfrac{dx}{dt} = u = \dfrac{qEct}{\sqrt{m^2c^2 + q^2E^2t^2}}$

$x = \displaystyle\int_0^t u\,dt$

$= qEc\displaystyle\int_0^t \dfrac{t\,dt}{\sqrt{m^2c^2 + q^2E^2t^2}}$

$= \dfrac{c}{qE}\sqrt{m^2c^2 + q^2E^2t^2}$

$\therefore x = \dfrac{c}{qE}\left(\sqrt{m^2c^2 + q^2E^2t^2} - mc\right)$

39장 양자 물리학

39.1 흑체 복사와 플랑크의 가설

1. (a) $\lambda_{\max} = \dfrac{2.898 \times 10^{-3} m \cdot K}{T} \sim \dfrac{2.898 \times 10^{-3} m \cdot K}{10^4 K} \sim 10^{-7} m,$

$\lambda_{\max} = \dfrac{2.898 \times 10^{-3} m \cdot K}{T} \sim \dfrac{2.898 \times 10^{-3} m \cdot K}{10^7 K} \sim 10^{-10} m$

(b) 번개는 자외선, 핵폭발은 x-ray와 감마선 영역이다.

2. (a) $\lambda_{\max} = \dfrac{2.898 \times 10^{-3} m \cdot K}{T} = \dfrac{2.898 \times 10^{-3} m \cdot K}{2900 K} = 999 nm$

(b) 파장은 적외선영역에서 가장 큰 세기로 방출한다. 그림에서 보면, $\lambda_{\max}$보다 더 긴 파장에서 짧은 파장보다 더 많은 에너지를 방출한다.

3. $E = hf = (6.626 \times 10^{-34})(99.7 \times 10^6) = 6.61 \times 10^{-26} J$

$n = \dfrac{E_{total}}{E} = \dfrac{150 \times 10^3 J/s}{6.61 \times 10^{-26} J/photon} = 2.27 \times 10^{30} photons/s$

4. (a) $T = \dfrac{2.898 \times 10^{-3} m \cdot K}{\lambda_{\max}} = \dfrac{2.898 \times 10^{-3} m \cdot K}{560 \times 10^{-9} m} \approx 5200 K$

(b) 개똥벌레는 이 정도의 온도로 빛을 내지 않으므로 흑체복사가 아니다.

5. (a) 스테판 법칙에 의하면

$T = \left(\dfrac{P}{eA\sigma}\right)^{1/4} = \left[\dfrac{3.85 \times 10^{26} W}{1[4\pi(6.96 \times 10^8 m)^2](5.67 \times 10^{-8} W/m^2 \cdot K^4)}\right]^{1/4}$

$\quad = 5.78 \times 10^3 K$

(b) $\lambda_{\max} = \dfrac{2.898 \times 10^{-3} m \cdot K}{T} = \dfrac{2.898 \times 10^{-3} m \cdot K}{5.78 \times 10^3 K}$

$\quad\quad = 5.01 \times 10^{-7} m = 501 nm$

6. (i) (a) $E = hf = (6.626 \times 10^{-34} J \cdot s)(620 \times 10^{12} s^{-1})\left(\dfrac{1.00 eV}{1.60 \times 10^{-19} J}\right) = 2.57 eV$

(b) $E = hf = (6.626 \times 10^{-34} J \cdot s)(3.10 \times 10^9 s^{-1})\left(\dfrac{1.00 eV}{1.60 \times 10^{-19} J}\right) = 1.28 \times 10^{-5} eV$

(c) $E = hf = (6.626 \times 10^{-34} J \cdot s)(46.0 \times 10^6 s^{-1})\left(\dfrac{1.00 eV}{1.60 \times 10^{-19} J}\right) = 1.91 \times 10^{-7} eV$

(ii) (a) $\lambda = \dfrac{c}{f} = \dfrac{3.00 \times 10^8 m/s}{620 \times 10^{12} Hz} = 4.84 \times 10^{-7} m = 484 nm$

(b) $\lambda = \dfrac{c}{f} = \dfrac{3.00 \times 10^8 m/s}{3.10 \times 10^9 Hz} = 9.68 \times 10^{-2} m = 9.68 cm$

(c) $\lambda = \dfrac{c}{f} = \dfrac{3.00 \times 10^8 m/s}{46.0 \times 10^6 Hz} = 6.52 m$

(iii) (a) 가시광선 영역 (파란색) (b) 전파 영역 (c) 전파 영역

7. $I(\lambda,\ T) = \dfrac{2\pi hc^2}{\lambda^5\left(e^{hc/\lambda k_B T} - 1\right)}$

급수 전개를 통해

$$I(\lambda,\ T) = \dfrac{2\pi hc^2}{\lambda^5\left[(1 + hc/\lambda k_B T + \cdots) - 1\right]} \approx \dfrac{2\pi hc^2}{\lambda^5(hc/\lambda k_B T)} = \dfrac{2\pi c k_B T}{\lambda^4}$$

39.2 광전 효과

8. (a) $\lambda_c = \dfrac{hc}{\phi} = \dfrac{(6.626 \times 10^{-34} J \cdot s)(2.998 \times 10^8 m/s)}{(4.20 eV)(1.602 \times 10^{-19} J/eV)} = 295 nm$

$f_c = \dfrac{c}{\lambda_c} = \dfrac{2.998 \times 10^8 m/s}{295 \times 10^{-9} m} = 1.02 \times 10^{15} Hz$

(b) $\dfrac{hc}{\lambda} = \phi + e\triangle V_S$

$\rightarrow \dfrac{(6.626 \times 10^{-34} J \cdot s)(2.998 \times 10^8 m/s)}{180 \times 10^{-9}}$

$= (4.20 eV)(1.602 \times 10^{-19} J/eV) + (1.602 \times 10^{-19})\triangle V_S$

$\rightarrow \triangle V_S = 2.69 V$

9. (a) $E = P\triangle t = IA\triangle t$

$\rightarrow \triangle t = \dfrac{E}{IA} = \dfrac{1.60 \times 10^{-19} J}{(500 J/s \cdot m^2)[\pi(2.82 \times 10^{-15} m)^2]} = 1.28 \times 10^7 s$

이는 일로 환산하면 148일이 된다.

(b) (a)의 결과는 측정 결과와 전혀 일치하지 않는다.

10. (a) $\dfrac{hc}{\lambda} = \phi \rightarrow \lambda = \dfrac{hc}{\phi} = \dfrac{1240 nm \cdot eV}{4.31 eV} = 288 nm$

(b) $f = \dfrac{c}{\lambda} = \dfrac{3.00 \times 10^8 m/s}{288 \times 10^{-9} m} = 1.04 \times 10^{15} Hz$

(c) $K_{\max} = E - \phi = 5.50 eV - 4.31 eV = 1.19 eV$

11. (a) 광자의 에너지 $E = \dfrac{hc}{\lambda} = \dfrac{1240 nm \cdot eV}{150 nm} = 8.27 eV$

(b) 광자 에너지가 일함수보다 훨씬 크기 때문이다.

(c) $KE_{\max} = E - \phi = 8.27 eV - 6.35 eV = 1.92 eV$

(d) $K_{\max} = e\triangle V_s \ \rightarrow \ \triangle V_s = \dfrac{K_{\max}}{e} = \dfrac{1.92 eV}{e} = 1.92 V$

39.3 콤프턴 효과

12. $\lambda'' - \lambda = (\lambda'' - \lambda') + (\lambda' - \lambda)$

$\quad \lambda' - \lambda = \dfrac{h}{m_e c}(1 - \cos\theta)$

$\quad \lambda'' - \lambda' = \dfrac{h}{m_e c}[1 - \cos(180° - \theta)] = \dfrac{h}{m_e c}[1 + \cos\theta]$

그러므로

$\quad \lambda'' - \lambda = (\lambda'' - \lambda') + (\lambda' - \lambda)$

$\qquad \dfrac{h}{m_e c}(1 + \cos\theta) + \dfrac{h}{m_e c}(1 - \cos\theta) = \dfrac{2h}{m_e c}$

$\qquad = \dfrac{2(6.63 \times 10^{-34}\,J \cdot s)}{(9.11 \times 10^{-31}\,kg)(3.00 \times 10^{8}\,m/s)} = 4.85 \times 10^{-12}\,m$

13. (a) $f\lambda_0 - \lambda_0 = \dfrac{h}{m_e c}(1 - \cos\theta) = \lambda_c(1 - \cos\theta)$

$\qquad \theta = \cos^{-1}\left[1 - \dfrac{(f-1)\lambda_0}{\lambda_c}\right]$

$\qquad = \cos^{-1}\left[1 - \dfrac{(1.012 - 1)(0.115\,nm)}{0.00243\,nm}\right] = 64.4°$

(b) $\lambda' = \lambda_0 + \dfrac{h}{m_e c}(1 - \cos\theta) = \lambda_0 + \lambda_c(1 - \cos\theta)$

$\quad$ 따라서 $\theta = 180°$

$\qquad \lambda' = \lambda_0 + \lambda_c(1 - \cos 180°) = \lambda_0 + 2\lambda_c$

$\qquad = 0.115\,nm + 2(0.00243\,nm) = 0.120\,nm$

14. 산란 전 광자의 운동량은 $p_0 = E_0/c = h/\lambda_0$, 산란 후에는 $p' = h/\lambda'$이며 전자의 운동량은 p_e라 하자.

(a) x축 방향의 운동량 보존법칙은

$\qquad p_0 = p'\cos\theta + p_e\cos\theta \rightarrow \dfrac{h}{\lambda_0} = (\dfrac{h}{\lambda'} + p_e)\cos\theta$

y축 방향의 운동량 보존법칙은 $0 = p'\sin\theta - p_e\sin\theta \rightarrow p_e = p' = \dfrac{h}{\lambda'}$ 이므로

연립하여 풀면

$\dfrac{h}{\lambda_0} = \dfrac{2h}{\lambda'}\cos\theta \rightarrow \lambda' = 2\lambda_0\cos\theta$

$$\lambda' - \lambda_0 = \frac{h}{m_e c}(1 - \cos\theta)$$

$$\rightarrow (2\lambda_0 \cos\theta) - \lambda_0 \equiv \frac{h}{m_e c}(1 - \cos\theta)$$

$$\rightarrow (2\lambda_0 + \frac{h}{m_e c})\cos\theta = \lambda_0 + \frac{h}{m_e c}$$

$$\rightarrow (2\frac{hc}{E_0} + \frac{h}{m_e c})\cos\theta = \frac{hc}{E_0} + \frac{h}{m_e c}$$

$$\rightarrow \frac{1}{m_e c^2 E_0}(2m_e c^2 + E_0)\cos\theta = \frac{1}{m_e c^2 E_0}(m_e c^2 + E_0)$$

$$\rightarrow \cos\theta = \frac{m_e c^2 + E_0}{2m_e c^2 + E_0} = \frac{0.511 MeV + 0.880 MeV}{2(0.511 MeV) + 0.880 MeV} = 0.731$$

$$\rightarrow \theta = 43.0^\circ$$

(b) $E' = \dfrac{hc}{\lambda_0(2\cos\theta)} = \dfrac{E_0}{2\cos\theta} = \dfrac{0.880 MeV}{2\cos 43.0^\circ} = 0.602 MeV,$

$$p' = \frac{E'}{c} = \frac{0.602 MeV}{c} = 3.21 \times 10^{-22} kg \cdot m/s$$

(c) $K_e = E_0 - E' = 0.880 MeV - 0.602 MeV = 0.278 MeV,$

$$p_e = p' = \frac{0.602 MeV}{c}(\frac{c}{3.00 \times 10^8 m/s})(\frac{1.60 \times 10^{-13} J}{1 MeV}) = 3.21 \times 10^{-22} kg \cdot m/s$$

15. 산란 전 광자의 운동량은 $p_0 = E_0/c = h/\lambda_0$, 산란 후에는 $p' = h/\lambda'$이며 전자의 운동량은 p_e라 하자.

(a) x축 방향의 운동량 보존법칙은 $p_0 = p'\cos\theta + p_e\cos\theta \rightarrow \dfrac{h}{\lambda_0} = (\dfrac{h}{\lambda'} + p_e)\cos\theta$

y축 방향의 운동량 보존법칙은 $0 = p'\sin\theta - p_e\sin\theta \rightarrow p_e = p' = \dfrac{h}{\lambda'}$ 이므로 연립하여 풀면

$$\frac{h}{\lambda_0} = \frac{2h}{\lambda'}\cos\theta \rightarrow \lambda' = 2\lambda_0\cos\theta$$

$$\lambda' - \lambda_0 = \frac{h}{m_e c}(1 - \cos\theta)$$

$$\rightarrow (2\lambda_0 \cos\theta) - \lambda_0 \equiv \frac{h}{m_e c}(1 - \cos\theta) \rightarrow (2\lambda_0 + \frac{h}{m_e c})\cos\theta = \lambda_0 + \frac{h}{m_e c}$$

$$\rightarrow (2\frac{hc}{E_0} + \frac{h}{m_e c})\cos\theta = \frac{hc}{E_0} + \frac{h}{m_e c}$$

$$\rightarrow \frac{1}{m_e c^2 E_0}(2m_e c^2 + E_0)\cos\theta = \frac{1}{m_e c^2 E_0}(m_e c^2 + E_0)$$

$$\rightarrow \cos\theta = \frac{m_e c^2 + E_0}{2m_e c^2 + E_0} \rightarrow \theta = \cos^{-1}(\frac{m_e c^2 + E_0}{2m_e c^2 + E_0})$$

(b) $E' = \dfrac{hc}{\lambda_0(2\cos\theta)} = \dfrac{E_0}{2\cos\theta} = \dfrac{E_0(2m_e c^2 + E_0)}{2(m_e c^2 + E_0)},$

$$p' = \frac{E'}{c} = \frac{E_0(2m_ec^2 + E_0)}{2c(m_ec^2 + E_0)}$$

(c) $K_e = E_0 - E' = E_0 - \dfrac{E_0(2m_ec^2 + E_0)}{2(m_ec^2 + E_0)}$

$$= \frac{2E_0(m_ec^2 + E_0) - E_0(2m_ec^2 + E_0)}{2(m_ec^2 + E_0)} = \frac{E_0^2}{2(m_ec^2 + E_0)}$$

$$p_e = p' = \frac{E_0(2m_ec^2 + E_0)}{2c(m_ec^2 + E_0)}$$

16. $\dfrac{u}{c} = \dfrac{2.18\times10^6\,m/s}{3.00\times10^8\,m/s} = 0.00727 < 0.01$ 이므로 전자를 비상대적으로 다루고자 한다.

$$K_f = \frac{1}{2}m_eu^2, \ \ \Delta E = hf_0 - hf' = \frac{hc}{\lambda_0} - \frac{hc}{\lambda'} = K_f$$

여기서

$$\Delta\lambda = \lambda' - \lambda_0 = \frac{h}{m_ec}(1 - \cos\theta), \quad \lambda' = \lambda_0 + \frac{h}{m_ec}(1 - \cos\theta)$$

$$K_f = \frac{hc}{\lambda_0} - \frac{hc}{\lambda'} = \frac{(\lambda_0 - \lambda')}{\lambda_0\lambda'} = \frac{h}{m_ec}(1 - \cos\theta)\frac{hc}{\lambda_0\lambda'}$$

$$m_ec\lambda_0\left[\lambda_0 + \frac{h}{m_ec}(1 - \cos\theta)\right] = \frac{h^2c}{K_f}(1 - \cos\theta)$$

$$m_ec\lambda_0^2 + h(1 - \cos\theta)\lambda_0 - \frac{h^2c}{K_f}(1 - \cos\theta) = 0$$

(a) $\lambda_0 = \dfrac{h(1 - \cos\theta) \pm \sqrt{[h(1 - \cos\theta)]^2 - 4(m_ec)\left[-\dfrac{h^2c}{K_f}(1 - \cos\theta)\right]}}{2m_ec}$

$$= \frac{h(1 - \cos\theta) \pm \sqrt{[h(1 - \cos\theta)]^2 + \left[\dfrac{4h^2m_ec^2}{\dfrac{1}{2}m_eu^2}(1 - \cos\theta)\right]}}{2m_ec}$$

$$= \frac{h(1 - \cos\theta) \pm \sqrt{[h(1 - \cos\theta)]^2 + \left[\dfrac{8h^2c^2}{u^2}(1 - \cos\theta)\right]}}{2m_ec}$$

$$= \frac{h(1 - \cos\theta)}{2m_ec}\left\{1 \pm \sqrt{1 + \left[\dfrac{8c^2}{u^2(1 - \cos\theta)}\right]}\right\}$$

따라서 양의 값을 선택하면

$$\lambda_0 = \frac{h(1 - \cos\theta)}{2m_ec}\left\{1 + \sqrt{1 + \left[\dfrac{8c^2}{u^2(1 - \cos\theta)}\right]}\right\}$$

$$= \frac{(6.63\times10^{-34}\,J\cdot s)(1 - \cos17.4°)}{2(9.11\times10^{-31}\,kg)(3.00\times10^8\,m/s)}\left\{1 + \sqrt{1 + \left[\dfrac{8(3.00\times10^8\,m/s)^2}{(2.18\times10^6\,m/s)^2(1 - \cos17.4°)}\right]}\right\}$$

$$= 1.01\times10^{-10}\,m = 0.101\,nm$$

(b) $\lambda' = \lambda_0 + \dfrac{h}{m_e c}(1 - \cos\theta)$

$\quad = \dfrac{h(1-\cos\theta)}{2m_e c}\left\{1 + \sqrt{1 + \left[\dfrac{8c^2}{u^2(1-\cos\theta)}\right]}\right\} + \dfrac{h}{m_e c}(1-\cos\theta)$

$\quad = \dfrac{h}{m_e c}(1-\cos\theta)\left\{\dfrac{3}{2} + \dfrac{1}{2}\sqrt{1 + \left[\dfrac{8c^2}{u^2(1-\cos\theta)}\right]}\right\}$

$\quad = 1.0116 \times 10^{-10}\, m$

산란각 ϕ,

$\quad 0 = \dfrac{h}{\lambda'}\sin\theta - m_e u \sin\phi \quad \rightarrow \quad \sin\phi = \dfrac{h}{\lambda' m_e u}\sin\theta$

$\quad \phi = \sin^{-1}\left(\dfrac{h}{\lambda' m_e u}\sin\theta\right)$

$\quad = \sin^{-1}\left(\dfrac{6.63 \times 10^{-34}\, J \cdot s}{\lambda'(9.11 \times 10^{-31}\, kg)(2.18 \times 10^6\, m/s)}\sin 17.4°\right) = 80.7°$

17. (a) 콤프턴의 방정식과 벡터적 운동량 보존이 미지의 λ', λ_0, u 에서 세 개의 독립된 방정식을 주기 때문에 구할 수 있다.

(b) $\lambda' = \lambda_0 + \dfrac{h}{m_e c}(1 - \cos 90.0°) = \lambda_0 + \dfrac{h}{m_e c}$

$\quad \Delta p_x = 0 \rightarrow \dfrac{h}{\lambda_0} = \gamma m_e u \cos 20.0°$

$\quad \Delta p_y = 0 \rightarrow \dfrac{h}{\lambda'} = \gamma m_e u \sin 20.0°$

$\quad \therefore \dfrac{\lambda_0}{\lambda'} = \tan 20.0°$

$\quad \lambda' = \lambda'\tan 20.0° + \dfrac{h}{m_e c} = \dfrac{h}{m_e c(1 - \tan 20.0°)} = \dfrac{hc}{m_e c^2(1 - \tan 20.0°)}$

$\quad = \dfrac{1240\, eV \cdot nm}{(0.511 \times 10^6\, eV)(1 - \tan 20.0°)}$

$\quad = 3.82 \times 10^{-3}\, nm = 3.82 \times 10^{-12}\, m$

$\quad = 3.82\, pm$

39.4 전자기파의 본질

18. $f = \dfrac{E}{h} = \dfrac{10.0(1.602 \times 10^{-19}\, J)}{6.626 \times 10^{-34}\, J \cdot s} = 2.42 \times 10^{15}\, Hz$,

$\lambda = \dfrac{c}{f} = \dfrac{3.00 \times 10^8\, m/s}{2.41 \times 10^{15}\, Hz} = 124nm$ 이므로 이온화 복사에 적합한 영역은 124nm보다 파장이 짧고 주파수가 $2.42 \times 10^{15}\, Hz$보다 큰 자외선, X선, 감마선이다.

19. 광자 하나의 에너지는

$$E = \frac{hc}{\lambda} = \frac{(6.63 \times 10^{-34} J \cdot s)(3.00 \times 10^8 m/s)}{633 \times 10^{-9} m} = 3.14 \times 10^{-19} J$$

빔이 전달하는 에너지는

$$P = (2.00 \times 10^{18} photons/s)(3.14 \times 10^{-19} J/photon) = 0.628\,W$$

빔의 세기는 포인팅 벡터로써

$$I = S_{avg} = \frac{P}{\pi r^2} = \frac{0.628\,W}{\pi(\frac{1.75 \times 10^{-3} m}{2})^2} = 2.61 \times 10^5\,W/m^2$$

(a) $E_{\max} = (2\mu_0 c S_{avg})^{1/2} = [2(4\pi \times 10^{-7} T \cdot m/A)(3.00 \times 10^8 m/s)(2.61 \times 10^5 W/m^2)]^{1/2}$

$$= 1.40 \times 10^4 N/C = 14.0k\,V/m$$

(b) $B_{\max} = \dfrac{E_{\max}}{c} = \dfrac{1.40 \times 10^4 N/C}{3.00 \times 10^8 m/s} = 4.68 \times 10^{-5} T = 46.8\mu\,T$

(c) 빔에서 전달하는 운동량은 $\dfrac{P}{c}$ 이므로 표면에서 완전히 반사될 때 받는 힘은

$$F = \frac{2P}{c} = \frac{2(0.628\,W)}{3.00 \times 10^8 m/s} = 4.19 \times 10^{-9} N = 4.19n\,N$$

(d) $m = \dfrac{P\triangle t}{L} = \dfrac{(0.628\,W)[1.50(3600s)]}{3.33 \times 10^5 J/kg} = 1.02 \times 10^{-2} kg = 10.2g$

39.5 입자의 파동적 성질

20. (a) $p = \dfrac{h}{\lambda} = \dfrac{6.63 \times 10^{-34} J \cdot s}{4.00 \times 10^{-7} m} = 1.66 \times 10^{-27} kg \cdot m/s$

(b) $u = \dfrac{p}{m_e} = \dfrac{1.66 \times 10^{-27} kg \cdot m/s}{9.11 \times 10^{-31} kg} = 1.82 \times 10^3 m/s = 1.82km/s$

21. $p = \dfrac{h}{\lambda} \approx \dfrac{6.63 \times 10^{-34} J \cdot s}{1.00 \times 10^{-11} m} = 6.626 \times 10^{-23} kg \cdot m/s$

(a) $K_e = \sqrt{p^2 c^2 + (m_e c^2)^2} - m_e c^2$

$$= \sqrt{[(6.626 \times 10^{-23})(2.998 \times 10^8)(\frac{1Me\,V}{1.602 \times 10^{-13} J})]^2 + (0.511)^2} - 0.511$$

$$= 0.0148Me\,V = 14.8ke\,V \text{이다.} \qquad \text{상대론적} \qquad \text{보정을} \qquad \text{무시하면,}$$

$$K_e = \frac{p^2}{2m_e} = \frac{(6.626 \times 10^{-23})^2}{2(9.11 \times 10^{-31})}(\frac{1ke\,V}{1.602 \times 10^{-16} J}) = 15.1ke\,V \text{이다.}$$

(b) $E_\gamma = pc = (6.626 \times 10^{-23})(2.998 \times 10^8)(\dfrac{1ke\,V}{1.602 \times 10^{-16} J}) = 124ke\,V$

22. (a) $\lambda \sim 10^{-14} m$ 이하, $p = \dfrac{h}{\lambda} \sim \dfrac{6.626 \times 10^{-34} J \cdot s}{10^{-14} m} \approx 10^{-19} kg \cdot m/s$ 이상

따라서 전자의 에너지는

$$E = \sqrt{p^2 c^2 + m_e^2 c^4} \sim \sqrt{(10^{-19})^2 (3 \times 10^8)^2 + (3 \times 10^8)^4}$$

$$E \sim 10^{-11} J \sim 10^8 \, eV \quad \text{이상}$$

따라서 $K = E - m_e c^2 \sim 10^8 \, eV - (0.5 \times 10^6 \, eV) \sim 10^8 \, eV$ 이상

(b) $U_e = \dfrac{k_e q_1 q_2}{r} \sim \dfrac{(9 \times 10^9 \, N \cdot m^2 / C^2) \left[10(1.60 \times 10^{-19} C) \right] (-e)}{0.5 \times 10^{-14} m} \sim -10^6 \, eV$

(c) $K + U_e \sim 10^8 \, eV \gg 0$,

즉, 전자는 핵에 국한될 수 없다.

23. $\omega \leq 10\lambda = 10 \left(\dfrac{h}{p} \right) = 10 \left(\dfrac{h}{mu} \right)$

따라서 $u \leq 10 \left[\dfrac{6.626 \times 10^{-34} J \cdot s}{(80 kg)(0.75 m)} \right] = 1.1 \times 10^{-34} \, m/s$

이것은 매우 낮은 속도이다. 학생이 이렇게 천천히 걷는 것은 불가능하다. 이 속도에서 문이 만들어지는 벽의 두께가 15cm일 경우 학생이 문을 통과하는 데 필요한 시간 간격은 $1.4 \times 10^{23} \, s$로 우주의 10^{15} 배에 이른다.

39.6 새 모형: 양자 입자

24. (a) $E = K = \dfrac{1}{2} mu^2 = hf = \left(\dfrac{h}{2\pi} \right)(2\pi f) = \hbar\omega$, $\quad p = mu = \dfrac{h}{\lambda} = \left(\dfrac{h}{2\pi} \right) \left(\dfrac{2\pi}{\lambda} \right) = \hbar k$이므로

$\omega = \dfrac{K}{\hbar}$, $k = \dfrac{p}{\hbar}$이다. 파동의 위상 속력은 $v = f\lambda = \left(\dfrac{mu^2}{2h} \right) \left(\dfrac{h}{mu} \right) = \dfrac{u}{2}$가 된다.

(b) 위상속력이 질량, 에너지, 운동량을 전달하는 양자 입자의 측정 가능한 속력 u의 절반임을 확인하였다. 개별 파동은 전체 묶여진 파에 비해 느리게 앞으로 움직이므로, 개별 파동은 전체 패킷에 대해 상대적으로 뒤로 움직이는 것처럼 보인다.

25. $v_g = \dfrac{d\omega}{dk} = \dfrac{d(\hbar\omega)}{d(\hbar k)} = \dfrac{dE}{dp} = \dfrac{d}{dp} \sqrt{m^2 c^4 + p^2 c^2}$

$\qquad = \dfrac{1}{2} (m^2 c^4 + p^2 c^2)^{-1/2} (0 + 2pc^2)$

$= \sqrt{\dfrac{p^2 c^4}{p^2 c^2 + m^2 c^4}} = c \sqrt{\dfrac{\gamma^2 m^2 u^2}{\gamma^2 m^2 u^2 + m^2 c^2}}$

$= c \sqrt{\dfrac{u^2 / (1 - u^2/c^2)}{u^2/(1 - u^2/c^2) + c^2}} = c \sqrt{\dfrac{u^2 / (1 - u^2/c^2)}{(u^2 + c^2 - u^2)/(1 - u^2/c^2)}}$

$= u$

39.7 이중 슬릿 실험 다시 보기

26. $d\sin\theta = m\lambda \rightarrow (0.0600\times 10^{-6}m)\sin[\tan^{-1}(\dfrac{0.400\times 10^{-3}m}{20.0\times 10^{-2}m})] = (1)\lambda = 1.20\times 10^{-10}m$

$\lambda = \dfrac{h}{m_e u} \rightarrow m_e u = \dfrac{h}{\lambda}$ 이므로 $K = \dfrac{1}{2}m_e u^2 = \dfrac{m_e^2 u^2}{2m_e} = \dfrac{h^2}{2m_e\lambda^2} = e\triangle V$ 이며

$\triangle V = \dfrac{h^2}{2em_e\lambda^2} = \dfrac{(6.626\times 10^{-34}J\cdot s)^2}{2(1.60\times 10^{-19}C)(9.11\times 10^{-31}kg)(1.20\times 10^{-10}m)^2} = 105\,V$

39.8 불확정성 원리

27. $\triangle E \geq \dfrac{h}{4\pi\triangle t} = \dfrac{6.626\times 10^{-34}J\cdot s}{4\pi(2\times 10^{-6}s)} = 3\times 10^{-29}J \approx 2\times 10^{-10}eV$

28. $\Delta p_x \geq \dfrac{\hbar}{2\Delta x} = \dfrac{1.055\times 10^{-34}J\cdot s}{2(1\times 10^{-14}m)} = 5.3\times 10^{-21}kg\cdot m/s$

따라서 $E = \left[(m_e c^2)^2 + (pc)^2\right]^{1/2} \approx 9.9\,MeV = \gamma m_e c^2$

$\gamma \approx 19.4 = \dfrac{1}{1-u^2/c^2}$ $u \approx 0.99867\,c$

양성자에 대해

$u = \dfrac{p}{m} = \dfrac{5.3\times 10^{-21}kg\cdot m/s}{1.67\times 10^{-27}kg} = 3.2\times 10^6\,m/s = 0.011c$

추가문제

29. $\lambda' - \lambda = \dfrac{h}{m_e c}(1-\cos\theta)$

처음 양성자 에너지 $E_0 = \dfrac{hc}{\lambda_0}$

산란 후 에너지는

$E' = \dfrac{hc}{\lambda'} = \dfrac{hc}{\lambda_0 + \Delta\lambda} = hc\left[\lambda_0 + \dfrac{h}{m_e c}(1-\cos\theta)\right]^{-1}$

$= \dfrac{hc}{\lambda_0}\left[1 + \dfrac{hc}{m_e c^2\lambda_0}(1-\cos\theta)\right]^{-1} = E_0\left[1 + \dfrac{E_0}{m_e c^2}(1-\cos\theta)\right]^{-1}$

따라서 $E' = \dfrac{E_0}{1 + \left(\dfrac{E_0}{m_e c^2}\right)(1-\cos\theta)}$

30. $E_{양성자} = hf = \dfrac{hc}{\lambda} = T_{ER}(in)$

$$\Delta K_e = T_{ER} = T_{ER}(in) + T_{ER}(out)$$

$$(K_e - 0) = \frac{hc}{\lambda_0} - \frac{hc}{\lambda'} \rightarrow \frac{hc}{\lambda_0} = \frac{hc}{\lambda'} + K_e$$

$$\therefore \; \frac{hc}{\lambda_0} = \frac{hc}{\lambda'} + (\gamma - 1)m_e c^2$$

$$p = \frac{E}{c} = \frac{hf}{c} = \frac{h}{\lambda}$$

운동량의 x, y성분

$$\frac{h}{\lambda_0} = \frac{h}{\lambda'} \cos\theta + \gamma m_e u \cos\phi$$

$$0 = \frac{h}{\lambda'} \sin\theta - \gamma m_e u \sin\phi$$

여기서

$$\gamma m_e u \cos\phi = \frac{h}{\lambda_0} - \frac{h}{\lambda'} \cos\theta \rightarrow \gamma^2 m_e^2 u^2 \cos^2\phi = \left(\frac{h}{\lambda_0}\right)^2 - 2\frac{h}{\lambda_0}\frac{h}{\lambda'}\cos\theta + \left(\frac{h}{\lambda'}\right)^2 \cos^2\theta$$

$$\gamma m_e u \sin\phi = \frac{h}{\lambda'} \sin\theta \rightarrow \gamma^2 m_e^2 u^2 \sin^2\phi = \left(\frac{h}{\lambda'}\right)^2 \sin^2\theta$$

따라서 $\gamma^2 m_e^2 u^2 (\cos^2\phi + \sin^2\phi) = \left(\frac{h}{\lambda_0}\right)^2 - 2\frac{h}{\lambda_0}\frac{h}{\lambda'}\cos\theta + \left(\frac{h}{\lambda'}\right)^2 (\cos^2\theta + \sin^2\theta)$

$$\rightarrow \; \gamma^2 m_e^2 u^2 = \left(\frac{h}{\lambda_0}\right)^2 - 2\frac{h}{\lambda_0}\frac{h}{\lambda'}\cos\theta + \left(\frac{h}{\lambda'}\right)^2$$

γ를 정리하면

$$\left(\frac{1}{1 - u^2/c^2}\right) m_e^2 u^2 = \left(\frac{h}{\lambda_0}\right)^2 - 2\frac{h}{\lambda_0}\frac{h}{\lambda'}\cos\theta + \left(\frac{h}{\lambda'}\right)^2$$

$$\rightarrow \; \left(\frac{u^2/c^2}{1 - u^2/c^2}\right) = \frac{h^2}{m_e^2 c^2}\left[\left(\frac{1}{\lambda_0}\right)^2 - 2\frac{1}{\lambda_0}\frac{1}{\lambda'}\cos\theta + \left(\frac{1}{\lambda'}\right)^2\right]$$

오른쪽 변을 b로 치환하면

$$b = \frac{h^2}{m_e^2 c^2}\left[\left(\frac{1}{\lambda_0}\right)^2 - 2\frac{1}{\lambda_0}\frac{1}{\lambda'}\cos\theta + \left(\frac{1}{\lambda'}\right)^2\right]$$

$$\left(\frac{u^2/c^2}{1 - u^2/c^2}\right) = b \text{이므로}$$

$$\frac{u^2}{c^2} = \frac{b}{1+b}$$

γ를 이용하면

$$\gamma = \frac{1}{\sqrt{1 - \dfrac{u^2}{c^2}}} = \frac{1}{\sqrt{1 - \dfrac{b}{1-b}}} = \sqrt{1+b}$$

$$\therefore \; \gamma = 1 + \frac{h}{m_e c}\left(\frac{1}{\lambda_0} - \frac{1}{\lambda'}\right)$$

$$1 + \frac{h}{m_e c}\left(\frac{1}{\lambda_0} - \frac{1}{\lambda'}\right) = \sqrt{1+b}$$

$$\left[1 + \frac{h}{m_e c}\left(\frac{1}{\lambda_0} - \frac{1}{\lambda'} \right) \right]^2 = 1 + b$$

$$1 + \frac{2h}{m_e c}\left(\frac{1}{\lambda_0} - \frac{1}{\lambda'} \right) + \frac{h^2}{m_e^2 c^2}\left(\frac{1}{\lambda_0} - \frac{1}{\lambda'} \right)$$

$$= 1 + \frac{h^2}{m_e^2 c^2}\left[\left(\frac{1}{\lambda_0} \right)^2 - 2\frac{1}{\lambda_0}\frac{1}{\lambda'}cos\theta + \left(\frac{1}{\lambda'} \right)^2 \right]$$

$$\therefore \ \lambda' - \lambda_0 = \frac{h}{m_e c}(1 - \cos\theta)$$

40장 양자 역학

40.1 파동 함수

1. (a) $\psi(x) = Ae^{i(5 \times 10^{10}x)} = A\cos(5 \times 10^{10}x) + iA\sin(5 \times 10^{10}x)$이므로 한 주기는 $x_1 = 0$과 $(5.00 \times 10^{10})x_2 = 2\pi$ 사이에서 진행된다.

$$\lambda = x_2 - x_1 = \frac{2\pi}{5.00 \times 10^{10}m^{-1}} = 1.26 \times 10^{-10}m$$

(b) $p = \dfrac{h}{\lambda} = \dfrac{6.626 \times 10^{-34}J \cdot s}{1.26 \times 10^{-10}m} = 5.27 \times 10^{-24}kg \cdot m/s$

(c) $K = \dfrac{1}{2}\mu^2 = \dfrac{p^2}{2m}$

$$= \frac{(5.27 \times 10^{-24}kg \cdot m/s)^2}{2(9.11 \times 10^{-31}kg)}\left(\frac{1eV}{1.602 \times 10^{-19}J}\right) = 95.3eV$$

2. (a) $\dfrac{f(x)}{A} = e^{-|x|/a}$의 그래프는
오른쪽 그림과 같다.
범위는 $-3 < \dfrac{x}{a} < 3$이다.

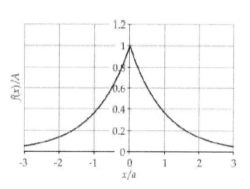

(b) $\int |\psi|^2 dx = 1$

$$\rightarrow \int_{-\infty}^{\infty} A^2 e^{-2|x|/a}dx = 2\int_{0}^{\infty} A^2 e^{-2|x|/a}dx = 1$$

$$\rightarrow -aA^2 e^{-2|x|/a}\big|_0^\infty = aA^2 = 1 \rightarrow A = \frac{1}{\sqrt{a}}$$

(c) $P = \displaystyle\int_{-a}^{a} \frac{e^{-2|x|/a}}{a}dx = 2\int_{0}^{a} \frac{e^{-2|x|/a}}{a}dx$
$\qquad = -e^{-2} + 1 = 0.865$

3. $P = \displaystyle\int_{-a}^{a} |\psi(x)|^2 = \int_{-a}^{a} \frac{a}{\pi(x^2 + a^2)}dx$
$\qquad = \left(\dfrac{a}{\pi}\right)\left(\dfrac{1}{a}\right)\tan^{-1}\left(\dfrac{x}{a}\right)\big|_{-a}^{a}$
$\qquad = \dfrac{1}{\pi}[\tan^{-1}1 - \tan^{-1}(-1)] = \dfrac{1}{\pi}\left[\dfrac{\pi}{4} - \left(-\dfrac{\pi}{4}\right)\right] = \dfrac{1}{2}$

40.2 분석 모형: 경계 조건하의 양자 입자

4. 광자의 에너지는

$$E = \frac{hc}{\lambda} = \frac{1240e\,V\cdot nm}{6.06mm}\left(\frac{1mm}{10^6 nm}\right) = 2.05\times 10^{-4}e\,V$$

$$E_n = \frac{h^2 n^2}{8mL^2}$$

$$= \frac{(6.626\times 10^{-34}J\cdot s)^2 (n)^2}{8(1.673\times 10^{-27}kg)(1.00\times 10^{-9}m)^2}\left(\frac{1e\,V}{1.602\times 10^{-19}J}\right)$$

$$= (2.05\times 10^{-4}e\,V)n^2$$

이므로, n=1에서 n=2로 전이될 때 $\triangle E_n = (2.05\times 10^{-4}e\,V)(2^2-1^2) = 6.14\times 10^{-4}e\,V$이다.
광자의 에너지는 이를 충족시키는 에너지가 아니며, n=0에서 n=1로 전이 된다는 가정을 했을
때의 에너지 정도인데, n=0은 불가능하다.

5. (a) $E_n = \frac{h^2 n^2}{8mL^2}$

$$\rightarrow E_1 = \frac{(6.626\times 10^{-34}J\cdot s)^2 (1)^2}{8(1.67\times 10^{-14}kg)(2.00\times 10^{-14}m)^2}$$

$$= 8.22\times 10^{-14}J = 0.513MeV$$

$E_2 = 4E_1 = 2.05MeV$, $E_3 = 9E_1 = 4.62MeV$

(b) MeV는 원자핵에서 방출되는 에너지의 자연적인 단위

6. $E_1 = \frac{h^2}{8mL^2}$

(a) $E_1 = \frac{(6.626\times 10^{-34}J\cdot s)^2}{8(1.67\times 10^{-27}kg)(2.00\times 10^{-10}m)^2} = 8.22\times 10^{-22}J = 5.13\times 10^{-3}e\,V$

(b) $E_1 = \frac{(6.626\times 10^{-34}J\cdot s)^2}{8(9.11\times 10^{-31}kg)(2.00\times 10^{-10}m)^2} = 1.51\times 10^{-18}J = 9.41e\,V$

(c) 전자가 더 작은 질량이기에 더 높은 에너지를 가지고 있다.

7. (a) $E_n = \frac{h^2 n^2}{8m_e L^2} = \frac{(6.626\times 10^{-34}J\cdot s)^2 (n)^2}{8(9.11\times 10^{-31}kg)(0.100\times 10^{-9}m)^2}$

$$= (6.02\times 10^{-18}J)n^2 = (37.7e\,V)n^2$$

(b) $\triangle E_n = \left(\frac{h^2}{8m_e L^2}\right)(n_i^2 - n_f^2) = (37.7e\,V)(n_i^2 - n_f^2)$

$$\lambda = \frac{hc}{\triangle E_n} = \frac{8m_e c L^2}{h(n_i^2 - n_f^2)}$$

$$= \frac{8(9.109\times 10^{-31}kg)(2.998\times 10^8 m/s)(0.100\times 10^{-9}m)^2}{(6.626\times 10^{-34}J\cdot s)(n_i^2 - n_f^2)}$$

$$= \frac{33.0nm}{(n_i^2 - n_f^2)}$$

4→3으로 전이될 때 $\lambda = \frac{33.0nm}{4^2 - 3^2} = 4.71nm$

8. (a) $K = \dfrac{1}{2}mv^2 = \dfrac{1}{2}(4.00 \times 10^{-3}kg)(1.00 \times 10^{-3}m/s)^2 = 2.00 \times 10^{-9}J$

(b) $L = \dfrac{nh}{\sqrt{8mE}} = \dfrac{(2)(6.626 \times 10^{-34}J \cdot s)}{\sqrt{8(4.00 \times 10^{-3}kg)(2.00 \times 10^{-9}J)}} = 1.66 \times 10^{-28}m$

(c) 핵의 크기인 $10^{-14}m$보다도 훨씬 작은 크기라 비현실적이다.

9. (a) $\triangle x \triangle p \geqq \dfrac{\hbar}{2}$에서 $\triangle x = L$이므로 $\triangle p \geqq \dfrac{\hbar}{2\triangle x} = \dfrac{\hbar}{2L}$이므로

운동량의 불확정도의 최솟값은 $\triangle p \approx \dfrac{\hbar}{2L}$

(b) $E = \dfrac{p^2}{2m} = \dfrac{(\triangle p)^2}{2m} \approx \dfrac{\hbar^2}{8mL^2}$

(c) $\dfrac{\hbar^2}{8mL^2} = \dfrac{h^2}{(2\pi)^2 8mL^2}$에서 $4\pi^2 \approx 40$정도여서 바닥상태와 비교하면 1/40배 정도라 측정하기에는 너무 작다. 다만, 질량이나 우물의 길이에 따른 에너지와의 관계는 명확하게 보인다.

10. $\displaystyle\int |\psi|^2 dx = 1 \rightarrow \int_0^L A^2 \sin^2\left(\dfrac{n\pi x}{L}\right)dx = \int_0^L A^2 \dfrac{1 - \cos[2(\pi x/L)]}{2}dx = 1$

$\rightarrow \dfrac{A^2 L}{2} = 1 \rightarrow A = \sqrt{\dfrac{2}{L}}$

11. (a) $<x> \geqq \displaystyle\int_0^L \psi^* x \psi dx = \int_0^L x \dfrac{2}{L} sin^2\left(\dfrac{2\pi x}{L}\right)dx$

$= \dfrac{2}{L}\displaystyle\int_0^L x\left(\dfrac{1 - \cos[2(\pi x/L)]}{2}\right)dx$

$= \dfrac{1}{L}\displaystyle\int_0^L x\left(1 - \cos\dfrac{4\pi x}{L}\right)dx = \dfrac{L}{2}$

(b) $P = \dfrac{2}{L}\displaystyle\int_{0.490L}^{0.510L} \sin^2\left(\dfrac{2\pi x}{L}\right)dx = \dfrac{2}{L}\int_{0.490L}^{0.510L} \dfrac{1 - \cos[2(2\pi x/L)]}{2}dx$

$= 0.020 - \dfrac{1}{4\pi}(\sin 2.04\pi - \sin 1.96\pi) = 5.26 \times 10^{-5}$

(c) $P = \dfrac{2}{L}\displaystyle\int_{0.240L}^{0.260L} \sin^2\left(\dfrac{2\pi x}{L}\right)dx$

$= \dfrac{2}{L}\displaystyle\int_{0.240L}^{0.260L} \dfrac{1 - \cos[2(2\pi x/L)]}{2}dx = 3.99 \times 10^{-2}$

(d) 그래프를 보면(n=2), 중앙보다 $x = L/4$와 $x = 3L/4$에서 입자가 발견될 확률이 더 높다. 그러나, 분포가 대칭적인 것은 평균적인 위치가 $x = L/2$가 된다는 것을 의미한다.

12. (a) $x = L/4$, $L/2$, $3L/4$에서 가장 발견할 확률이 크다.

(b) $\sin(3\pi x/L)$이 극값인 1이나 -1이 될 때 파동함수의 제곱은 가장 크게 나온다. 이 결과는 n=3 그래프를 보면 알 수 있다.

13. (a) $P = \int_0^{L/3} |\psi_1|^2 dx = \frac{2}{L} \int_0^{L/3} \sin^2\left(\frac{\pi x}{L}\right) dx$

$= \frac{2}{L} \int_0^{L/3} \frac{1 - \cos\left[2(\pi x/L)\right]}{2} dx$

$= \frac{1}{3} - \frac{1}{2\pi} \sin\left(\frac{2\pi}{3}\right) = \frac{1}{3} - \frac{\sqrt{3}}{4\pi} = 0.196$

(b) 확률밀도는 $x = \frac{L}{2}$ 를 기준으로 대칭적이다.

$x = \frac{2L}{3}$ 부터 $x = L$에서 입자가 발견될 확률은 (a)와 같이 0.196일 것 이므로 $x = \frac{L}{3}$ 부터

$x = \frac{2L}{3}$ 에서 입자가 발견될 확률은 $P = 1.00 - 2(0.196) = 0.609$이다.

14. (a) $\Delta E = hf = \frac{hc}{\lambda_n} = \frac{h}{8mL^2}(n^2 - 1)$

$L = \sqrt{\frac{h\lambda_n}{8mc}(n^2 - 1)}$

$= \sqrt{\frac{(6.626 \times 10^{-34} J \cdot s)(121.6 \times 10^{-9} m)}{8(9.11 \times 10^{-31} kg)(3.00 \times 10^8 m/s)}(4 - 1)}$

$= 3.32 \times 10^{-10} m = 0.332 nm$

(b) $L = \sqrt{\frac{h\lambda_n}{8mc}(n^2 - 1)} \quad \rightarrow \quad \lambda_n = \frac{8mcL^2}{h(n^2 - 1)}$

$\therefore \lambda_3 = \frac{8(9.11 \times 10^{-31} kg)(3.00 \times 10^8 m/s)(3.32 \times 10^{-10} m)^2}{(6.626 \times 10^{-34} J \cdot s)(9 - 1)}$

$= 4.56 \times 10^{-8} m = 45.6 nm$

40.3 슈뢰딩거 방정식

15. $\psi = Ae^{i(kx - \omega t)} \cdots [1]$

$\frac{d\psi}{dx} = ikAe^{i(kx - \omega t)}, \quad \frac{d^2\psi}{dx^2} = -k^2 Ae^{i(kx - \omega t)} \cdots [2]$

이므로 [1], [2] 식을 슈뢰딩거 방정식에 대입하면,

$-\frac{\hbar^2}{2m}\frac{d^2\psi}{dx^2} + U\psi = E\psi$

$\rightarrow \left(-\frac{\hbar^2}{2m}\right)\left(-k^2 Ae^{i(kx - \omega t)}\right) + 0 = EAe^{i(kx - \omega t)}$

이므로 $\frac{\hbar^2 k^2}{2m} = E$

$$\frac{\hbar^2 k^2}{2m} = \frac{1}{2m}(\frac{h}{2\pi})^2(\frac{2\pi}{\lambda})^2$$
$$= \frac{(h/\lambda)^2}{2m} = \frac{p^2}{2m} = \frac{m^2 u^2}{2m}$$
$$= \frac{1}{2}\mu^2 = K = K + U = E$$

이므로 U=0이며 주어진 파동함수가 슈뢰딩거 방정식의 해이다.

16. (a) 총 에너지가 0이므로 슈뢰딩거 방정식은

$$(-\frac{\hbar^2}{2m})\frac{d^2\psi}{dx^2} + U(x)\psi = 0 \rightarrow U(x) = (\frac{\hbar^2}{2m})\frac{1}{\psi}\frac{d^2\psi}{dx^2}$$

만약 $\psi(x) = Axe^{-x^2/L^2}$ 라면,

$$\frac{d^2\psi}{dx^2} = (4Ax^3 - 6AxL^2)\frac{e^{-x^2/L^2}}{L^4} \rightarrow \frac{d^2\psi}{dx^2} = \frac{(4x^2 - 6L^2)}{L^4}\psi(x) \text{이므로}$$

$$U(x) = \frac{\hbar^2}{2mL^2}(\frac{4x^2}{L^2} - 6)$$

(b) $U(x) - x$ 그래프는 아래와 같이 그려진다.

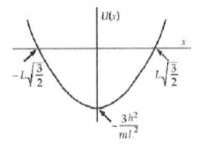

17. (a) n=1일 때 파동함수는 $\psi_1(x) = \sqrt{\frac{2}{L}}cos(\frac{\pi x}{L})$ 이며 확률밀도는

$$P_1(x) = |\psi_1(x)|^2 = \frac{2}{L}cos^2(\frac{\pi x}{L})$$

n=2일 때 파동함수는 $\psi_2(x) = \sqrt{\frac{2}{L}}sin(\frac{2\pi x}{L})$ 이며 확률밀도는

$$P_2(x) = |\psi_2(x)|^2 = \frac{2}{L}sin^2(\frac{2\pi x}{L})$$

n=3일 때 파동함수는 $\psi_3(x) = \sqrt{\frac{2}{L}}cos(\frac{3\pi x}{L})$ 이며 확률밀도는

$$P_3(x) = |\psi_3(x)|^2 = \frac{2}{L}cos^2(\frac{3\pi x}{L})$$

(b) 아래 그림과 같은 파동함수와 확률 밀도 함수가 그려진다.

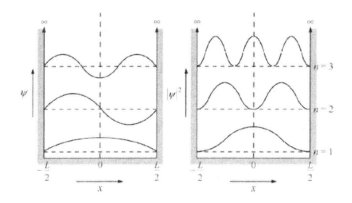

40.4 유한한 높이의 우물에 갇힌 입자

18. (a) n=4 일 때, 파동함수는 두 개의 최대와 두 개의 최소를 가지므로 오른쪽 위 그림과 같이 그려진다.
(b) n=4일 때 확률 함수는 4개의 최대를 가지므로 오른쪽 아래 그림과 같이 그려진다.

19. (a) 오른쪽 그림과 같이 그릴 수 있다.
(b) 상자안의 파장은 2L이다. 파동함수는 벽을 통과하지만,
벽의 양쪽에서 U=0이기 때문에 에너지와 운동량은 같으며 파장 또한 똑같이 2L이다.

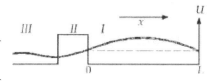

40.5 퍼텐셜 에너지 장벽의 터널링

20. $C = \dfrac{\sqrt{2m(U-E)}}{\hbar}$

$\quad = \dfrac{\sqrt{2(9.11 \times 10^{-31}kg)(10.0eV - 5.00eV)(1.60 \times 10^{-19}J/eV)}}{6.626 \times 10^{-34}J \cdot s/2\pi}$

$\quad = 1.14 \times 10^{10}m^{-1}$

(a) $T \approx e^{-2CL} = e^{-2(1.14 \times 10^{10}m^{-1})(2.00 \times 10^{-10}m)} = 0.0103$
이므로 1%확률로 통과한다.

(b) $R = 1 - T = 0.990$이므로 99%확률로 반사된다.

40.6 터널링의 응용

21. $\dfrac{e^{-2(10.0/nm)L} - e^{-2(10.0/nm)(L+0.002nm)}}{e^{-2(10.0/nm)L}}$

$= 1 - e^{-20.0(0.002)}$

$= 0.0392$

$= 3.92\%$

40.7 단조화 진동자

22. $E = \hbar\omega \rightarrow \dfrac{hc}{\lambda} = \hbar\sqrt{\dfrac{k}{m}} = \dfrac{h}{2\pi}\sqrt{\dfrac{k}{m}}$

$\rightarrow \lambda = 2\pi c\sqrt{\dfrac{m}{k}} = 2\pi(3.00\times10^8 m/s)(\dfrac{9.11\times10^{-31}kg}{8.99 N/m})^{1/2} = 600 nm$

23. $E = \hbar\omega \rightarrow \dfrac{hc}{\lambda} = \hbar\sqrt{\dfrac{k}{m}} = \dfrac{h}{2\pi}\sqrt{\dfrac{k}{m}} \rightarrow \lambda = 2\pi c\sqrt{\dfrac{m}{k}}$

24. (a) $\psi = Be^{-2(m\omega/2\hbar)x^2}$일 때,

$1 = \int |\psi|^2 dx = \int_{-\infty}^{\infty} B^2 e^{-2(m\omega/2\hbar)x^2} dx \rightarrow B = (\dfrac{m\omega}{\pi\hbar})^{1/4}$

$= 2B^2 \int_0^{\infty} e^{-(m\omega/\hbar)x^2} dx = B^2\sqrt{\dfrac{\pi\hbar}{m\omega}}$

(b) $\int_{-\delta/2}^{\delta/2} |\psi|^2 dx \approx \delta|\psi(0)|^2 = \delta B^2 e^{-0} = \delta(\dfrac{m\omega}{\pi\hbar})^{1/2}$

25. (a) $\dfrac{d\psi}{dx} = Ae^{-bx^2} - 2bx^2 Ae^{-bx^2}$,

$\dfrac{d^2\psi}{dx^2} = [-2bxAe^{-bx^2} - 4bxAe^{-bx^2}] + 4b^2x^3 e^{-bx^2} = -6b\psi + 4b^2x^2\psi$이므로

$-\dfrac{\hbar^2}{2m}\dfrac{d^2\psi}{dx^2} + \dfrac{1}{2}m\omega^2 x^2\psi = E\psi \rightarrow -\dfrac{\hbar^2}{2m}[-6b\psi + 4b^2x^2\psi] + \dfrac{1}{2}m\omega^2 x^2\psi = E\psi$

$\rightarrow \dfrac{3b\hbar^2}{m}\psi - \dfrac{2b^2\hbar^2}{m}x^2\psi = -\dfrac{1}{2}m\omega^2 x^2\psi + E\psi$ 이 되며

$\dfrac{2b^2\hbar^2}{m} = \dfrac{1}{2}m\omega^2 \rightarrow b^2 = \dfrac{m^2\omega^2}{4\hbar^2}$ 이며,

$\dfrac{3b\hbar^2}{m} = E$

(b) $b = \dfrac{m\omega}{2\hbar}$, $E = \dfrac{3b\hbar^2}{m} = \dfrac{3}{2}\hbar\omega$

(c) $E_n = (n+\dfrac{1}{2})\hbar\omega = \dfrac{3}{2}\hbar\omega$이므로 n=1이어야 하고 첫 번째 들뜬 상태이다.

26. (a) $< x >= 0$, $< p_x >= 0$에서 x^2의 평균은 $(\triangle x)^2$이며, p_x^2의 평균은 $(\triangle p_x)^2$이다.

$\triangle x \geqq \dfrac{\hbar}{2\triangle p_x}$ 이고, $< E >=< \dfrac{p_x^2}{2m} >+< \dfrac{k}{2}x^2 >= \dfrac{< p_x^2 >}{2m}+\dfrac{k}{2}< x^2 >$ 이므로

$E = \dfrac{(\triangle p_x)^2}{2m}+\dfrac{k}{2}(\triangle x)^2 \geqq \dfrac{(\triangle p_x)^2}{2m}+\dfrac{k}{2}(\dfrac{\hbar}{2\triangle p_x})^2 = \dfrac{(\triangle p_x)^2}{2m}+\dfrac{k\hbar^2}{8(\triangle p_x)^2}$

$\rightarrow E \geqq \dfrac{p_x^2}{2m}+\dfrac{k\hbar^2}{8p_x^2}$

(b) 최소에너지에서

$\dfrac{d}{d[(\triangle p_x)^2]}[\dfrac{(\triangle p_x)^2}{2m}+\dfrac{k\hbar^2}{8(\triangle p_x)^2}] = \dfrac{1}{2m}+\dfrac{k\hbar^2}{8}(-1)\dfrac{1}{(\triangle p_x)^4} = 0$

$\dfrac{k\hbar^2}{8(\triangle p_x)^4} = \dfrac{1}{2m} \rightarrow (\triangle p_x)^2 = (\dfrac{2mk\hbar^2}{8})^{1/2} = \dfrac{\hbar\sqrt{mk}}{2}$ 이므로

$E \geqq \dfrac{(\triangle p_x)^2}{2m}+\dfrac{k\hbar^2}{8(\triangle p_x)^2} = \dfrac{\hbar\sqrt{mk}}{2(2m)}+\dfrac{k\hbar^2 2}{8\hbar\sqrt{mk}} = \dfrac{\hbar}{4}\sqrt{\dfrac{k}{m}}+\dfrac{\hbar}{4}\sqrt{\dfrac{k}{m}} = \dfrac{\hbar}{2}\sqrt{\dfrac{k}{m}}$

$\rightarrow E_{\min} = \dfrac{\hbar}{2}\sqrt{\dfrac{k}{m}} = \dfrac{\hbar\omega}{2}$

27. $\psi = Be^{-(m\omega/2\hbar)x^2}$, $\dfrac{d\psi}{dx} = -(\dfrac{m\omega}{\hbar})x\psi$, $\dfrac{d^2\psi}{dx^2} = (\dfrac{m\omega}{\hbar})^2 x^2\psi+(-\dfrac{m\omega}{\hbar})\psi$

$-\dfrac{\hbar^2}{2m}\dfrac{d^2\psi}{dx^2}+\dfrac{1}{2}m\omega^2 x^2\psi = E\psi$

$\rightarrow -\dfrac{\hbar^2}{2m}[(\dfrac{m\omega}{\hbar})^2 x^2\psi+(-\dfrac{m\omega}{\hbar})\psi]+\dfrac{1}{2}m\omega^2 x^2\psi = E\psi$

$\rightarrow (\dfrac{\hbar\omega}{2})\psi = E\psi \rightarrow E = \dfrac{\hbar\omega}{2}$

28. (a) $m_1 u_1 + m_2 u_2 = 0$이므로

$u = |u_1| + |u_2| = |u_1| + \dfrac{m_1}{m_2}|u_1| = \dfrac{m_2+m_1}{m_2}|u_1| \rightarrow |u_1| = \dfrac{m_2 u}{m_1+m_2}$

이며, 같은 방법으로 $u = |u_2| + \dfrac{m_2}{m_1}|u_2| = \dfrac{m_2+m_1}{m_1}|u_2| \rightarrow |u_2| = \dfrac{m_1 u}{m_1+m_2}$

$\dfrac{1}{2}m_1 u_1^2 + \dfrac{1}{2}m_2 u_2^2 + \dfrac{1}{2}kx^2 = \dfrac{1}{2}\dfrac{m_1 m_2^2 u^2}{(m_1+m_2)^2} + \dfrac{1}{2}\dfrac{m_2 m_1^2 u^2}{(m_1+m_2)^2} + \dfrac{1}{2}kx^2$

$= \dfrac{1}{2}\dfrac{m_1 m_2(m_1+m_2)}{(m_1+m_2)^2}u^2 + \dfrac{1}{2}kx^2 = \dfrac{1}{2}\mu u^2 + \dfrac{1}{2}kx^2$

(b) $\dfrac{d}{dx}(\dfrac{1}{2}\mu u^2 + \dfrac{1}{2}kx^2) = \dfrac{1}{2}\mu 2u\dfrac{du}{dx} + \dfrac{1}{2}k2x$

$= \mu\dfrac{dx}{dt}\dfrac{du}{dx} + kx = \mu\dfrac{du}{dt} + kx = \mu a + kx = 0$

$\rightarrow \mu a = -kx \rightarrow a = -\dfrac{kx}{\mu}$ 이므로 가속도가 평형으로부터의 위치에 대해 음수 상수 배수의 크기를 가지므로 단조화 운동을 한다.

(c) $a = -\omega^2 x \rightarrow \omega = \sqrt{\dfrac{k}{\mu}} = 2\pi f \rightarrow f = \dfrac{1}{2\pi}\sqrt{\dfrac{k}{\mu}}$

추가문제

29. 만약 상자에 있는 양자 입자에 대해 n=0을 가지고 있다면 운동량은 0이 될 것이다. 운동량의 불확실성은 0이 될 것이다. 위치의 불확실성은 무한하지 않고 상자의 폭과 같을 것이다. 그러면 불확정도가 0이 되어 불확정성 원리를 위반하게 된다. 이러한 모순은 양자수가 0이 될 수 없다는 것을 보여준다. 그 기저상태에서 입자는 0점이 아닌 약간의 에너지를 가지고 있다.

30. (a) 확률밀도는

$|\Psi(x)|^2 = 0, \quad x < 0$

$|\Psi(x)|^2 = \dfrac{2}{a} e^{-2x/a}, \quad x > 0$

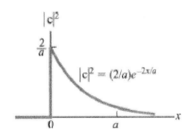

(b) $\mathrm{Prob}(x<0) = \displaystyle\int_{-\infty}^{0} |\Psi(x)|^2 dx = \int_{-\infty}^{0} (0)dx = 0$

(c) $\displaystyle\int_{-\infty}^{0} 0\,dx + \int_{0}^{\infty}\left(\dfrac{2}{a}\right)e^{-2x/a}dx = 0 - e^{-2x/a}\big|_{0}^{\infty} = -(e^{-\infty}-1) = 1$

(d) $\mathrm{Prob}(0<x<a) = \displaystyle\int_{0}^{a}|\Psi|^2 dx = \int_{0}^{a}\left(\dfrac{2}{a}\right)e^{-2x/a}dx = -e^{-2x/a}\big|_{0}^{a}$

$\qquad\qquad = 1 - e^{-2} = 0.865$

41장 원자 물리학

41.1 기체의 원자 스펙트럼

1. (a) $\lambda = (\frac{1}{R_H})(\frac{n^2}{n^2-1})$이므로,

$$\lambda_1 = \frac{1}{1.0973732 \times 10^7 m^{-1}}(\frac{2^2}{2^2-1}) = 1.215 \times 10^{-7} m = 121.5 nm$$

$$\lambda_2 = \frac{1}{1.0973732 \times 10^7 m^{-1}}(\frac{3^2}{3^2-1}) = 1.025 \times 10^{-7} m = 102.5 nm$$

$$\lambda_3 = \frac{1}{1.0973732 \times 10^7 m^{-1}}(\frac{4^2}{4^2-1}) = 9.720 \times 10^{-8} m = 97.20 nm$$

(b) 세 파장은 모두 자외선 영역의 파장이다.

2. 다섯 번째 들뜬상태에서 두 번째 들뜬상태로 전이되면서 방출하는 에너지는

$$E_{52} = hf = \frac{hc}{\lambda} = \frac{(6.626 \times 10^{-34} J \cdot s)(3.00 \times 10^8 m/s)}{520 \times 10^{-9} m}$$
$$= 3.82 \times 10^{-19} J$$

여섯 번째 들뜬상태에서 두 번째 들뜬상태로 전이되면서 방출하는 에너지는

$$E_{62} = \frac{(6.626 \times 10^{-34} J \cdot s)(3.00 \times 10^8 m/s)}{410 \times 10^{-9} m}$$
$$= 4.85 \times 10^{-19} J$$

두 에너지의 차이는 $(4.85 - 3.82) \times 10^{-19} J = 1.03 \times 10^{-19} J$이므로 여섯 번째 들뜬 상태에서 다섯 번째 들뜬 상태로 전이될 때 방출되는 파장은

$$\lambda = \frac{hc}{E_{65}} = \frac{(6.626 \times 10^{-34} J \cdot s)(3.00 \times 10^8 m/s)}{1.03 \times 10^{-19} J}$$
$$= 1.94 \times 10^{-6} m = 1.94 \mu m$$

3. (a) $\Delta E_{m1} = E_m - E_1 = \frac{hc}{\lambda_{m1}}$

$$\Delta E_{n1} = E_n - E_1 = \frac{hc}{\lambda_{n1}}$$

따라서

$$\Delta E_{mn} = E_m - E_n = \frac{hc}{\lambda_{mn}}$$

$$\rightarrow \quad \Delta E_{mn} = (E_m - E_1) - (E_m - E_1) = \frac{hc}{\lambda_{mn}}$$

$$\frac{hc}{\lambda_{m1}} - \frac{hc}{\lambda_{n1}} = \frac{hc}{\lambda_{mn}} \quad \rightarrow \quad \frac{1}{\lambda_{mn}} = \frac{1}{\lambda_{m1}} - \frac{1}{\lambda_{n1}}$$

$$\therefore \lambda_{mn} = \left| \frac{1}{1/\lambda_{m1} - 1/\lambda_{n1}} \right|$$

(b) $k_{ij} = \dfrac{2\pi}{\lambda_{ij}}$

$2\pi\left(\dfrac{1}{\lambda_{mn}} = \left|\dfrac{1}{\lambda_{m1}} - \dfrac{1}{\lambda_{n1}}\right|\right) \rightarrow k_{mn} = |k_{m1} - k_{n1}|$

41.2 초창기 원자 모형

4. 고전적인 모형에서 전자는 수소 원자의 양성자 주변에서 균일하게 원운동하며

$$F = \frac{k_e e^2}{r^2} = ma \rightarrow a = \frac{k_e e^2}{m_e r^2}$$

(a) $k_e = \dfrac{1}{4\pi\epsilon_0}$ 이므로 $a = \dfrac{v^2}{r} = \dfrac{F}{m_e} = \dfrac{e^2}{4\pi\epsilon_0 r^2 m_e} \rightarrow m_e v^2 = \dfrac{e^2}{4\pi\epsilon_0 r}$ 이 되어

총 에너지는 $E = K + U = \dfrac{m_e v^2}{2} - \dfrac{e^2}{4\pi\epsilon_0 r} = -\dfrac{e^2}{8\pi\epsilon_0 r}$

$\dfrac{dE}{dt} = \dfrac{-1}{6\pi\epsilon_0}\dfrac{e^2 a^2}{c^3}$

$\rightarrow \dfrac{e^2}{8\pi\epsilon_0 r^2}\dfrac{dr}{dt} = \dfrac{-e^2}{6\pi\epsilon_0 c^3}\left(\dfrac{e^2}{4\pi\epsilon_0 r^2 m_e}\right)^2$

$\rightarrow \dfrac{dr}{dt} = -\dfrac{e^4}{12\pi^2\epsilon_0^2 m_e^2 c^3}\left(\dfrac{1}{r^2}\right)$

(b) $T = \displaystyle\int_0^T dt = -\int_{2.00\times10^{-10}m}^0 \dfrac{12\pi^2\epsilon_0^2 r^2 m_e^2 c^3}{e^4} dr$

$= \dfrac{12\pi^2(8.85\times10^{-12}C)^2(9.11\times10^{-31}kg)^2(3.00\times10^8 m/s)^3}{1.60\times10^{-19}C^4} \times \dfrac{(2.00\times10^{-10}m)^3}{3}$

$= 8.46\times10^{-10}s = 0.846ns$

41.3 보어의 수소 원자 모형

5. $\triangle E = E_f - E_i = -\dfrac{13.6eV}{n_f^2} - \left(-\dfrac{13.6eV}{n_i^2}\right) = 13.6eV\left(\dfrac{1}{n_i^2} - \dfrac{1}{n_f^2}\right)$

(a) $\triangle E = E_5 - E_2 = 13.6eV\left(\dfrac{1}{2^2} - \dfrac{1}{5^2}\right) = 2.86eV$

(b) $\triangle E = E_6 - E_4 = 13.6eV\left(\dfrac{1}{4^2} - \dfrac{1}{6^2}\right) = 0.472eV$

6. $\dfrac{1}{2}m_e v^2 = \dfrac{k_e e^2}{2r} \rightarrow v^2 = \dfrac{k_e e^2}{m_e r}$ 이고 $r_n = \dfrac{n^2\hbar^2}{m_e k_e e^2}$ 을 이용하면,

$$v_n^2 = \frac{k_e e^2}{m_e (n^2 \hbar^2 / m_e k_e e^2)} = \frac{k_e e^2}{n \hbar}$$

7. (a) $\Delta E = -\dfrac{13.6\,eV}{3^2} + \dfrac{13.6\,eV}{2^2} = 1.89\,eV$

(b) $\lambda = \dfrac{c}{f} = \dfrac{hc}{\Delta E} = \dfrac{1240\,eV \cdot nm}{(1.89\,eV)} = 656\,nm$

(c) $\Delta E = -\dfrac{13.6\,eV}{\infty} + \dfrac{13.6\,eV}{2^2} = 3.40\,eV$

(d) $\lambda = \dfrac{c}{f} = \dfrac{hc}{\Delta E} = \dfrac{1240\,eV \cdot nm}{3.40\,eV} = 365\,nm$

(e) 거의 자외선에 해당 $\rightarrow \lambda = 365\,nm$

8. (a) $r_n = n^2 a_0 = n^2 (0.0529\,nm)$

$\qquad \therefore r_3 = (3)^2 (0.0529\,nm) = 0.476\,nm$

(b) $m_e v_2 = m_e \sqrt{\dfrac{k_e e^2}{m_e r_2}} = \sqrt{\dfrac{m_e k_e e^2}{r_2}}$

$\qquad = \sqrt{\dfrac{(9.11 \times 10^{-31}\,kg)(8.99 \times 10^9\,N \cdot m^2 / C^2 0(1.602 \times 10^{-19}\,C)^2}{0.476 \times 10^{-9}\,m}}$

$\qquad = 6.64 \times 10^{-25}\,kg \cdot m/s$

따라서 전자의 드브로이 파장은

$\qquad \lambda = \dfrac{h}{mv} = \dfrac{6.626 \times 10^{-34}\,J \cdot s}{6.64 \times 10^{-25}\,kg \cdot m/s}$

$\qquad = 9.97 \times 10^{-10}\,m = 0.997\,nm$

9. $E_n = (-13.6\,eV)\dfrac{Z^2}{n^2}$

$Z = 2$인 He^+ 이온에 대한 에너지 도표

$E_n = -\dfrac{54.4\,eV}{n^2}, \ n = 1, \ 2, 3, \ \cdots$

$n = \infty$ —————— 0

$n = 5$ —————— −2.18 eV
$n = 4$ —————— −3.40 eV

$n = 3$ —————— −6.04 eV

$n = 2$ —————— −13.6 eV

$n = 1$ —————— −54.4 eV

(b) $E = E_\infty - E_1 = 0 - \dfrac{(-13.6\,eV)(2)^2}{(1)^2} = 54.4\,eV$

41.4 수소 원자의 양자 모형

10. 수소에서 $\mu = \dfrac{m_p m_e}{m_p + m_e} \approx m_e$ 이고 광자의 에너지는 $\triangle E = E_3 - E_2$ 이며,

광자의 파장은 $\lambda = \dfrac{c}{f} = \dfrac{hc}{\triangle E}$ 로부터 구한 값이 656.3nm

(a) 포지트로늄에서 $\mu = \dfrac{m_e m_e}{m_e + m_e} = \dfrac{m_e}{2}$ 이므로 각 준위의 에너지는 수소의 절반 크기이다.

광자의 에너지는 파장에 반비례하므로,

$\lambda_{32} = 2(656.3nm) = 1.31\mu m$

(b) He^+에서 $\mu \approx m_e$, $q_1 = e$, $q_2 = 2e$ 이므로 전이 에너지는 수소보다 $2^2 = 4$배 더 크다.

$\qquad \lambda_{32} = (\dfrac{656.3nm}{4}) = 164nm$

11. (a) $\triangle x \triangle p \geq \dfrac{\hbar}{2}$ 에서 $\triangle x = r$ 이라면 $\triangle p \geq \dfrac{\hbar}{2r}$ 이 된다.

(b) 파동함수가 특정한 파동형태를 가졌을 때만 최소의 불확정도를 가지게 된다. 운동량의 불확정도를 최소값의 2배라고 한다면 $\triangle p = \dfrac{\hbar}{r}$ 이고,

$K = \dfrac{p^2}{2m_e} \approx \dfrac{(\triangle p)^2}{2m_e} = \dfrac{\hbar^2}{2m_e r^2}$

(c) $U = -\dfrac{k_e e^2}{r}$ 이므로 $E = K + U \approx \dfrac{\hbar^2}{2m_e r^2} - \dfrac{k_e e^2}{r}$

(d) $\dfrac{dE}{dr} = -\dfrac{\hbar^2}{m_e r^3} + \dfrac{k_e e^2}{r^2} = 0 \rightarrow r = \dfrac{\hbar^2}{m_e k_e e^2} = a_0$

(e) $E = \dfrac{\hbar^2}{2m_e}(\dfrac{m_e k_e e^2}{\hbar^2})^2 - k_e e^2(\dfrac{m_e k_e e^2}{\hbar^2}) = -\dfrac{m_e k_e^2 e^4}{2\hbar^2}$

$\qquad = -\dfrac{(9.109 \times 10^{-31} kg)(8.988 \times 10^9 N \cdot m^2/C^2)^2 (1.602 \times 10^{-19} C)^4}{2(6.626 \times 10^{-34} J \cdot s/2\pi)^2}$

$\qquad = -2.179 \times 10^{-18} J(\dfrac{1eV}{1.602 \times 10^{-19} J}) = -13.6\,eV$

(f) 운동량의 불확정도의 두 배의 값으로 선택하여 찾은 결과는 보어의 이론과 동일하다.

41.5 수소에 대한 파동 함수

12. $\psi_{1s}(r) = \dfrac{1}{\sqrt{\pi a_0^3}} e^{-r/a_0}$, $P_{1s}(r) = \dfrac{4r^2}{a_0^3} e^{-2r/a_0}$

이므로 아래 그림과 같이 그려진다.

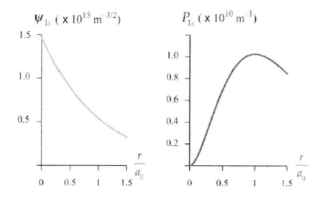

13. (a) $\psi = \dfrac{1}{\sqrt{\pi a_0^3}} e^{-r/a_0} \rightarrow \dfrac{2}{r} \dfrac{d\psi}{dr} = \dfrac{2}{r} \left(\dfrac{-1}{\sqrt{\pi a_0^5}} e^{-r/a_0} \right) = -\dfrac{2}{r a_0} \psi$,

$\dfrac{d^2\psi}{dr^2} = \dfrac{1}{\sqrt{\pi a_0^7}} e^{-r/a_0} = \dfrac{1}{a_0^2} \psi$이므로 슈뢰딩거의 방정식은

$-\dfrac{\hbar^2}{2m_e} \left(\dfrac{1}{a_0^2} - \dfrac{2}{r a_0} \right) \psi - \dfrac{e^2}{4\pi\epsilon_0 r} \psi = E\psi$의 형태가 된다.

$a_0 = \dfrac{\hbar^2}{m_e k_e e^2} = \dfrac{\hbar^2 (4\pi\epsilon_0)}{m_e e^2}$이므로

$-\dfrac{\hbar^2}{2m_e} \dfrac{1}{a_0^2} \psi + \left[\dfrac{\hbar^2}{m_e r} \dfrac{1}{a_0} \psi - \dfrac{e^2}{4\pi\epsilon_0 r} \psi \right] = E\psi$

$\rightarrow -\dfrac{\hbar^2}{2m_e} \dfrac{1}{a_0^2} \psi = E\psi \rightarrow E = -\dfrac{\hbar^2}{2m_e} \dfrac{1}{a_0^2}$

(b) a_0 하나를 $a_0 = \dfrac{\hbar^2}{m_e k_e e^2}$로 바꾸면, $E = -\dfrac{\hbar^2}{2m_e} \dfrac{1}{a_0^2} = -\dfrac{k_e e^2}{2a_0}$

14. (a) $\displaystyle\int |\psi|^2 dV = 4\pi \int_0^\infty |\psi|^2 r^2 dr = 4\pi \left(\dfrac{1}{\pi a_0^3} \right) \int_0^\infty r^2 e^{-2r/a_0} dr = \left(-\dfrac{2}{a_0^2} \right) \left(-\dfrac{a_0^2}{2} \right) = 1$

(b) $\displaystyle P_{a_0/2 \rightarrow 3a_0/2} = 4\pi \int_{a_0/2}^{3a_0/2} |\psi|^2 r^2 dr = 4\pi \left(\dfrac{1}{\pi a_0^3} \right) \int_{a_0/2}^{3a_0/2} r^2 e^{-2r/a_0} dr$

$= -\dfrac{2}{a_0^2} \left[e^{-3} \left(\dfrac{17a_0^2}{4} \right) - e^{-1} \left(\dfrac{5a_0^2}{4} \right) \right] = 0.497$

41.6 양자수의 물리적 해석

15. (a) 3d 버금 껍질

n	3	3	3	3	3	3	3	3	3	3
ℓ	2	2	2	2	2	2	2	2	2	2
m_ℓ	+2	+2	+1	+1	0	0	–1	–1	–2	–2
m_s	+1/2	–1/2	+1/2	–1/2	+1/2	–1/2	+1/2	–1/2	+1/2	–1/2

(a total of 10 states.)

(b) 3p 버금 껍질과 양자수의 조합

n	3	3	3	3	3	3
ℓ	1	1	1	1	1	1
m_ℓ	+1	+1	0	0	–1	–1
m_s	+1/2	–1/2	+1/2	–1/2	+1/2	–1/2

(a total of 6 states.)

16. (a) 3d 상태에서 n=3, l=2이므로 $L = \sqrt{l(l+1)}\,\hbar = \sqrt{6}\,\hbar = 2.58 \times 10^{-34} J \cdot s$

(b) $m_l = -2, -1, 0, 1, 2$이므로 $L_z = -2\hbar, -\hbar, 0, \hbar, 2\hbar$가 될 수 있다.

(c) $\cos\theta = \dfrac{L_z}{L}$이므로 $\theta = 145°, 114°, 90.0°, 65.9°, 35.3°$가 가능하다.

17. (a) $n = 1$에서 $l = 0$, $m_l = 0$, $m_s = \pm\dfrac{1}{2}$이 가능하므로,

n	l	m_l	m_s
1	0	0	-1/2
1	0	0	+1/2

의 경우의 수가 가능하며 $2n^2 = 2(1)^2 = 2$가지

(b) $n = 2$에서

n	l	m_l	m_s
2	0	0	$\pm 1/2$
2	1	-1	$\pm 1/2$
2	1	0	$\pm 1/2$
2	1	+1	$\pm 1/2$

의 경우의 수가 가능하므로 $2n^2 = 2(2)^2 = 8$가지

(c) $2n^2 = 2(3)^2 = 18$가지

(d) $2n^2 = 2(4)^2 = 32$가지

(e) $2n^2 = 2(5)^2 = 50$가지.

18. (a) $\rho = \dfrac{m}{V} = \dfrac{1.67 \times 10^{-27} kg}{\left(\dfrac{4}{3}\pi\right)(1.00 \times 10^{-15} m)^3} = 3.99 \times 10^{17} kg/m^3$

(b) $r = \left(\dfrac{3m}{4\pi\rho}\right)^{1/3} = \left[\dfrac{3(9.11 \times 10^{-31} kg)}{4\pi(3.99 \times 10^{17} kg/m^3)}\right]^{1/3}$

$\quad = 8.17 \times 10^{-17} m = 8.17\, am$

(c) $I = \dfrac{2}{5}mr^2 = \dfrac{2}{5}(9.11 \times 10^{-31} kg)(8.17 \times 10^{-17} m)^2 = 2.43 \times 10^{-63} kg \cdot m^2$

$\quad \therefore L_z = I\omega = \dfrac{\hbar}{2} = \dfrac{Iv}{r}$

따라서 $v = \dfrac{\hbar r}{2I} = \dfrac{(6.626 \times 10^{-34} J \cdot s)(8.17 \times 10^{-17} m)}{2\pi(2 \times 2.43 \times 10^{-63} kg \cdot m^2)}$

$\quad = 1.77 \times 10^{12} m/s = 1.77\, Tm/s$

(d) 그것은 $5.91 \times 10^3 c$인데, 빛의 속도와 비교할 때 거대하고 불가능한 것이다.

19. $\Delta U_B = T_{ER}$

$\quad U = -\vec{\mu} \cdot \vec{B} = -\mu_z B$

$\quad \rightarrow \Delta U_B = -\Delta\mu_z B = -\left[\dfrac{e\hbar}{2m_e} - \left(-\dfrac{e\hbar}{2m_e}\right)\right]B = -2\mu_B B$

여기서 $T_{ER} = -hf$

$\quad \therefore 2\mu_B B = hf \quad \rightarrow \quad B = \dfrac{hf}{2\mu_B} = \dfrac{hc}{2\mu_B \lambda}$

따라서 자기장은

$\quad B = \dfrac{(6.626 \times 10^{-34} J \cdot s)(3.00 \times 10^8 m/s)}{2(9.27 \times 10^{-24} J/T)(0.21m)} = 0.05\, T$

20. 아래의 표와 같이 나온다.

n	3	3	3	3	3	3	3	3	3	3	3	3	3	3	3
l	2	2	2	2	2	2	2	2	2	2	2	2	2	2	2

m_l	-2	-2	-2	-1	-1	-1	0	0	0	1	1	1	2	2	2
s	1	1	1	1	1	1	1	1	1	1	1	1	1	1	1
m_s	-1	0	1	-1	0	1	-1	0	1	-1	0	1	-1	0	1

21. 양성자의 에너지는

$$E = \frac{1240\,eV \cdot nm}{88.0\,eV} = 14.1\,eV$$

광전효과로부터

$$K_{\max} = E - \phi = 14.1\,eV - 4.08\,eV = 10.0\,eV$$

이 전자 에너지는 수고 원자를 바닥상태에서 들뜸 상태로 하기에는 충분하지 않다.

41.7 배타 원리와 주기율표

22. (a) 칼륨과 칼슘의 4s 버금껍질이 스칸듐부터 아연까지의 3d 버금껍질보다 먼저 채워진다.

(b) [Ar]$3d^4 4s^2$가 더 낮은 에너지를 가질 것이라고 예상되지만, 훈트의 규칙에 따르면 [Ar] $3d^5 4s^1$이 더 많은 짝지어지지 않은 스핀을 가지고 있고, 더 낮은 에너지를 가진다.

(c) 바닥상태에서 (b)의 배열을 가지는 원소는 크롬이다.

23. 오른쪽 그림과 같은 표가 만들어 진다.

	3s		3p		4s	
Na^{11}	⇑					$[1s^2 2s^2 2p^6]3s^1$
Mg^{12}	⇑⇓					$[1s^2 2s^2 2p^6]3s^2$
Al^{13}	⇑⇓	⇑				$[1s^2 2s^2 2p^6]3s^2 3p^1$
Si^{14}	⇑⇓	⇑	⇑			$[1s^2 2s^2 2p^6]3s^2 3p^2$
P^{15}	⇑⇓	⇑	⇑	⇑		$[1s^2 2s^2 2p^6]3s^2 3p^3$
S^{16}	⇑⇓	⇑⇓	⇑	⇑		$[1s^2 2s^2 2p^6]3s^2 3p^4$
Cl^{17}	⇑⇓	⇑⇓	⇑⇓	⇑		$[1s^2 2s^2 2p^6]3s^2 3p^5$
Ar^{18}	⇑⇓	⇑⇓	⇑⇓	⇑⇓		$[1s^2 2s^2 2p^6]3s^2 3p^6$
K^{19}	⇑⇓	⇑⇓	⇑⇓	⇑⇓	⇑	$[1s^2 2s^2 2p^6 3s^2 3p^6]4s^1$

24. (a) $1s^2 2s^2 2p^4$

(b) $1s$ 전자에 대해

$$n = 1,\ l = 0, m_l = 0,\ m_s = +\frac{1}{2}\ and - \frac{1}{2}$$

$2s$ 전자에 대해

$$n = 2, \ l = 0, m_l = 0, \ m_s = +\frac{1}{2} \ and -\frac{1}{2}$$

$2p$ 전자에 대해

$$n = 2, \ l = 1, m_l = -1, 0, 1 \ and \ m_s = +\frac{1}{2} \ and -\frac{1}{2}$$

25. l은 0부터 n-1까지 가능하므로 다음 표를 그릴 수 있다.

n+l	1	2	3	4	5	6	7
버금껍질	1s	2s	2p,3s	3p,4s	3d,4p,5s	4d,5p,6s	4f,5d,6p,7s

이를 봤을 때 순서는 $1s, 2s, 2p, 3s, 3p, 4s, 3d, 4p, 5s, 4d, 5p, 6s, 4f, 5d, 6p, 7s$ 이다.

41.8 원자 스펙트럼: 가시광선과 X선

26. $K_e = e \Delta V$

$$hf = \frac{hc}{\lambda} = e \Delta V$$

$$\therefore \lambda = \frac{hc}{e \Delta V} = \frac{(6.6261 \times 10^{-34} \, J \cdot s)(2.9979 \times 10^8 \, m/s)}{(1.6022 \times 10^{-19} \, C) \Delta V}$$

$$= \frac{1240 \, nm \cdot V}{\Delta V}$$

27. (a) $E_M \approx -(Z-9)^2 \frac{13.6 \, eV}{3^2} = -13.6 EV \frac{74^2}{3^2}$

$$E_L = -(Z-1)^2 \frac{13.6 e V}{2^2} = -13.6 e V \frac{82^2}{2^2}$$

$$\therefore E_{양성자} = E_M - E_L = 13.6 e V \left[-\frac{74^2}{3^2} - \frac{82^2}{2^2} \right]$$

$$= 1.46 \times 10^4 \, eV = 15 ke V$$

(b) $\lambda = \frac{1.240 ke V \cdot nm}{E} = \frac{1.240 \, ke V \cdot nm}{15 ke V}$

$$= 0.083 \, nm = 8.3 \times 10^{-11} \, m$$

41.10 레이저

28. (a) $N_{trial} = \frac{2(35.124103 \times 10^{-2} m)}{632.8091 \times 10^9 \, m} = 1110101.07$

$$\lambda_1 = \frac{2\left(35.124103 \times 10^{-2}\, m\right)}{1110101} = 632.80914\, nm$$

$$\lambda_2 = \frac{2\left(35.124103 \times 10^{-2}\, m\right)}{1110102} = 632.80857\, nm$$

$$\lambda_3 = \frac{2\left(35.124103 \times 10^{-2}\, m\right)}{1110100} = 632.80971\, nm$$

$$\lambda_{trial} = \frac{2\left(35.124103 \times 10^{-2}\, m\right)}{1110103} = 632.80800\, nm$$

따라서 구하는 구성 요소의 개수는 3개이다.

(b) $\dfrac{1}{2}m_0 v^2 = \dfrac{3}{2}kT \quad \rightarrow \quad v = \sqrt{\dfrac{3kT}{m_0}}$

$$\therefore\ v = \sqrt{\frac{3\left(1.38 \times 10^{-23}\, J/K\right)\left(393K\right)}{20.18\, u}\left(\frac{1\, u}{1.66 \times 10^{-27}\, kg}\right)} = 697\, m/s$$

(c) $f' = f\sqrt{\dfrac{c+v}{c-v}} = \dfrac{c}{\lambda'} = \dfrac{c}{\lambda}\sqrt{\dfrac{c+v}{c-v}}$

$\lambda' = \lambda\sqrt{\dfrac{c-v}{c+v}}$

$$= \left(632.8091\, nm\right)\sqrt{\frac{3 \times 10^8 - 697}{3 \times 10^8 + 697}} = 632.80763\, nm$$

이것은 주어진 범위를 벗어난다. 많은 원자들이 rms 속도보다 빠르게 움직이고 있기 때문에 공명 증폭 피크의 도플러 폭은 여전히 더 커질 것으로 예상해야 한다.

추가문제

29. (a) $G\dfrac{M_s M_E}{r^2} = M_E \dfrac{v^2}{r}$

그러므로 $M_E v r = n\hbar\, (n = 1,\ 2,\ 3,\ ...) \quad \rightarrow \quad v = \dfrac{n\hbar}{M_E r}$

힘의 식에 대입, $r = \dfrac{n^2 \hbar^2}{G M_s M_E^2}$

(b) $n = \sqrt{G M_s r}\ \dfrac{M_E}{\hbar}$

$= \sqrt{\left(6.67 \times 10^{-11}\, N{\cdot}m^2/kg^2\right)\left(1.99 \times 10^{30}\, kg\right)\left(1.496 \times 10^{11}\, m\right)}\ \dfrac{5.98 \times 10^{24}\, kg}{1.055 \times 10^{-34}\, J{\cdot}s}$

$= 2.53 \times 10^{74}$

(c) $r_n = \dfrac{n^2 \hbar^2}{G M_s M_E^2}$, $r_{n+1} = \dfrac{(n+1)^2 \hbar^2}{G M_s M_E^2}$

그러므로 $\Delta r = r_{n+1} - r_n = \dfrac{\hbar^2}{G M_s M_E^2}(2n+1)$

n이 매우 크기 때문에 1은 무시하자.

$$\therefore \ \Delta r \approx \frac{\hbar^2}{GM_s M_E^2}(2n)$$

$$= \frac{(1.0546 \times 10^{-34}\,J\cdot s)^2}{(6.67 \times 10^{-11}\,N\cdot m^2/kg^2)(1.99 \times 10^{30}\,kg)(5.98 \times 10^{24}\,kg)^2} \times [2(2.53 \times 10^{74})]$$

$$= 1.18 \times 10^{-68}\,m$$

(d) 이 숫자는 원자핵의 반지름보다도 너무 작고, 그래서 지구의 양자 궤도 사이의 거리는 관찰하기에 너무 작다.

30. $\dfrac{1}{\lambda_{양자}} = R_H\left(\dfrac{1}{n_f^2} - \dfrac{1}{n_i^2}\right) = \dfrac{k_e e^2}{2a_0 hc}\left(\dfrac{1}{n_f^2} - \dfrac{1}{n_i^2}\right)$

$$\lambda_{고전} = \frac{c}{f} = \frac{2\pi rc}{v} = \frac{2\pi(n_i^2 a_0)c}{\left(\sqrt{\dfrac{k_e e^2}{m_e(n_i^2 a_0)}}\right)} = \frac{2\pi c a_0^3}{e}\sqrt{\frac{m_e}{k_e}}\,n_i^3$$

따라서 $\dfrac{\lambda_{고전}}{\lambda_{양자}} = \left(\dfrac{k_e e^2}{2a_0 hc}\right)\left(\dfrac{2\pi c}{e}\sqrt{\dfrac{m_e a_0^3}{k_e}}\right)n_i^3\left(\dfrac{1}{n_f^2} - \dfrac{1}{n_i^2}\right)$

$$= \frac{\pi e}{h}\sqrt{k_e m_e a_0}\,n_i^3\left(\frac{1}{n_f^2} - \frac{1}{n_i^2}\right)$$

$$= \frac{1}{2}n_i^3\left(\frac{1}{n_f^2} - \frac{1}{n_i^2}\right)$$

이때, $\dfrac{\lambda_{고전}}{\lambda_{양자}} = r$ 로 치환하면

$$r = \frac{1}{2}n^3\left(\frac{1}{(n-1)^2} - \frac{1}{n^2}\right) \ \rightarrow \ 2(r-1)n^2 + (1-4r)n + 2r = 0$$

근의 공식을 이용하여 풀면

$$n = \frac{(4r-1) \pm \sqrt{(1-4r)^2 - 4[2(r-1)](2r)}}{4(r-1)} = \frac{4r-1 \pm \sqrt{1+8r}}{4(r-1)}$$

여기서 $r = 1.005$이므로

$$n = \frac{4(1.005) - 1 \pm \sqrt{1+8(1.005)}}{4(1.005-1)} = 0.667 \ 또는 \ 301$$

그러므로 뤼드베리 원자의 양자수 $n = 301$

42장 핵물리학

42.1 핵의 성질

1. (a) $35kg\left(\dfrac{1\,\nu cleon}{1.67\times10^{-27}kg}\right)\sim10^{28}$ 개

(b) 대략 $\sim10^{28}$ 개

(c) 전자수는 양성자수와 같다. $\sim10^{28}$ 개

2. (a) $r=r_0A^{1/3}=\dfrac{2}{3}r_0(230)^{1/3}$

$\quad\rightarrow A=\dfrac{2^3}{3^3}(230)=\dfrac{8}{27}(230)\approx68$

(b) $^{68}_{30}Zn$

(c) 주기율표에서 아연의 오른쪽, 왼쪽에 있는 다른 원소의 동위 원소가 같은 질량수를 가질 수 있다.

3. (a) $U=k_e\dfrac{q_1q_2}{r}=k_e\dfrac{e^2}{r}$

$\quad=(8.99\times10^9\,N\cdot m^2/C^2)\left[\dfrac{(1.60\times10^{-19}C)^2}{4.00\times10^{-15}m}\right]\left(\dfrac{1\,eV}{1.60\times10^{-19}J}\right)\left(\dfrac{1\,MeV}{10^6\,eV}\right)$

$\quad=0.360\,MeV$

(b) (a)의 값보다 10배 정도 크다. 그래프의 값은 약 $4MeV$이다.

4. $E_\alpha=7.70MeV=\dfrac{1}{2}mv^2=\dfrac{1}{2}\dfrac{(mv)^2}{m}\rightarrow mv=\sqrt{2mE_\alpha}$

(a) $\lambda=\dfrac{h}{m_\alpha v_\alpha}=\dfrac{h}{\sqrt{2m_\alpha E_\alpha}}$

$\quad=\dfrac{6.626\times10^{-34}J\cdot s}{\sqrt{2(6.64\times10^{-27}kg)(7.70\times10^6\,eV)(1.60\times10^{-19}J/eV)}}$

$\quad=5.18\times10^{-15}m=5.18fm$

(b) 파장은 최 근접 거리보다 작으므로 알파입자는 입자로 간주하는 것이 적절하다.

5. (a) $N=nN_A=\dfrac{PV}{RT}$

$\quad=\dfrac{(1.013\times10^5\,N/m^2)\,V}{(8.315\,J/mol\cdot K)(273K)}(6.022\times10^{23})=(2.69\times10^{25}m^{-3})\,V$

분자의 부피는 $2\left(\dfrac{4}{3}\pi r^3\right)=\dfrac{8\pi}{3}\left(\dfrac{1.00\times10^{-10}m}{2}\right)^3=1.047\times10^{-30}m^3$

따라서 모든 분자의 부피는

$\qquad(2.69\times10^{25}m^{-3})\,V(1.047\times10^{-30}m^3)=2.82\times10^{-5}\,V$

즉, 2.82×10^{-5}

(b) $\dfrac{\text{핵 부피}}{\text{원자 부피}} = \dfrac{\frac{4}{3}\pi r^3}{\frac{4}{3}\pi\left(\frac{d}{2}\right)^3} = \left(\dfrac{r}{d/2}\right)^3 = \left(\dfrac{1.20\times10^{-15}m}{0.50\times10^{-10}m}\right) = 1.38\times10^{-14}$

42.2 핵의 결합 에너지

6. $E_b(N) = \left[Z_N M(H) + N_N m_n - M(^{15}_{7}N)\right]\times 931\,MeV/u$

$E_b(O) = \left[Z_O M(H) + N_O m_n - M(^{15}_{8}O)\right]\times 931\,MeV/u$

고로 두 식으로부터

$\Delta E_b = \left[(Z_N - Z_O)M(H) + (N_N - N_O)m_n - M(^{15}_{7}N) + M(^{15}_{8}O)\right]\times 931\,MeV/u$

$\quad = \left[(7-8)(1.007825u) + (8-7)(1.008665u) - 15.000109u + 15.003065u\right]\times 931\,MeV/u$

$\quad = 3.54\,MeV$

7. (a) $\dfrac{E_b}{A} = \dfrac{\left[ZM(H) + Nm_n - M(^{A}_{Z}X)\right]}{A}\left(\dfrac{931.5\,MeV}{u}\right)$ 이므로 $^{23}_{11}Na$에서

$\dfrac{E_b}{A} = \dfrac{\left[11(1.007825u) + 12(1.008665u) - 22.989769u\right]}{23}\left(\dfrac{931.5\,MeV}{u}\right) = \dfrac{186.565\,MeV}{23} = 8.11\,MeV$

이다. $\hspace{8cm}$ $^{23}_{12}Mg$에서는

$\dfrac{E_b}{A} = \dfrac{\left[12(1.007825u) + 11(1.008665u) - 22.994124u\right]}{23}\left(\dfrac{931.5\,MeV}{u}\right) = \dfrac{181.726\,MeV}{23} = 7.90\,MeV$

이므로 $\dfrac{\Delta E_b}{A} = 8.11\,MeV - 7.90\,MeV = 0.210\,MeV$

(b) 핵자당 결합에너지가 나트륨이 0.210MeV 더 작다는 것은 나트륨의 양성자들 간에 척력이 더 적으며 더 안정적인 핵이라는 의미이다.

8. 질량차는 $\Delta M = Zm_H + Nm_n - M$이며 이로부터 구할 수 있는 핵자당 결합에너지는 $\dfrac{E_b}{A} = \dfrac{\Delta M(931.5\,MeV)}{A}$ 이다.

종류	Z	N	M in u	ΔM in u	$\dfrac{E_b}{A}$ in MeV
^{55}Mn	25	30	54.938050	0.5175	8.765
^{56}Fe	26	30	55.934942	0.52846	8.790
^{59}Co	27	32	58.933200	0.55535	8.768

위의 표와 같이 정리 할 수 있으며, 핵자당 결합에너지는 철이 주위의 원소보다 크다.

9. (a) $R = r_0 A^{1/3} = (1.20\times10^{-15}m)(40)^{1/3} = 4.10\times10^{-15}m$

$$U = \frac{3k_e Q^2}{5R} = \frac{3(8.99 \times 10^9 \, N \cdot m^2/C^2) \left[20(1.602 \times 10^{-19} \, C)\right]^2}{5(4.10 \times 10^{-15} \, m)}$$
$$= 1.35 \times 10^{-11} J = 84.2 MeV$$

(b) $E_b = [20(1.007825u) + 20(1.008665u) - 39.962591u] \times 931.5 MeV/u$
$$= 342 \, MeV$$

(c) 핵력이 매우 강해서 결합에너지는 정전기력을 극복하는데 필요한 최소 에너지를 크게 초과한다.

42.3 핵 모형

10. 질량수가 200인 핵의 결합에너지는 $(7.8\frac{MeV}{nucleon})(200 nucleons) \approx 1.56 GeV$이다.

핵분열 후 질량수가 100인 두 핵의 결합에너지는 $2(8.7\frac{MeV}{nucleon})(100 nucleons) \approx 1.74 GeV$이므로 핵분열로 방출되는 에너지는 $1.74 \geq V - 1.56 \geq V \sim 200 MeV$이다.

11. (a) 표면의 핵자는 상호작용할 주변의 입자가 더 적다. 부피 항에서 모든 핵자가 같은 수의 주변의 입자와 상호작용 한다고 가정했으니 이 측정된 수치를 감소시키기 위해 음의 부호를 갖는다.

(b) 구의 반지름에 대한 부피와 표면의 비는 $\frac{V}{A} = \frac{(4/3)\pi r^3}{4\pi r^2} = \frac{1}{3}r$이며,

정육면체에서 부피와 표면의 비는 $\frac{V}{A} = \frac{L^3}{6L^2} = \frac{1}{6}L$이다. 구에서 단위길이에 대해 더 큰 비율을 가지고 있으므로 더 큰 결합에너지를 가지고 더 적절한 모양이 된다.

12. $e^{-\lambda \Delta t} = \frac{R}{R_0} \quad \rightarrow \quad \ln(e^{-\lambda \Delta t}) = \ln\left(\frac{R}{R_0}\right)$

$\quad -\lambda \Delta t = \ln\left(\frac{R}{R_0}\right) = -\ln\left(\frac{R_0}{R}\right)$

$\quad \lambda = \frac{1}{\Delta t} \ln\left(\frac{R_0}{R}\right)$

$\quad \therefore \frac{\ln 2}{T_{1/2}} = \frac{1}{\Delta t} \ln\left(\frac{R_0}{R}\right) \rightarrow \frac{1}{T_{1/2}} = \frac{1}{(\ln 2)\Delta t} \ln\left(\frac{R_0}{R}\right)$

$$\rightarrow T_{1/2} = \frac{(\ln 2)\Delta t}{\ln(R_0/R)}$$

13. $\lambda = \frac{\ln 2}{T_{1/2}} = \frac{0.693}{64.8h} = 0.0107 h^{-1} = 2.97 \times 10^{-6} s^{-1}$,

$N_0 = \frac{R_0}{\lambda} = \frac{(40.0\mu Ci)}{2.97 \times 10^{-6} s^{-1}} \left(\frac{3.70 \times 10^4 s^{-1}}{\mu Ci}\right)$
$$= 4.98 \times 10^{11} \nu clei$$

이므로

$$\triangle N = N_1 - N_2 = N_0(e^{-\lambda t_1} - e^{-\lambda t_2})$$
$$= (4.98 \times 10^{11})[e^{-(\ln 2/64.8h)(10.0h)} - e^{-(\ln 2/64.8h)(12.0h)}]$$
$$= 9.47 \times 10^9 \, nuclei$$

14. $N_1 - N_2 = N_0(e^{-\lambda t_1} - e^{-\lambda t_2})$

$$\lambda = \frac{\ln 2}{T_{1/2}} \quad \rightarrow \quad e^{-\lambda t} = e^{\ln 2(-t/T_{1/2})} = 2^{-t/T_{1/2}}$$

$$N_0 = \frac{R_0}{\lambda} = \frac{R_0 T_{1/2}}{\ln 2}$$

$$\therefore \; N_1 - N_2 = \frac{R_0 T_{1/2}}{\ln 2}(e^{-\lambda t_1} - e^{-\lambda t_2})$$
$$= \frac{R_0 T_{1/2}}{\ln 2}(2^{-t_1/T_{1/2}} - 2^{-t_2/T_{1/2}})$$

15. (a) $Q = (M_X - M_Y - 2m_e)c^2$
$$= [39.962591u - 39.963999u - 2(0.000549u)](931.5MeV/u)$$
$$= -2.33MeV으로 \; Q < 0이므로 \; 자발적으로 \; 일어나지 \; 않는다.$$

(b) $Q = (M_X - M_Y - 2m_e)c^2$
$$= [97.905287u - 4.002603u - 93.905088u](931.5MeV/u)$$
$$= -2.24MeV으로 \; Q < 0이므로 \; 자발적으로 \; 일어나지 \; 않는다.$$

(c) $Q = (M_X - M_Y - 2m_e)c^2$
$$= [143.910083u - 4.002603u - 139.905434u](931.5MeV/u)$$
$$= 1.91MeV으로 \; Q > 0이므로 \; 자발적으로 \; 일어날 \; 수 \; 있다.$$

16. (a) 감마선은 양성자나 중성자가 없고 전하도 없다. Z=28과 A=65는 그대로 유지될 것이므로 X도 똑같다. 그러므로 X입자는 원자번호로 보았을 때 니켈임을 알 수 있고, 조건에 맞는 것은 들뜬상태의 니켈인 $^{65}_{28}Ni*$이다.

(b) $\alpha = \, ^4_2He$이므로 $Z = 84 = Z_X + 2 \rightarrow Z_X = 82 \rightarrow Pb$,

$A = 215 = A_X + 4 \rightarrow A_X = 211 \rightarrow \, ^{211}_{82}Pb$ 임을 알 수 있다.

(c) $e^+ = \, ^0_1e$이며 $\nu = \, ^0_0\nu$이므로

$Z = 26 + 1 + 0 = 27$, $A = 55 + 0 + 0 = 55$이므로

$^{55}_{27}Co$이다.

17. (a) $e^- + p \rightarrow n + \nu$

(b) 양변에 7개의 전자를 더하면 $^{15}_8O \, atom \rightarrow \, ^{15}_7N \, atom + \nu$ 을 얻을 수 있다.

$Q = (15.003065u - 15.000109u)(931.5MeV/u)$
$= 2.75MeV$

18. (a) $N_C = (\dfrac{0.0210g}{12.0g/mol})(\dfrac{6.02 \times 10^{23} atoms}{mol})$

$= 1.05 \times 10^{21}$

(b) $(N_0)_{C-14} = 1.05 \times 10^{21}(\dfrac{1}{7.70 \times 10^{11}})$

$= 1.37 \times 10^9$

(c) $\lambda_{C-14} = \dfrac{\ln 2}{5730yr}$

$= 1.21 \times 10^{-4} yr^{-1}(\dfrac{1yr}{3.16 \times 10^7 s})$

$= 3.83 \times 10^{-12} s^{-1}$

(d) $R = \lambda N = \lambda N_0 e^{-\lambda t}$ 에서 t=0이므로

$R_0 = \lambda N_0 = (3.83 \times 10^{-12} s^{-1})(1.37 \times 10^9)[\dfrac{7(86400s)}{1week}]$

$= 3.17 \times 10^3 decays/week$

(e) $R = \dfrac{837}{0.880}$

$= 951 decays/week$

(f) $\ln \dfrac{R}{R_0} = -\lambda t$

$\to t = \dfrac{-1}{\lambda} ln(\dfrac{R}{R_0})$

$= \dfrac{-1}{1.21 \times 10^{-4} yr^{-1}} ln(\dfrac{951}{3.17 \times 10^3})$

$= 9.95 \times 10^3 yr$

42.6 자연 방사능

19. $N = N_0 e^{-(\ln 2)t/T_{1/2}} \to \dfrac{N}{N_0} = e^{-\lambda t} = e^{-(\ln 2)t/T_{1/2}}$

(a) $T_{1/2} = 3.82 days$, $t = 7.00 days$ 이므로

$\dfrac{N}{N_0} = e^{-(\ln 2)(7.00)/(3.82)} = 0.281$

(b) $t = 1.00yr = 365.25 days$ 이므로

$\dfrac{N}{N_0} = e^{-(\ln 2)(365.25)/(3.82)}$

$= 1.65 \times 10^{-29}$

(c) 라돈은 오래된 우라늄 동위원소에서 시작된 일련의 붕괴에서 하나의 딸핵으로써 계속 생성되기 때문이다.

20.

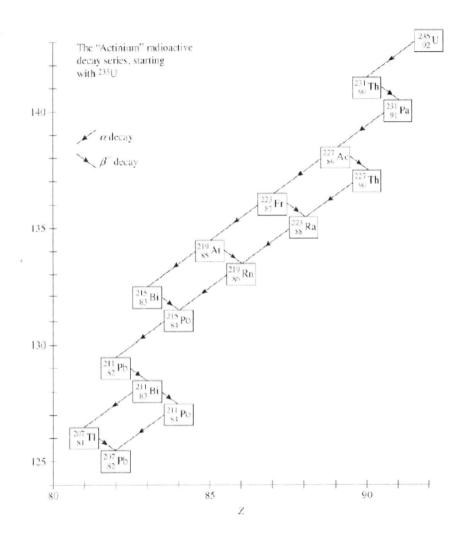

21. (a) $^{197}_{79}Au + ^{1}_{0}n \rightarrow ^{198}_{79}Au* \rightarrow ^{198}_{80}Hg + ^{0}_{-1}e + \bar{\nu}$

(b) 79개의 전자가 더해졌다고 생각하면

$^{197}_{79}Au \ atom + ^{1}_{0}n \rightarrow ^{198}_{80}Hg \ atom + \bar{\nu} + Q$

$Q = [M_{^{197}Au} + m_n - M_{^{198}Hg}]c^2$
$\ \ = [196.966552u + 1.008665u - 197.966752u](931.5 MeV/u)$
$\ \ = 7.89 MeV$

22. (a) A=24+1-4=21, Z=12+0-2=10이므로 $^{21}_{10}Ne$ 이다.

(b) A=235+1-90-2=144, Z=92+0-38-0=54이므로 $^{144}_{54}Xe$ 이다.

(c) A=2-2=0, Z=2-1=1이므로 X는 양전자이다. 이때 같이 방출되는 X'은 중성미자이다.

$X + X' = ^{0}_{1}e^+ + \nu$

42.8 생물학적 방사선 손상

23. (a) 연간 x-ray에 노출되는 횟수는

$n = (8\,\text{x}-\text{ray/day})(5\text{day/week})(50\text{week/yr}) = 2.0 \times 10^3 \text{x}-\text{ray/yr}$ 이다.

한 대당 노출되는 선량은 $\dfrac{5.0\,rem/yr}{2.0 \times 10^3\,\text{x}-\text{ray/yr}} = 2.5 \times 10^{-3}\text{rem/x}-\text{ray} = 2.5\text{mrem/x}-\text{ray}$ 이다.

(b) $\dfrac{5.0\,\text{rem/yr}}{0.13\,\text{rem/yr}} = 38$ 이므로 기사는 저준위 자연 방사선의 0.13rem/yr보다 38배 더 방사선에 노출된다.

24. $T_{ER} = mc\Delta T$

$$P\Delta t = mc\Delta T \quad \rightarrow \quad \Delta t = \frac{mc\Delta T}{P}$$

$$\therefore \ \Delta t = \frac{m(4186\,J/kg\cdot\text{℃})(50.0\text{℃})}{(10.0\,rad/s)(1 \times 10^{-2}\,J/kg)m}$$
$$= 2.09 \times 10^6\,s = 24.2\,d$$

25. $N_0 = (1.00 \times 10^{-9}\,g)\left(\dfrac{6.02 \times 10^{23}\,vclei/mol}{89.9\,g/mol}\right) = 6.70 \times 10^{12}$

$\Delta N = N_0 - N = N_0(1 - e^{-\lambda t}) = N_0\left(1 - e^{-(\ln 2)t/T_{1/2}}\right)$

$\therefore \ \Delta N = (6.70 \times 10^{12})\left\{1 - \exp\left[\left(\dfrac{-\ln 2}{29.1\,yr}\right)1.00\,yr\right]\right\} = 1.58 \times 10^{11}$

$E = (1.58 \times 10^{11})(1.10\,MeV)(1.60 \times 10^{-13}\,J/MeV) = 0.0277\,J$

$Dose = \left(\dfrac{0.02777\,J}{70.0\,kg}\right) = 3.96 \times 10^{-4}\,J/kg = 0.0396\,rad$

42.9 핵으로부터의 방사선 이용

26. (a) t=0일 때 방사성 원자의 수를 N=0이라 할 때 증가율은

$\dfrac{dN}{dt} = R - \lambda N \rightarrow dN = (R - \lambda N)dt$ 이다. 적분을 하면,

$$\int_0^N \frac{dN}{R - \lambda N} = \int_0^t dt$$

$$\rightarrow -\frac{1}{\lambda}\ln\left(\frac{R - \lambda N}{R}\right) = t \ \rightarrow \ln\left(\frac{R - \lambda N}{R}\right) = -\lambda t \ \rightarrow \left(\frac{R - \lambda N}{R}\right) = e^{-\lambda t}$$

$$\rightarrow 1 - \frac{\lambda}{R}N = e^{-\lambda t} \rightarrow N = \frac{R}{\lambda}(1 - e^{-\lambda t})$$

(b) 방사성 원자가 가장 많을 때는 $t \rightarrow \infty$ 이므로 최대 개수는 $N = \dfrac{R}{\lambda}$ 이다.

27. (a) 양성자의 수 $\dfrac{10^4\,MeV}{1.04\,MeV} = 9.62 \times 10^3$

$\dfrac{3}{4} N_0 = 1.92 \times 10^4 \quad \rightarrow \quad N_0 = 2.56 \times 10^4$

이것은 ^{65}Cu의 수는 $2.56 \times 10^6 \sim 10^6$이기 때문에 1%이다.

(b) $\dfrac{N_{63}}{N_{65}} = \dfrac{0.6917}{0.3083} \quad \rightarrow \quad N_{63} = \left(\dfrac{0.6917}{0.3083}\right) N_{65} = 5.75 \times 10^6$

$\begin{aligned} m_{Cu} &= (62.93\,u) N_{63} + (64.93\,u) N_{65} \\ &= \left[(62.93u)(5.75 \times 10^6) + (64.93u)(2.56 \times 10^6)\right] \times (1.66 \times 10^{-24}\,g/u) \\ &= 8.77 \times 10^{-16}\,g \sim 10^{-15}\,g \end{aligned}$

42.10 핵자기 공명과 자기 공명 영상법

28. (a) 각운동량의 크기는

$\sqrt{I(I+1)}\,\hbar = \sqrt{\dfrac{5}{2}\left(\dfrac{5}{2}+1\right)}\,\hbar = \sqrt{35}\,\hbar/2 = 2.95804(6.626 \times 10^{-34}\,J \cdot s)/2\pi$

$\qquad\qquad = 3.119 \times 10^{-34}\,kg \cdot m^2/s$이다.

z축 성분은 $5\hbar/2, 3\hbar/2, \hbar/2, -\hbar/2, -3\hbar/2, -5\hbar/2$ 의 6가지가 나온다.

(b) 각운동량의 크기는 $\sqrt{I(I+1)}\,\hbar = \sqrt{4(4+1)}\,\hbar = \sqrt{20}\,\hbar$이다.

z축 성분은 $4\hbar, 3\hbar, 2\hbar, \hbar, 0, -\hbar, -2\hbar, -3\hbar, -4\hbar$ 의 9가지가 나온다.

그림 42.19같은 도표는 아래 그림에서 (a)에 해당하는 것이 왼쪽, (b)에 해당하는 것이 오른쪽의 그림이다.

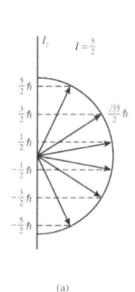

(a)

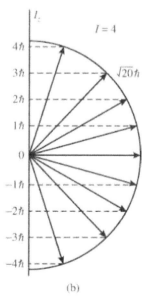

(b)

추가문제

29. $^{10}_{5}B + ^{4}_{2}He \rightarrow ^{1}_{1}H + ^{12}_{6}C$

전하는 보존되지만 핵의 수는 같지 않다. 그러므로 이 반응은 발생하지 않는다.

30. 이 반응의 Q 값은

$$Q = [238.050788u - 237.051144u - 1.007825u] \times (931.5\,MeV/u)$$
$$= -7.62\,MeV$$

이 가상의 붕괴 Q값은 $-7.62\,MeV$로 계산되는데, 이는 양성자를 방출하기 위해 ^{238}U 핵에 이 정도의 에너지를 더해야 한다는 것을 의미한다.

대학물리학 해설집 10판

초판 인쇄 | 2019년 07월 15일
초판 발행 | 2019년 07월 20일

대학물리학 교재편찬위원회 편
펴낸이 | 조승식
펴낸곳 | (주)도서출판 북스힐

등 록 | 1998년 7월 28일 제22-457호
주 소 | 서울시 강북구 한천로 153길 17
전 화 | (02) 994-0071
팩 스 | (02) 994-0073

홈페이지 | www.bookshill.com
이메일 | bookshill@bookshill.com

정가 18,000원
ISBN 979-11-5971-227-2